微分几何
例题详解和习题汇编

■ 陈维桓 编著

Weifen Jihe Liti Xiangjie he Xiti Huibian

高等教育出版社·北京

图书在版编目（CIP）数据

微分几何例题详解和习题汇编 / 陈维桓编著 . —北京：高等教育出版社，2010. 1（2023. 12 重印）
ISBN 978-7-04-018773-1

Ⅰ. ①微… Ⅱ. ①陈… Ⅲ. ①微分几何－高等学校－教学参考资料 Ⅳ. ①O186.1

中国版本图书馆 CIP 数据核字（2010）第 000828 号

策划编辑	赵天夫	责任编辑 赵天夫	封面设计	王凌波
责任印制	沈心怡			

出版发行	高等教育出版社		咨询电话	400-810-0598
社　　址	北京市西城区德外大街 4 号		网　　址	http://www.hep.edu.cn
邮政编码	100120			http://www.hep.com.cn
印　　刷	涿州市星河印刷有限公司		网上订购	http://www.landraco.com
开　　本	880×1230　1/32			http://www.landraco.com.cn
印　　张	10.125		版　　次	2010 年 1 月第 1 版
字　　数	290 000		印　　次	2023 年 12 月第 5 次印刷
购书热线	010-58581118		定　　价	29.00 元

本书如有缺页、倒页、脱页等质量问题，请到所购图书销售部门联系调换
版权所有　侵权必究
物 料 号　18773-00

前　言

　　在作者编写的 "十五" 国家级规划教材《微分几何》由北京大学出版社在 2006 年出版后，受到许多兄弟院校同行的关注，有一些学校要采用该书作为微分几何课的教材. 任课老师常常向我索要讲授该课的课件，不少老师和同学也问我一些比较困难的习题的答案和做法. 恰好在此时，高等教育出版社赵天夫编辑征求我关于出版微分几何方面的习题集的意见. 我想，要使这本《微分几何》能够得到比较广泛的使用，一本适用的教材参考书或习题集是不可或缺的，于是我萌发了写作《微分几何例题详解和习题汇编》的想法. 我把这个想法和赵天夫编辑透露之后，很快得到他的热情支持.

　　这本《微分几何例题详解和习题汇编》是和我所编写的《微分几何》相配套的教学参考书. 我关于本书读者的设想，首先是微分几何课的任课老师和选修该课的同学，此外还有准备报考基础数学研究生的考生. 由于微分几何课是在数学专业三大基础课 (解析几何、高等代数和数学分析) 之后开设的课程，不可能像三大基础课那样在理论课之外配置习题课. 在课上例题讲得比较少，也不可能像在习题课上讲解做题的方法和技巧. 这样，在课程设置从三大基础课到专门一点的基础课转变的关键时刻，再加上几何学需要更多的空间想象能力，选课的同学在刚接触该课程时常常会感到做题比较困难. 本书给出了超过一百个例题的详细解答，基本上概括了微分几何习题的各种类型，并且在解题过程中指出了解题的思路和方法，它们可以作为课程的补充. 本书的习题汇编收集了 230 多个题，内容比较丰富，并且在书后给出了答案或提示. 为了同学能够掌握课程的主要内容，每一章还列出了本章的要点和公式. 这可以作为选课同学复习该课程的复习提纲. 特别要指出的是，在最后一章详细讲解了用活动标架和外微分法研究曲面论的基本想法、工具和方法，这对同学进一步学习现代微分几何基础有极大的帮助.

　　在准备这本书时, 功夫却在书外. 您可以想象, 要给出每道题的答案, 必须要反复地计算和检查. 除了一百多道例题以外, 还要做二百多道习题 (如果算小题, 则远远超过三、四百题), 工作量虽然不小, 却在书的篇幅上反映不出来. 为了读者的需要, 我们不得不做这样的努力. 但是, 书后附有 "习题答案或提示" 是一把双刃剑, 一方面给读者提供了方便, 另一方面又 "害" 了读者, 使读者失去独立思考和完成习题的机会. 为了降低后者给读者造成的损害, 我们提议读者在做题时不去读后面的答案或提示. 如果读者在做题时经过长时间思考之后, 仍然不得要领, 不妨 "偷偷地" 看一眼提示, 然后继续独立完成. 这样做的结果将对读者提高解题能力和理解能力有非常大的益处. 总之, 我们希望读者千万不要把 "习题答案或提示" 作为解题的 "拐棍", 只要把它作为 "资料" 就可以, 我们为此付出的努力也就值得了.

　　在本书交稿后, 得知肖建波博士要在西南交通大学开设微分几何课, 作者把初稿发给他请他指正. 他认真仔细地阅读了初稿, 提出了很多宝贵的意见和中肯的建议. 作者在此向他表示衷心的感谢.

　　限于作者的水平, 本书的不尽人意的地方肯定存在, 恳请读者不吝指正. 另外, 借此机会向高等教育出版社的赵天夫编辑和有关同志表示深切的感谢, 本书由于他们的支持才能得以问世.

陈维桓

2009 年 11 月于北京大学

目 录

第一章　　向量代数复习

§1.1　要点和公式

1. 研究三维欧氏空间中曲线和曲面微分几何学的主要工具是向量分析. 向量代数是向量分析的基础. 在这预备章节中, 我们要回顾三维向量空间中向量的各种运算, 和以后常用的公式. 我们还要回顾向量函数的导微法则.

2. 三维向量空间中的一个基底是指三个线性无关的向量, 记成 $\{e_1, e_2, e_3\}$. 空间中每一个向量 $\boldsymbol{v}$ 都能够唯一地表示成它们的线性组合

$$\boldsymbol{v} = v^1 \boldsymbol{e}_1 + v^2 \boldsymbol{e}_2 + v^3 \boldsymbol{e}_3,$$

这三个有序的实数构成的数组 (v^1, v^2, v^3) 称为向量 $\boldsymbol{v}$ 关于基底 $\{e_1, e_2, e_3\}$ 的分量, 或坐标. 通常, 我们把有序实数组 (v^1, v^2, v^3) 的全体构成的集合记成 $\mathbb{R}^3$. 由于在取定基底之后, 三维向量空间和 $\mathbb{R}^3$ 便建立了一一对应, 所以我们通常把三维向量空间记成 $\mathbb{R}^3$.

3. 三维向量空间中的向量可以相加, 还可以乘以一个实数, 得到的还是向量. 很明显, 在取定基底之后, 向量的相加恰好是其分量分别相加; 向量乘以实数是其分量分别乘以该实数. 若设 $\boldsymbol{v} = (v^1, v^2, v^3)$, $\boldsymbol{u} = (u^1, u^2, u^3)$, 则

$$\boldsymbol{v} + \boldsymbol{u} = (v^1, v^2, v^3) + (u^1, u^2, u^3) = (v^1 + u^1, v^2 + u^2, v^3 + u^3),$$

$$\lambda \cdot \boldsymbol{v} = \lambda \cdot (v^1, v^2, v^3) = (\lambda v^1, \lambda v^2, \lambda v^3), \quad \lambda \in \mathbb{R}.$$

4. 三维向量空间中任意两个向量 $\boldsymbol{v}$, $\boldsymbol{u}$ 可以作数量积 (也称为内积, 或点乘), 记为 $\boldsymbol{v} \cdot \boldsymbol{u}$, 结果是如下的一个实数:

$$\boldsymbol{v} \cdot \boldsymbol{u} = |\boldsymbol{v}| \cdot |\boldsymbol{u}| \cos \angle(\boldsymbol{v}, \boldsymbol{u}).$$

因此

$$|\boldsymbol{v}| = \sqrt{\boldsymbol{v} \cdot \boldsymbol{v}}, \quad \cos \angle(\boldsymbol{v}, \boldsymbol{u}) = \frac{\boldsymbol{v} \cdot \boldsymbol{u}}{|\boldsymbol{v}| \cdot |\boldsymbol{u}|}.$$

向量 $\boldsymbol{v}$ 和 $\boldsymbol{u}$ 彼此垂直的充分必要条件是 $\boldsymbol{v} \cdot \boldsymbol{u} = 0$. 向量的内积对每一个因子都是线性的.

如果基底 $\{e_1, e_2, e_3\}$ 是由三个彼此垂直的单位向量组成的, 则两个向量的内积恰好是它们的对应分量的乘积之和

$$\boldsymbol{v} \cdot \boldsymbol{u} = (v^1, v^2, v^3) \cdot (u^1, u^2, u^3) = v^1 u^1 + v^2 u^2 + v^3 u^3.$$

此时

$$|\boldsymbol{v}| = \sqrt{(v^1)^2 + (v^2)^2 + (v^3)^2},$$
$$\cos \angle(\boldsymbol{v}, \boldsymbol{u}) = \frac{v^1 u^1 + v^2 u^2 + v^3 u^3}{\sqrt{(v^1)^2 + (v^2)^2 + (v^3)^2}\sqrt{(u^1)^2 + (u^2)^2 + (u^3)^2}}.$$

5. 三维向量空间中任意两个向量 $\boldsymbol{v}$, $\boldsymbol{u}$ 可以作向量积 (也称为外积, 或叉乘), 记为 $\boldsymbol{v} \times \boldsymbol{u}$, 结果是一个向量, 它的长度是

$$|\boldsymbol{v} \times \boldsymbol{u}| = |\boldsymbol{v}| \cdot |\boldsymbol{u}| \sin \angle(\boldsymbol{v}, \boldsymbol{u}),$$

它的方向与向量 $\boldsymbol{v}, \boldsymbol{u}$ 都垂直, 并且这三个向量 $\{\boldsymbol{v}, \boldsymbol{u}, \boldsymbol{v} \times \boldsymbol{u}\}$ 成右手系. 很明显, $|\boldsymbol{v} \times \boldsymbol{u}|$ 恰好是向量 $\boldsymbol{v}$ 和 $\boldsymbol{u}$ 所张的平行四边形的面积. 因此, 向量 $\boldsymbol{v}$ 和 $\boldsymbol{u}$ 彼此平行的充分必要条件是 $\boldsymbol{v} \times \boldsymbol{u} = 0$. 向量的外积对每一个因子都是线性的.

如果基底 $\{e_1, e_2, e_3\}$ 由三个彼此垂直的、并且成右手系的单位向量组成, 则两个向量 $\boldsymbol{v} = (v^1, v^2, v^3)$ 和 $\boldsymbol{u} = (u^1, u^2, u^3)$ 的外积是

$$\boldsymbol{v} \times \boldsymbol{u} = \left(\begin{vmatrix} v^2 & v^3 \\ u^2 & u^3 \end{vmatrix}, \begin{vmatrix} v^3 & v^1 \\ u^3 & u^1 \end{vmatrix}, \begin{vmatrix} v^1 & v^2 \\ u^1 & u^2 \end{vmatrix} \right).$$

向量的外积没有结合律, 但是它们适合下列公式:

$$(\boldsymbol{a} \times \boldsymbol{b}) \times \boldsymbol{c} = (\boldsymbol{a} \cdot \boldsymbol{c})\boldsymbol{b} - (\boldsymbol{b} \cdot \boldsymbol{c})\boldsymbol{a}.$$

6. 三个向量 $\boldsymbol{u}, \boldsymbol{v}, \boldsymbol{w}$ 的混合积记成 $(\boldsymbol{u}, \boldsymbol{v}, \boldsymbol{w})$，它是指实数

$$(\boldsymbol{u}, \boldsymbol{v}, \boldsymbol{w}) = (\boldsymbol{u} \times \boldsymbol{v}) \cdot \boldsymbol{w}.$$

混合积 $(\boldsymbol{u}, \boldsymbol{v}, \boldsymbol{w})$ 的几何意义是三个向量 $\boldsymbol{u}, \boldsymbol{v}, \boldsymbol{w}$ 所张的平行六面体的有向体积. 因此，三个向量 $\boldsymbol{u}, \boldsymbol{v}, \boldsymbol{w}$ 线性相关的充分必要条件是它们的混合积为零. 混合积对每一个因子都是线性的. 很明显，

$$(\boldsymbol{u}, \boldsymbol{v}, \boldsymbol{w}) = (\boldsymbol{w}, \boldsymbol{u}, \boldsymbol{v}) = (\boldsymbol{v}, \boldsymbol{w}, \boldsymbol{u})$$
$$= -(\boldsymbol{v}, \boldsymbol{u}, \boldsymbol{w}) = -(\boldsymbol{u}, \boldsymbol{w}, \boldsymbol{v}) = -(\boldsymbol{w}, \boldsymbol{v}, \boldsymbol{u}),$$

也就是

$$(\boldsymbol{u} \times \boldsymbol{v}) \cdot \boldsymbol{w} = (\boldsymbol{w} \times \boldsymbol{u}) \cdot \boldsymbol{v} = (\boldsymbol{v} \times \boldsymbol{w}) \cdot \boldsymbol{u}.$$

如果基底 $\{\boldsymbol{e}_1, \boldsymbol{e}_2, \boldsymbol{e}_3\}$ 由三个彼此垂直的、并且成右手系的单位向量组成，则向量 $\boldsymbol{u} = (u^1, u^2, u^3), \boldsymbol{v} = (v^1, v^2, v^3)$ 和 $\boldsymbol{w} = (w^1, w^2, w^3)$ 的混合积是

$$(\boldsymbol{u}, \boldsymbol{v}, \boldsymbol{w}) = \begin{vmatrix} u^1 & u^2 & u^3 \\ v^1 & v^2 & v^3 \\ w^1 & w^2 & w^3 \end{vmatrix}.$$

7. 一元向量函数是指从开区间 (a, b) 到 $\mathbb{R}^3$ 的一个映射 $\boldsymbol{v}(t) = (v^1(t), v^2(t), v^3(t))$，其中 $v^1(t), v^2(t), v^3(t)$ 是定义在 (a, b) 上的函数. 如果分量函数 $v^1(t), v^2(t), v^3(t)$ 都是连续的，则称向量函数 $\boldsymbol{v}(t)$ 是连续的；如果分量函数 $v^1(t), v^2(t), v^3(t)$ 都是 r 次连续可微的，则称向量函数 $\boldsymbol{v}(t)$ 是 r 次连续可微的. 同样，如果分量函数 $v^1(t), v^2(t), v^3(t)$ 都是可积的，则称向量函数 $\boldsymbol{v}(t)$ 是可积的. 向量函数 $\boldsymbol{v}(t)$ 的导数恰好是它的分量的导数构成的向量函数 $\boldsymbol{v}'(t) = \left(\dfrac{\mathrm{d}v^1(t)}{\mathrm{d}t}, \dfrac{\mathrm{d}v^2(t)}{\mathrm{d}t}, \dfrac{\mathrm{d}v^3(t)}{\mathrm{d}t} \right)$.

8. 函数的导微法则对于向量函数也是适用的. 例如：

$$(\boldsymbol{u}(t) + \boldsymbol{v}(t))' = \boldsymbol{u}'(t) + \boldsymbol{v}'(t), \quad (f(t)\boldsymbol{v}(t))' = f'(t)\boldsymbol{v}(t) + f(t)\boldsymbol{v}'(t).$$

对于向量函数的数量积、向量积和混合积的导微法则相当于函数乘积的导微法则，即

$$(\boldsymbol{u}(t)\cdot\boldsymbol{v}(t))'=\boldsymbol{u}'(t)\cdot\boldsymbol{v}(t)+\boldsymbol{u}(t)\cdot\boldsymbol{v}'(t),$$
$$(\boldsymbol{u}(t)\times\boldsymbol{v}(t))'=\boldsymbol{u}'(t)\times\boldsymbol{v}(t)+\boldsymbol{u}(t)\times\boldsymbol{v}'(t),$$
$$(\boldsymbol{u}(t),\boldsymbol{v}(t),\boldsymbol{w}(t))'=(\boldsymbol{u}'(t),\boldsymbol{v}(t),\boldsymbol{w}(t))+(\boldsymbol{u}(t),\boldsymbol{v}'(t),\boldsymbol{w}(t))$$
$$+(\boldsymbol{u}(t),\boldsymbol{v}(t),\boldsymbol{w}'(t)).$$

多元函数的导微法则是类似的.

9. 在 E^3 中取定不共面的 4 个点，把其中一点记作 O，把另外 3 点分别记为 A,B,C，这样得到的由一点 O 和 3 个不共面的向量 $\overrightarrow{OA},\overrightarrow{OB},\overrightarrow{OC}$ 构成的图形 $\{O;\overrightarrow{OA},\overrightarrow{OB},\overrightarrow{OC}\}$ 称为 E^3 中的一个标架，其中点 O 称为该标架的原点.

设 $\{O;\boldsymbol{i},\boldsymbol{j},\boldsymbol{k}\}$ 是 E^3 的一个标架，并且 $\boldsymbol{i},\boldsymbol{j},\boldsymbol{k}$ 是彼此垂直的、构成右手系的 3 个单位向量，于是

$$\boldsymbol{i}\cdot\boldsymbol{i}=\boldsymbol{j}\cdot\boldsymbol{j}=\boldsymbol{k}\cdot\boldsymbol{k}=1,\quad \boldsymbol{i}\cdot\boldsymbol{j}=\boldsymbol{i}\cdot\boldsymbol{k}=\boldsymbol{j}\cdot\boldsymbol{k}=0,$$

并且

$$\boldsymbol{i}\times\boldsymbol{j}=\boldsymbol{k},\quad \boldsymbol{j}\times\boldsymbol{k}=\boldsymbol{i},\quad \boldsymbol{k}\times\boldsymbol{i}=\boldsymbol{j}.$$

这样的标架称为右手单位正交标架，简称为正交标架. 由正交标架给出的坐标系称为笛卡儿直角坐标系.

10. 设 $\{O;\boldsymbol{i},\boldsymbol{j},\boldsymbol{k}\}$ 是 E^3 的一个右手单位正交标架，则其余的右手单位正交标架 $\{p;\boldsymbol{e}_1,\boldsymbol{e}_2,\boldsymbol{e}_2\}$ 是由

$$\begin{cases}\overrightarrow{Op}=a_1\boldsymbol{i}+a_2\boldsymbol{j}+a_3\boldsymbol{k},\\ \boldsymbol{e}_1=a_{11}\boldsymbol{i}+a_{12}\boldsymbol{j}+a_{13}\boldsymbol{k},\\ \boldsymbol{e}_2=a_{21}\boldsymbol{i}+a_{22}\boldsymbol{j}+a_{23}\boldsymbol{k},\\ \boldsymbol{e}_3=a_{31}\boldsymbol{i}+a_{32}\boldsymbol{j}+a_{33}\boldsymbol{k}\end{cases}$$

给出的, 其中系数矩阵

$$\begin{pmatrix} a_{11} & a_{12} & a_{13} \\ a_{21} & a_{22} & a_{23} \\ a_{31} & a_{32} & a_{33} \end{pmatrix}$$

是其行列式为 1 的正交矩阵.

§1.2   例题详解

例题 1.1   已知 $|a| = 3$, $|b| = 2$, $\angle(a, b) = \pi/6$, 求 $3a + 2b$ 和 $2a - 5b$ 的内积和夹角.

解   根据内积的运算法则, 我们有

$$\begin{aligned} |3a + 2b|^2 &= (3a + 2b) \cdot (3a + 2b) \\ &= 9|a|^2 + 12a \cdot b + 4|b|^2 = 97 + 36\sqrt{3}, \\ |2a - 5b|^2 &= (2a - 5b) \cdot (2a - 5b) \\ &= 4|a|^2 - 20a \cdot b + 25|b|^2 = 136 - 60\sqrt{3}, \end{aligned}$$

同理, 所求的两个向量的内积是

$$\begin{aligned} (3a + 2b) &\cdot (2a - 5b) \\ &= 6|a|^2 - 11a \cdot b - 10|b|^2 = 14 - 33\sqrt{3}, \end{aligned}$$

因此

$$\cos\angle(3a + 2b, 2a - 5b) = \frac{(3a + 2b) \cdot (2a - 5b)}{|3a + 2b||2a - 5b|}$$

$$= \frac{14 - 33\sqrt{3}}{\sqrt{(97 + 36\sqrt{3})(136 - 60\sqrt{3})}} \doteq -0.6036431,$$

所以 $\angle(3a + 2b, 2a - 5b) \doteq 127.13°$.

例题 1.2   证明：双重叉积公式

$$(\boldsymbol{a} \times \boldsymbol{b}) \times \boldsymbol{c} = (\boldsymbol{a} \cdot \boldsymbol{c})\boldsymbol{b} - (\boldsymbol{b} \cdot \boldsymbol{c})\boldsymbol{a}.$$

证明   本题的公式很重要，在本课程中常要用到. 传统的证明是借助于坐标进行计算，我们在这里采用更加直观的做法. 如果向量 $\boldsymbol{a}$ 和 $\boldsymbol{b}$ 共线，则公式自然是成立的. 现在假定向量 $\boldsymbol{a}$ 和 $\boldsymbol{b}$ 不共线，所以 $\boldsymbol{a} \times \boldsymbol{b} \neq 0$. 由定义得知向量 $(\boldsymbol{a} \times \boldsymbol{b}) \times \boldsymbol{c}$ 垂直于向量 $\boldsymbol{a} \times \boldsymbol{b}$，它落在与 $\boldsymbol{a} \times \boldsymbol{b}$ 垂直的线性子空间内；而向量 $\boldsymbol{a}$ 和 $\boldsymbol{b}$ 构成与 $\boldsymbol{a} \times \boldsymbol{b}$ 垂直的线性子空间的基底，因此可以假设

$$(\boldsymbol{a} \times \boldsymbol{b}) \times \boldsymbol{c} = \lambda\boldsymbol{a} + \mu\boldsymbol{b}.$$

但是左端向量 $(\boldsymbol{a} \times \boldsymbol{b}) \times \boldsymbol{c}$ 与向量 $\boldsymbol{c}$ 是垂直的，在上式两边点乘向量 $\boldsymbol{c}$ 便得到

$$0 = \lambda(\boldsymbol{a} \cdot \boldsymbol{c}) + \mu(\boldsymbol{b} \cdot \boldsymbol{c}), \quad \frac{\lambda}{\boldsymbol{b} \cdot \boldsymbol{c}} = -\frac{\mu}{\boldsymbol{a} \cdot \boldsymbol{c}} = \alpha.$$

这样所假定的式子成为

$$(\boldsymbol{a} \times \boldsymbol{b}) \times \boldsymbol{c} = \alpha((\boldsymbol{b} \cdot \boldsymbol{c})\boldsymbol{a} - (\boldsymbol{a} \cdot \boldsymbol{c})\boldsymbol{b}),$$

其中 α 是待定的系数，而且它是对任意的向量 $\boldsymbol{a}, \boldsymbol{b}, \boldsymbol{c}$ 都普适的系数. 实际上，如果我们取右手单位正交基底 $\{\boldsymbol{e}_1, \boldsymbol{e}_2, \boldsymbol{e}_3\}$，假设

$$\boldsymbol{a} = \sum_{i=1}^{3} a^i \boldsymbol{e}_i, \quad \boldsymbol{b} = \sum_{j=1}^{3} b^j \boldsymbol{e}_j, \quad \boldsymbol{c} = \sum_{k=1}^{3} c^k \boldsymbol{e}_k,$$

代入上面的式子得到

$$\sum_{i=1}^{3}\sum_{j=1}^{3}\sum_{k=1}^{3} a^i b^j c^k (\boldsymbol{e}_i \times \boldsymbol{e}_j) \times \boldsymbol{e}_k$$

$$= \sum_{i=1}^{3}\sum_{j=1}^{3}\sum_{k=1}^{3} a^i b^j c^k \alpha((\boldsymbol{e}_j \cdot \boldsymbol{e}_k)\boldsymbol{e}_i - (\boldsymbol{e}_i \cdot \boldsymbol{e}_k)\boldsymbol{e}_j).$$

由于左、右两边是 a^i, b^j, c^k 的齐次多项式, 因此要这两个齐次多项式相等必须是它们的系数对应相等, 即

$$(e_i \times e_j) \times e_k = \alpha((e_j \cdot e_k)e_i - (e_i \cdot e_k)e_j), \qquad 1 \leq i, j, k \leq 3.$$

很明显, 当 i, j, k 互不相同, 或 $i = j$ 时, 上式两边都是零. 所以求 α 的值只要考察 $i \neq j$、且 $k = i$ 或 $k = j$ 的情形就可以了. 取 $i = 1, j = 2, k = 1$, 则得

$$(e_1 \times e_2) \times e_1 = e_2, \quad \alpha((e_2 \cdot e_1)e_1 - (e_1 \cdot e_1)e_2) = -\alpha e_2,$$

两边相对照得到 $\alpha = -1$. 若取 $k = 2$, 仍有 $\alpha = -1$. 再取 $i = 2, j = 3, k = 2$ 或 $k = 3$, 以及取 $i = 3, j = 1, k = 3$ 或 $k = 1$, 得到的仍然是 $\alpha = -1$. 所以

$$(a \times b) \times c = -((b \cdot c)a - (a \cdot c)b) = (a \cdot c)b - (b \cdot c)a.$$

例题 1.3 设 a 和 b 都是非零向量, 且 $a \cdot b = 0$. 设 α 是任意给定的实数, 求向量 x 使得 $b \times x = a$, $b \cdot x = \alpha$.

解 注意到 a 和 b 是互相垂直的非零向量, 所以 $a, b, a \times b$ 构成一个基底, 因此可以假设所求的向量 x 表示成

$$x = \lambda a + \mu b + \nu(a \times b),$$

其中 λ, μ, ν 是待定的系数. 用向量 b 点乘上式两边得到

$$\alpha = b \cdot x = \lambda(b \cdot a) + \mu(b \cdot b) + \nu b \cdot (a \times b) = \mu|b|^2, \quad \mu = \frac{\alpha}{|b|^2}.$$

再用向量 b 叉乘该式两边得到

$$\begin{aligned}
a &= b \times x = \lambda(b \times a) + \nu b \times (a \times b) \\
&= \lambda(b \times a) + \nu((b \cdot b)a - (b \cdot a)b) \\
&= \lambda(b \times a) + \nu|b|^2 a,
\end{aligned}$$

因此对照等式的两边得到

$$\lambda = 0, \quad \nu = \frac{1}{|\boldsymbol{b}|^2}.$$

所求的向量是

$$\boldsymbol{x} = \frac{\alpha}{|\boldsymbol{b}|^2}\boldsymbol{b} + \frac{1}{|\boldsymbol{b}|^2}(\boldsymbol{a} \times \boldsymbol{b}).$$

注记 本题的要点是先找出基底, 然后将所求的向量用基底向量线性地表示出来, 于是问题就化为求表达式的各个系数. 这种做法在做几何题时是十分普遍的.

例题 1.4 设 $(\boldsymbol{a} \times \boldsymbol{b}) \cdot \boldsymbol{c} \neq 0$, 并且 $\boldsymbol{a} \cdot \boldsymbol{b} \neq 0$, $\boldsymbol{b} \cdot \boldsymbol{c} = 0$, 求 $\boldsymbol{x}$ 使得 $\boldsymbol{x} \cdot \boldsymbol{a} = \alpha$, $\boldsymbol{x} \times \boldsymbol{b} = \boldsymbol{c}$.

解 沿用上一题的做法. 条件 $(\boldsymbol{a} \times \boldsymbol{b}) \cdot \boldsymbol{c} \neq 0$ 说明向量 $\boldsymbol{a}, \boldsymbol{b}, \boldsymbol{c}$ 线性无关, 于是它们构成一个基底, 因此所求向量 $\boldsymbol{x}$ 可以表示为

$$\boldsymbol{x} = \lambda\boldsymbol{a} + \mu\boldsymbol{b} + \nu\boldsymbol{c}.$$

用向量 $\boldsymbol{a}$ 点乘上式两边得到

$$\alpha = \boldsymbol{a} \cdot \boldsymbol{x} = \lambda|\boldsymbol{a}|^2 + \mu(\boldsymbol{a} \cdot \boldsymbol{b}) + \nu(\boldsymbol{a} \cdot \boldsymbol{c}),$$

用向量 $\boldsymbol{b}$ 叉乘该式两边得到

$$\boldsymbol{c} = \boldsymbol{x} \times \boldsymbol{b} = \lambda(\boldsymbol{a} \times \boldsymbol{b}) + \nu(\boldsymbol{c} \times \boldsymbol{b}).$$

用向量 $\boldsymbol{c}$ 点乘上式两边得到

$$|\boldsymbol{c}|^2 = \lambda(\boldsymbol{a} \times \boldsymbol{b}) \cdot \boldsymbol{c} = \lambda(\boldsymbol{a}, \boldsymbol{b}, \boldsymbol{c}), \quad \lambda = \frac{|\boldsymbol{c}|^2}{(\boldsymbol{a}, \boldsymbol{b}, \boldsymbol{c})},$$

再用向量 $\boldsymbol{a}$ 点乘前式两边得到

$$\boldsymbol{a} \cdot \boldsymbol{c} = \nu\boldsymbol{a} \cdot (\boldsymbol{c} \times \boldsymbol{b}) = -\nu(\boldsymbol{a}, \boldsymbol{b}, \boldsymbol{c}), \quad \nu = -\frac{\boldsymbol{a} \cdot \boldsymbol{c}}{(\boldsymbol{a}, \boldsymbol{b}, \boldsymbol{c})}.$$

用 λ, ν 的值代入 α 的式子得到

$$\alpha = \frac{|a|^2|c|^2}{(a,b,c)} + \mu(a \cdot b) - \frac{(a \cdot c)^2}{(a,b,c)},$$

因此利用 $a \cdot b \neq 0$ 的条件得到

$$\mu = \frac{\alpha}{a \cdot b} - \frac{|a|^2|c|^2 \sin^2 \angle(a,c)}{(a \cdot b)(a,b,c)} = \frac{\alpha}{a \cdot b} - \frac{|a \times c|^2}{(a \cdot b)(a,b,c)}.$$

所求的向量 x 是

$$x = \frac{1}{(a,b,c)}\left(|c|^2 a + \frac{\alpha(a,b,c) - |a \times c|^2}{a \cdot b} \cdot b - (a \cdot c)c\right).$$

注记 条件 $b \cdot c = 0$ 是本题有解所蕴含的必要条件.

例题 1.5 设 $(a \times b) \cdot c \neq 0$, 求向量 x 使得 $x \cdot a = \alpha$, $x \cdot b = \beta$, $x \cdot c = \gamma$.

解 直接计算得到

$$(b \times c, c \times a, a \times b) = ((b \times c) \times (c \times a)) \cdot (a \times b)$$

$$= ((b \cdot (c \times a))c - (c \cdot (c \times a))b) \cdot (a \times b) = (a,b,c)^2 \neq 0.$$

由此可见, 向量 $b \times c, c \times a, a \times b$ 是线性无关的, 它们构成一个基底, 故可设

$$x = \lambda(b \times c) + \mu(c \times a) + \nu(a \times b).$$

分别用向量 a, b, c 去点乘上式得到

$$\lambda(b \times c) \cdot a = x \cdot a = \alpha, \quad \lambda = \frac{\alpha}{(a,b,c)},$$

$$\mu(c \times a) \cdot b = x \cdot b = \beta, \quad \mu = \frac{\beta}{(a,b,c)},$$

$$\nu(a \times b) \cdot c = x \cdot c = \gamma, \quad \nu = \frac{\gamma}{(a,b,c)},$$

因此所求的向量 x 是

$$x = \frac{1}{(a,b,c)}\left(\alpha(b \times c) + \beta(c \times a) + \gamma(a \times b)\right).$$

注记 解本题时, 如果取向量 a, b, c 作为基底, 则求解过程将会变得比较复杂, 由此可见选择适当的基底是十分重要的. 设

$$x = \lambda a + \mu b + \nu c,$$

分别用向量 a, b, c 去点乘上式得到

$$\alpha = x \cdot a = \lambda|a|^2 + \mu(b \cdot a) + \nu(c \cdot a),$$
$$\beta = x \cdot b = \lambda(a \cdot b) + \mu|b|^2 + \nu(c \cdot b),$$
$$\gamma = x \cdot c = \lambda(a \cdot c) + \mu(b \cdot c) + \nu|c|^2,$$

于是问题化为解线性方程组

$$\begin{pmatrix} |a|^2 & b \cdot a & c \cdot a \\ a \cdot b & |b|^2 & c \cdot b \\ a \cdot c & b \cdot c & |c|^2 \end{pmatrix} \cdot \begin{pmatrix} \lambda \\ \mu \\ \nu \end{pmatrix} = \begin{pmatrix} \alpha \\ \beta \\ \gamma \end{pmatrix}.$$

注意到系数矩阵的行列式

$$\det \begin{pmatrix} |a|^2 & b \cdot a & c \cdot a \\ a \cdot b & |b|^2 & c \cdot b \\ a \cdot c & b \cdot c & |c|^2 \end{pmatrix} = (a, b, c)^2 \neq 0,$$

故它有逆矩阵

$$\begin{pmatrix} |a|^2 & b \cdot a & c \cdot a \\ a \cdot b & |b|^2 & c \cdot b \\ a \cdot c & b \cdot c & |c|^2 \end{pmatrix}^{-1} = \frac{1}{(a, b, c)^2} \cdot$$
$$\begin{pmatrix} |b \times c|^2 & (b \times c) \cdot (c \times a) & (b \times c) \cdot (a \times b) \\ (b \times c) \cdot (c \times a) & |c \times a|^2 & (a \times b) \cdot (c \times a) \\ (b \times c) \cdot (a \times b) & (a \times b) \cdot (c \times a) & |a \times b|^2 \end{pmatrix},$$

故所求向量的分解式的系数是

$$\lambda = \frac{1}{(a, b, c)^2} \left(\alpha|b \times c|^2 + \beta(b \times c) \cdot (c \times a) + \gamma(b \times c) \cdot (a \times b) \right),$$

$$\mu = \frac{1}{(a, b, c)^2}\left(\alpha(b \times c) \cdot (c \times a) + \beta|c \times a|^2 + \gamma(a \times b) \cdot (c \times a)\right),$$

$$\nu = \frac{1}{(a, b, c)^2}\left(\alpha(b \times c) \cdot (a \times b) + \beta(a \times b) \cdot (c \times a) + \gamma|a \times b|^2\right).$$

把上面所得的 λ, μ, ν 代入 x 的表达式, 便得到前面所得的解. 事实上, 用上面同样的做法容易得到

$$b \times c = \frac{1}{(a, b, c)}(|b \times c|^2 a + (b \times c) \cdot (c \times a)b + (b \times c) \cdot (a \times b)c),$$

$$c \times a = \frac{1}{(a, b, c)}((b \times c) \cdot (c \times a)a + |c \times a|^2 b + (a \times b) \cdot (c \times a)c),$$

$$a \times b = \frac{1}{(a, b, c)}((b \times c) \cdot (a \times b)a + (a \times b) \cdot (c \times a)b + |a \times b|^2 c),$$

因此

$$x = \lambda a + \mu b + \nu c = \frac{1}{(a, b, c)}(\alpha(b \times c) + \beta(c \times a) + \gamma(a \times b)).$$

例题 1.6 设 $a(t)$ 是一个处处非零的至少二阶连续可微的向量函数, 则 (1) 向量函数 $a(t)$ 的长度是常数当且仅当 $a'(t) \cdot a(t) \equiv 0$.

(2) 向量函数 $a(t)$ 的方向不变当且仅当 $a'(t) \times a(t) \equiv \mathbf{0}$.

(3) 如果向量函数 $a(t)$ 与某一个固定的方向垂直, 那么 $(a(t), a'(t), a''(t)) \equiv 0$. 反过来, 如果上式成立, 并且处处有 $a'(t) \times a(t) \neq \mathbf{0}$, 那么向量函数 $a(t)$ 必定与某一个固定的方向垂直.

证明 (1) 因为

$$\frac{\mathrm{d}}{\mathrm{d}t}|a(t)|^2 = \frac{\mathrm{d}(a(t) \cdot a(t))}{\mathrm{d}t} = 2a'(t) \cdot a(t),$$

所以 $|a(t)|^2$ 是常数, 当且仅当 $a'(t) \cdot a(t) \equiv 0$.

(2) 如果向量函数 $a(t)$ 的方向不变, 则有一个固定的单位向量 b, 使得向量函数 $a(t)$ 能够写成 $a(t) = f(t) \cdot b$, 其中 $f(t) = a(t) \cdot b$ 是处处非零的连续可微函数, 因此

$$a'(t) = f'(t) \cdot b, \qquad a'(t) \times a(t) \equiv \mathbf{0}.$$

反过来, 设 $\boldsymbol{a}'(t) \times \boldsymbol{a}(t) \equiv \boldsymbol{0}$, 命 $\boldsymbol{b}(t) = \boldsymbol{a}(t)/|\boldsymbol{a}(t)|$, $|\boldsymbol{b}(t)| = 1$. 我们要证明 $\boldsymbol{b}(t)$ 是常向量函数. 因为 $\boldsymbol{b}(t)$ 的长度是 1, 故由 (1) 可知, $\boldsymbol{b}'(t) \cdot \boldsymbol{b}(t) \equiv 0$, 即 $\boldsymbol{b}'(t) \cdot \boldsymbol{a}(t) \equiv 0$. 由 $\boldsymbol{b}(t)$ 的定义得知

$$\boldsymbol{a}(t) = f(t)\boldsymbol{b}(t),$$

其中 $f(t) = |\boldsymbol{a}(t)|$ 处处不为零, 故

$$\boldsymbol{a}'(t) = f'(t)\boldsymbol{b}(t) + f(t)\boldsymbol{b}'(t),$$

$$\boldsymbol{a}'(t) \times \boldsymbol{a}(t) = f(t)\boldsymbol{b}'(t) \times \boldsymbol{a}(t) = \boldsymbol{0},$$

因此 $\boldsymbol{b}'(t) \times \boldsymbol{a}(t) = \boldsymbol{0}$, 即 $\boldsymbol{b}'(t)$ 与 $\boldsymbol{a}(t)$ 共线, 假设

$$\boldsymbol{b}'(t) = \lambda(t)\boldsymbol{a}(t).$$

由于 $\boldsymbol{b}'(t) \cdot \boldsymbol{a}(t) \equiv 0$, 故

$$\boldsymbol{b}'(t) \cdot \boldsymbol{a}(t) = \lambda(t)\boldsymbol{a}(t) \cdot \boldsymbol{a}(t) = \lambda(t)f^2(t) \equiv 0,$$

于是 $\lambda(t) \equiv 0$, 即

$$\boldsymbol{b}'(t) \equiv \boldsymbol{0},$$

故 $\boldsymbol{b}(t)$ 是常向量, 所以向量函数 $\boldsymbol{a}(t)$ 的方向不变.

(3) 设有单位常向量 $\boldsymbol{b}$, 使得 $\boldsymbol{a}(t) \cdot \boldsymbol{b} \equiv 0$. 对此式求导数得到

$$\boldsymbol{a}'(t) \cdot \boldsymbol{b} \equiv 0, \qquad \boldsymbol{a}''(t) \cdot \boldsymbol{b} \equiv 0,$$

因此向量 $\boldsymbol{a}(t), \boldsymbol{a}'(t), \boldsymbol{a}''(t)$ 都落在与 $\boldsymbol{b}$ 垂直的二维线性子空间内, 即对于任意的 t, 向量 $\boldsymbol{a}(t), \boldsymbol{a}'(t), \boldsymbol{a}''(t)$ 是共面的, 于是

$$(\boldsymbol{a}(t), \boldsymbol{a}'(t), \boldsymbol{a}''(t)) \equiv 0.$$

反过来, 假定上面的式子成立, 则

$$(\boldsymbol{a}(t) \times \boldsymbol{a}'(t)) \cdot \boldsymbol{a}''(t) \equiv 0.$$

已经假设 $a'(t) \times a(t) \neq 0$, 于是可以命

$$b(t) = a'(t) \times a(t),$$

则

$$b'(t) = a''(t) \times a(t),$$

因而

$$
\begin{aligned}
b(t) \times b'(t) &= b(t) \times (a''(t) \times a(t)) \\
&= (b(t) \cdot a(t))a''(t) - (b(t) \cdot a''(t))a(t) \\
&= (a(t), a'(t), a''(t))a(t) \equiv 0,
\end{aligned}
$$

根据 (2), 向量函数 $b(t)$ 有确定的方向. 命 $b_0 = b(t)/|b(t)|$, 则 b_0 是单位常向量, 并且

$$a(t) \cdot b_0 = \frac{a(t) \cdot b(t)}{|b(t)|} \equiv 0.$$

证毕.

第二章　　曲线论

§2.1　要点和公式

1. 在曲线的微分几何理论中，我们关注的主要是三维欧氏空间 $\mathbb{R}^3$ 中曲线的理论. 至于平面曲线，可以看成是挠率恒等于零的空间曲线，因而关于空间曲线的理论仍然适用于平面曲线. 对于三维欧氏空间 $\mathbb{R}^3$ 中的正则曲线 $C: \boldsymbol{r} = \boldsymbol{r}(t)$, $a \leq t \leq b$, 由于 $\boldsymbol{r}'(t) \neq 0$, 所以可以引进新参数 s, 使得

$$s = s(t) = \int_a^t |\boldsymbol{r}'(t)| \mathrm{d}t.$$

该参数 s 称为曲线 C 的弧长参数. 正则曲线 $C: \boldsymbol{r} = \boldsymbol{r}(t)$ 的参数 t 为弧长参数的特征是 $|\boldsymbol{r}'(t)| \equiv 1$. 在作空间曲线的理论研究时，假定它的参数方程以弧长为参数是比较方便的，相应的公式比较简单；但是在对空间曲线的参数方程 $\boldsymbol{r} = \boldsymbol{r}(t)$ 进行具体的计算时，其参数 t 未必是弧长参数，所以我们需要采用曲线在一般参数表示时的相应公式. 这是在做关于空间曲线的习题时特别要注意的问题.

2. 关于空间曲线的理论，最重要的是沿曲线 $\boldsymbol{r} = \boldsymbol{r}(t)$ 定义的 Frenet 标架 $\{\boldsymbol{r}; \boldsymbol{\alpha}, \boldsymbol{\beta}, \boldsymbol{\gamma}\}$ 和 Frenet 公式 (即 Frenet 标架的原点和各个标架向量关于弧长参数的导数公式). 在 Frenet 公式中包含了空间曲线的全部信息. 假定空间曲线 C 的参数方程是 $\boldsymbol{r} = \boldsymbol{r}(s)$, 其中 s 是弧长参数，则它的单位切向量是

$$\boldsymbol{\alpha}(s) = \boldsymbol{r}'(s),$$

它的曲率是

$$\kappa(s) = |\boldsymbol{\alpha}'(s)| = |\boldsymbol{r}''(s)|.$$

当曲线的曲率 $\kappa(s) \neq 0$ 时，它的主法向量是

$$\boldsymbol{\beta}(s) = \frac{\boldsymbol{\alpha}'(s)}{|\boldsymbol{\alpha}'(s)|} = \frac{\boldsymbol{r}''(s)}{|\boldsymbol{r}''(s)|},$$

于是曲线的次法向量是

$$\boldsymbol{\gamma}(s) = \boldsymbol{\alpha}(s) \times \boldsymbol{\beta}(s),$$

曲线的挠率是

$$\tau(s) = -\boldsymbol{\gamma}'(s) \cdot \boldsymbol{\beta}(s).$$

这样, 曲线的 Frenet 公式是

$$\begin{cases} \boldsymbol{r}'(s) = & \boldsymbol{\alpha}(s), \\ \boldsymbol{\alpha}'(s) = & \kappa(s)\boldsymbol{\beta}(s), \\ \boldsymbol{\beta}'(s) = & -\kappa(s)\boldsymbol{\alpha}(s) & +\tau(s)\boldsymbol{\gamma}(s), \\ \boldsymbol{\gamma}'(s) = & -\tau(s)\boldsymbol{\beta}(s). \end{cases}$$

在用 Frenet 公式时, 必须注意上面各式左边的导数都是关于弧长参数 s 的导数. 如果采用的是曲线的一般参数, 则公式应该做相应的变通.

3. 在曲线的一般参数下, 设曲线的参数方程是 $\boldsymbol{r} = \boldsymbol{r}(t)$, 则它的单位切向量是

$$\boldsymbol{\alpha}(t) = \frac{\boldsymbol{r}'(t)}{|\boldsymbol{r}'(t)|}.$$

假定曲线的弧长参数是 s, 则 $s'(t) = |\boldsymbol{r}'(t)|$, 所以

$$\boldsymbol{r}'(t) = \frac{\mathrm{d}\boldsymbol{r}(t)}{\mathrm{d}s}\frac{\mathrm{d}s}{\mathrm{d}t} = \boldsymbol{\alpha}(t)s'(t),$$

因此

$$\begin{aligned} \boldsymbol{r}''(t) &= \frac{\mathrm{d}\boldsymbol{\alpha}(t)}{\mathrm{d}t}s'(t) + \boldsymbol{\alpha}(t)s''(t) \\ &= \frac{\mathrm{d}\boldsymbol{\alpha}(t)}{\mathrm{d}s}(s'(t))^2 + \boldsymbol{\alpha}(t)s''(t) \\ &= \kappa(t)\boldsymbol{\beta}(t)(s'(t))^2 + \boldsymbol{\alpha}(t)s''(t), \end{aligned}$$

故

$$\boldsymbol{r}'(t) \times \boldsymbol{r}''(t) = \kappa(t)(s'(t))^3\boldsymbol{\alpha}(t) \times \boldsymbol{\beta}(t) = \kappa(t)(s'(t))^3\boldsymbol{\gamma}(t).$$

由此得到曲线的曲率是

$$\kappa(t) = \frac{|\boldsymbol{r}'(t) \times \boldsymbol{r}''(t)|}{(s'(t))^3} = \frac{|\boldsymbol{r}'(t) \times \boldsymbol{r}''(t)|}{|\boldsymbol{r}'(t)|^3},$$

次法向量是

$$\boldsymbol{\gamma}(t) = \frac{\boldsymbol{r}'(t) \times \boldsymbol{r}''(t)}{|\boldsymbol{r}'(t) \times \boldsymbol{r}''(t)|}.$$

这样，曲线的主法向量是

$$\boldsymbol{\beta}(t) = \boldsymbol{\gamma}(t) \times \boldsymbol{\alpha}(t).$$

再利用 Frenet 公式得到

$$\begin{aligned}
\tau(t) &= -\left(\boldsymbol{\gamma}'(t)\frac{\mathrm{d}t}{\mathrm{d}s}\right) \cdot \boldsymbol{\beta}(t) = -\frac{1}{|\boldsymbol{r}'(t)|}\boldsymbol{\gamma}'(t) \cdot \boldsymbol{\beta}(t) \\
&= \frac{(\boldsymbol{r}'(t), \boldsymbol{r}''(t), \boldsymbol{r}'''(t))}{|\boldsymbol{r}'(t) \times \boldsymbol{r}''(t)|^2}.
\end{aligned}$$

此时，单位切向量、主法向量和次法向量的导数是

$$\begin{aligned}
\boldsymbol{\alpha}'(t) &= \frac{\mathrm{d}\boldsymbol{\alpha}}{\mathrm{d}s} \cdot s'(t) = \kappa(t)s'(t)\boldsymbol{\beta}(t), \\
\boldsymbol{\beta}'(t) &= \frac{\mathrm{d}\boldsymbol{\beta}}{\mathrm{d}s} \cdot s'(t) = -\kappa(t)s'(t)\boldsymbol{\alpha}(t) + \tau(t)s'(t)\boldsymbol{\gamma}(t), \\
\boldsymbol{\gamma}'(t) &= \frac{\mathrm{d}\boldsymbol{\gamma}}{\mathrm{d}s} \cdot s'(t) = -\tau(t)s'(t)\boldsymbol{\beta}(t).
\end{aligned}$$

4. 空间曲线的曲率 $\kappa(s)$、挠率 $\tau(s)$ 和弧长参数 s 一起构成了完全的不变量系统. 具体地说，如果两条空间曲线都以弧长 s 为参数，并且它们有相同的曲率 $\kappa(s)$ 和挠率 $\tau(s)$, 则在外围的三维欧氏空间的一个刚体运动下可以使这两条曲线重合在一起. 另外，如果给定了两个连续可微函数 $\kappa(s), \tau(s)$, 其中 $\kappa(s) > 0$, 则在三维欧氏空间中存在一条空间曲线, 它以 s 为弧长参数, 以 $\kappa(s)$ 为曲率, 以 $\tau(s)$ 为挠率, 并且这样的曲线的形状是完全确定的, 至多差曲线在空间中的位置不同. 上面的结论称为空间曲线的基本定理. 在给定曲率 $\kappa(s)$ 和挠率 $\tau(s)$ 求

曲线时, Frenet 公式成为求曲线的微分方程组. 此时, 向量 r, α, β, γ 被看成是未知量 (因而是 12 个未知函数), 在适当的初始条件下 (要求 α, β, γ 的初始值是成右手系的、彼此正交的单位向量), 该微分方程组的解 $r(s)$ 恰好是满足要求的正则空间曲线, 而 $\alpha(s), \beta(s), \gamma(s)$ 构成沿曲线的 Frenet 标架场.

5. 两条相交的曲线在交点附近的接近程度是用所谓的切触阶来刻画的. 设曲线 C_1 和 C_2 相交于点 p_0, 在 C_1 和 C_2 上各取一点 p_1 和 p_2, 使得曲线 C_1 在点 p_0 和 p_1 之间的弧长是 Δs, C_2 在点 p_0 和 p_2 之间的弧长也是 Δs, 若有正整数 n 使得

$$\lim_{\Delta s \to 0} \frac{|p_1 p_2|}{(\Delta s)^n} = 0, \qquad \lim_{\Delta s \to 0} \frac{|p_1 p_2|}{(\Delta s)^{n+1}} \neq 0,$$

则称曲线 C_1 和 C_2 在交点 p_0 处有 n 阶切触.

容易证明: 设曲线 $r_1(s)$ 和 $r_2(s)$ 都以 s 为它们的弧长参数, 且 $r_1(s_0) = r_2(s_0)$, 则它们在 $s = s_0$ 处有 n 阶切触的充分必要条件是

$$r_1^{(i)}(s_0) = r_2^{(i)}(s_0), \quad \forall 1 \le i \le n; \qquad r_1^{(n+1)}(s_0) \neq r_2^{(n+1)}(s_0).$$

若一条曲线 C 和一个曲面 Σ 相交, 同样能够用切触阶来刻画曲线和曲面的接近程度. 设交点是 p_0. 在曲线 C 上取一点 p_1, 把曲线 C 上从点 p_0 到点 p_1 的弧长记为 Δs, 把点 p_1 到曲面 Σ 的距离最近的点记为 p_2, 若有正整数 n 使得

$$\lim_{\Delta s \to 0} \frac{|p_1 p_2|}{(\Delta s)^n} = 0, \qquad \lim_{\Delta s \to 0} \frac{|p_1 p_2|}{(\Delta s)^{n+1}} \neq 0,$$

则称曲线 C 和曲面 Σ 在交点 p_0 处有 n 阶切触.

6. 平面曲线可以看作空间曲线的特例, 即它是挠率恒等于零的空间曲线. 空间曲线的求曲率的公式照样适用于平面曲线. 但是, 就平面曲线而言, 其特殊性在于平面本身是有定向的, 因此将它的单位切向量绕正向旋转 $90°$ 便得到曲线在平面中的法向量, 这个向量是唯一确定的. 设平面曲线 C 的参数方程是 $r(s) = (x(s), y(s))$, 其中 s 是弧

长参数，则它的单位切向量是

$$\boldsymbol{\alpha}(s) = \boldsymbol{r}'(s) = (x'(s), y'(s)),$$

绕正向旋转 90° 得到的法向量是

$$\boldsymbol{\beta}(s) = (-y'(s), x'(s)).$$

于是得到曲线的相对曲率是

$$\kappa_r = \boldsymbol{\alpha}'(s) \cdot \boldsymbol{\beta}(s) = x'(s)y''(s) - y'(s)x''(s).$$

相对曲率 κ_r 与曲率 κ 的关系是 $\kappa_r = \pm\kappa$. 正号表示曲线的主法向量是前面给出的 $\boldsymbol{\beta}(s)$, 曲线朝 $\boldsymbol{\beta}(s)$ 所指方向弯曲；负号表示曲线的主法向量是 $-\boldsymbol{\beta}(s)$, 即曲线朝 $\boldsymbol{\beta}(s)$ 所指的相反方向弯曲.

若平面曲线 C 的参数方程是 $\boldsymbol{r} = (x(t), y(t))$, 其中 t 不是弧长参数，则它的相对曲率是

$$\kappa_r = \frac{x'(t)y''(t) - y'(t)x''(t)}{\sqrt{((x'(s))^2 + (y'(s))^2)^3}}.$$

7. 对于平面曲线，如果假定

$$\boldsymbol{\alpha}(s) = (x'(s), y'(s)) = (\cos\theta(s), \sin\theta(s)),$$

其中 $\theta(s)$ 是切向量 $\boldsymbol{\alpha}(s)$ 和 x-轴正向的夹角，则

$$\boldsymbol{\alpha}'(s) = (x''(s), y''(s)) = (-\sin\theta(s), \cos\theta(s)) \cdot \theta'(s) = \theta'(s)\boldsymbol{\beta}(s).$$

由此可见，$\kappa_r(s) = \theta'(s)$, 这就非常直观地说明了相对曲率的几何意义，即相对曲率 κ_r 是曲线切向量的方向角关于弧长的变化率.

如果已知平面曲线的相对曲率 $\kappa(s)$, 其中 s 是曲线的弧长参数，则

$$\theta(s) = \theta_0 + \int_{s_0}^{s} \kappa(s)\mathrm{d}s,$$

因此

$$x(s) = x_0 + \int_{s_0}^{s} \cos\theta(s)\mathrm{d}s, \quad y(s) = y_0 + \int_{s_0}^{s} \sin\theta(s)\mathrm{d}s.$$

§2.2   例题详解

例题 2.1   求一个动点在绕 z-轴作半径为 $a > 0$ 的匀速圆周运动的同时，沿 z-轴方向作匀速直线运动所描出的轨迹.

解   这是一个合成运动，绕 z-轴作半径为 a 的匀速圆周运动是 $(a\cos t, a\sin t, 0)$，沿 z-轴方向的匀速直线运动是 $(0, 0, bt)$，$b \neq 0$，所以它们的合成是

$$\boldsymbol{r}(t) = (a\cos t, a\sin t, 0) + (0, 0, bt) = (a\cos t, a\sin t, bt),$$

这是一条圆螺旋线. 由于

$$\boldsymbol{r}'(t) = (-a\sin t, a\cos t, b), \qquad |\boldsymbol{r}'(t)|^2 = a^2 + b^2 > 0,$$

所以这是一条正则参数曲线.

例题 2.2   求曲线

$$\begin{cases} x^2 + y^2 + z^2 = 1, & z \geq 0, \\ x^2 + y^2 = x \end{cases}$$

的参数方程.

解   曲线通常表现为两个曲面的交线. 但是要进行微分几何的研究，将曲线用参数方程表示比较方便. 最一般的方法是把两个曲面的方程联立，解出其中两个坐标为第三个坐标的函数，然后可以把第三个坐标作为曲线的参数. 例如，从曲面的方程解出 $y = y(x)$，$z = z(x)$，则该曲线的参数方程是

$$\boldsymbol{r} = (x, y(x), z(x)).$$

从本题的两个方程得到

$$z^2 = 1 - x, \quad y^2 = x - x^2,$$

所以该交线的参数方程是

$$r = \left(x, \pm\sqrt{x(1-x)}, \sqrt{1-x} \right).$$

当已知曲面本身可以用参数方程表示时, 求曲面上的曲线时只要求出曲面的两个参数之间所满足的关系式. 例如本题第二个曲面的方程

$$x^2 + y^2 = x$$

可以改写成

$$\left(x - \frac{1}{2} \right)^2 + y^2 = \frac{1}{4},$$

这是一个圆柱面, 因此它的参数方程是

$$x = \frac{1}{2} + \frac{1}{2}\cos u, \quad y = \frac{1}{2}\sin u, \quad z = v.$$

它和球面 $x^2 + y^2 + z^2 = 1$ 的交线应该满足方程

$$\left(\frac{1}{2} + \frac{1}{2}\cos u \right)^2 + \left(\frac{1}{2}\sin u \right)^2 + v^2 = 1,$$

展开之后得到

$$v^2 = \frac{1}{2}(1 - \cos u) = \sin^2\frac{u}{2}, \quad v = \sin\frac{u}{2},$$

所以交线的参数方程是

$$r = \left(\frac{1+\cos u}{2}, \ \frac{\sin u}{2}, \ \sin\frac{u}{2} \right) = (\cos^2 t, \ \sin t\cos t, \ \sin t),$$

其中 $u = 2t$.

例题 2.3 证明: 曲线 $x^2 = 3y$, $2xy = 9z$ 的切向量和某个固定的方向成定角. 确定这个固定的方向和该角的大小.

证明 其切向量和某个固定方向成定角的空间曲线称为定倾曲线. 实际上可以证明: 定倾曲线的特征是它的挠率和曲率之比是常数

(参看习题 2.34). 所以, 只要计算该曲线的挠率和曲率就行了. 在这里, 我们采取直接的证法.

已知曲线的参数方程是

$$\boldsymbol{r} = \left(x, \frac{x^2}{3}, \frac{2x^3}{27} \right).$$

只要证明它的单位切向量和一个常向量的内积是常数. 该曲线的切向量是

$$\boldsymbol{r}'(x) = \left(1, \frac{2x}{3}, \frac{2x^2}{9} \right),$$

因此 $|\boldsymbol{r}'(x)| = 1 + \dfrac{2x^2}{9}$. 设有非零常向量 $\boldsymbol{l} = (a, b, c)$ 使得

$$\frac{\boldsymbol{r}'(x)}{|\boldsymbol{r}'(x)|} \cdot \boldsymbol{l} = \text{const.},$$

即存在常数 λ 使得

$$a + b \cdot \frac{2x}{3} + c \cdot \frac{2x^2}{9} = \lambda \left(1 + \frac{2x^2}{9} \right)$$

成为恒等式. 比较两边的系数得到

$$a = \lambda, \quad b = 0, \quad c = \lambda.$$

因此, 该曲线的切向量与方向向量 $\boldsymbol{l} = \left(\dfrac{\sqrt{2}}{2}, 0, \dfrac{\sqrt{2}}{2} \right)$ 成定角, 夹角的余弦是 $\dfrac{\sqrt{2}}{2}$, 故夹角是 $\pi/4$.

如果曲线的单位切向量和一个常向量的内积的表达式比较复杂, 则可以将该表达式对曲线的参数求导, 让它恒等于零, 求解 a, b, c.

例题 2.4 求圆螺旋线 $\boldsymbol{r} = (a \cos t, a \sin t, bt)$ 的曲率、挠率和它的 Frenet 标架, 其中 a, b 是常数, 且 $a > 0$.

解 对圆螺旋线的参数方程求导数得到

$$\boldsymbol{r}'(t) = (-a\sin t, a\cos t, b),$$
$$\boldsymbol{r}''(t) = (-a\cos t, -a\sin t, 0),$$
$$\boldsymbol{r}'(t) \times \boldsymbol{r}''(t) = (ab\sin t, -ab\cos t, a^2),$$
$$\boldsymbol{r}'''(t) = (a\sin t, -a\cos t, 0).$$

由于 $|\boldsymbol{r}'(t)|^2 = a^2 + b^2$ 未必是 1, 所以我们采用在一般参数下的公式. 这样,

$$\kappa(t) = \frac{|\boldsymbol{r}'(t) \times \boldsymbol{r}''(t)|}{|\boldsymbol{r}'(t)|^3} = \frac{a}{a^2 + b^2},$$
$$\tau(t) = \frac{(\boldsymbol{r}'(t), \boldsymbol{r}''(t), \boldsymbol{r}'''(t))}{|\boldsymbol{r}'(t) \times \boldsymbol{r}''(t)|^2} = \frac{a^2 b}{a^2 b^2 + a^4} = \frac{b}{a^2 + b^2},$$

并且

$$\boldsymbol{\alpha}(t) = \frac{\boldsymbol{r}'(t)}{|\boldsymbol{r}'(t)|} = \left(-\frac{a}{\sqrt{a^2 + b^2}}\sin t, \frac{a}{\sqrt{a^2 + b^2}}\cos t, \frac{b}{\sqrt{a^2 + b^2}}\right),$$
$$\boldsymbol{\gamma}(t) = \frac{\boldsymbol{r}'(t) \times \boldsymbol{r}''(t)}{|\boldsymbol{r}'(t) \times \boldsymbol{r}''(t)|} = \left(\frac{b}{\sqrt{a^2 + b^2}}\sin t, -\frac{b}{\sqrt{a^2 + b^2}}\cos t, \frac{a}{\sqrt{a^2 + b^2}}\right),$$
$$\boldsymbol{\beta}(t) = \boldsymbol{\gamma}(t) \times \boldsymbol{\alpha}(t) = (-\cos t, -\sin t, 0).$$

因为

$$\frac{\mathrm{d}s}{\mathrm{d}t} = |\boldsymbol{r}'(t)| = \sqrt{a^2 + b^2}, \qquad s = \sqrt{a^2 + b^2}\, t,$$

顺便得到该圆螺旋线以弧长 s 为参数的参数方程是

$$\boldsymbol{r} = \left(a\cos\frac{s}{\sqrt{a^2 + b^2}}, a\sin\frac{s}{\sqrt{a^2 + b^2}}, \frac{bs}{\sqrt{a^2 + b^2}}\right).$$

例题 2.5 求曲线 C

$$\begin{cases} x^2 + y^2 + z^2 = 1, \\ x^2 + y^2 = x \end{cases}$$

在 $(0, 0, 1)$ 处的曲率 κ, 挠率 τ 和 Frenet 标架.

解 这是例题 2.2 考虑过的曲线. 解此题的方法有两种. 一种方法是把该曲线在点 $(0,0,1)$ 的邻域内的部分用参数方程表示出来, 然后按照例题 2.4 的办法进行计算. 但是, 有时候用参数方程表示两个曲面的交线比较复杂, 涉及解函数方程. 因此, 我们在此介绍第二种方法.

假定曲线的参数方程是

$$\boldsymbol{r}(s) = (x(s), y(s), z(s)),$$

其中 s 是弧长参数, 并且 $s = 0$ 对应于点 $(0,0,1)$. 因此, 函数 $x(s), y(s),$ $z(s)$ 满足下列方程组

$$\begin{cases} x^2(s) + y^2(s) + z^2(s) = 1, \\ x^2(s) + y^2(s) - x(s) = 0, \\ (x'(s))^2 + (y'(s))^2 + (z'(s))^2 = 1. \end{cases}$$

将上式中的前两式关于 s 求导得到

$$\begin{cases} x(s)x'(s) + y(s)y'(s) + z(s)z'(s) = 0, \\ 2x(s)x'(s) + 2y(s)y'(s) - x'(s) = 0, \end{cases}$$

再令 $s = 0$ 得到 $z'(0) = 0$, $x'(0) = 0$, 故 $(y'(0))^2 = 1$. 不妨取 $y'(0) = 1$, 则

$$\boldsymbol{\alpha}(0) = \boldsymbol{r}'(0) = (0, 1, 0).$$

将前面一阶导数的三个式子关于 s 再次求导得到

$$\begin{cases} x'(s)x''(s) + y'(s)y''(s) + z'(s)z''(s) = 0, \\ x(s)x''(s) + y(s)y''(s) + z(s)z''(s) = -1, \\ x(s)x''(s) + y(s)y''(s) + (x'(s))^2 + (y'(s))^2 = \dfrac{1}{2}x''(s). \end{cases}$$

令 $s = 0$ 得到 $y''(0) = 0$, $z''(0) = -1$, $x''(0) = 2$, 即

$$\boldsymbol{r}''(0) = (2, 0, -1).$$

将前面二阶导数的三个式子关于 s 再次求导得到

$$\begin{cases} x'(s)x'''(s) + y'(s)y'''(s) + z'(s)z'''(s) + |\boldsymbol{r}''(s)|^2 = 0, \\ x(s)x'''(s) + y(s)y'''(s) + z(s)z'''(s) = 0, \\ x(s)x'''(s) + y(s)y'''(s) + 3x'(s)x''(s) + 3y'(s)y''(s) = \dfrac{1}{2}x'''(s). \end{cases}$$

令 $s = 0$, 将二阶以下的导数值代入得到 $y'''(0) = -5$, $z'''(0) = 0$, $x'''(0) = 0$, 即

$$\boldsymbol{r}'''(0) = (0, -5, 0).$$

由已知公式得知

$$\kappa(0) = |\boldsymbol{r}''(0)| = \sqrt{5},$$

$$\boldsymbol{\beta}(0) = \frac{\boldsymbol{r}''(0)}{|\boldsymbol{r}''(0)|} = \left(\frac{2\sqrt{5}}{5}, 0, \frac{-\sqrt{5}}{5} \right),$$

$$\boldsymbol{\gamma}(0) = \boldsymbol{\alpha}(0) \times \boldsymbol{\beta}(0) = \left(-\frac{\sqrt{5}}{5}, 0, \frac{-2\sqrt{5}}{5} \right),$$

$$\tau(0) = \frac{(\boldsymbol{r}'(0), \boldsymbol{r}''(0), \boldsymbol{r}'''(0))}{|\boldsymbol{r}'(0) \times \boldsymbol{r}''(0)|^2} = 0.$$

请读者自己用例题 2.2 给出的参数方程进行计算, 验证上面的结果.

例题 2.6 已知 $C : \boldsymbol{r} = \boldsymbol{r}(s)$ 是一条正则参数曲线, s 是它的弧长参数, 其曲率 $\kappa(s) > 0$ 和挠率 $\tau(s) > 0$, $\{\boldsymbol{r}(s); \boldsymbol{\alpha}(s), \boldsymbol{\beta}(s), \boldsymbol{\gamma}(s)\}$ 是沿曲线 C 的 Frenet 标架场. 作一条新的曲线 $\tilde{C}$:

$$\tilde{\boldsymbol{r}}(s) = \int_{s_0}^{s} \boldsymbol{\beta}(s) \mathrm{d}s.$$

求曲线 $\tilde{C}$ 的曲率 $\tilde{\kappa}$、挠率 $\tilde{\tau}$ 和 Frenet 标架场 $\{\tilde{\boldsymbol{r}}(s); \tilde{\boldsymbol{\alpha}}(s), \tilde{\boldsymbol{\beta}}(s), \tilde{\boldsymbol{\gamma}}(s)\}$.

解 求 $\tilde{\boldsymbol{r}}(s)$ 关于 s 的导数得到

$$\tilde{\boldsymbol{r}}'(s) = \boldsymbol{\beta}(s), \quad |\tilde{\boldsymbol{r}}'(s)| = |\boldsymbol{\beta}(s)| = 1,$$

故 s 是曲线 $\tilde{C}$ 的弧长参数, $\tilde{\boldsymbol{\alpha}}(s) = \boldsymbol{\beta}(s)$. 对前面的式子再次求导得到

$$\tilde{\boldsymbol{\alpha}}'(s) = \boldsymbol{\beta}'(s) = -\kappa(s)\boldsymbol{\alpha}(s) + \tau(s)\boldsymbol{\gamma}(s),$$

所以 $\tilde{\kappa}(s) = |\tilde{\boldsymbol{\alpha}}'(s)| = \sqrt{\kappa^2(s) + \tau^2(s)}$, 并且

$$\tilde{\boldsymbol{\beta}}(s) = -\frac{\kappa(s)}{\sqrt{\kappa^2(s) + \tau^2(s)}}\boldsymbol{\alpha}(s) + \frac{\tau(s)}{\sqrt{\kappa^2(s) + \tau^2(s)}}\boldsymbol{\gamma}(s),$$

$$\tilde{\boldsymbol{\gamma}}(s) = \tilde{\boldsymbol{\alpha}}(s) \times \tilde{\boldsymbol{\beta}}(s) = \frac{\tau(s)}{\sqrt{\kappa^2(s) + \tau^2(s)}}\boldsymbol{\alpha}(s) + \frac{\kappa(s)}{\sqrt{\kappa^2(s) + \tau^2(s)}}\boldsymbol{\gamma}(s).$$

因此

$$\tilde{\tau}(s) = -\tilde{\boldsymbol{\gamma}}'(s) \cdot \tilde{\boldsymbol{\beta}}(s) = \frac{\kappa(s)\tau'(s) - \kappa'(s)\tau(s)}{\kappa^2(s) + \tau^2(s)}.$$

注记   一般来说, s 未必是新曲线 $\tilde{C}$ 的弧长参数, 但是对于本题的 $\tilde{C}$ 恰好有 $|\tilde{\boldsymbol{r}}'(s)| = 1$, 故 s 是新曲线 $\tilde{C}$ 的弧长参数, 这使得后面的计算变得简单了.

例题 2.7   在上面例题关于曲线 C 的假设下, 求它的切线的球面标线 $\tilde{C}$:

$$\tilde{\boldsymbol{r}}(s) = \boldsymbol{\alpha}(s)$$

的曲率 $\tilde{\kappa}$、挠率 $\tilde{\tau}$ 和 Frenet 标架场.

解   求 $\tilde{\boldsymbol{r}}(s)$ 关于 s 的导数得到

$$\tilde{\boldsymbol{r}}'(s) = \boldsymbol{\alpha}'(s) = \kappa(s)\boldsymbol{\beta}(s),$$

所以

$$\frac{\mathrm{d}\tilde{s}}{\mathrm{d}s} = |\tilde{\boldsymbol{r}}'(s)| = \kappa(s).$$

由此可见 s 未必是曲线 $\tilde{C}$ 的弧长参数, 因此我们需要用曲线在一般参数下的计算公式. 对前面的式子接连求导得到

$$\tilde{\boldsymbol{r}}''(s) = -\kappa^2(s)\boldsymbol{\alpha}(s) + \kappa'(s)\boldsymbol{\beta}(s) + \kappa(s)\tau(s)\boldsymbol{\gamma}(s),$$

$$\tilde{\boldsymbol{r}}'''(s) = -3\kappa(s)\kappa'(s)\boldsymbol{\alpha}(s) + (\kappa''(s) - \kappa^3(s) - \kappa(s)\tau^2(s))\boldsymbol{\beta}(s)$$
$$+ (2\kappa'(s)\tau(s) + \kappa(s)\tau'(s))\boldsymbol{\gamma}(s),$$
$$\tilde{\boldsymbol{r}}'(s) \times \tilde{\boldsymbol{r}}''(s) = \kappa^2(s)\tau(s)\boldsymbol{\alpha}(s) + \kappa^3(s)\boldsymbol{\gamma}(s).$$

于是

$$\tilde{\kappa}(s) = \frac{|\tilde{\boldsymbol{r}}'(s) \times \tilde{\boldsymbol{r}}''(s)|}{|\tilde{\boldsymbol{r}}'(s)|^3} = \frac{\sqrt{\kappa^2 + \tau^2}}{\kappa},$$
$$\tilde{\tau}(s) = \frac{(\tilde{\boldsymbol{r}}'(s), \tilde{\boldsymbol{r}}''(s), \tilde{\boldsymbol{r}}'''(s))}{|\tilde{\boldsymbol{r}}'(s) \times \tilde{\boldsymbol{r}}''(s)|^2} = \frac{\kappa\tau' - \kappa'\tau}{\kappa(\kappa^2 + \tau^2)}.$$

曲线 $\tilde{C}$ 的单位切向量、次法向量和主法向量分别是

$$\tilde{\boldsymbol{\alpha}}(s) = \frac{\tilde{\boldsymbol{r}}'(s)}{|\tilde{\boldsymbol{r}}'(s)|} = \boldsymbol{\beta}(s),$$
$$\tilde{\boldsymbol{\gamma}}(s) = \frac{\tilde{\boldsymbol{r}}'(s) \times \tilde{\boldsymbol{r}}''(s)}{|\tilde{\boldsymbol{r}}'(s) \times \tilde{\boldsymbol{r}}''(s)|} = \frac{\tau}{\sqrt{\kappa^2 + \tau^2}}\boldsymbol{\alpha}(s) + \frac{\kappa}{\sqrt{\kappa^2 + \tau^2}}\boldsymbol{\gamma}(s),$$
$$\tilde{\boldsymbol{\beta}}(s) = \tilde{\boldsymbol{\gamma}}(s) \times \tilde{\boldsymbol{\alpha}}(s) = -\frac{\kappa}{\sqrt{\kappa^2 + \tau^2}}\boldsymbol{\alpha}(s) + \frac{\tau}{\sqrt{\kappa^2 + \tau^2}}\boldsymbol{\gamma}(s).$$

例题 2.8 证明：若一条正则曲线在各点的切线都经过一个固定点，则它必定是一条直线.

证明 做几何题要有空间想象能力. 首先要把题设条件转化为方程式. 微分几何学以微分为主要工具，因此见到公式就求导. 在求导后，需要观察所得式子的几何含义，得出必要的结论，或再次求导. 设 C 是一条正则曲线，其参数方程是 $\boldsymbol{r} = \boldsymbol{r}(s)$, s 是弧长参数. 它在 s 处的切线方程是

$$\boldsymbol{r} = \boldsymbol{r}(s) + \lambda\boldsymbol{r}'(s),$$

其中 λ 是切线上的参数. 现在假定曲线 C 的切线都经过一个固定点，于是有函数 $\lambda(s)$ 使得

$$\boldsymbol{r}(s) + \lambda(s)\boldsymbol{r}'(s) = \boldsymbol{r}_0,$$

这里 r_0 表示固定点的位置向量 (上面的假定是把题设条件转化为方程式的关键步骤). 将上式对 s 求导得到

$$(1 + \lambda'(s))r'(s) + \lambda(s)r''(s) = 0,$$

即

$$(1 + \lambda'(s))\alpha(s) + \lambda(s)\kappa(s)\beta(s) = 0.$$

因为 α, β 的线性无关性, 故有

$$\lambda'(s) = -1, \qquad \lambda(s)\kappa(s) = 0,$$

即 $\kappa(s) \equiv 0$, 所以 C 是直线.

例题 2.9   设曲线 $r = r(s)$ 的曲率 $\kappa(s)$ 和挠率 $\tau(s)$ 都不为零, s 是弧长参数. 如果该曲线落在一个球面上, 则它的曲率和挠率必满足关系式

$$\left(\frac{1}{\kappa(s)}\right)^2 + \left(\frac{1}{\tau(s)}\frac{\mathrm{d}}{\mathrm{d}s}\left(\frac{1}{\kappa(s)}\right)\right)^2 = 常数.$$

证明   假定曲线 $r = r(s)$ 落在一个球面上, 该球面的球心是 r_0, 半径是 R_0, 则有关系式

$$(r(s) - r_0)^2 = R_0^2$$

(这是用方程式表述题设条件). 将上式两边对于 s 求导, 得到

$$\alpha(s) \cdot (r(s) - r_0) = 0,$$

这说明 $r(s) - r_0$ 是曲线的法向量 (这是关键的观察). 不妨设

$$r(s) - r_0 = \lambda(s)\beta(s) + \mu(s)\gamma(s),$$

将上式对于 s 求导并且利用 Frenet 公式得到

$$\alpha(s) = -\lambda(s)\kappa(s)\alpha(s) + (\lambda'(s) - \mu(s)\tau(s))\beta(s)$$

$$+ (\lambda(s)\tau(s) + \mu'(s))\boldsymbol{\gamma}(s),$$

比较等式两边的系数得到

$$\lambda(s)\kappa(s) = -1, \quad \lambda'(s) = \mu(s)\tau(s), \quad \mu'(s) = -\lambda(s)\tau(s),$$

于是

$$\lambda(s) = -\frac{1}{\kappa(s)}, \qquad \mu(s) = \frac{\lambda'(s)}{\tau(s)} = -\frac{1}{\tau(s)}\frac{\mathrm{d}}{\mathrm{d}s}\left(\frac{1}{\kappa(s)}\right),$$

因此

$$\boldsymbol{r}(s) - \boldsymbol{r}_0 = -\frac{1}{\kappa(s)}\boldsymbol{\beta}(s) - \frac{1}{\tau(s)}\frac{\mathrm{d}}{\mathrm{d}s}\left(\frac{1}{\kappa(s)}\right)\boldsymbol{\gamma}(s),$$

利用曲线在球面上的条件得到

$$\left(\frac{1}{\kappa(s)}\right)^2 + \left(\frac{1}{\tau(s)}\frac{\mathrm{d}}{\mathrm{d}s}\left(\frac{1}{\kappa(s)}\right)\right)^2 = R_0^2.$$

例题 2.10 假定 $\boldsymbol{r} = \boldsymbol{r}(s)$ 是以 s 为弧长参数的正则参数曲线，它的挠率不为零，曲率不是常数，并且下面的关系式成立：

$$\left(\frac{1}{\kappa(s)}\right)^2 + \left(\frac{1}{\tau(s)}\frac{\mathrm{d}}{\mathrm{d}s}\left(\frac{1}{\kappa(s)}\right)\right)^2 = R_0^2 = 常数,$$

证明该曲线落在一个球面上.

证明 这是上面一个例题的反命题. 乍看起来, 有点束手无策. 于是先对已知关系式求导再说, 由此得到

$$\frac{1}{\kappa(s)}\frac{\mathrm{d}}{\mathrm{d}s}\left(\frac{1}{\kappa(s)}\right) + \frac{1}{\tau(s)}\frac{\mathrm{d}}{\mathrm{d}s}\left(\frac{1}{\kappa(s)}\right)\frac{\mathrm{d}}{\mathrm{d}s}\left(\frac{1}{\tau(s)}\frac{\mathrm{d}}{\mathrm{d}s}\left(\frac{1}{\kappa(s)}\right)\right) = 0.$$

因为曲率不是常数, 从上式得到

$$\frac{\tau(s)}{\kappa(s)} + \frac{\mathrm{d}}{\mathrm{d}s}\left(\frac{1}{\tau(s)}\frac{\mathrm{d}}{\mathrm{d}s}\left(\frac{1}{\kappa(s)}\right)\right) = 0.$$

从例题 2.9 得知, 如果曲线落在球面上, 则球心的位置向量应该是

$$\boldsymbol{r}_0 = \boldsymbol{r}(s) + \frac{1}{\kappa(s)}\boldsymbol{\beta}(s) + \frac{1}{\tau(s)}\frac{\mathrm{d}}{\mathrm{d}s}\left(\frac{1}{\kappa(s)}\right)\boldsymbol{\gamma}(s).$$

现在把上式右端的向量函数记为 $c(s)$(这是关键的设想), 并且将它对 s 求导得到

$$c'(s) = \alpha(s) + \frac{d}{ds}\left(\frac{1}{\kappa(s)}\right)\beta(s) + \frac{1}{\kappa(s)}(-\kappa(s)\alpha(s) + \tau(s)\gamma(s))$$
$$+ \frac{d}{ds}\left(\frac{1}{\tau(s)}\frac{d}{ds}\left(\frac{1}{\kappa(s)}\right)\right)\gamma(s) + \frac{1}{\tau(s)}\frac{d}{ds}\left(\frac{1}{\kappa(s)}\right)(-\tau(s)\beta(s))$$
$$= \left(\frac{\tau(s)}{\kappa(s)} + \frac{d}{ds}\left(\frac{1}{\tau(s)}\frac{d}{ds}\left(\frac{1}{\kappa(s)}\right)\right)\right)\gamma(s) = 0,$$

所以 $c(s) = c_0$ 是常向量. 于是

$$r(s) - c_0 = -\frac{1}{\kappa(s)}\beta(s) - \frac{1}{\tau(s)}\frac{d}{ds}\left(\frac{1}{\kappa(s)}\right)\gamma(s),$$

故

$$|r(s) - c_0|^2 = \left(\frac{1}{\kappa(s)}\right)^2 + \left(\frac{1}{\tau(s)}\frac{d}{ds}\left(\frac{1}{\kappa(s)}\right)\right)^2 = R_0^2 = 常数,$$

即曲线 $r(s)$ 落在以 c_0 为中心、以 R_0 为半径的球面上.

例题 2.11　求曲率和挠率分别是常数 $\kappa_0 > 0, \tau_0$ 的曲线的参数方程.

解　已知圆螺旋线 $r = (a\cos t, a\sin t, bt)(a > 0, b$ 是常数) 的曲率和挠率分别是常数

$$\kappa_0 = \frac{a}{a^2 + b^2}, \qquad \tau_0 = \frac{b}{a^2 + b^2}.$$

取 a, b 使得

$$\frac{a}{a^2 + b^2} = \kappa_0, \qquad \frac{b}{a^2 + b^2} = \tau_0,$$

也就是

$$a = \frac{\kappa_0}{\kappa_0^2 + \tau_0^2}, \qquad b = \frac{\tau_0}{\kappa_0^2 + \tau_0^2},$$

根据曲线论基本定理, 曲率和挠率分别是常数 $\kappa_0 > 0, \tau_0$ 的曲线必定是圆螺旋线. 如果不计位置的差异, 则它的参数方程是

$$r = \left(\frac{\kappa_0}{\kappa_0^2 + \tau_0^2}\cos t, \frac{\kappa_0}{\kappa_0^2 + \tau_0^2}\sin t, \frac{\tau_0 t}{\kappa_0^2 + \tau_0^2}\right),$$

或者是

$$\left(\frac{\kappa_0}{\kappa_0^2 + \tau_0^2} \cos\left(\sqrt{\kappa_0^2 + \tau_0^2} s \right), \frac{\kappa_0}{\kappa_0^2 + \tau_0^2} \sin\left(\sqrt{\kappa_0^2 + \tau_0^2} s \right), \frac{\tau_0 s}{\sqrt{\kappa_0^2 + \tau_0^2}} \right),$$

其中 s 是弧长参数.

注记 本题可以直接求解微分方程组. 根据曲线论基本定理的证明, 若已知 $\kappa(s), \tau(s)$, 只要初始值 $\boldsymbol{\alpha}_0, \boldsymbol{\beta}_0, \boldsymbol{\gamma}_0$ 是成右手系的三个彼此正交的单位向量, 则由 Frenet 公式

$$\frac{\mathrm{d}\boldsymbol{r}}{\mathrm{d}s} = \boldsymbol{\alpha}, \quad \frac{\mathrm{d}\boldsymbol{\alpha}}{\mathrm{d}s} = \kappa\boldsymbol{\beta}, \quad \frac{\mathrm{d}\boldsymbol{\beta}}{\mathrm{d}s} = -\kappa\boldsymbol{\alpha} + \tau\boldsymbol{\gamma}, \quad \frac{\mathrm{d}\boldsymbol{\gamma}}{\mathrm{d}s} = -\tau\boldsymbol{\beta}$$

给出的微分方程组的解恰好是以为弧长为参数、以 $\kappa(s), \tau(s)$ 为曲率和挠率的正则参数曲线以及它的 Frenet 标架场.

现在假定 $\kappa(s) = \kappa_0 > 0, \tau(s) = \tau_0 \neq 0$ 是常数. 将第 3 个方程再求导得到

$$\frac{\mathrm{d}^2\boldsymbol{\beta}}{\mathrm{d}s^2} = -\kappa_0\boldsymbol{\alpha}' + \tau_0\boldsymbol{\gamma}' = -(\kappa_0^2 + \tau_0^2)\boldsymbol{\beta},$$

这是以向量 $\boldsymbol{\beta}$ 为未知函数的常系数二阶微分方程, 所以它的通解是

$$\boldsymbol{\beta} = \cos(\sqrt{\kappa_0^2 + \tau_0^2}s)\boldsymbol{a} + \sin(\sqrt{\kappa_0^2 + \tau_0^2}s)\boldsymbol{b},$$

其中 $\boldsymbol{a}, \boldsymbol{b}$ 为任意常向量. 将 $\boldsymbol{\beta}$ 的表达式代入第 2 个方程并积分得到

$$\boldsymbol{\alpha} = \frac{\kappa_0}{\sqrt{\kappa_0^2 + \tau_0^2}} \sin(\sqrt{\kappa_0^2 + \tau_0^2}s)\boldsymbol{a} - \frac{\kappa_0}{\sqrt{\kappa_0^2 + \tau_0^2}} \cos(\sqrt{\kappa_0^2 + \tau_0^2}s)\boldsymbol{b} + \boldsymbol{c},$$

这里 $\boldsymbol{c}$ 为任意常向量. 现在把 $\boldsymbol{\alpha}, \boldsymbol{\beta}$ 的表达式代入第 3 个方程便得到

$$\boldsymbol{\gamma} = \frac{1}{\tau_0}(\boldsymbol{\beta}'(s) + \kappa_0\boldsymbol{\alpha})$$

$$= -\frac{\tau_0}{\sqrt{\kappa_0^2 + \tau_0^2}} \sin(\sqrt{\kappa_0^2 + \tau_0^2}s)\boldsymbol{a} + \frac{\tau_0}{\sqrt{\kappa_0^2 + \tau_0^2}} \cos(\sqrt{\kappa_0^2 + \tau_0^2}s)\boldsymbol{b} + \frac{\kappa_0}{\tau_0}\boldsymbol{c}.$$

命 $s = 0$ 得到

$$\boldsymbol{\alpha}_0 = -\frac{\kappa_0}{\sqrt{\kappa_0^2 + \tau_0^2}}\boldsymbol{b} + \boldsymbol{c}, \quad \boldsymbol{\beta}_0 = \boldsymbol{a}, \quad \boldsymbol{\gamma}_0 = \frac{\tau_0}{\sqrt{\kappa_0^2 + \tau_0^2}}\boldsymbol{b} + \frac{\kappa_0}{\tau_0}\boldsymbol{c},$$

解出常向量 a, b, c 得到

$$a = \beta_0, \quad b = -\frac{\kappa_0}{\sqrt{\kappa_0^2 + \tau_0^2}}\alpha_0 + \frac{\tau_0}{\sqrt{\kappa_0^2 + \tau_0^2}}\gamma_0,$$

$$c = \frac{\tau_0^2}{\kappa_0^2 + \tau_0^2}\alpha_0 + \frac{\kappa_0\tau_0}{\kappa_0^2 + \tau_0^2}\gamma_0.$$

把 a, b, c 的值代回 α, β, γ 的表达式得到

$$\alpha = \frac{\kappa_0^2 \cos(\sqrt{\kappa_0^2 + \tau_0^2}s) + \tau_0^2}{\kappa_0^2 + \tau_0^2}\alpha_0 + \frac{\kappa_0}{\sqrt{\kappa_0^2 + \tau_0^2}}\sin(\sqrt{\kappa_0^2 + \tau_0^2}s)\beta_0$$

$$+ \frac{\kappa_0\tau_0(1 - \cos(\sqrt{\kappa_0^2 + \tau_0^2}s))}{\kappa_0^2 + \tau_0^2}\gamma_0,$$

$$\beta = -\frac{\kappa_0 \sin(\sqrt{\kappa_0^2 + \tau_0^2}s)}{\sqrt{\kappa_0^2 + \tau_0^2}}\alpha_0 + \cos(\sqrt{\kappa_0^2 + \tau_0^2}s)\beta_0$$

$$+ \frac{\tau_0 \sin(\sqrt{\kappa_0^2 + \tau_0^2}s)}{\sqrt{\kappa_0^2 + \tau_0^2}}\gamma_0,$$

$$\gamma = \frac{\kappa_0\tau_0(1 - \cos(\sqrt{\kappa_0^2 + \tau_0^2}s))}{\kappa_0^2 + \tau_0^2}\alpha_0 - \frac{\tau_0}{\sqrt{\kappa_0^2 + \tau_0^2}}\sin(\sqrt{\kappa_0^2 + \tau_0^2}s)\beta_0$$

$$+ \frac{\tau_0^2 \cos(\sqrt{\kappa_0^2 + \tau_0^2}s) + \kappa_0^2}{\kappa_0^2 + \tau_0^2}\gamma_0.$$

取

$$\alpha_0 = \left(0, \frac{\kappa_0}{\sqrt{\kappa_0^2 + \tau_0^2}}, \frac{\tau_0}{\sqrt{\kappa_0^2 + \tau_0^2}}\right), \quad \beta_0 = (-1, 0, 0),$$

$$\gamma_0 = \left(0, -\frac{\tau_0}{\sqrt{\kappa_0^2 + \tau_0^2}}, \frac{\kappa_0}{\sqrt{\kappa_0^2 + \tau_0^2}}\right),$$

则有

$$\alpha = \left(-\frac{\kappa_0 \sin(\sqrt{\kappa_0^2 + \tau_0^2}s)}{\sqrt{\kappa_0^2 + \tau_0^2}}, \frac{\kappa_0 \cos(\sqrt{\kappa_0^2 + \tau_0^2}s)}{\sqrt{\kappa_0^2 + \tau_0^2}}, \frac{\tau_0}{\sqrt{\kappa_0^2 + \tau_0^2}}\right),$$

$$\beta = \left(-\cos(\sqrt{\kappa_0^2 + \tau_0^2}s), -\sin(\sqrt{\kappa_0^2 + \tau_0^2}s), 0\right),$$

$$\gamma = \left(\frac{\tau_0 \sin(\sqrt{\kappa_0^2 + \tau_0^2}s)}{\sqrt{\kappa_0^2 + \tau_0^2}}, -\frac{\tau_0 \cos(\sqrt{\kappa_0^2 + \tau_0^2}s)}{\sqrt{\kappa_0^2 + \tau_0^2}}, \frac{\kappa_0}{\sqrt{\kappa_0^2 + \tau_0^2}}\right).$$

将 $\boldsymbol{\alpha}$ 的表达式代入第 1 个方程并积分得到 (不计积分常数)

$$\boldsymbol{r} = \int \boldsymbol{\alpha}(s)\mathrm{d}s$$
$$= \left(\frac{\kappa_0}{\kappa_0^2 + \tau_0^2} \cos(\sqrt{\kappa_0^2 + \tau_0^2}\,s), \; \frac{\kappa_0}{\kappa_0^2 + \tau_0^2} \sin(\sqrt{\kappa_0^2 + \tau_0^2}\,s), \; \frac{\tau_0 s}{\sqrt{\kappa_0^2 + \tau_0^2}} \right).$$

例题 2.12 假定 $C : \boldsymbol{r} = \boldsymbol{r}(s)$ 是以 s 为弧长参数的正则参数曲线, 它的曲率处处不为零. 求与它在 $s = s_0$ 处有最高切触阶的圆周.

解 此题的关键在于如何表示三维欧氏空间中的圆周. 假定圆心的位置向量是 $\boldsymbol{c}$, 半径是 R, 要写出它的参数方程需要在它所在的平面上取两个彼此正交的单位向量, 设为 $\boldsymbol{a}, \boldsymbol{b}$, 此时该圆周的参数方程是

$$\tilde{\boldsymbol{r}}(s) = \boldsymbol{c} + R \left(\cos \frac{s}{R} \boldsymbol{a} + \sin \frac{s}{R} \boldsymbol{b} \right),$$

显然 s 是该圆周的弧长参数.

为简单起见, 设 $s_0 = 0$, 并且记曲线 C 在该点的 Frenet 标架是 $\{\boldsymbol{r}_0; \boldsymbol{\alpha}_0, \boldsymbol{\beta}_0, \boldsymbol{\gamma}_0\}$, 曲率是 κ_0, 挠率是 τ_0. 对于与已知曲线在 $s = 0$ 处相交的圆周, 设圆心的位置向量是 $\boldsymbol{c}$, 取 $\boldsymbol{a} = (\boldsymbol{r}_0 - \boldsymbol{c})/R$, 其中 $R = |\boldsymbol{r}_0 - \boldsymbol{c}|$, $\boldsymbol{b}$ 是与 $\boldsymbol{a}$ 正交的单位向量. 因此该圆周 $\tilde{C}$ 的参数方程是

$$\tilde{\boldsymbol{r}}(s) = \boldsymbol{c} + R \left(\cos \frac{s}{R} \boldsymbol{a} + \sin \frac{s}{R} \boldsymbol{b} \right),$$

其中 s 是该圆周的弧长参数. 两条相交的曲线在交点处有 n 阶切触的条件是它们的参数方程在该点有相同的直到 n 阶的关于弧长参数的各阶导数. 已知

$$\boldsymbol{r}'(0) = \boldsymbol{\alpha}_0, \quad \boldsymbol{r}''(0) = \kappa(0)\boldsymbol{\beta}_0,$$

以下记 $\kappa_0 = \kappa(0)$. 然而关于圆周 $\tilde{C}$ 有

$$\tilde{\boldsymbol{r}}(0) = \boldsymbol{r}_0, \qquad \tilde{\boldsymbol{r}}'(0) = \boldsymbol{b},$$
$$\tilde{\boldsymbol{r}}''(0) = -\frac{1}{R} \boldsymbol{a} = \frac{\boldsymbol{c} - \boldsymbol{r}_0}{|\boldsymbol{c} - \boldsymbol{r}_0|^2},$$

于是由条件

$$\tilde{\boldsymbol{r}}'(0) = \boldsymbol{r}'(0), \quad \tilde{\boldsymbol{r}}''(0) = \boldsymbol{r}''(0)$$

得到

$$\boldsymbol{b} = \boldsymbol{\alpha}_0, \quad R = \frac{1}{\kappa_0}, \quad \boldsymbol{c} = \boldsymbol{r}_0 + \frac{1}{\kappa_0}\boldsymbol{\beta}_0.$$

所以它是落在曲线 C 在点 $s = 0$ 的密切平面上、半径为 $1/\kappa_0$ 、与曲线 C 在点 $s = 0$ 处相切的圆周, 它与曲线 C 在 $s = 0$ 处至少有二阶切触, 称为原曲线在该点的曲率圆, 或密切圆.

例题 2.13 设 C: $\boldsymbol{r} = \boldsymbol{r}(s)$ 是曲率和挠率都不为零的正则参数曲线, s 是弧长参数, 求与曲线 C 在点 $s = s_0$ 处有最高阶切触的球面.

解 为简便起见, 不妨设 $s_0 = 0$. 假定球面 Σ 与曲线 C 在对应于参数 $s = 0$ 的点 p_0 处相交, 设曲线 C 在该点的曲率和挠率分别为 κ_0, τ_0, 用 $\{p_0; \boldsymbol{\alpha}_0, \boldsymbol{\beta}_0, \boldsymbol{\gamma}_0\}$ 记曲线 C 在点 p_0 的 Frenet 标架, 则球面 Σ 的球心 A 可以设为

$$\overrightarrow{p_0 A} = a\boldsymbol{\alpha}_0 + b\boldsymbol{\beta}_0 + c\boldsymbol{\gamma}_0, \qquad a^2 + b^2 + c^2 = r^2,$$

其中 r 是球面 Σ 的半径. 把曲线 C 上的点 $\boldsymbol{r}(s)$ 记为 p, 则

$$\begin{aligned}
|pA|^2 - r^2 &= \left(s - \frac{\kappa_0^2}{6}s^3 + o(s^3) - a\right)^2 + \left(\frac{\kappa_0}{2}s^2 + \frac{\kappa_0'}{6}s^3 + o(s^3) - b\right)^2 \\
&\quad + \left(\frac{\kappa_0\tau_0}{6}s^3 + o(s^3) - c\right)^2 - (a^2 + b^2 + c^2) \\
&= -2a\left(s - \frac{\kappa_0^2}{6}s^3 + o(s^3)\right) + \left(s - \frac{\kappa_0^2}{6}s^3 + o(s^3)\right)^2 \\
&\quad - 2b\left(\frac{\kappa_0}{2}s^2 + \frac{\kappa_0'}{6}s^3 + o(s^3)\right) + \left(\frac{\kappa_0}{2}s^2 + \frac{\kappa_0'}{6}s^3 + o(s^3)\right)^2 \\
&\quad - 2c\left(\frac{\kappa_0\tau_0}{6}s^3 + o(s^3)\right) + \left(\frac{\kappa_0\tau_0}{6}s^3 + o(s^3)\right)^2,
\end{aligned}$$

其中 $\kappa_0 = \kappa(0), \kappa_0' = \kappa'(0), \tau_0 = \tau(0)$. 由于 $|pA|^2 - r^2 = (|pA| - r)(|pA| + r)$, 故在 $p \to p_0$ 时, $|pA|^2 - r^2$ 和点 p 到球面 Σ 的距离 $|pA| - r$ 是同

阶无穷小量. 因此曲线 C 和球面 Σ 有一阶以上的切触的条件是上式中 s 的系数应该为零, 即 $a = 0$. 在此条件下, 上式成为

$$|pA|^2 - r^2 = s^2 - b\left(\kappa_0 s^2 + \frac{\kappa_0'}{3}s^3\right) - c\frac{\kappa_0\tau_0}{3}s^3 + o(s^3)$$

$$= (1 - b\kappa_0)s^2 - \left(c\frac{\kappa_0\tau_0}{3} + b\frac{\kappa_0'}{3}\right)s^3 + o(s^3),$$

因此曲线 C 和球面 Σ 有二阶以上的切触的条件是

$$a = 0, \qquad b = \frac{1}{\kappa_0}.$$

在此条件下, 上式成为

$$|pA|^2 - r^2 = -\left(\frac{\kappa_0'}{3\kappa_0} + c\frac{\kappa_0\tau_0}{3}\right)s^3 + o(s^3),$$

由此可见, 曲线 C 和球面 Σ 有三阶以上切触的条件是

$$a = 0, \qquad b = \frac{1}{\kappa_0}, \qquad c = -\frac{\kappa_0'}{\kappa_0^2\tau_0} = \frac{1}{\tau(s)}\left(\frac{1}{\kappa(s)}\right)'\bigg|_{s=0}.$$

此时, 球面 Σ 完全确定了. 因此, 一般说来, 曲线 C 和球面 Σ 的最高切触阶只能是 3. 上面的结果可以叙述成如下的结论:

设 $C: \boldsymbol{r} = \boldsymbol{r}(s)$ 是曲率和挠率都不为零的正则参数曲线, s 是弧长参数, 则在 s 处与曲线 C 有三阶以上切触的球面 Σ 的球心是

$$\boldsymbol{r}(s) + \frac{1}{\kappa(s)}\boldsymbol{\beta}(s) + \frac{1}{\tau(s)}\left(\frac{1}{\kappa(s)}\right)'\boldsymbol{\gamma}(s),$$

半径是

$$\sqrt{\left(\frac{1}{\kappa(s)}\right)^2 + \left(\frac{1}{\tau(s)}\left(\frac{1}{\kappa(s)}\right)'\right)^2}.$$

该球面称为曲线 C 在 s 处的密切球面, 其球心所在的直线

$$\boldsymbol{r} = \boldsymbol{r}(s) + \frac{1}{\kappa(s)}\boldsymbol{\beta}(s) + \lambda\boldsymbol{\gamma}(s)$$

是通过曲线 C 的曲率中心、垂直于密切平面的直线, 称为曲线 C 在 s 处的曲率轴.

例题 2.14　设 $C: \boldsymbol{r} = \boldsymbol{r}(s)$ 是一条正则参数曲线, s 是弧长参数, 如果存在另一条曲线 $\tilde{C}$, 并且在曲线 C 和 $\tilde{C}$ 的点之间有一个对应关系使得它们在对应点有公共的主法线, 则称 C 为 Bertrand 曲线, $\tilde{C}$ 是 C 的伴随曲线, 或称曲线 C 和 $\tilde{C}$ 是一对 Bertrand 曲线. 证明: 假定曲线 C 的曲率和挠率均不为零, 则它是 Bertrand 曲线的充分必要条件是存在常数 $\lambda \neq 0$ 和 μ, 使得它的曲率和挠率满足关系式

$$\lambda\kappa(s) + \mu\tau(s) = 1.$$

证明　如果 C 是 Bertrand 曲线, 则对应的曲线 $\tilde{C}$ 的参数方程可以写成

$$\boldsymbol{r} = \tilde{\boldsymbol{r}}(s) = \boldsymbol{r}(s) + \lambda(s)\boldsymbol{\beta}(s),$$

这意味着曲线 $\tilde{C}$ 上的对应点落在曲线 C 的主法线上. 但是还要求曲线 C 的主法线也是曲线 $\tilde{C}$ 的主法线, 因此 $\tilde{\boldsymbol{\beta}}(s)//\boldsymbol{\beta}(s)$, 其中 $\tilde{\boldsymbol{\beta}}(s)$ 是曲线 $\tilde{C}$ 的主法向量.

在下面的计算过程中, 要牢牢记住 s 未必是曲线 $\tilde{C}$ 的弧长参数. 设曲线 $\tilde{C}$ 的弧长参数是 $\tilde{s}$, 相应的 Frenet 标架是 $\{\tilde{\boldsymbol{r}}(s); \tilde{\boldsymbol{\alpha}}(s), \tilde{\boldsymbol{\beta}}(s), \tilde{\boldsymbol{\gamma}}(s)\}$. 对前面的方程求导得到

$$\frac{\mathrm{d}\tilde{\boldsymbol{r}}(s)}{\mathrm{d}\tilde{s}}\frac{\mathrm{d}\tilde{s}}{\mathrm{d}s} = \tilde{\boldsymbol{\alpha}}(s)\frac{\mathrm{d}\tilde{s}}{\mathrm{d}s} = \boldsymbol{\alpha}(s) + \lambda'(s)\boldsymbol{\beta}(s) + \lambda(s)(-\kappa(s)\boldsymbol{\alpha}(s) + \tau(s)\boldsymbol{\gamma}(s))$$
$$= (1 - \lambda(s)\kappa(s))\boldsymbol{\alpha}(s) + \lambda'(s)\boldsymbol{\beta}(s) + \lambda(s)\tau(s)\boldsymbol{\gamma}(s).$$

因为 $\boldsymbol{\beta}(s) = \pm\tilde{\boldsymbol{\beta}}(s)$, 所以用 $\tilde{\boldsymbol{\beta}}(s)$ 点乘上式两边得到

$$0 = \tilde{\boldsymbol{\alpha}}(s) \cdot \tilde{\boldsymbol{\beta}}(s)\frac{\mathrm{d}\tilde{s}}{\mathrm{d}s} = \pm\lambda'(s)\boldsymbol{\beta}(s) \cdot \boldsymbol{\beta}(s) = \pm\lambda'(s),$$

即 $\lambda'(s) = 0$, $\lambda(s) = \lambda = $ 常数 $\neq 0$. 于是

$$\tilde{\boldsymbol{\alpha}}(s)\frac{\mathrm{d}\tilde{s}}{\mathrm{d}s} = (1 - \lambda\kappa(s))\boldsymbol{\alpha}(s) + \lambda\tau(s)\boldsymbol{\gamma}(s),$$

故得

$$\frac{\mathrm{d}\tilde{s}}{\mathrm{d}s} = \pm\sqrt{(1-\lambda\kappa(s))^2 + (\lambda\tau(s))^2}.$$

另一方面, 对 $\boldsymbol{\alpha}(s) \cdot \tilde{\boldsymbol{\alpha}}(s)$ 求导, 并且利用条件 $\tilde{\boldsymbol{\beta}}(s) = \pm\boldsymbol{\beta}(s)$ 得到

$$\frac{\mathrm{d}}{\mathrm{d}s}(\boldsymbol{\alpha}(s) \cdot \tilde{\boldsymbol{\alpha}}(s)) = \kappa(s)\boldsymbol{\beta}(s) \cdot \tilde{\boldsymbol{\alpha}}(s) + \tilde{\kappa}(s)\boldsymbol{\alpha}(s) \cdot \tilde{\boldsymbol{\beta}}(s)\frac{\mathrm{d}\tilde{s}}{\mathrm{d}s} = 0,$$

所以 $\boldsymbol{\alpha}(s) \cdot \tilde{\boldsymbol{\alpha}}(s)$ 是常数. 但是从前面的式子得到

$$\tilde{\boldsymbol{\alpha}}(s) \cdot \boldsymbol{\alpha}(s)\frac{\mathrm{d}\tilde{s}}{\mathrm{d}s} = 1 - \lambda\kappa(s), \quad \tilde{\boldsymbol{\alpha}}(s) \cdot \boldsymbol{\alpha}(s) = (1 - \lambda\kappa(s))\frac{\mathrm{d}s}{\mathrm{d}\tilde{s}},$$

所以

$$\frac{1 - \lambda\kappa(s)}{\sqrt{(1-\lambda\kappa(s))^2 + (\lambda\tau(s))^2}} = \text{常数},$$

即

$$\frac{1 - \lambda\kappa(s)}{\tau(s)} = \mu = \text{常数}, \quad \lambda\kappa(s) + \mu\tau(s) = 1.$$

反过来, 设正则参数曲线 C 的曲率 $\kappa(s)$ 和挠率 $\tau(s)$ 满足关系式 $\lambda\kappa(s) + \mu\tau(s) = 1$, s 是弧长参数, 其中 $\lambda \neq 0$ 和 μ 是常数. 构作曲线 $\tilde{C}$, 使它的参数方程是

$$\tilde{\boldsymbol{r}}(s) = \boldsymbol{r}(s) + \lambda\boldsymbol{\beta}(s),$$

则

$$\begin{aligned}
\tilde{\boldsymbol{r}}'(s) &= \boldsymbol{\alpha}(s) + \lambda(-\kappa(s)\boldsymbol{\alpha}(s) + \tau(s)\boldsymbol{\gamma}(s)) \\
&= (1 - \lambda\kappa(s))\boldsymbol{\alpha}(s) + \lambda\tau(s)\boldsymbol{\gamma}(s) \\
&= \mu\tau(s)\boldsymbol{\alpha}(s) + \lambda\tau(s)\boldsymbol{\gamma}(s) \\
&= \tau(s)(\mu\boldsymbol{\alpha}(s) + \lambda\boldsymbol{\gamma}(s)),
\end{aligned}$$

因此, 曲线 $\tilde{\boldsymbol{r}}(s)$ 的单位切向量是

$$\tilde{\boldsymbol{\alpha}}(s) = \frac{\tilde{\boldsymbol{r}}'(s)}{|\tilde{\boldsymbol{r}}'(s)|} = \pm\left(\frac{\mu}{\sqrt{\lambda^2+\mu^2}}\boldsymbol{\alpha}(s) + \frac{\lambda}{\sqrt{\lambda^2+\mu^2}}\boldsymbol{\gamma}(s)\right),$$

于是

$$\frac{\mathrm{d}\tilde{\boldsymbol{\alpha}}(s)}{\mathrm{d}\tilde{s}}\frac{\mathrm{d}\tilde{s}}{\mathrm{d}s} = \tilde{\kappa}(s)\tilde{\boldsymbol{\beta}}(s)\frac{\mathrm{d}\tilde{s}}{\mathrm{d}s}$$

$$= \pm\left(\frac{\mu}{\sqrt{\lambda^2 + \mu^2}}\kappa(s) - \frac{\lambda}{\sqrt{\lambda^2 + \mu^2}}\tau(s)\right)\boldsymbol{\beta}(s),$$

故 $\tilde{\boldsymbol{\beta}}(s) = \pm\boldsymbol{\beta}(s)$, $\tilde{C}$ 和 C 是一对 Bertrand 曲线. 证毕.

例题 2.15　如果在曲线 C_1 和 C_2 之间存在一个对应, 使得曲线 C_1 在任意一点的切线恰好是曲线 C_2 在对应点的法线, 则称曲线 C_2 是 C_1 的渐伸线, 同时称曲线 C_1 是 C_2 的渐缩线. 设正则参数曲线 C 的参数方程是 $\boldsymbol{r}(s)$, s 是弧长参数, 求曲线 C 的渐伸线的参数方程.

解　设

$$\boldsymbol{r}_1(s) = \boldsymbol{r}(s) + \lambda(s)\boldsymbol{\alpha}(s)$$

是曲线 C 的渐伸线, 因此曲线 C 的切向量 $\boldsymbol{\alpha}(s)$ 应该是曲线 $\boldsymbol{r}_1(s)$ 的法向量. 对上式求导得到

$$\boldsymbol{r}_1'(s) = (1 + \lambda'(s))\boldsymbol{\alpha}(s) + \lambda(s)\kappa(s)\boldsymbol{\beta}(s),$$

将上式两边与 $\boldsymbol{\alpha}(s)$ 作点乘得到

$$1 + \lambda'(s) = \boldsymbol{r}_1'(s) \cdot \boldsymbol{\alpha}(s) = 0,$$

因此

$$\lambda(s) = c - s,$$

故所求的曲线 C 的渐伸线是

$$\boldsymbol{r}_1(s) = \boldsymbol{r}(s) + (c - s)\boldsymbol{\alpha}(s),$$

其中 c 是任意常数.

如果曲线 C 的参数是一般参数 t, 则曲线 C 的渐伸线是

$$\boldsymbol{r}_1(t) = \boldsymbol{r}(t) + (c - s(t))\boldsymbol{\alpha}(t).$$

曲线的渐伸线可以看作该曲线的切线族的正交轨线, 而渐伸线的表达式可以解释为: 将一条软线沿曲线放置, 把一端固定, 另一端慢慢离开原曲线, 并且把软线抻直, 使软线抻直的部分始终保持为原曲线的切线, 则这另一端描出的曲线就是原曲线的渐伸线.

例题 2.16 设正则参数曲线 C 的参数方程是 $\boldsymbol{r}(s)$, s 是弧长参数, 则 C 的渐缩线的参数方程是

$$\boldsymbol{r}_1(s) = \boldsymbol{r}(s) + \frac{1}{\kappa(s)}\boldsymbol{\beta}(s) - \frac{1}{\kappa(s)}\left(\tan\int\tau(s)\mathrm{d}s\right)\boldsymbol{\gamma}(s).$$

证明 设

$$\boldsymbol{r}_1(s) = \boldsymbol{r}(s) + \lambda(s)\boldsymbol{\beta}(s) + \mu(s)\boldsymbol{\gamma}(s)$$

是曲线 C 的渐缩线, 即 C 是 $\boldsymbol{r}_1(s)$ 的渐伸线, 那么 $\lambda(s)\boldsymbol{\beta}(s) + \mu(s)\boldsymbol{\gamma}(s)$ 应该是曲线 $\boldsymbol{r}_1(s)$ 的切向量. 对上面的表达式求导得到

$$\begin{aligned}\boldsymbol{r}_1'(s) =&(1 - \lambda(s)\kappa(s))\boldsymbol{\alpha}(s) + (\lambda'(s) - \mu(s)\tau(s))\boldsymbol{\beta}(s)\\&+ (\mu'(s) + \lambda(s)\tau(s))\boldsymbol{\gamma}(s),\end{aligned}$$

因此 $\lambda(s)\boldsymbol{\beta}(s) + \mu(s)\boldsymbol{\gamma}(s)$ 与 $\boldsymbol{r}_1'(s)$ 平行, 即

$$\lambda(s)\kappa(s) = 1, \qquad \frac{\lambda'(s) - \mu(s)\tau(s)}{\lambda(s)} = \frac{\mu'(s) + \lambda(s)\tau(s)}{\mu(s)}.$$

从上面的第二式得到

$$\lambda'(s)\mu(s) - \mu'(s)\lambda(s) = (\lambda^2(s) + \mu^2(s))\tau(s),$$

因此

$$\frac{\mathrm{d}}{\mathrm{d}s}\arctan\left(\frac{\mu(s)}{\lambda(s)}\right) = -\tau(s),$$

故

$$\arctan\left(\frac{\mu(s)}{\lambda(s)}\right) = -\int\tau(s)\mathrm{d}s.$$

所以将上式和前面的第一式合起来得到

$$\lambda(s) = \frac{1}{\kappa(s)}, \qquad \mu(s) = -\frac{1}{\kappa(s)} \tan \int \tau(s) \mathrm{d}s.$$

证毕.

注记　如果 C 是平面曲线, 则 C 的渐缩线是

$$\boldsymbol{r}_1(s) = \boldsymbol{r}(s) + \frac{1}{\kappa(s)} \boldsymbol{\beta}(s).$$

所以 C 的渐缩线是 C 的曲率中心的轨迹. 此时, 曲率 κ 可以换成相对曲率 κ_r, 而主法向量 $\boldsymbol{\beta}$ 应该相应地换成单位切向量 $\boldsymbol{\alpha}$ 绕正向旋转 90° 得到的法向量.

例题 2.17　设平面曲线在极坐标系下的方程是 $\rho = \rho(\theta)$, 其中 ρ 是极距, θ 是极角. 求曲线的相对曲率的表达式.

解　设 (x, y) 是平面的笛卡儿右手直角坐标系, 它与极坐标系 (ρ, θ) 的关系是

$$x = \rho \cos \theta, \qquad y = \rho \sin \theta,$$

所以在极坐标系下方程为 $\rho = \rho(\theta)$ 的平面曲线的参数方程是

$$\boldsymbol{r} = \boldsymbol{r}(\theta) = (\rho(\theta) \cos \theta, \rho(\theta) \sin \theta),$$

即

$$x = \rho(\theta) \cos \theta, \quad y = \rho(\theta) \sin \theta.$$

对 θ 求导得到

$$x' = \rho'(\theta) \cos \theta - \rho(\theta) \sin \theta, \quad x'' = (\rho''(\theta) - \rho(\theta)) \cos \theta - 2\rho'(\theta) \sin \theta,$$
$$y' = \rho'(\theta) \sin \theta + \rho(\theta) \cos \theta, \quad y'' = (\rho''(\theta) - \rho(\theta)) \sin \theta + 2\rho'(\theta) \cos \theta.$$

因此, 该曲线的相对曲率是

$$\kappa_r = \frac{x' y'' - x'' y'}{\left(\sqrt{x'^2 + y'^2}\right)^3} = \frac{2\rho'^2 - \rho\rho'' + \rho^2}{(\rho'^2 + \rho^2)^{\frac{3}{2}}}.$$

§2.3 习题

2.1. 将一个半径为 r 的圆盘在 Oxy 平面上沿 x-轴作无滑动的滚动, 写出圆盘上与中心的距离为 $a\,(0 < a \le r)$ 的一点随圆盘的滚动所描出轨迹的方程.

2.2. 固定点 $P(0,0,c)$ 和圆螺旋线 $\boldsymbol{r}(t) = (a\cos t, a\sin t, bt), a > 0$ 上的点相连接的直线与 Oxy 平面相交, 求这些交点所描出的曲线.

2.3. 求曲线 $\boldsymbol{r}(t) = (2\sin t, t, \cos t)$ 在点 $t = 0$ 和点 $t = \pi/2$ 的切线的方程.

2.4. 设空间 E^3 中一条正则参数曲线 C 的方程是 $\boldsymbol{r}(t)(a \le t \le b)$, p 是曲线 C 外的一个固定点, 用 $\rho(t)$ 表示点 p 到点 $\boldsymbol{r}(t)$ 的距离. 证明: 如果函数 $\rho(t)$ 在 $t_0(a < t_0 < b)$ 处达到它的极小值 (或极大值), 记 $q = \boldsymbol{r}(t_0)$, 则 $\overrightarrow{pq} \perp \boldsymbol{r}'(t_0)$.

2.5. 设平面上一条正则参数曲线 C 的方程是 $\boldsymbol{r}(t)\,(a \le t \le b)$, 它与同一个平面上的一条直线 l 有公共点 $p = \boldsymbol{r}(t_0)\,(a < t_0 < b)$, 并且该曲线除点 p 外全部落在直线 l 的同一侧, 证明: 直线 l 是曲线 C 在点 p 的切线.

2.6. 设空间 E^3 中一条正则参数曲线 $\boldsymbol{r}(t)$ 的切向量 $\boldsymbol{r}'(t)$ 与一个固定的方向向量 $\boldsymbol{a}$ 垂直, 证明: 该曲线落在一个平面内.

2.7. 求下列曲线在指定范围内的弧长:

(1) $\boldsymbol{r}(t) = (\cosh t, \sinh t, t), -1 \le t \le 1$;

(2) $\boldsymbol{r}(t) = (\sin^2 t, \sin t \cos t, \log \cos t), [0, t_0], 0 < t_0 < \pi/2$;

(3) $\boldsymbol{r}(t) = \left(t + \dfrac{a^2}{t}, t - \dfrac{a^2}{t}, 2a\log\dfrac{t}{a} \right), a > 0, t > 0$, 在曲线与 x-轴的交点和参数为 t_0 的点之间;

(4) 曳物线 $\boldsymbol{r}(t) = (\cos t, \log(\sec t + \tan t) - \sin t), [0, t], t < \pi/2$;

(5) 曲线 $y = \dfrac{x^2}{2a}, z = \dfrac{x^3}{6a^2}$ 在原点 $O(0,0,0)$ 和点 $p(x_0, y_0, z_0)$ 之间.

2.8. 求下列曲线的单位切向量场:

(1) $\boldsymbol{r}(t) = (\cos^3 t, \sin^3 t, \cos 2t)$;

(2) $\boldsymbol{r}(t) = (3t, 3t^2, 2t^3)$.

2.9. 求曲线 $\boldsymbol{r}(t) - \left(\dfrac{t^3}{3}, \dfrac{t^2}{2}, t\right)$ 上其切向量平行于平面 $x+3y+2z = 0$ 的点.

2.10. 设曲线 C 是下面两个柱面的交线:

$$\frac{x^2}{a^2} - \frac{y^2}{b^2} = 1, \qquad x = a\cosh\frac{z}{a}, \qquad a, b > 0 \text{ 是常数}.$$

(1) 求曲线 C 从点 $(a, 0, 0)$ 到点 (x_0, y_0, z_0) 的弧长.

(2) 求它的曲率和挠率.

2.11. 求曲线 $\boldsymbol{r}(t)$, 使得它经过点 $\boldsymbol{r}(0) = (1, 0, -5)$, 并且其切向量场是 $\boldsymbol{r}'(t) = (t^2, t, \mathrm{e}^t)$.

2.12. 证明曲线 $C : \boldsymbol{r} = (2t, \sqrt{3}t^2, t^3)$ 的切线与直线 $y = z - x$ 所夹的角是定角.

2.13. 求下列曲线的曲率和挠率:

(1) $\boldsymbol{r}(t) = \left(at, \sqrt{2}a\log t, \dfrac{a}{t}\right)$, $a > 0$;

(2) $\boldsymbol{r}(t) = (a(t - \sin t), a(1 - \cos t), bt)$, $a > 0$;

(3) $\boldsymbol{r}(t) = (\cos^3 t, \sin^3 t, \cos 2t)$.

2.14. 求下列曲线的密切平面方程:

(1) $\boldsymbol{r}(t) = (a\cos t, a\sin t, bt)$, $a > 0$;

(2) $\boldsymbol{r}(t) = (a\cos t, b\sin t, \mathrm{e}^t)$, 在 $t = 0$ 处, 其中 $ab \neq 0$.

2.15. 求曲线

$$\begin{cases} x + \sinh x = y + \sin y, \\ z + \mathrm{e}^z = (x + 1) + \log(x + 1) \end{cases}$$

在 $(0, 0, 0)$ 处的曲率、挠率和 Frenet 标架.

2.16. 求曲线

$$\begin{cases} x^2 + y^2 + z^2 = 9, \\ x^2 - z^2 = 3 \end{cases}$$

在 $(2,2,1)$ 处的曲率、挠率和密切平面方程.

2.17. 设曲线 C 是圆柱面 $S_1 : x^2 + y^2 = 1$ 与半圆柱面 $S_1 : x^2 + z^2 = 4$, $z > 0$ 的交线. 求它的参数方程和它在点 $(x, y, z) = (1, 0, \sqrt{3})$ 处的曲率和挠率.

2.18. 求曲面 $\boldsymbol{r} = (u \cos v, u \sin v, bv)$, $b > 0$ 与圆柱面 $(x - a)^2 + y^2 = a^2$ 的交线的参数方程, 并求它的曲率和挠率.

2.19. 证明: 曲线 $\boldsymbol{r}(t) = (3t, 3t^2, 2t^3)$ 的切线和次法线的夹角平分线的方向向量是常向量.

2.20. 设曲线的参数方程是

$$\boldsymbol{r}(t) = \begin{cases} (\mathrm{e}^{-\frac{1}{t^2}}, t, 0), & t < 0, \\ (0, 0, 0), & t = 0, \\ (0, t, \mathrm{e}^{-\frac{1}{t^2}}), & t > 0. \end{cases}$$

证明: 这是一条正则参数曲线, 并且在 $t = 0$ 处的曲率为零. 求这条曲线在 $t \neq 0$ 处的 Frenet 标架场, 并且考察 Frenet 标架在 $t \to 0^+$ 和 $t \to 0^-$ 时的极限. 这两个极限是不同的.

2.21. 证明: 若一条正则曲线在各点的法平面都经过一个固定点, 则它必定落在一个球面上.

2.22. 求圆螺旋线的切线和一个垂直于圆螺旋线的轴的固定平面的交点的轨迹.

2.23. 假定曲线 $\boldsymbol{r} = \boldsymbol{r}(s)$ 的挠率 τ 是一个非零的常数, s 是弧长参数, 它的 Frenet 标架是 $\{\boldsymbol{r}(s); \boldsymbol{\alpha}(s), \boldsymbol{\beta}(s), \boldsymbol{\gamma}(s)\}$, 求曲线

$$\tilde{\boldsymbol{r}}(s) = \frac{1}{\tau}\boldsymbol{\beta}(s) - \int \boldsymbol{\gamma}(s)\mathrm{d}s$$

的曲率和挠率.

2.24. 假定曲线 $\boldsymbol{r} = \boldsymbol{r}(s)$ 的曲率 κ 是一个非零的常数, $\tau > 0$, s 是弧长参数, 它的 Frenet 标架是 $\{\boldsymbol{r}(s); \boldsymbol{\alpha}(s), \boldsymbol{\beta}(s), \boldsymbol{\gamma}(s)\}$, 求曲线

$$\tilde{\boldsymbol{r}}(s) = \frac{1}{\kappa}\boldsymbol{\beta}(s) + \int \boldsymbol{\alpha}(s)\mathrm{d}s$$

的曲率和挠率, 以及它的 Frenet 标架 $\{\tilde{\boldsymbol{r}}(s); \tilde{\boldsymbol{\alpha}}(s), \tilde{\boldsymbol{\beta}}(s), \tilde{\boldsymbol{\gamma}}(s)\}$,

2.25. 证明: 若一条正则曲线的曲率处处不是零, 并且它在各点的密切平面都经过一个固定点, 则它必定落在一个平面上.

2.26. 证明: 若一条正则曲线的曲率处处不是零, 并且它在各点的法平面都包含一个固定的向量 $\boldsymbol{b}$, 则它必定落在一个平面上.

2.27. 设 $\boldsymbol{r} = \boldsymbol{r}(s)$ 是以 s 为弧长参数的正则参数曲线, 它的 Frenet 标架是 $\{\boldsymbol{r}(s); \boldsymbol{\alpha}(s), \boldsymbol{\beta}(s), \boldsymbol{\gamma}(s)\}$, 试求沿曲线定义的向量场 $\boldsymbol{\rho}(s)$ 使得

$$\boldsymbol{\alpha}'(s) = \boldsymbol{\rho}(s) \times \boldsymbol{\alpha}(s), \quad \boldsymbol{\beta}'(s) = \boldsymbol{\rho}(s) \times \boldsymbol{\beta}(s), \quad \boldsymbol{\gamma}'(s) = \boldsymbol{\rho}(s) \times \boldsymbol{\gamma}(s).$$

2.28. 求曲线

$$\boldsymbol{r}(t) = \left(\frac{(1+t)^{\frac{3}{2}}}{3}, \frac{(1-t)^{\frac{3}{2}}}{3}, \frac{t}{\sqrt{2}} \right), \quad -1 < t < 1$$

的曲率、挠率和 Frenet 标架场.

2.29. 设正则参数曲线 $\boldsymbol{r} = \boldsymbol{r}(t)$ 的 Frenet 标架是 $\{\boldsymbol{r}(t); \boldsymbol{\alpha}(t), \boldsymbol{\beta}(t), \boldsymbol{\gamma}(t)\}$, 证明:

$$(\boldsymbol{\alpha}(t), \boldsymbol{\alpha}'(t), \boldsymbol{\alpha}''(t)) \cdot (\boldsymbol{\gamma}(t), \boldsymbol{\gamma}'(t), \boldsymbol{\gamma}''(t)) = \varepsilon \cdot |\boldsymbol{\alpha}'(t)|^3 \cdot |\boldsymbol{\gamma}'(t)|^3,$$

其中 $\varepsilon = \operatorname{sign}(\tau(t))$.

2.30. 已知 $C : \boldsymbol{r} = \boldsymbol{r}(s)$ 是一条正则参数曲线, s 是它的弧长参数, 其曲率 $\kappa(s) > 0$ 和挠率 $\tau(s) > 0$, $\{\boldsymbol{r}(s); \boldsymbol{\alpha}(s), \boldsymbol{\beta}(s), \boldsymbol{\gamma}(s)\}$ 是沿曲线 C 的 Frenet 标架场. 作一条新的曲线 $\tilde{C}$:

$$\tilde{\boldsymbol{r}}(s) = \int_{s_0}^{s} \boldsymbol{\gamma}(s) \mathrm{d}s.$$

(1) 求曲线 $\tilde{C}$ 的 Frenet 标架场 $\{\tilde{\boldsymbol{r}}(s); \tilde{\boldsymbol{\alpha}}(s), \tilde{\boldsymbol{\beta}}(s), \tilde{\boldsymbol{\gamma}}(s)\}$.

(2) 证明: $\tilde{\kappa}(s) = \tau(s), \ \tilde{\tau}(s) = \kappa(s)$.

2.31. 已知 $C : r = r(s)$ 是一条正则参数曲线, s 是它的弧长参数, 其曲率 κ 是非零常数, 挠率 $\tau(s) > 0$, $\{r(s); \alpha(s), \beta(s), \gamma(s)\}$ 是沿曲线 C 的 Frenet 标架场. 作一条新的曲线 $\tilde{C}$:

$$\tilde{r}(s) = r(s) + \frac{1}{\kappa}\beta(s).$$

求曲线 $\tilde{C}$ 的 Frenet 标架场和它的曲率和挠率.

2.32. 设 $r(t)$ 是单位球面上经度为 t、纬度为 $\frac{\pi}{2} - t$ 的点的轨迹, 求它的参数方程, 并计算它的曲率和挠率.

2.33. 设 $\{r(t); e_1(t), e_2(t), e_3(t)\}$ 是沿曲线 $r(t)$ 定义的一个单位正交标架场, 假定

$$e_i'(t) = \sum_{j=1}^{3} \lambda_{ij}(t) e_j(t), \qquad 1 \le i \le 3.$$

证明: $\lambda_{ij}(t) + \lambda_{ji}(t) = 0$.

2.34. 如果一条曲线的切向量与一个固定的方向交成定角, 则称该曲线为定倾曲线, 或一般螺线. 这种曲线可以看作是落在一个柱面上与直母线成定角的曲线. 证明: 一条曲率处处不为零的正则参数曲线是定倾曲线当且仅当它的挠率与曲率之比是常数.

2.35. 证明: 曲线 $r = r(s)$ 的所有主法线都平行于一个固定平面当且仅当它是一般螺线.

2.36. 对于曲线 $r = r(s)$, 命 $b(s) = \tau(s)\alpha(s) + \kappa(s)\gamma(s)$, 其中 $\kappa(s), \tau(s)$ 是曲线的曲率和挠率, $\alpha(s), \gamma(s)$ 是曲线的单位切向量和次法向量, s 是曲线的弧长参数. 证明: 曲线 $r(s)$ 是一般螺线的充分必要条件是向量 $b(s)$ 有固定的方向.

2.37. 设 $\tau(s)$, $\kappa(s) > 0$ 是两个连续可微函数, 满足关系式 $\tau(s) = c \cdot \kappa(s)$, c 是常数. 求曲线的参数方程 $r(s)$, 使它的弧长参数是 s, 曲率是 $\kappa(s)$, 挠率是 $\tau(s)$.

2.38. 证明: 下面每一条曲线的曲率和挠率相等.

(1) $\boldsymbol{r} = (a(3t - t^3), 3at^2, a(3t + t^3))$;

(2) $\boldsymbol{r} = \left(t, \dfrac{t^2}{2a}, \dfrac{t^3}{6a^2} \right)$;

(3) $\boldsymbol{r} = \left(t + \dfrac{a^2}{t}, t - \dfrac{a^2}{t}, 2a \log \dfrac{t}{a} \right)$.

2.39. 证明：曲线

$$\boldsymbol{r}(t) = (t + \sqrt{3} \sin t, 2 \cos t, \sqrt{3} t - \sin t)$$

和曲线

$$\boldsymbol{r}_1(u) = \left(2 \cos \frac{u}{2}, 2 \sin \frac{u}{2}, -u \right)$$

可以通过刚体运动彼此重合.

2.40. 证明：曲线

$$\boldsymbol{r}(t) = (\cosh t, \sinh t, t)$$

和曲线

$$\boldsymbol{r}_1(u) = \left(\frac{\mathrm{e}^{-u}}{\sqrt{2}}, \frac{\mathrm{e}^u}{\sqrt{2}}, u + 1 \right)$$

可以通过刚体运动彼此重合. 试求出这个刚体运动.

2.41. 确定函数 $\varphi(t)$ 使得曲线 $\boldsymbol{r}(t) = (t, \sin t, \varphi(t))$ 的主法线都平行于 Oyz 平面.

2.42. 作正则参数曲线 C 关于一张平面的对称曲线 C^*, 证明：曲线 C 和 C^* 在对应点的曲率相同, 挠率的绝对值相同而符号相反.

2.43. 如果正则参数曲线的向径 $\boldsymbol{r}(s)$ 关于弧长参数 s 的 n 阶导数是

$$\boldsymbol{r}^{(n)}(s) = a_n(s)\boldsymbol{\alpha}(s) + b_n(s)\boldsymbol{\beta}(s) + c_n(s)\boldsymbol{\gamma}(s),$$

求它的 $n + 1$ 阶导数.

2.44. 假设正则曲线 $\boldsymbol{r} = \boldsymbol{r}(s)$ 的曲率和挠率都不为零, s 是弧长参数. 证明：如果它在各点的密切球面的球心是一个固定点, 则它必定是一条球面曲线.

2.45. 假设正则曲线 $r = r(s)$ 的曲率和挠率都不为零，s 是弧长参数，并且它不落在球面上. 求它在各点的密切球面的球心轨迹的曲率和挠率.

2.46. 设 C 是挠率 τ 为非零常数的正则参数曲线，$\tilde{C}$ 是沿曲线 C 的次法线到曲线 C 的距离为常数 c 的点的轨迹，求曲线 C 和 $\tilde{C}$ 在对应点的次法线之间的夹角.

2.47. 设曲线 C 的曲率为 κ，挠率为 τ，$\tilde{C}$ 是沿曲线 C 的切线到曲线 C 的距离为常数 c 的点的轨迹，求曲线 $\tilde{C}$ 的曲率 $\tilde{\kappa}$.

2.48. 设曲线 C 的曲率为 κ，挠率为 τ，$\tilde{C}$ 是沿曲线 C 的次法线到曲线 C 的距离为常数 c 的点的轨迹，求曲线 $\tilde{C}$ 的曲率 $\tilde{\kappa}$.

2.49. 假定曲率处处不为零的曲线 $C : r = r(s)$ 和曲线 $\tilde{C} : \tilde{r} = \tilde{r}(\tilde{s})$ 的点之间存在一个对应，使得曲线 C 在每一点的主法线是曲线 $\tilde{C}$ 在对应点的次法线. 证明：曲线 C 和 $\tilde{C}$ 在对应点之间的距离为常数，记为 λ；并且曲线 C 的曲率和挠率满足关系式

$$\kappa = \lambda(\kappa^2 + \tau^2).$$

2.50. 假定空间曲线 C_1, C_2 的曲率和挠率分别是 κ_1, κ_2 和 τ_1, τ_2. 如果在曲线 C_1, C_2 之间有一个对应，使得它们在对应点的主法线互相平行，证明：(1) 曲线 C_1, C_2 在对应点的切线成定角 θ；(2) 曲线 C_1, C_2 在对应点的曲率和挠率满足关系式

$$\left| \frac{\tau_2}{\kappa_2} \right| = \left| \frac{\kappa_1 \sin \theta + \tau_1 \cos \theta}{\kappa_1 \cos \theta - \tau_1 \sin \theta} \right|.$$

2.51. 假定曲线 $C : r = r(s)$ 的曲率 κ 和挠率 τ 满足关系式 $\lambda\kappa + \mu\tau = 1$，其中 $\lambda \neq 0$, μ 都是常数，s 是弧长参数. 考虑一条新的曲线 $\tilde{C} : r = \tilde{r}(s) = r(s) + \lambda\beta(s)$，其中 $\beta(s)$ 是曲线 C 的主法向量. 证明：曲线 C 和 $\tilde{C}$ 在对应点的挠率之积为常数.

2.52. 设曲线 C 的曲率 κ 是非零常数，$\tilde{C}$ 是曲线 C 的曲率中心

轨迹. 证明: 曲线 C 和曲线 $\tilde{C}$ 成 Bertrand 曲线偶, 并且 $\tilde{C}$ 的曲率和挠率分别是 $\tilde{\kappa} = \kappa, \tilde{\tau} = \dfrac{\kappa^2}{\tau}$.

2.53. 假定曲线 $C : \boldsymbol{r} = \boldsymbol{r}(s)$ 的挠率 τ 是非零常数. 证明: 曲线 $\tilde{C}$:

$$\tilde{\boldsymbol{r}}(s) = a\boldsymbol{r}(s) + b\left(-\frac{1}{\tau}\boldsymbol{\beta}(s) + \int \boldsymbol{\gamma}(s)\mathrm{d}s\right)$$

有伴随曲线, 使得它们构成 Bertrand 曲线偶, 其中 a, b 是任意常数, $\boldsymbol{\beta}(s), \boldsymbol{\gamma}(s)$ 是曲线 C 的主法向量和次法向量.

2.54. 设曲线 $\boldsymbol{r} = \boldsymbol{r}(s)$ 的曲率 $\kappa(s)$ 处处不为零. 求它的主法线球面标线 $\tilde{\boldsymbol{r}} = \boldsymbol{\beta}(s)$ 的曲率 $\tilde{\kappa}$ 和挠率 $\tilde{\tau}$.

2.55. 设曲线 $\boldsymbol{r} = \boldsymbol{r}(s)$ 的挠率 $\tau(s)$ 处处不为零. 求它的次法线球面标线 $\tilde{\boldsymbol{r}} = \boldsymbol{\gamma}(s)$ 的曲率 $\tilde{\kappa}$ 和挠率 $\tilde{\tau}$.

2.56. 已知单位球面上曲线 $\boldsymbol{\alpha}(t)$, 其中 t 是弧长参数.

(1) 求空间曲线 $\boldsymbol{r}(t)$, 使它的切线球面标线是给定的球面曲线;

(2) 假定 $\boldsymbol{\alpha}(t)$ 是单位球面上的一个圆周, 求满足上述条件的空间曲线 $\boldsymbol{r}(t)$.

2.57. 已知单位球面上曲线 $\boldsymbol{\gamma}(t)$, 其中 t 是弧长参数.

(1) 求空间曲线 $\boldsymbol{r}(t)$, 使它的次法线球面标线是给定的球面曲线;

(2) 假定 $\boldsymbol{\gamma}(t)$ 是单位球面上的一个圆周, 求满足上述条件的空间曲线 $\boldsymbol{r}(t)$.

2.58. 证明: 圆螺旋线的渐伸线是落在与其轴线垂直的平面内的一条曲线, 并且它也是圆螺旋线所在的圆柱面与该平面的交线的渐伸线.

2.59. 求下列平面曲线的相对曲率 κ_r 以及曲率中心的轨迹:

(1) 椭圆: $\boldsymbol{r} = (a\cos t, b\sin t),\ a, b > 0$ 是常数, $0 \leq t < 2\pi$;

(2) 双曲线: $\boldsymbol{r} = (a\cosh t, b\sinh t),\ -\infty < t < \infty$;

(3) 抛物线: $\boldsymbol{r} = (l, at^2),\ -\infty < t < \infty$;

(4) 摆线: $\boldsymbol{r} = (a(t - \sin t), a(1 - \cos t)), 0 \leq t \leq 2\pi$;

(5) 悬链线: $\boldsymbol{r} = (t, \cosh t)$, $-\infty < t < \infty$;

(6) 曳物线: $\boldsymbol{r} = (a\cos t, a\log(\sec t + \tan t) - a\sin t)$, $0 \le t < \pi/2$.

2.60. 假定 $y = f(x)$ 是定义在闭区间 $[a, b]$ 上的二次以上连续可微的函数, 且只在点 $a < x_1 < x_2 < b$ 上分别达到它的极大值和极小值, 因此它有拐点, 设为 $x_0 \in (x_1, x_2)$. 试在该函数图像上指出相对曲率为正的部分和相对曲率为负的部分.

2.61. 已知平面曲线 C 满足微分方程

$$P(x,y)\mathrm{d}x + Q(x,y)\mathrm{d}y = 0,$$

求它的相对曲率的表达式.

2.62. 已知平面曲线 C 的隐式方程是 $\Phi(x,y) = 0$, 求它的相对曲率的表达式.

2.63. 已知曲线的相对曲率为

(1) $\kappa_r(s) = \dfrac{1}{1+s^2}$;

(2) $\kappa_r(s) = \dfrac{1}{1+s}$;

(3) $\kappa_r(s) = \dfrac{1}{\sqrt{1-s^2}}$,

其中 s 是弧长参数, 求各条平面曲线的参数方程.

2.64. 求下列曲线的渐伸线:

(1) 圆: $x^2 + y^2 = a^2$;

(2) 摆线: $\boldsymbol{r} = (a(t - \sin t), a(1 - \cos t))$, $0 \le t \le 2\pi$;

(3) 悬链线: $y = \cosh x$.

第三章 曲面的第一基本形式

§3.1 要点和公式

1. 本章的主要内容是介绍 E^3 中正则参数曲面的基本概念，外围空间 E^3 的欧氏内积在正则参数曲面上诱导的度量形式，即曲面的第一基本形式，以及可以和平面建立保长对应的一类曲面 —— 可展曲面.

2. 正则参数曲面 S 是指从 E^2 的一个区域 D 到空间 E^3 中的一个连续映射 $S: D \to E^3$，记成

$$\boldsymbol{r} = \boldsymbol{r}(u, v) = (x(u, v), y(u, v), z(u, v)),$$

假定函数 $x(u, v), y(u, v), z(u, v)$ 有连续的三次以上的各阶偏导数，并且 $\boldsymbol{r}_u(u, v)$ 和 $\boldsymbol{r}_v(u, v)$ 处处是线性无关的，即 $\boldsymbol{r}_u \times \boldsymbol{r}_v \neq 0$. $\boldsymbol{r}_u(u, v)$ 是 u-曲线的切向量，$\boldsymbol{r}_v(u, v)$ 是 v-曲线的切向量. 对参数方程 $\boldsymbol{r} = \boldsymbol{r}(u, v)$ 求微分得到

$$\mathrm{d}\boldsymbol{r} = \boldsymbol{r}_u \mathrm{d}u + \boldsymbol{r}_v \mathrm{d}v,$$

这意味着 $\mathrm{d}r(u, v)$ 代表曲面 S 在任意一点 (u, v) 处的任意一个切向量，它在基底 $\{\boldsymbol{r}_u(u, v), \boldsymbol{r}_v(u, v)\}$ 下的分量是 $(\mathrm{d}u, \mathrm{d}v)$.

曲面 S 在点 (u, v) 的所有切向量张成一个平面，称为曲面 S 在该点的切平面，它的参数方程是

$$\boldsymbol{X} = \boldsymbol{r}(u, v) + \lambda \boldsymbol{r}_u(u, v) + \mu \boldsymbol{r}_v(u, v),$$

其中 λ, μ 是切平面上点的参数. 该切平面的单位法向量是

$$\boldsymbol{n}(u, v) = \frac{\boldsymbol{r}_u(u, v) \times \boldsymbol{r}_v(u, v)}{|\boldsymbol{r}_u(u, v) \times \boldsymbol{r}_v(u, v)|},$$

称为曲面 S 在点 (u, v) 的单位法向量. 于是，在曲面 S 的每一点有一个确定的标架 $\{\boldsymbol{r}(u, v); \boldsymbol{r}_u(u, v), \boldsymbol{r}_v(u, v), \boldsymbol{n}(u, v)\}$. 当点在曲面 S 上

变动时，该标架是随着变动的. 这样的标架场称为曲面 S 的自然标架场. 自然标架场在曲面论中的功用相当于 Frenet 标架在曲线论中的功用.

3. 正则参数曲面的参数容许作如下的变换：

$$u = u(\tilde{u}, \tilde{v}), \qquad v = v(\tilde{u}, \tilde{v}),$$

它们满足条件：

(1) $u(\tilde{u}, \tilde{v}), v(\tilde{u}, \tilde{v})$ 都是 $\tilde{u}, \tilde{v}$ 的三次以上连续可微函数；

(2) $\dfrac{\partial(u, v)}{\partial(\tilde{u}, \tilde{v})} \neq 0$.

如果 $\dfrac{\partial(u, v)}{\partial(\tilde{u}, \tilde{v})} > 0$, 则该曲面的单位法向量保持不变，称这样的参数变换保持定向. 如果 $\dfrac{\partial(u, v)}{\partial(\tilde{u}, \tilde{v})} < 0$, 则该曲面的单位法向量将翻转指向，于是称这样的参数变换翻转曲面的定向.

4. 曲面 S 在每一点 $p \in S$ 处的切空间 $T_p S$ 是由切向量 $\boldsymbol{r}_u(u, v)$ 和 $\boldsymbol{r}_v(u, v)$ 张成的向量空间，它是 $\mathbb{R}^3$ 的二维子空间. 因此，曲面 S 在任意一点的任意两个切向量的内积就是它们作为 $\mathbb{R}^3$ 中的向量的内积. 曲面 S 在任意一点 $\boldsymbol{r}(u, v)$ 处的任意一个切向量是

$$\mathrm{d}\boldsymbol{r}(u, v) = \boldsymbol{r}_u(u, v)\mathrm{d}u + \boldsymbol{r}_v(u, v)\mathrm{d}v,$$

其中 $(\mathrm{d}u, \mathrm{d}v)$ 是切向量 $\mathrm{d}\boldsymbol{r}(u, v)$ 在自然基底 $\{\boldsymbol{r}_u(u, v), \boldsymbol{r}_v(u, v)\}$ 下的分量. 命

$$\begin{aligned}
\mathrm{I} &= \mathrm{d}\boldsymbol{r}(u, v) \cdot \mathrm{d}\boldsymbol{r}(u, v) \\
&= E(u, v)(\mathrm{d}u)^2 + 2F(u, v)\mathrm{d}u\mathrm{d}v + G(u, v)(\mathrm{d}v)^2,
\end{aligned}$$

其中

$$E(u, v) = \boldsymbol{r}_u(u, v) \cdot \boldsymbol{r}_u(u, v), \quad G(u, v) = \boldsymbol{r}_v(u, v) \cdot \boldsymbol{r}_v(u, v),$$
$$F(u, v) = \boldsymbol{r}_u(u, v) \cdot \boldsymbol{r}_v(u, v) = \boldsymbol{r}_v(u, v) \cdot \boldsymbol{r}_u(u, v),$$

它们是基底 $\{\boldsymbol{r}_u(u,v), \boldsymbol{r}_v(u,v)\}$ 的度量系数. 二次微分形式 I 与曲面 S 的参数选择无关, 称为曲面 S 的第一基本形式. 但是, 第一基本形式的系数 (即曲面的第一类基本量) E, F, G 却是依赖曲面参数的选择的. 设有容许的参数变换 $u = u(\tilde{u}, \tilde{v})$, $v = v(\tilde{u}, \tilde{v})$, 则

$$\begin{pmatrix} \tilde{E} & \tilde{F} \\ \tilde{F} & \tilde{G} \end{pmatrix} = J \cdot \begin{pmatrix} E & F \\ F & G \end{pmatrix} \cdot J^{\mathrm{T}},$$

其中

$$J = \begin{pmatrix} \dfrac{\partial u}{\partial \tilde{u}} & \dfrac{\partial v}{\partial \tilde{u}} \\[2mm] \dfrac{\partial u}{\partial \tilde{v}} & \dfrac{\partial v}{\partial \tilde{v}} \end{pmatrix}.$$

将前面的式子展开得到

$$\tilde{E} = E\left(\frac{\partial u}{\partial \tilde{u}}\right)^2 + 2F\frac{\partial u}{\partial \tilde{u}}\frac{\partial v}{\partial \tilde{u}} + G\left(\frac{\partial v}{\partial \tilde{u}}\right)^2,$$

$$\tilde{F} = E\frac{\partial u}{\partial \tilde{u}}\frac{\partial u}{\partial \tilde{v}} + F\left(\frac{\partial u}{\partial \tilde{u}}\frac{\partial v}{\partial \tilde{v}} + \frac{\partial u}{\partial \tilde{v}}\frac{\partial v}{\partial \tilde{u}}\right) + G\frac{\partial v}{\partial \tilde{u}}\frac{\partial v}{\partial \tilde{v}},$$

$$\tilde{G} = E\left(\frac{\partial u}{\partial \tilde{v}}\right)^2 + 2F\frac{\partial u}{\partial \tilde{v}}\frac{\partial v}{\partial \tilde{v}} + G\left(\frac{\partial v}{\partial \tilde{v}}\right)^2.$$

5. 曲面 S 的第一基本形式用来计算曲面 S 上有关的几何量. 如切向量 $\mathrm{d}\boldsymbol{r}$ 的长度是

$$|\mathrm{d}\boldsymbol{r}| = \sqrt{E(u,v)(\mathrm{d}u)^2 + 2F(u,v)\mathrm{d}u\mathrm{d}v + G(u,v)(\mathrm{d}v)^2}.$$

设曲面 S 在点 (u,v) 处有另一个切向量

$$\delta\boldsymbol{r}(u,v) = \boldsymbol{r}_u(u,v)\delta u + \boldsymbol{r}_v(u,v)\delta v,$$

则切向量 $\mathrm{d}\boldsymbol{r}$ 和 $\delta\boldsymbol{r}$ 的内积是

$$\mathrm{d}\boldsymbol{r} \cdot \delta\boldsymbol{r} = E\mathrm{d}u\delta u + F(\mathrm{d}u\delta v + \mathrm{d}v\delta u) + G\mathrm{d}v\delta v,$$

因此切向量 $\mathrm{d}\boldsymbol{r}$ 和 $\delta\boldsymbol{r}$ 的夹角余弦 $\cos\angle(\mathrm{d}\boldsymbol{r},\delta\boldsymbol{r})$ 是

$$\frac{E\mathrm{d}u\delta u + F(\mathrm{d}u\delta v + \mathrm{d}v\delta u) + G\mathrm{d}v\delta v}{\sqrt{E(\mathrm{d}u)^2 + 2F\mathrm{d}u\mathrm{d}v + G(\mathrm{d}v)^2}\sqrt{E(\delta u)^2 + 2F\delta u\delta v + G(\delta v)^2}}.$$

因此, 切向量 $\mathrm{d}\boldsymbol{r}$ 和 $\delta\boldsymbol{r}$ 彼此正交的充分必要条件是

$$E\mathrm{d}u\delta u + F(\mathrm{d}u\delta v + \mathrm{d}v\delta u) + G\mathrm{d}v\delta v = 0.$$

假定 C 是曲面 S 上的一条正则参数曲线, 表示为 $u = u(t)$, $v = v(t)$, $a \le t \le b$, 则它的切向量是 $\boldsymbol{r}'(t) = \boldsymbol{r}_u \dfrac{\mathrm{d}u(t)}{\mathrm{d}t} + \boldsymbol{r}_v \dfrac{\mathrm{d}v(t)}{\mathrm{d}t}$, 它的长度平方是

$$\begin{aligned}|\boldsymbol{r}'(t)|^2 =& E(u(t),v(t))\left(\frac{\mathrm{d}u(t)}{\mathrm{d}t}\right)^2 + 2F(u(t),v(t))\frac{\mathrm{d}u(t)}{\mathrm{d}t}\frac{\mathrm{d}v(t)}{\mathrm{d}t}\\&+ G(u(t),v(t))\left(\frac{\mathrm{d}v(t)}{\mathrm{d}t}\right)^2,\end{aligned}$$

曲线 C 的长度是

$$L(C) = \int_a^b \sqrt{E\left(\frac{\mathrm{d}u(t)}{\mathrm{d}t}\right)^2 + 2F\frac{\mathrm{d}u(t)}{\mathrm{d}t}\frac{\mathrm{d}v(t)}{\mathrm{d}t} + G\left(\frac{\mathrm{d}v(t)}{\mathrm{d}t}\right)^2}\mathrm{d}t.$$

假定 D 是 $\mathbb{R}^2$ 上的一个有界区域, $S : \boldsymbol{r} = \boldsymbol{r}(u,v)$ 是 E^3 中定义在 D 上的一个正则参数曲面, 则曲面 S 的面积是

$$A(S) = \iint_D \sqrt{EG - F^2}\mathrm{d}u\mathrm{d}v,$$

其中 E, F, G 是曲面 S 的第一类基本量.

6. 参数曲线的切向量 $\boldsymbol{r}_u$ 和 $\boldsymbol{r}_v$ 彼此正交的充分必要条件是

$$F = \boldsymbol{r}_u \cdot \boldsymbol{r}_v = 0,$$

这样, 曲面上参数曲线网是正交网的充分必要条件是它的第一基本形式成为

$$\mathrm{I} = E(u,v)(\mathrm{d}u)^2 + G(u,v)(\mathrm{d}v)^2.$$

对于二维曲面来讲, 一个重要的事实是: 在曲面上每一点的一个充分小的邻域内总是存在参数系 (u, v), 使得相应的参数曲线网是正交网. 因此在理论上研究曲面时, 总可以假定在曲面上取了正交参数曲线网, 从而使论证变得比较简单.

7. 在两个正则参数曲面 $S : \boldsymbol{r} = \boldsymbol{r}(u, v)$ 和 $\tilde{S} : \boldsymbol{r} = \tilde{\boldsymbol{r}}(\tilde{u}, \tilde{v})$ 之间的对应表现为点的参数之间的函数关系 $\tilde{u} = \tilde{u}(u, v), \tilde{v} = \tilde{v}(u, v)$. 特别是, 如果从 S 到 $\tilde{S}$ 的映射是非退化的, 即

$$\frac{\partial(\tilde{u}, \tilde{v})}{\partial(u, v)} = \begin{vmatrix} \dfrac{\partial \tilde{u}}{\partial u} & \dfrac{\partial \tilde{v}}{\partial u} \\ \dfrac{\partial \tilde{u}}{\partial v} & \dfrac{\partial \tilde{v}}{\partial v} \end{vmatrix} \neq 0,$$

则在曲面 $\tilde{S}$ 上可取 (u, v) 作为新的参数系, 使得曲面 S 和 $\tilde{S}$ 之间的对应是有相同参数值的点之间的对应.

如果从 S 到 $\tilde{S}$ 的映射保持切向量的长度不变, 则称该映射为保长对应. 保长对应显然是非退化的. 从 S 到 $\tilde{S}$ 的映射是保长对应的充分必要条件是, 它们的第一基本形式在该映射下相等. 若在 S 和 $\tilde{S}$ 上取适当的参数系 (u, v), 使得曲面 S 和 $\tilde{S}$ 之间的对应是有相同参数值的点之间的对应, 则该对应是保长对应的充分必要条件是相应的第一类基本量相等, 即 $\tilde{E}(u, v) = E(u, v)$, $\tilde{F}(u, v) = F(u, v)$, $\tilde{G}(u, v) = G(u, v)$. 要判断在两个曲面之间是否能够建立保长对应, 一个必要条件是它们的 Gauss 曲率在对应点应该相等 (参看第五章第 10 款).

如果从 S 到 $\tilde{S}$ 的映射保持切向量之间的夹角不变, 则称该映射为保角对应. 从 S 到 $\tilde{S}$ 的映射是保角对应的充分必要条件是, 存在函数 λ 使得它们的第一基本形式在该映射下有关系式 $\tilde{\mathrm{I}} = \lambda \mathrm{I}$. 若在 S 和 $\tilde{S}$ 上取适当的参数系 (u, v), 使得曲面 S 和 $\tilde{S}$ 之间的对应是有相同参数值的点之间的对应, 则该对应是保角对应的充分必要条件是存在函数 $\lambda(u, v)$ 使得 $\tilde{E}(u, v) = \lambda(u, v)E(u, v)$, $\tilde{F}(u, v) = \lambda(u, v)F(u, v)$, $\tilde{G}(u, v) = \lambda(u, v)G(u, v)$. 一个重要的事实是, 每一个正则参数曲面上任意一点的一个充分小邻域总是能够和平面建立保

角对应, 换言之正则参数曲面的第一基本形式在局部上总是可以写成 $\mathrm{I} = \lambda((\mathrm{d}u)^2 + (\mathrm{d}v)^2)$, 此时的参数系 (u, v) 称为曲面的等温参数.

8. 可展曲面是一类特殊的直纹面, 它的切平面沿每一条直母线是不变的. 假定直纹面 S 表示为

$$\boldsymbol{r} = \boldsymbol{a}(u) + v\boldsymbol{l}(u),$$

其中 $\boldsymbol{a}(u)$ 是直纹面的准线, $\boldsymbol{l}(u)$ 是直母线的方向向量. 曲面 S 是可展曲面的充分必要条件是

$$(\boldsymbol{a}'(u), \boldsymbol{l}(u), \boldsymbol{l}'(u)) = 0.$$

柱面: 直母线方向向量 $\boldsymbol{l}(u) = \boldsymbol{l}_0$ 是常向量; 锥面: 准线退化成一点, 即 $\boldsymbol{a}(u) = \boldsymbol{a}_0$ 是常向量; 切线面: 直母线方向向量 $\boldsymbol{l}(u) = \boldsymbol{a}'(u)$, 它们都是可展曲面. 反过来, 可展曲面就只有上面三类, 或是将它们拼接而成的曲面. 可展曲面都可以和平面建立保长对应. 反过来, 能够和平面建立保长对应的曲面必定是可展曲面 (证明要用到 Gauss-Codazzi 方程).

§3.2   例题详解

例题 3.1 写出椭球面、单叶双曲面、双叶双曲面、椭圆抛物面、双曲抛物面的参数方程.

解 椭球面的方程是

$$\frac{x^2}{a^2} + \frac{y^2}{b^2} + \frac{z^2}{c^2} = 1, \quad a, b, c > 0.$$

它可以看成球面沿坐标轴拉伸和压缩的结果, 因此可以把球面的参数方程用到这里来. 命

$$x = a\cos u \cos v, \quad y = b\cos u \sin v, \quad z = c\sin u,$$

它们满足椭球面的方程, 故椭球面的参数方程是

$$\boldsymbol{r} = (a\cos u\cos v, b\cos u\sin v, c\sin u).$$

单叶双曲面和双叶双曲面的方程分别是

$$\frac{x^2}{a^2} + \frac{y^2}{b^2} - \frac{z^2}{c^2} = 1,$$
$$\frac{x^2}{a^2} + \frac{y^2}{b^2} - \frac{z^2}{c^2} = -1,$$

采用双曲函数 $\cosh u$ 和 $\sinh u$, 它们满足恒等式 $\cosh^2 u - \sinh^2 u = 1$, 于是单叶双曲面的参数方程是

$$\boldsymbol{r} = (a\cosh u\cos v, b\cosh u\sin v, c\sinh u),$$

双叶双曲面的参数方程是

$$\boldsymbol{r} = (a\sinh u\cos v, b\sinh u\sin v, c\cosh u).$$

椭圆抛物面和双曲抛物面的方程分别是

$$\frac{x^2}{a^2} + \frac{y^2}{b^2} = 2z, \quad \frac{x^2}{a^2} - \frac{y^2}{b^2} = 2z,$$

所以它们的参数方程可以分别写成

$$\boldsymbol{r} = \left(x, y, \frac{1}{2}\left(\frac{x^2}{a^2} + \frac{y^2}{b^2}\right)\right), \quad \boldsymbol{r} = \left(x, y, \frac{1}{2}\left(\frac{x^2}{a^2} - \frac{y^2}{b^2}\right)\right).$$

若采用三角函数和双曲函数, 它们的参数方程可以分别写成

$$\boldsymbol{r} = \left(au\cos v, bu\sin v, \frac{u^2}{2}\right), \quad \boldsymbol{r} = \left(au\cosh v, bu\sinh v, \frac{u^2}{2}\right).$$

例题 3.2 写出单叶双曲面 $\dfrac{x^2}{a^2} + \dfrac{y^2}{b^2} - \dfrac{z^2}{c^2} = 1$ 作为直纹面的参数方程.

解 把单叶双曲面的方程改写成

$$\frac{x^2}{a^2} - \frac{z^2}{c^2} = 1 - \frac{y^2}{b^2}, \quad \left(\frac{x}{a} - \frac{z}{c}\right)\left(\frac{x}{a} + \frac{z}{c}\right) = \left(1 - \frac{y}{b}\right)\left(1 + \frac{y}{b}\right),$$

所以直线族 (λ 是任意的非零常数)

$$\frac{x}{a} - \frac{z}{c} = \lambda\left(1 - \frac{y}{b}\right), \quad \frac{x}{a} + \frac{z}{c} = \frac{1}{\lambda}\left(1 + \frac{y}{b}\right)$$

落在该曲面上. 解出 x, z 得到

$$\frac{x}{a} = \frac{1}{2}\left(\lambda + \frac{1}{\lambda}\right) + \frac{1}{2}\left(-\lambda + \frac{1}{\lambda}\right)\frac{y}{b}, \quad \frac{z}{c} = \frac{1}{2}\left(-\lambda + \frac{1}{\lambda}\right) + \frac{1}{2}\left(\lambda + \frac{1}{\lambda}\right)\frac{y}{b}.$$

引进新参数 $2v = \frac{1}{\lambda} + \lambda$, 则 $\frac{1}{\lambda} - \lambda = \pm 2\sqrt{v^2 - 1}$, 于是

$$x = a\left(v \pm \sqrt{v^2 - 1} \cdot \frac{y}{b}\right), \quad z = c\left(\pm\sqrt{v^2 - 1} + v \cdot \frac{y}{b}\right).$$

命 $y = bu$ 则得单叶双曲面的参数方程成为

$$\boldsymbol{r} = (av \pm au\sqrt{v^2 - 1}, \ bu, \ \pm c\sqrt{v^1 - 1} + cuv)$$
$$= (av, \ 0, \ \pm c\sqrt{v^2 - 1}) + u(\pm a\sqrt{v^2 - 1}, \ b, \ cv),$$

准线是 $\boldsymbol{r} = \boldsymbol{a}(v) = (av, 0, \pm c\sqrt{v^2 - 1})$, 直母线的方向向量是 $\boldsymbol{l}(v) = (\pm a\sqrt{v^2 - 1}, b, cv)$.

另一种做法是: 把直线族的方程写成

$$\frac{x}{a} + \frac{\lambda y}{b} - \frac{z}{c} = \lambda, \quad \frac{x}{a} - \frac{y}{\lambda b} + \frac{z}{c} = \frac{1}{\lambda},$$

所以该直线的方向向量是

$$\left(\frac{1}{a}, \frac{\lambda}{b}, -\frac{1}{c}\right) \times \left(\frac{1}{a}, -\frac{1}{\lambda b}, \frac{1}{c}\right)$$
$$= \left(\frac{1}{bc}\left(\lambda - \frac{1}{\lambda}\right), -\frac{2}{ac}, -\frac{1}{ab}\left(\lambda + \frac{1}{\lambda}\right)\right)$$
$$= \frac{1}{abc\lambda}\left(a(\lambda^2 - 1), -2b\lambda, -c(\lambda^2 + 1)\right).$$

直线族经过 Oxy 平面的点是

$$z = 0, \quad x = \frac{2a\lambda}{\lambda^2 + 1}, \quad y = \frac{b(\lambda^2 - 1)}{\lambda^2 + 1},$$

因此准线的方程是

$$\left(\frac{2a\lambda}{\lambda^2 + 1}, \ \frac{b(\lambda^2 - 1)}{\lambda^2 + 1}, \ 0 \right).$$

注意到 $\left(\dfrac{2\lambda}{\lambda^2 + 1} \right)^2 + \left(\dfrac{\lambda^2 - 1}{\lambda^2 + 1} \right)^2 = 1$, 引进参数 θ 使得

$$\cos\theta = \frac{2\lambda}{\lambda^2 + 1}, \qquad \sin\theta = \frac{\lambda^2 - 1}{\lambda^2 + 1},$$

则准线方程是

$$\boldsymbol{a}(\theta) = (a\cos\theta, \ b\sin\theta, \ 0),$$

直母线方向向量是

$$\boldsymbol{l}(\theta) = (a\sin\theta, \ -b\cos\theta, \ -c),$$

所以该曲面的参数方程是

$$\begin{aligned} \boldsymbol{r} &= (a\cos\theta, \ b\sin\theta, \ 0) + t(a\sin\theta, \ -b\cos\theta, \ -c) \\ &= (a(\cos\theta + t\sin\theta), b(\sin\theta - t\cos\theta), -ct). \end{aligned}$$

例题 3.3 在球面 $\Sigma : x^2 + y^2 + z^2 = 1$ 上, 命 $N = (0, 0, 1)$, $S = (0, 0, -1)$. 对于赤道平面上的任意一点 $p = (u, v, 0)$, 可以作唯一的一条直线经过 N, p 两点, 它与球面有唯一的交点, 记为 p'.

(1) 证明: 点 p' 的坐标是

$$x = \frac{2u}{u^2 + v^2 + 1}, \quad y = \frac{2v}{u^2 + v^2 + 1}, \quad z = \frac{u^2 + v^2 - 1}{u^2 + v^2 + 1},$$

并且它给出了球面上去掉北极 N 的剩余部分的正则参数表示;

(2) 求球面上去掉南极 S 的剩余部分的类似的正则参数表示;

(3) 求上面两种正则参数表示在公共部分的参数变换;

(4) 证明球面是可定向曲面.

解　(1) 经过 $N,\ p$ 两点的直线的参数方程是

$$\boldsymbol{X} = (0, 0, 1) + t(u, v, -1) = (tu, tv, 1 - t),$$

它与球面 Σ 的交点满足方程

$$t^2(u^2 + v^2) + (1 - t)^2 = 1,$$

解出 t 得到 $t = \dfrac{2}{u^2 + v^2 + 1}$, 代入直线方程得到交点 p' 的位置向量

$$\boldsymbol{r}(u, v) = \overrightarrow{Op'} = \left(\frac{2u}{u^2 + v^2 + 1}, \frac{2v}{u^2 + v^2 + 1}, \frac{u^2 + v^2 - 1}{u^2 + v^2 + 1} \right).$$

这是从赤道平面 π 到 E^3 的映射, 记为 $\varphi_1 : \pi \to E^3$, 并且 $\varphi_1(\pi) = U_1 = \Sigma \setminus \{N\}$. 求它关于 u, v 的偏导数得到

$$\boldsymbol{r}_u = \left(\frac{2(-u^2 + v^2 + 1)}{(u^2 + v^2 + 1)^2}, \frac{-4uv}{(u^2 + v^2 + 1)^2}, \frac{4u}{(u^2 + v^2 + 1)^2} \right),$$

$$\boldsymbol{r}_v = \left(\frac{-4uv}{(u^2 + v^2 + 1)^2}, \frac{2(u^2 - v^2 + 1)}{(u^2 + v^2 + 1)^2}, \frac{4v}{(u^2 + v^2 + 1)^2} \right),$$

直接计算得到

$$
\begin{aligned}
\boldsymbol{r}_u &\times \boldsymbol{r}_v \\
&= \left(\frac{-8u}{(u^2 + v^2 + 1)^3}, \frac{-8v}{(u^2 + v^2 + 1)^3}, \frac{-4(u^2 + v^2 - 1)}{(u^2 + v^2 + 1)^3} \right) \\
&= -\frac{4}{(u^2 + v^2 + 1)^2} \boldsymbol{r}(u, v) \neq 0,
\end{aligned}
$$

所以上面给出的 $\boldsymbol{r}(u, v)$ 是球面上的开子集 U_1 的正则参数表示. 若 $(x, y, z) \in U_1$, 则在赤道平面上的对应点是

$$\varphi_1^{-1}(x, y, z) = \left(\frac{x}{1 - z}, \frac{y}{1 - z}, 0 \right).$$

(2) 命 $U_2 = \Sigma \setminus \{S\}$, 连接 S, p 两点的直线与 U_2 的交点记为 p''. 显然, 连接 S, p 两点的直线的参数方程是

$$\boldsymbol{X} = (0, 0, -1) + t(u, v, 1) = (tu, tv, t - 1),$$

它与球面 Σ 的交点满足方程

$$t^2(u^2 + v^2) + (t - 1)^2 = 1,$$

解出 t 得到 $t = \dfrac{2}{u^2 + v^2 + 1}$, 代入直线方程得到交点 p'' 的位置向量

$$\boldsymbol{r}(u, v) = \overrightarrow{Op''} = \left(\frac{2u}{u^2 + v^2 + 1}, \frac{2v}{u^2 + v^2 + 1}, -\frac{u^2 + v^2 - 1}{u^2 + v^2 + 1} \right).$$

类似于 (1) 的计算, 容易得到

$$
\begin{aligned}
\boldsymbol{r}_u &\times \boldsymbol{r}_v \\
&= \left(\frac{8u}{(u^2 + v^2 + 1)^3}, \frac{8v}{(u^2 + v^2 + 1)^3}, \frac{-4(u^2 + v^2 - 1)}{(u^2 + v^2 + 1)^3} \right) \\
&= \frac{4}{(u^2 + v^2 + 1)^2} \boldsymbol{r}(u, v) \neq 0,
\end{aligned}
$$

所以上面给出的 $\boldsymbol{r}(u, v)$ 是球面上的开子集 U_2 的正则参数表示 φ_2: $\pi \to U_2 \subset E^3$. 点 $(x, y, z) \in U_2$ 在赤道平面上的对应点是

$$\varphi_2^{-1}(x, y, z) = \left(\frac{x}{1 + z}, \frac{y}{1 + z}, 0 \right).$$

(3) 设 $p(x, y, z) \in U_1 \cap U_2$, 则 p 在参数表示 φ_1^{-1} 下的参数是

$$u = \frac{x}{1 - z}, \quad v = \frac{y}{1 - z},$$

因此 $x = u(1 - z)$, $y = v(1 - z)$, 代入球面方程得到

$$x^2 + y^2 = (u^2 + v^2)(1 - z)^2 = 1 - z^2,$$

由此得到

$$\frac{1+z}{1-z} = u^2 + v^2, \quad z = \frac{u^2 + v^2 - 1}{u^2 + v^2 + 1}, \quad 1 - z = \frac{2}{u^2 + v^2 + 1},$$

故

$$x = \frac{2u}{u^2 + v^2 + 1}, \quad y = \frac{2v}{u^2 + v^2 + 1}, \quad z = \frac{u^2 + v^2 - 1}{u^2 + v^2 + 1}.$$

在参数表示 φ_2^{-1} 下的参数是

$$\tilde{u} = \frac{x}{1+z}, \quad \tilde{v} = \frac{y}{1+z}.$$

因此 $x = \tilde{u}(1+z)$, $y = \tilde{v}(1+z)$, 代入球面方程得到

$$x^2 + y^2 = (\tilde{u}^2 + \tilde{v}^2)(1+z)^2 = 1 - z^2,$$

由此得到

$$\frac{1-z}{1+z} = \tilde{u}^2 + \tilde{v}^2, \quad z = \frac{1 - \tilde{u}^2 - \tilde{v}^2}{\tilde{u}^2 + \tilde{v}^2 + 1}, \quad 1 + z = \frac{2}{\tilde{u}^2 + \tilde{v}^2 + 1},$$

故

$$x = \frac{2\tilde{u}}{\tilde{u}^2 + \tilde{v}^2 + 1}, \quad y = \frac{2\tilde{v}}{\tilde{u}^2 + \tilde{v}^2 + 1}, \quad z = \frac{1 - \tilde{u}^2 - \tilde{v}^2}{\tilde{u}^2 + \tilde{v}^2 + 1}.$$

由于 $1 + z = \dfrac{2(u^2 + v^2)}{u^2 + v^2 + 1}$, $1 - z = \dfrac{2(\tilde{u}^2 + \tilde{v}^2)}{\tilde{u}^2 + \tilde{v}^2 + 1}$, 容易得到这两组参数的变换公式是

$$\tilde{u} = \frac{x}{1+z} = \frac{u}{u^2 + v^2}, \quad \tilde{v} = \frac{y}{1+z} = \frac{v}{u^2 + v^2},$$

$$u = \frac{x}{1-z} = \frac{\tilde{u}}{\tilde{u}^2 + \tilde{v}^2}, \quad v = \frac{y}{1-z} = \frac{\tilde{v}}{\tilde{u}^2 + \tilde{v}^2}.$$

(4) 在 $U_1 \cap U_2$ 上的参数变换的 Jacobi 行列式是

$$\begin{vmatrix} \dfrac{\partial \tilde{u}}{\partial u} & \dfrac{\partial \tilde{v}}{\partial u} \\ \dfrac{\partial \tilde{u}}{\partial v} & \dfrac{\partial \tilde{v}}{\partial v} \end{vmatrix} = \begin{vmatrix} \dfrac{-u^2 + v^2}{(u^2 + v^2)^2} & \dfrac{-2uv}{(u^2 + v^2)^2} \\ \dfrac{-2uv}{(u^2 + v^2)^2} & \dfrac{u^2 - v^2}{(u^2 + v^2)^2} \end{vmatrix} = -\frac{1}{(u^2 + v^2)^2} < 0,$$

由此可见，该参数变换翻转了球面的定向. 要得到保持定向的参数变换，通常采取的办法有两种：一种办法是在其中一个参数前添一个负号；另一种办法是交换两个参数的次序. 我们采取第一种办法，因为这种做法不受维数的限制. 引进新的参数 $(\bar{u}, \bar{v})$，命

$$\bar{u} = -\tilde{u} = -\frac{u}{u^2 + v^2}, \quad \bar{v} = \tilde{v} = \frac{v}{u^2 + v^2},$$

则参数变换的 Jacobi 行列式是

$$\begin{vmatrix} \dfrac{\partial \bar{u}}{\partial u} & \dfrac{\partial \bar{v}}{\partial u} \\ \dfrac{\partial \bar{u}}{\partial v} & \dfrac{\partial \bar{v}}{\partial v} \end{vmatrix} = \begin{vmatrix} \dfrac{u^2 - v^2}{(u^2 + v^2)^2} & \dfrac{-2uv}{(u^2 + v^2)^2} \\ \dfrac{2uv}{(u^2 + v^2)^2} & \dfrac{u^2 - v^2}{(u^2 + v^2)^2} \end{vmatrix} = \frac{1}{(u^2 + v^2)^2} > 0,$$

所以从参数 (u, v) 到参数 $(\bar{u}, \bar{v})$ 的变换是保持定向的. 此时，

$$\varphi_3(\bar{u}, \bar{v}) = \varphi_2(\tilde{u}, \tilde{v}) = \left(\frac{2\tilde{u}}{\tilde{u}^2 + \tilde{v}^2 + 1}, \frac{2\tilde{v}}{\tilde{u}^2 + \tilde{v}^2 + 1}, -\frac{\tilde{u}^2 + \tilde{v}^2 - 1}{\tilde{u}^2 + \tilde{v}^2 + 1} \right)$$

$$= \left(-\frac{2\bar{u}}{\bar{u}^2 + \bar{v}^2 + 1}, \frac{2\bar{v}}{\bar{u}^2 + \bar{v}^2 + 1}, -\frac{\bar{u}^2 + \bar{v}^2 - 1}{\bar{u}^2 + \bar{v}^2 + 1} \right),$$

因此

$$\bar{u} = -\frac{x}{1 + z}, \quad \bar{v} = \frac{y}{1 + z}.$$

现在，球面 Σ 的参数表示 $\varphi_1 : \pi \to U_1 \subset E^3$ 和 $\varphi_3 : \pi \to U_2 \subset E^3$ 覆盖了整个球面，并且它们在球面 Σ 的公共部分 $U_1 \cap U_2$ 是保持定向的，因此球面 Σ 是可定向的曲面.

例题 3.4 所谓的正则曲面 S 是 E^3 中的一个子集，并且对于任意一点 $p \in S$，必存在点 p 在 E^3 中的一个邻域 $V \subset E^3$，以及在 E^2 中的一个区域 U，使得在 U 和 $V \cap S$ 之间能够建立一一的、双向都是连续的对应，并且该对应 $\boldsymbol{r} : U \to V \cap S \subset E^3$ 本身是一个正则参数曲面

$$\boldsymbol{r}(u, v) = (x(u, v), y(u, v), z(u, v)), \qquad (u, v) \in U.$$

证明：若曲面 S 有两个正则参数表示

$$\boldsymbol{r}_i : U_i \to V_i \cap S \subset E^3, \qquad i = 1, 2,$$

使得 $V_1 \cap V_2 \cap S \neq \emptyset$，则在任意一点 $p \in V_1 \cap V_2 \cap S$ 的附近的两组曲纹坐标 (u_1, v_1) 和 (u_2, v_2) 之间必定有容许的参数变换.

证明   不妨设上面的两个正则参数表示分别是

$$\boldsymbol{r}_1(u_1, v_1) = (x_1(u_1, v_1), y_1(u_1, v_1), z_1(u_1, v_1)), \quad \forall (u_1, v_1) \in U_1,$$

$$\boldsymbol{r}_2(u_2, v_2) = (x_2(u_2, v_2), y_2(u_2, v_2), z_2(u_2, v_2)), \quad \forall (u_2, v_2) \in U_2,$$

那么在点 p 的附近有

$$x = x_1(u_1, v_1) = x_2(u_2, v_2),$$
$$y = y_1(u_1, v_1) = y_2(u_2, v_2),$$
$$z = z_1(u_1, v_1) = z_2(u_2, v_2).$$

$\boldsymbol{r}_1(u_1, v_1)$ 是正则参数表示的条件是

$$\left(\begin{vmatrix} \dfrac{\partial y_1}{\partial u_1} & \dfrac{\partial z_1}{\partial u_1} \\[2mm] \dfrac{\partial y_1}{\partial v_1} & \dfrac{\partial z_1}{\partial v_1} \end{vmatrix}, \begin{vmatrix} \dfrac{\partial z_1}{\partial u_1} & \dfrac{\partial x_1}{\partial u_1} \\[2mm] \dfrac{\partial z_1}{\partial v_1} & \dfrac{\partial x_1}{\partial v_1} \end{vmatrix}, \begin{vmatrix} \dfrac{\partial x_1}{\partial u_1} & \dfrac{\partial y_1}{\partial u_1} \\[2mm] \dfrac{\partial x_1}{\partial v_1} & \dfrac{\partial y_1}{\partial v_1} \end{vmatrix} \right) \neq 0,$$

同时 $\boldsymbol{r}_2(u_2, v_2)$ 是正则参数表示的条件是

$$\left(\begin{vmatrix} \dfrac{\partial y_2}{\partial u_2} & \dfrac{\partial z_2}{\partial u_2} \\[2mm] \dfrac{\partial y_2}{\partial v_2} & \dfrac{\partial z_2}{\partial v_2} \end{vmatrix}, \begin{vmatrix} \dfrac{\partial z_2}{\partial u_2} & \dfrac{\partial x_2}{\partial u_2} \\[2mm] \dfrac{\partial z_2}{\partial v_2} & \dfrac{\partial x_2}{\partial v_2} \end{vmatrix}, \begin{vmatrix} \dfrac{\partial x_2}{\partial u_2} & \dfrac{\partial y_2}{\partial u_2} \\[2mm] \dfrac{\partial x_2}{\partial v_2} & \dfrac{\partial y_2}{\partial v_2} \end{vmatrix} \right) \neq 0,$$

并且它们分别是曲面 S 的非零法向量场，所以在这两块参数曲面的重叠部分，这两个法向量场处处只差一个数量因子. 不妨设在点 $p \in V_1 \cap V_2 \cap S$ 的附近有

$$\frac{\partial(x_1, y_1)}{\partial(u_1, v_1)} = \begin{vmatrix} \dfrac{\partial x_1}{\partial u_1} & \dfrac{\partial y_1}{\partial u_1} \\[2mm] \dfrac{\partial x_1}{\partial v_1} & \dfrac{\partial y_1}{\partial v_1} \end{vmatrix} \neq 0,$$

因而也有 $\dfrac{\partial(x_2,y_2)}{\partial(u_2,v_2)} \neq 0$. 由反函数定理得知，在点 p 所对应的参数 (u_1^0, v_1^0) 的一个邻域内存在三次以上连续可微的反函数

$$u_1 = f(x,y), \qquad v_1 = g(x,y),$$

它们满足恒等式

$$f(x_1(u_1,v_1), y_1(u_1,v_1)) \equiv u_1, \quad g(x_1(u_1,v_1), y_1(u_1,v_1)) \equiv v_1.$$

于是曲纹坐标 (u_1, v_1) 和 (u_2, v_2) 之间的变换是

$$u_1 = f(x_2(u_2,v_2), y_2(u_2,v_2)), \quad v_1 = g(x_2(u_2,v_2), y_2(u_2,v_2)).$$

很明显，u_1, v_1 是 u_2, v_2 的三次以上连续可微函数，并且参数变换的 Jacobi 行列式是

$$\frac{\partial(u_1,v_1)}{\partial(u_2,v_2)} = \frac{\partial(f,g)}{\partial(x,y)} \cdot \frac{\partial(x_2,y_2)}{\partial(u_2,v_2)} = \frac{\partial(x_2,y_2)}{\partial(u_2,v_2)} \left(\frac{\partial(x_1,y_1)}{\partial(u_1,v_1)} \right)^{-1} \neq 0,$$

因此在点 p 附近从曲纹坐标 (u_1, v_1) 到 (u_2, v_2) 的变换是容许的参数变换.

正则曲面是二维微分流形的例子，曲面的每一个正则参数表示给出了曲面上的一个局部坐标系，而局部坐标系之间的变换就是上面所说的容许参数变换.

例题 3.5 证明：一个正则参数曲面是球面的一部分的充分必要条件是，它的所有法线都经过一个固定点.

证明 必要性. 设正则参数曲面 $S: \boldsymbol{r} = \boldsymbol{r}(u,v)$ 落在以 $\boldsymbol{c}_0$ 为中心、以 R 为半径的球面上，所以

$$(\boldsymbol{r}(u,v) - \boldsymbol{c}_0)^2 = R^2,$$

求微分得到

$$\mathrm{d}\boldsymbol{r}(u,v) \cdot (\boldsymbol{r}(u,v) - \boldsymbol{c}_0) = 0.$$

因为 d$r(u, v)$ 是曲面 S 的点 (u, v) 处的任意的切向量，所以上面的式子说明 $r(u, v) - c_0$ 是曲面 S 的点 (u, v) 处的法向量，设

$$r(u, v) - c_0 = -\lambda(u, v)n(u, v),$$

其中 $n(u, v)$ 是曲面 S 的点 (u, v) 处的单位法向量. 将上式变形得到

$$r(u, v) + \lambda(u, v)n(u, v) = c_0,$$

这就是说它的所有法线都经过一个固定点 c_0.

反过来，假定曲面 S 的所有法线都经过一个固定点 c_0，即存在函数 $\lambda(u, v)$ 使得

$$r(u, v) + \lambda(u, v)n(u, v) = c_0.$$

这是本题证明的关键步骤. 下面要证明 $\lambda(u, v)$ 是常值函数. 将上式分别对 u, v 求偏导数得到

$$r_u + \lambda n_u + \lambda_u n = 0, \quad r_v + \lambda n_v + \lambda_v n = 0.$$

因为 r_u, r_v 是切向量，又因为单位向量函数 n 的偏导数必定与它自身正交，因此用 n 与上面两式分别作内积得到 $\lambda_u = \lambda_v = 0$，这说明 $\lambda(u, v) = \lambda_0$. 由题设假定得到

$$r(u, v) - c_0 = \lambda_0 n(u, v),$$

因此 $|r(u, v) - c_0|^2 = \lambda_0^2$ (常数)，即该曲面落在以 c_0 为中心、以 $|\lambda_0|$ 为半径的球面上.

例题 3.6   证明：旋转面的法线必定与旋转轴平行或相交；反过来，如果一个正则参数曲面的所有法线都与一条固定的直线相交，则它必定是旋转面.

证明   必要性是明显的. 假定曲面 S 是 Oxz 平面上的一条曲线 C 围绕 z-轴旋转产生的. 设曲线 C 的方程是 $(f(u), 0, g(u))$，$g'(u) \neq 0$，它

的法线在该平面里, 且不与 z-轴平行, 故它和 z-轴相交. 我们只要证明曲线 C 的法线是曲面 S 的法线就行了. 在曲线 C 上任意固定一点 p, 它在该点的切向量是 $(f'(u), 0, g'(u))$, 因此法向量是 $(-g'(u), 0, f'(u))$. 经过这一点的平行圆的参数方程是 $(f(u)\cos v, f(u)\sin v, g(u))$, 其中 v 是绕 z-轴的旋转角, 它的切向量是 $(-f(u)\sin v, f(u)\cos v, 0)$, 因此该平行圆在点 p 的切向量是 $(0, f(u), 0)$ (也就是取 $v = 0$). 很明显, 曲线 C 在点 p 的法向量 $(-g'(u), 0, f'(u))$ 和经过点 p 的平行圆的切向量 $(0, f(u), 0)$ 是彼此正交的, 这说明曲线 C 的法线是曲面 S 的法线. 在 $g'(u) = 0$ 处, 曲线 C 的法线与 z-轴平行, 故曲面在该处的法线也与 z-轴平行.

若要通过计算证明必要性, 可以假设旋转面 S 的参数方程是

$$\boldsymbol{r} = (f(u)\cos v, f(u)\sin v, g(u)), \quad f(u) > 0, \ (f'(u))^2 + (g'(u))^2 \neq 0,$$

分别对 u, v 求导得到

$$\boldsymbol{r}_u = (f'(u)\cos v, f'(u)\sin v, g'(u)), \quad \boldsymbol{r}_v = (-f(u)\sin v, f(u)\cos v, 0),$$

它们的向量积是

$$\boldsymbol{r}_u \times \boldsymbol{r}_v = (-f(u)g'(u)\cos v, -f(u)g'(u)\sin v, f(u)f'(u)),$$

因此单位法向量是

$$\boldsymbol{n}(u,v) = \frac{1}{\sqrt{(f'(u))^2 + (g'(u))^2}}(-g'(u)\cos v, -g'(u)\sin v, f'(u)).$$

该曲面的法线的参数方程是

$$\boldsymbol{r} = (f\cos v, f\sin v, g) + \lambda\left(\frac{-g'}{\sqrt{f'^2+g'^2}}\cos v, \frac{-g'}{\sqrt{f'^2+g'^2}}\sin v, \frac{f'}{\sqrt{f'^2+g'^2}}\right),$$

其中 λ 是法线上的参数. 若 $g'(u) = 0$, 则该处的法线与 z-轴平行. 若 $g'(u) \neq 0$, 取

$$\lambda = \frac{f(u)\sqrt{(f'(u))^2 + (g'(u))^2}}{g'(u)},$$

则在法线上的相应点的坐标是

$$\left(0, 0, g(u) + \frac{f(u)f'(u)}{g'(u)} \right),$$

它落在 z-轴上, 即该曲面的法线皆经过 z-轴.

充分性的证明需要发挥一点几何想象力. 不妨假定曲面 S 的所有法线都经过 z-轴, 用一个通过 z-轴、并且与 Oxz 平面的夹角为 v 的平面截曲面 S, 其截线的参数方程可以假设为 $(u\cos v, u\sin v, g(u,v))$, 这就是说该截线上的点到 z-轴的距离是 u, 到 Oxy 平面的距离是 $g(u,v)$, 这里 u 是该截线上的参数, v 是任意的固定值. 现在要证明: 函数 $g(u,v)$ 与 v 无关, 因而该曲面 S 就是一个旋转面. 很明显, 当 v 变化时上面的截线就扫出曲面 S, 因此曲面 S 的参数方程是

$$\boldsymbol{r} = (u\cos v, u\sin v, g(u,v)),$$

参数曲线的切向量是

$$\boldsymbol{r}_u = (\cos v, \sin v, g_u), \quad \boldsymbol{r}_v = (-u\sin v, u\cos v, g_v),$$

曲面 S 的法向量是

$$\boldsymbol{r}_u \times \boldsymbol{r}_v = (g_v \sin v - u g_u \cos v, -g_v \cos v - u g_u \sin v, u),$$

故曲面 S 的法线的参数方程是

$$(\lambda g_v \sin v + u(1 - \lambda g_u)\cos v, -\lambda g_v \cos v + u(1 - \lambda g_u)\sin v, g + \lambda u),$$

其中 λ 是法线上的参数. 已经假定曲面 S 的所有法线都经过 z-轴, 所以存在函数 $\lambda(u,v)$ 满足方程

$$\lambda g_v \sin v + u(1 - \lambda g_u)\cos v = 0, \quad -\lambda g_v \cos v + u(1 - \lambda g_u)\sin v = 0,$$

即

$$\lambda g_v = 0, \quad u(1 - \lambda g_u) = 0.$$

由此得到

$$\lambda = \frac{1}{g_u} \neq 0, \quad g_v \equiv 0, \quad g(u,v) = g(u).$$

证毕.

例题 3.7　假定在方程

$$\frac{x^2}{a-\lambda} + \frac{y^2}{b-\lambda} + \frac{z^2}{c-\lambda} = 1$$

中,a,b,c 是常数, 并且 $a > b > c$, λ 是参数. 当 $\lambda \in (-\infty, c)$ 时, 方程给出一族椭球面; 当 $\lambda \in (c,b)$ 时, 方程给出一族单叶双曲面; 当 $\lambda \in (b,a)$ 时, 方程给出一族双叶双曲面. 证明: 经过空间中不在各坐标面上的任意一点有且只有分别属于这三族曲面的三个二次曲面, 并且它们沿交线是彼此正交的.

证明　题设方程可以改写成

$$x^2(b-\lambda)(c-\lambda) + y^2(a-\lambda)(c-\lambda) + z^2(a-\lambda)(b-\lambda) = (a-\lambda)(b-\lambda)(c-\lambda).$$

假定点 $p(x,y,z)$ 不在各坐标面上, 因此 $x \neq 0, y \neq 0, z \neq 0$. 命

$$\begin{aligned} f(\lambda) =& x^2(b-\lambda)(c-\lambda) + y^2(a-\lambda)(c-\lambda) \\ &+ z^2(a-\lambda)(b-\lambda) - (a-\lambda)(b-\lambda)(c-\lambda). \end{aligned}$$

当 $\lambda = c$ 时,$f(c) = z^2(c-a)(c-b) > 0$; 当 $\lambda = b$ 时,$f(b) = y^2(b-a)(b-c) < 0$; 当 $\lambda = a$ 时,$f(a) = x^2(a-b)(a-c) > 0$; 当 $\lambda \to -\infty$ 时, 显然有 $f(\lambda) \to -\infty$. 由此可见, 方程 $f(\lambda) = 0$ 在下列各区间 $(-\infty, c), (c,b), (b,a)$ 内分别有一个根, 记为 $\lambda_1, \lambda_2, \lambda_3$, 它们分别对应于椭球面、单叶双曲面和双叶双曲面.

一般来说, 曲面 $f(x,y,z) = c$ 的法向量是 $\frac{\partial f}{\partial x}, \frac{\partial f}{\partial y}, \frac{\partial f}{\partial z}$. 因此, 经过点 $p(x,y,z)$ 的三个二次曲面的法向量分别是

$$\left(\frac{x}{a-\lambda_1}, \frac{y}{b-\lambda_1}, \frac{z}{c-\lambda_1} \right), \quad \left(\frac{x}{a-\lambda_2}, \frac{y}{b-\lambda_2}, \frac{z}{c-\lambda_2} \right),$$

$$\left(\frac{x}{a - \lambda_3}, \frac{y}{b - \lambda_3}, \frac{z}{c - \lambda_3} \right).$$

现在要证明这三个向量是两两正交的. 由于这三个向量的表达式是类似的, 我们只要以第一、第二个向量的正交性为例进行证明. 对应的二次曲面的方程分别是

$$\frac{x^2}{a - \lambda_1} + \frac{y^2}{b - \lambda_1} + \frac{z^2}{c - \lambda_1} = 1,$$

$$\frac{x^2}{a - \lambda_2} + \frac{y^2}{b - \lambda_2} + \frac{z^2}{c - \lambda_2} = 1,$$

将这两个方程相减, 并且利用 $\lambda_1 - \lambda_2 \neq 0$ 得到

$$\frac{x^2}{(a - \lambda_1)(a - \lambda_2)} + \frac{y^2}{(b - \lambda_1)(b - \lambda_2)} + \frac{z^2}{(c - \lambda_1)(c - \lambda_2)} = 0,$$

即

$$\left(\frac{x}{a - \lambda_1}, \frac{y}{b - \lambda_1}, \frac{z}{c - \lambda_1} \right) \cdot \left(\frac{x}{a - \lambda_2}, \frac{y}{b - \lambda_2}, \frac{z}{c - \lambda_2} \right) = 0.$$

证毕.

例题 3.8 我们所研究的曲面除了表示成正则参数曲面以外, 还可以表示成二元函数 $z = f(x, y)$ 的图像, 以及表示成点的坐标 (x, y, z) 所满足的方程 $F(x, y, z) = c$, 其中假定偏导数 $\partial F / \partial x, \partial F / \partial y, \partial F / \partial z$ 不全为零. 证明: 曲面的以上三种表示是等价的.

证明 已知正则参数曲面是

$$\boldsymbol{r} = (x(u, v), y(u, v), z(u, v)),$$

其中分量函数 $x(u, v), y(u, v), z(u, v)$ 是三次以上连续可微的, 并且

$$\boldsymbol{r}_u \times \boldsymbol{r}_v = \left(\frac{\partial(y, z)}{\partial(u, v)}, \frac{\partial(z, x)}{\partial(u, v)}, \frac{\partial(x, y)}{\partial(u, v)} \right) \neq 0.$$

不妨假定

$$\frac{\partial(x, y)}{\partial(u, v)} = \begin{vmatrix} \dfrac{\partial x}{\partial u} & \dfrac{\partial y}{\partial u} \\ \dfrac{\partial x}{\partial v} & \dfrac{\partial y}{\partial v} \end{vmatrix} \neq 0.$$

根据反函数定理, 在任意的固定点 (x_0, y_0) 的充分小的邻域内存在三次以上连续可微的函数 $u = f(x, y), v = g(x, y)$ 使得下列恒等式成立:

$$f(x(u, v), y(u, v)) \equiv u, \quad g(x(u, v), y(u, v)) \equiv v,$$
$$x(f(x, y), g(x, y)) \equiv x, \quad y(f(x, y), g(x, y)) \equiv y.$$

由此可见, $u = f(x, y), v = g(x, y)$ 是容许的参数变换, 代入曲面的参数方程得到

$$\begin{aligned} \boldsymbol{r} =& (x(f(x, y), g(x, y)), y(f(x, y), g(x, y)), z(f(x, y), g(x, y))) \\ =& (x, y, z(f(x, y), g(x, y))), \end{aligned}$$

所以该曲面是函数 $z = z(f(x, y), g(x, y))$ 的图像. 命

$$F(x, y, z) = z - z(f(x, y), g(x, y)),$$

则该曲面上点的坐标 (x, y, z) 满足方程 $F(x, y, z) = 0$, 并且

$$\begin{aligned} &\left(\frac{\partial F}{\partial x}, \frac{\partial F}{\partial y}, \frac{\partial F}{\partial z} \right) \\ =& \left(-\frac{\partial z}{\partial u}\frac{\partial f}{\partial x} - \frac{\partial z}{\partial v}\frac{\partial g}{\partial x}, \ -\frac{\partial z}{\partial u}\frac{\partial f}{\partial y} - \frac{\partial z}{\partial v}\frac{\partial g}{\partial y}, \ 1 \right) \neq 0. \end{aligned}$$

反过来, 假定曲面上的点的坐标 (x, y, z) 满足方程

$$F(x, y, z) = c \ (\text{常数}),$$

其中 $F(x, y, z)$ 是三次以上连续可微函数, 并且它的各个偏导数

$$\frac{\partial F}{\partial x}, \ \frac{\partial F}{\partial y}, \ \frac{\partial F}{\partial z}$$

不全为零. 不妨设 $\dfrac{\partial F}{\partial z} \neq 0$, 则根据隐函数定理, 在点 (x_0, y_0) 的充分小的邻域内存在三次以上连续可微函数 $z = h(x, y)$, 使得在该邻域内有恒等式

$$F(x, y, h(x, y)) \equiv c,$$

即函数 $z = h(x, y)$ 的图像上的点的坐标 $(x, y, h(x, y))$ 满足曲面的方程. 由此可见, 该曲面是函数 $z = h(x, y)$ 的图像, 它也可以表示成参数方程

$$\boldsymbol{r} = (x, y, h(x, y)).$$

很明显

$$\boldsymbol{r}_x \times \boldsymbol{r}_y = \left(-\frac{\partial h}{\partial x}, \ -\frac{\partial h}{\partial y}, \ 1 \right) \neq 0,$$

故这是一个正则参数曲面. 证毕.

例题 3.9 求旋转面的第一基本形式.

解 旋转面的参数方程设为

$$\boldsymbol{r} = \boldsymbol{r}(u, v) = (f(u) \cos v, f(u) \sin v, g(u)),$$

其中 $f(u) > 0$, $f'^2(u) + g'^2(u) > 0$. 因此

$$\boldsymbol{r}_u = (f'(u) \cos v, f'(u) \sin v, g'(u)),$$
$$\boldsymbol{r}_v = (-f(u) \sin v, f(u) \cos v, 0),$$

所以

$$E = \boldsymbol{r}_u \cdot \boldsymbol{r}_u = f'^2(u) + g'^2(u), \ F = \boldsymbol{r}_v \cdot \boldsymbol{r}_u = 0, \ G = \boldsymbol{r}_v \cdot \boldsymbol{r}_v = f^2(u).$$

它的第一基本形式是

$$\mathrm{I} = (f'^2(u) + g'^2(u))(\mathrm{d}u)^2 + f^2(u)(\mathrm{d}v)^2,$$

因此在旋转面上 u-曲线和 v-曲线构成正交参数曲线网.

例题 3.10 设球面的参数方程是 (参看例题 3.3(1))

$$\boldsymbol{r} = \left(\frac{2u}{u^2 + v^2 + 1}, \frac{2v}{u^2 + v^2 + 1}, \frac{u^2 + v^2 - 1}{u^2 + v^2 + 1} \right),$$

求它的第一基本形式.

解 求偏导数得到

$$\boldsymbol{r}_u = \left(\frac{2(-u^2 + v^2 + 1)}{(u^2 + v^2 + 1)^2}, \frac{-4uv}{(u^2 + v^2 + 1)^2}, \frac{4u}{(u^2 + v^2 + 1)^2} \right),$$

$$\boldsymbol{r}_v = \left(\frac{-4uv}{(u^2 + v^2 + 1)^2}, \frac{2(u^2 - v^2 + 1)}{(u^2 + v^2 + 1)^2}, \frac{4v}{(u^2 + v^2 + 1)^2} \right),$$

因此

$$E = \boldsymbol{r}_u \cdot \boldsymbol{r}_u = \frac{4((-u^2 + v^2 + 1)^2 + 4u^2v^2 + 4u^2)}{(u^2 + v^2 + 1)^4} = \frac{4}{(u^2 + v^2 + 1)^2},$$

$$G = \boldsymbol{r}_v \cdot \boldsymbol{r}_v = \frac{4(4u^2v^2 + (u^2 - v^2 + 1)^2 + 4v^2)}{(u^2 + v^2 + 1)^4} = \frac{4}{(u^2 + v^2 + 1)^2},$$

$$F = \boldsymbol{r}_u \cdot \boldsymbol{r}_v = \frac{-8uv(-u^2 + v^2 + 1) - 8uv(u^2 - v^2 + 1) + 16uv}{(u^2 + v^2 + 1)^4} = 0.$$

因此, 在球面的这种参数表示下的第一基本形式为

$$\mathrm{I} = \frac{4((\mathrm{d}u)^2 + (\mathrm{d}v)^2)}{(u^2 + v^2 + 1)^2}.$$

这是球面度量的十分重要的表达式, 它与平面度量差一个因子. (u, v) 是球面的等温参数系.

例题 3.11 求曲面上参数曲线的二等分角轨线所满足的微分方程.

解 设正则参数曲面 S 的参数方程是 $\boldsymbol{r} = \boldsymbol{r}(u, v)$, 它的第一基本形式是

$$\mathrm{I} = E(\mathrm{d}u)^2 + 2F\mathrm{d}u\mathrm{d}v + G(\mathrm{d}v)^2.$$

在基底 $\{\boldsymbol{r}_u, \boldsymbol{r}_v\}$ 下, u-曲线的方向向量是 $(1, 0)$, v-曲线的方向向量是 $(0, 1)$. 假定参数曲线的二等分角轨线的方向向量是 $(\mathrm{d}u, \mathrm{d}v)$, 则它与 u-曲线的夹角余弦是

$$\frac{E\mathrm{d}u + F\mathrm{d}v}{\sqrt{E}\sqrt{E(\mathrm{d}u)^2 + 2F\mathrm{d}u\mathrm{d}v + G(\mathrm{d}v)^2}},$$

它与 v-曲线的方向向量的夹角余弦是

$$\frac{F\mathrm{d}u + G\mathrm{d}v}{\sqrt{G}\sqrt{E(\mathrm{d}u)^2 + 2F\mathrm{d}u\mathrm{d}v + G(\mathrm{d}v)^2}}.$$

因此参数曲线的二等分角轨线的方向向量 $(\mathrm{d}u, \mathrm{d}v)$ 应该满足下列方程

$$\frac{E\mathrm{d}u + F\mathrm{d}v}{\sqrt{E}} = \pm\frac{F\mathrm{d}u + G\mathrm{d}v}{\sqrt{G}},$$

由于 $EG - F^2 > 0$, 化简之后得到

$$(\sqrt{EG}\mp F)\frac{\mathrm{d}u}{\sqrt{G}} = \pm(\sqrt{EG}\mp F)\frac{\mathrm{d}v}{\sqrt{E}},$$

$$\sqrt{E}\mathrm{d}u \pm \sqrt{G}\mathrm{d}v = 0.$$

上面的方程有一个直观的几何解释. u-曲线的单位切向量是 $\dfrac{\boldsymbol{r}_u}{\sqrt{E}}$, 而 v-曲线的单位切向量是 $\dfrac{\boldsymbol{r}_v}{\sqrt{G}}$, 所以它们的夹角的平分线的方向向量 是 $\dfrac{\boldsymbol{r}_u}{\sqrt{E}} \mp \dfrac{\boldsymbol{r}_v}{\sqrt{G}}$, 即 $(\mathrm{d}u, \mathrm{d}v) = \left(\dfrac{1}{\sqrt{E}}, \mp\dfrac{1}{\sqrt{G}}\right)$, 这就是上面得到的结果.

例题 3.12 在球面上求与经线相交成固定角的轨线的方程.

解 由于现在要求的是与经线相交成固定角的轨线, 因此将球面 看作旋转面写出它的参数方程比较方便. 设球面的参数方程是

$$\boldsymbol{r}(u, v) = (a\cos u\cos v, a\cos u\sin v, a\sin u),$$

对它求偏导数得到

$$\boldsymbol{r}_u = (-a\sin u\cos v, -a\sin u\sin v, a\cos u),$$
$$\boldsymbol{r}_v = (-a\cos u\sin v, a\cos u\cos v, 0),$$

因此

$$E = \boldsymbol{r}_u \cdot \boldsymbol{r}_u = a^2, \quad F = \boldsymbol{r}_u \cdot \boldsymbol{r}_v = 0, \quad G = \boldsymbol{r}_v \cdot \boldsymbol{r}_v = a^2\cos^2 u.$$

根据球面的参数方程, 其经线是 u-曲线, 它的切方向是 $(\delta u, \delta v) = (1, 0)$.
假定球面上的曲线 C 的切方向是 $(\mathrm{d}u, \mathrm{d}v)$, 它与经线的夹角余弦是

$$
\begin{aligned}
\cos \theta &= \frac{E\mathrm{d}u + F\mathrm{d}v}{\sqrt{E}\sqrt{E(\mathrm{d}u)^2 + 2F\mathrm{d}u\mathrm{d}v + G(\mathrm{d}v)^2}} \\
&= \frac{\mathrm{d}u}{\sqrt{(\mathrm{d}u)^2 + \cos^2 u(\mathrm{d}v)^2}},
\end{aligned}
$$

所以曲线 C 所满足的微分方程是

$$
c^2 (\mathrm{d}u)^2 = (\mathrm{d}u)^2 + \cos^2 u(\mathrm{d}v)^2, \quad \text{常数 } c^2 \geq 1,
$$

解方程得到

$$
\begin{aligned}
v &= \pm \sqrt{c^2 - 1} \int \frac{\mathrm{d}u}{\cos u} = \pm\sqrt{c^2 - 1}\ln\left(\frac{1 + \sin u}{\cos u}\right) + c_1 \\
&= \pm \sqrt{c^2 - 1}\ln\left(\tan\left(\frac{u}{2} + \frac{\pi}{4}\right)\right) + c_1.
\end{aligned}
$$

例题 3.13　改写曲面

$$
\boldsymbol{r} = (u\cos v, u\sin v, u + v)
$$

的参数方程, 使得它的参数曲线网是正交曲线网.

解　在理论上已经知道, 在曲面上存在正交的参数曲线网; 但是,
在实际上, 由于连续函数的积分未必有初等函数的表达式, 要找到正
交的参数曲线网往往是不可能的. 本题属于能找到正交参数曲线网的
那种情形. 先求它的第一基本形式. 求偏导数得到

$$
\boldsymbol{r}_u = (\cos v, \sin v, 1), \quad \boldsymbol{r}_v = (-u\sin v, u\cos v, 1),
$$

则

$$
E = \boldsymbol{r}_u \cdot \boldsymbol{r}_u = 2, \quad F = \boldsymbol{r}_u \cdot \boldsymbol{r}_v = 1, \quad G = \boldsymbol{r}_v \cdot \boldsymbol{r}_v = u^2 + 1,
$$

它的第一基本形式是

$$
\mathrm{I} = 2(\mathrm{d}u)^2 + 2\mathrm{d}u\mathrm{d}v + (u^2 + 1)(\mathrm{d}v)^2,
$$

对它进行配方得到

$$\mathrm{I} = 2\left(\mathrm{d}u + \frac{1}{2}\mathrm{d}v\right)^2 + \left(u^2 + \frac{1}{2}\right)(\mathrm{d}v)^2.$$

命

$$\tilde{u} = u + \frac{v}{2}, \quad \tilde{v} = v,$$

则曲面的第一基本形式成为

$$\mathrm{I} = 2(\mathrm{d}\tilde{u})^2 + \left(\left(\tilde{u} - \frac{\tilde{v}}{2}\right)^2 + \frac{1}{2}\right)(\mathrm{d}\tilde{v})^2,$$

曲面的参数方程成为

$$\boldsymbol{r} = \left(\left(\tilde{u} - \frac{\tilde{v}}{2}\right)\cos\tilde{v}, \left(\tilde{u} - \frac{\tilde{v}}{2}\right)\sin\tilde{v}, \tilde{u} + \frac{\tilde{v}}{2}\right),$$

其参数曲线网是正交曲线网.

若取另一种配方的办法也可以. 设把第一基本形式配方成为

$$\begin{aligned}
\mathrm{I} &= \left(2 - \frac{1}{u^2 + 1}\right)(\mathrm{d}u)^2 + \left(\frac{\mathrm{d}u}{\sqrt{u^2 + 1}} + \sqrt{u^2 + 1}\mathrm{d}v\right)^2 \\
&= \frac{2u^2 + 1}{u^2 + 1}(\mathrm{d}u)^2 + (u^2 + 1)\left(\frac{\mathrm{d}u}{u^2 + 1} + \mathrm{d}v\right)^2,
\end{aligned}$$

命

$$\tilde{u} = u, \quad \tilde{v} = \arctan u + v,$$

则曲面的第一基本形式成为

$$\mathrm{I} = \frac{2\tilde{u}^2 + 1}{\tilde{u}^2 + 1}(\mathrm{d}\tilde{u})^2 + (\tilde{u}^2 + 1)(\mathrm{d}\tilde{v})^2,$$

曲面的参数方程成为

$$\boldsymbol{r} = (\tilde{u}\cos(\tilde{v} - \arctan\tilde{u}), \tilde{u}\sin(\tilde{v} - \arctan\tilde{u}), \tilde{v} + \tilde{u} - \arctan\tilde{u}),$$

其参数曲线网是正交曲线网.

例题 3.14 证明：螺旋面 $\boldsymbol{r} = (u\cos v, u\sin v, u+v)$ 可以和一个旋转面建立保长对应.

证明 上面的例题已经给出该螺旋面的第一基本形式

$$I = 2(\mathrm{d}u)^2 + 2\mathrm{d}u\mathrm{d}v + (u^2+1)(\mathrm{d}v)^2.$$

如果该螺旋面能够和一个旋转面建立保长对应，需要在该螺旋面上建立正交参数曲线网，并且使得在该正交参数曲线网下的第一类基本量只依赖一个参数，而与另一个参数无关 (参看例题 3.9). 在例题 3.13 中已经以两种方式给出这个螺旋面的正交参数曲线网，其中第二种方式符合我们的要求. 取

$$\tilde{u} = u, \quad \tilde{v} = \arctan u + v,$$

则曲面的第一基本形式成为

$$I = \frac{2\tilde{u}^2 + 1}{\tilde{u}^2 + 1}(\mathrm{d}\tilde{u})^2 + (\tilde{u}^2+1)(\mathrm{d}\tilde{v})^2.$$

根据例题 3.9, 设旋转面的参数方程为

$$\boldsymbol{r} = \boldsymbol{r}^*(\tilde{u}, \tilde{v}) = (f(\tilde{u})\cos\tilde{v}, f(\tilde{u})\sin\tilde{v}, g(\tilde{u})),$$

其中 $f(\tilde{u}) > 0$, $f'^2(\tilde{u}) + g'^2(\tilde{u}) > 0$. 它的第一基本形式是

$$I^* = (f'^2(\tilde{u}) + g'^2(\tilde{u}))(\mathrm{d}\tilde{u})^2 + f^2(\tilde{u})(\mathrm{d}\tilde{v})^2,$$

要使 $I = I^*$, 只要命

$$f'^2(\tilde{u}) + g'^2(\tilde{u}) = \frac{2\tilde{u}^2 + 1}{\tilde{u}^2 + 1}, \quad f^2(\tilde{u}) = \tilde{u}^2 + 1.$$

不妨取

$$f(\tilde{u}) = \sqrt{\tilde{u}^2 + 1}, \quad f'(\tilde{u}) = \frac{\tilde{u}}{\sqrt{\tilde{u}^2+1}}, \quad g'(\tilde{u}) = 1, \quad g(\tilde{u}) = \tilde{u}.$$

这样，我们得到所要的旋转面是

$$\boldsymbol{r} = (\sqrt{\tilde{u}^2 + 1}\cos\tilde{v}, \sqrt{\tilde{u}^2 + 1}\sin\tilde{v}, \tilde{u}).$$

这个旋转面和已知螺旋面是保长的，保长对应是

$$\tilde{u} = u, \quad \tilde{v} = \arctan u + v.$$

例题 3.15   试建立球面和圆柱面之间的保角对应.

解   设 S 是半径为 a 的球面，$\tilde{S}$ 是半径为 a 的圆柱面，它们的参数方程分别为

$$\boldsymbol{r} = (a\cos v\cos u, a\cos v\sin u, a\sin v),$$
$$\boldsymbol{r} = (a\cos\tilde{u}, a\sin\tilde{u}, a\tilde{v}).$$

经直接计算得到它们的第一基本形式分别为

$$\mathrm{I} = a^2\cos^2 v(\mathrm{d}u)^2 + a^2(\mathrm{d}v)^2 = a^2\cos^2 v\left((\mathrm{d}u)^2 + \frac{1}{\cos^2 v}(\mathrm{d}v)^2\right),$$
$$\tilde{\mathrm{I}} = a^2(\mathrm{d}\tilde{u})^2 + a^2(\mathrm{d}\tilde{v})^2 = a^2((\mathrm{d}\tilde{u})^2 + (\mathrm{d}\tilde{v})^2).$$

令

$$\tilde{u} = u, \qquad \tilde{v} = \int_0^v \frac{\mathrm{d}v}{\cos v} = \log\left|\tan\left(\frac{v}{2} + \frac{\pi}{4}\right)\right|,$$

则上面给出的映射 $\sigma : S \to \tilde{S}$ 是保角对应. 上述映射称为 Mercator 投影.

很明显，圆柱面 $\tilde{S}$ 和平面是保长的，球面通过 Mercator 投影和平面建立保角对应，所以这种方法常用于描绘地图.

例题 3.16   设直纹面 S 的参数方程是 $\boldsymbol{r} = \boldsymbol{a}(u) + v\boldsymbol{l}(u)$，证明：$S$ 是可展曲面的充分必要条件是，向量函数 $\boldsymbol{a}(u), \boldsymbol{l}(u)$ 满足方程

$$(\boldsymbol{a}'(u), \boldsymbol{l}(u), \boldsymbol{l}'(u)) = 0.$$

证明 对直纹面 S 的参数方程求导数得到

$$\boldsymbol{r}_u = \boldsymbol{a}'(u) + v\boldsymbol{l}'(u), \qquad \boldsymbol{r}_v = \boldsymbol{l}(u),$$

因此曲面 S 的法向量是

$$\boldsymbol{r}_u \times \boldsymbol{r}_v = (\boldsymbol{a}'(u) + v\boldsymbol{l}'(u)) \times \boldsymbol{l}(u).$$

如果 S 是可展曲面, 则在直母线上的任意两个不同点 (u, v_1) 和 (u, v_2), 其中 $v_1 \neq v_2$, 曲面 S 的法向量应该互相平行, 即

$$(\boldsymbol{a}'(u) + v_1\boldsymbol{l}'(u)) \times \boldsymbol{l}(u) /\!/ (\boldsymbol{a}'(u) + v_2\boldsymbol{l}'(u)) \times \boldsymbol{l}(u).$$

根据向量的双重向量积的公式

$$(\boldsymbol{a} \times \boldsymbol{b}) \times \boldsymbol{c} = (\boldsymbol{a} \cdot \boldsymbol{c})\boldsymbol{b} - (\boldsymbol{b} \cdot \boldsymbol{c})\boldsymbol{a},$$

我们有

$$
\begin{aligned}
0 =& ((\boldsymbol{a}'(u) + v_1\boldsymbol{l}'(u)) \times \boldsymbol{l}(u)) \times ((\boldsymbol{a}'(u) + v_2\boldsymbol{l}'(u)) \times \boldsymbol{l}(u)) \\
=& (\boldsymbol{a}'(u) + v_1\boldsymbol{l}'(u)) \cdot ((\boldsymbol{a}'(u) + v_2\boldsymbol{l}'(u)) \times \boldsymbol{l}(u))\boldsymbol{l}(u) \\
=& (\boldsymbol{a}'(u) + v_1\boldsymbol{l}'(u), \boldsymbol{a}'(u) + v_2\boldsymbol{l}'(u), \boldsymbol{l}(u))\boldsymbol{l}(u) \\
=& (v_1 - v_2)(\boldsymbol{a}'(u), \boldsymbol{l}(u), \boldsymbol{l}'(u))\boldsymbol{l}(u).
\end{aligned}
$$

由于 $(v_1 - v_2)\boldsymbol{l}(u) \neq 0$, 所以上式末端的混合积为零, 即

$$(\boldsymbol{a}'(u), \boldsymbol{l}(u), \boldsymbol{l}'(u)) = 0.$$

上面的论证过程是可逆的, 因此上式也是直纹面 S 为可展曲面的充分条件. 证毕.

例题 3.17 求单参数平面族

$$x\cos\alpha + y\sin\alpha - z\sin\alpha = 1$$

的包络.

解 命

$$F(x, y, z, \alpha) = x \cos \alpha + y \sin \alpha - z \sin \alpha - 1,$$

则

$$F_\alpha(x, y, z, \alpha) = -x \sin \alpha + y \cos \alpha - z \cos \alpha.$$

将方程组 $F = 0$, $F_\alpha = 0$ 中的参数 α 消去得到

$$x^2 + (y - z)^2 = 1.$$

这是一张柱面, 属于可展曲面的一种. 写成参数方程的形式是

$$\boldsymbol{r} = (\cos u, \sin u + v, v) = (\cos u, \sin u, 0) + v(0, 1, 1).$$

例题 3.18 考虑依赖两个参数的直线族

$$x = uz + v, \qquad y = vz + \frac{u^3}{3},$$

其中 u, v 是直线族的参数.

(1) 求参数 u 和 v 之间的一个关系式, 使得由此得到的单参数直线族是一个可展曲面的直母线族;

(2) 确定相应的可展曲面的类型.

解 把上面依赖族参数 (u, v) 的直线的参数方程写成

$$\boldsymbol{r} = \left(ut + v, vt + \frac{u^3}{3}, t \right) = \left(v, \frac{u^3}{3}, 0 \right) + t(u, v, 1).$$

假定有函数关系 $v = f(u)$, 使得上面的单参数直线族张成一个可展曲面. 此时, 准线为 $\boldsymbol{a}(u) = \left(f(u), \dfrac{u^3}{3}, 0 \right)$, 直母线的方向向量是 $\boldsymbol{l}(u) = (u, f(u), 1)$, 它们应该满足条件

$$0 = (\boldsymbol{a}'(u), \boldsymbol{l}(u), \boldsymbol{l}'(u)) = \begin{vmatrix} f'(u) & u^2 & 0 \\ u & f(u) & 1 \\ 1 & f'(u) & 0 \end{vmatrix},$$

即

$$f'^2(u) = u^2, \quad f'(u) = u, \quad v = f(u) = \frac{u^2}{2}.$$

对应的可展曲面是

$$\boldsymbol{r}(u,t) = \left(ut + \frac{u^2}{2}, \frac{tu^2}{2} + \frac{u^3}{3}, t\right) = \left(\frac{u^2}{2}, \frac{u^3}{3}, 0\right) + t\left(u, \frac{u^2}{2}, 1\right).$$

因为直母线的方向不是确定的, 即

$$\boldsymbol{l}(u) \times \boldsymbol{l}'(u) = \left(u, \frac{u^2}{2}, 1\right) \times (1, u, 0) = \left(-u, 1, \frac{u^2}{2}\right) \neq 0,$$

所以它不是柱面. 对它作准线变换

$$\tilde{\boldsymbol{a}}(u) = \boldsymbol{a}(u) + \lambda(u)\boldsymbol{l}(u),$$

则

$$\begin{aligned}
\tilde{\boldsymbol{a}}'(u) &= \boldsymbol{a}'(u) + \lambda(u)\boldsymbol{l}'(u) + \lambda'(u)\boldsymbol{l}(u) \\
&= (u, u^2, 0) + \lambda(u)(1, u, 0) + \lambda'(u)\left(u, \frac{u^2}{2}, 1\right).
\end{aligned}$$

若取 $\lambda(u) = -u$, 则上式成为

$$\tilde{\boldsymbol{a}}'(u) = -\boldsymbol{l}(u),$$

这说明该曲面是曲线 $\tilde{\boldsymbol{a}}(u)$ 的切线面, 即

$$\boldsymbol{r}(u,t) = \tilde{\boldsymbol{a}}(u) + (t+u)\boldsymbol{l}(u) = \tilde{\boldsymbol{a}}(u) - (t+u)\tilde{\boldsymbol{a}}'(u),$$

其中

$$\tilde{\boldsymbol{a}}(u) = \left(-\frac{u^2}{2}, -\frac{u^3}{6}, -u\right).$$

例题 3.19 设正则参数曲线 $C: \boldsymbol{r} = \boldsymbol{r}(s)$ 的曲率 κ 和挠率 τ 都不是零, 它的 Frenet 标架是 $\{\boldsymbol{r}(s); \boldsymbol{\alpha}(s), \boldsymbol{\beta}(s), \boldsymbol{\gamma}(s)\}$, s 是弧长参数.

(1) 求定义在该曲线上的向量场

$$l(s) = \boldsymbol{\alpha}(s) + \lambda(s)\boldsymbol{\gamma}(s),$$

使得以 C 为准线、以 $l(s)$ 为方向向量的直纹面是可展曲面.

(2) 证明: 该可展曲面是柱面的充分必要条件是 κ/τ 为常数.

解   (1) 求 $l(s)$ 对 s 的导数得到

$$l'(s) = (\kappa(s) - \lambda(s)\tau(s))\boldsymbol{\beta}(s) + \lambda'(s)\boldsymbol{\gamma}(s).$$

因此, 直母线方向向量 $l(s)$ 给出可展曲面的条件是

$$
\begin{aligned}
&(\boldsymbol{r}'(s), l(s), l'(s)) \\
=& (\boldsymbol{\alpha}(s), \boldsymbol{\alpha}(s) + \lambda(s)\boldsymbol{\gamma}(s), (\kappa(s) - \lambda(s)\tau(s))\boldsymbol{\beta}(s) + \lambda'(s)\boldsymbol{\gamma}(s)) \\
=& -\lambda(s)(\kappa(s) - \lambda(s)\tau(s)) = 0,
\end{aligned}
$$

即 $\lambda(s) = \dfrac{\kappa(s)}{\tau(s)}$, 所求的直母线方向向量是

$$l(s) = \boldsymbol{\alpha}(s) + \frac{\kappa(s)}{\tau(s)}\boldsymbol{\gamma}(s).$$

(2) 要这个可展曲面是柱面的充分必要条件是 $l(s)$ 有确定的方向, 即 $l'(s) \times l(s) = 0$. 直接计算得到

$$l'(s) = \kappa(s)\boldsymbol{\beta}(s) + \left(\frac{\kappa(s)}{\tau(s)}\right)'\boldsymbol{\gamma}(s) + \frac{\kappa(s)}{\tau(s)}(-\tau(s))\boldsymbol{\beta}(s) = \left(\frac{\kappa(s)}{\tau(s)}\right)'\boldsymbol{\gamma}(s),$$

$$l'(s) \times l(s) = \left(\frac{\kappa(s)}{\tau(s)}\right)'\boldsymbol{\gamma}(s) \times \left(\boldsymbol{\alpha}(s) + \frac{\kappa(s)}{\tau(s)}\boldsymbol{\gamma}(s)\right) = \left(\frac{\kappa(s)}{\tau(s)}\right)'\boldsymbol{\beta}(s),$$

因此该可展曲面是柱面的充分必要条件是 $\left(\dfrac{\kappa(s)}{\tau(s)}\right)' = 0$, 即 $\dfrac{\kappa(s)}{\tau(s)}$ 为常数. 证毕.

§3.3 习题

3.1. 考虑方程

$$\boldsymbol{r} = (u\cos v, u\sin v, \sqrt{k^2 - u^2}), \qquad k > 0,\ 0 < u < k.$$

这表示一张什么曲面？ u-曲线和 v-曲线各是什么样的曲线？参数 u, v 的几何意义是什么？

3.2. 下面的每个参数方程 (组) 各表示什么曲面？ u-曲线和 v-曲线各是什么样的曲线？

(1) $x_i = a_i u + b_i v + c_i, \quad i = 1, 2, 3;$

(2) $\boldsymbol{r} = (k\cos u, k\sin u, v), \quad k > 0;$

(3) $\boldsymbol{r} = (k\cos u, k\sin u, b(u+v)), \quad k > 0,\ b \neq 0;$

(4) $\boldsymbol{r} = (f(u), g(u), v)$, 其中 $f(u),\ g(u)$ 是 u 的连续可微函数；

(5) $\boldsymbol{r} = (u\cos v, u\sin v, kv), \quad k > 0,\ u > 0;$

(6) $\boldsymbol{r} = (u, v, kuv), \quad k > 0;$

(7) $\boldsymbol{r} = (k\cos u\cos v, k\cos u\sin v, k\sin u), \quad k > 0;$

(8) $\boldsymbol{r} = (a\cos u\cos v, b\cos u\sin v, c\sin u), \quad a > b > c > 0.$

3.3. 求由圆螺旋线的主法线所构成的曲面的参数方程. 这是一张什么曲面？

3.4. 写出双曲抛物面 $2z = \dfrac{x^2}{a^2} - \dfrac{y^2}{b^2}$ 作为直纹面的参数方程.

3.5. 已知空间中的四个点 $p_i(1 \leq i \leq 4)$ 的坐标是 (x_i, y_i, z_i). 经过线段 $p_1 p_2$ 与 $p_3 p_4$ 上有相同分比的点作直线, 所有这样的直线构成一个直纹面, 写出这个直纹面的参数方程. 考察该直纹面是正则参数曲面的条件.

3.6. 求正螺旋面

$$\boldsymbol{r} = (u\cos v, u\sin v, bv), \qquad b \neq 0$$

与圆柱面 $(x-a)^2+y^2 = a^2$ 的交线的参数方程, 并求它的曲率和挠率.

3.7. 设 C 是圆柱面 $(x-1)^2+y^2 = 1$ 与半球面 $x^2+y^2+z^2 = 4$, $z > 0$ 的交线. 求它的参数方程和曲率、挠率.

3.8. 已知曲面的方程是

$$\boldsymbol{r} = (u\cos v, u\sin v, f(v)),$$

其中 $f(v)$ 是 v 的连续可微函数.

(1) 这是什么曲面? 试将该曲面的方程表示成 Monge 形式 $z = F(x, y)$.

(2) 求该曲面沿一条直母线上各点的法线所构成的曲面的方程. 这是什么曲面?

3.9. 已知曲面的方程是

$$\boldsymbol{r} = (u\cos v, u\sin v, f(u)),$$

其中 $f(u)$ 是 u 的连续可微函数.

(1) 这是什么曲面? 试将该曲面的方程表示成 Monge 形式 $z = F(x, y)$.

(2) 若该曲面是直母线与它的旋转轴夹角为 α 的圆锥面, 写出它的方程.

3.10. 证明: 一个正则参数曲面是锥面的充分必要条件是它的所有切平面都经过一个固定点.

3.11. 证明: 曲面 $\boldsymbol{r} = \left(u, v, \dfrac{a^3}{uv}\right)$ (常数 $a > 0$) 的切平面和三个坐标平面构成的四面体的体积是常数.

3.12. 试在曲面 $xyz = 1$ 上求与平面 $4x - y + 2z = 0$ 平行的切平面的方程.

3.13. 设 S 是圆锥面 $\boldsymbol{r} = (v\cos u, v\sin u, v)$, C 是 S 上的一条曲线, 其方程是 $u = \sqrt{2}t, v = \mathrm{e}^t$.

(1) 将曲线 C 的切向量用 $\boldsymbol{r}_u, \boldsymbol{r}_v$ 的线性组合表示出来;

(2) 证明: C 的切向量平分了 $\boldsymbol{r}_u$ 和 $\boldsymbol{r}_v$ 的夹角.

3.14. 求 Viviani 曲线

$$\boldsymbol{r} = \left(k(1 + \cos u), k \sin u, 2k \sin \frac{u}{2} \right) \quad (k > 0)$$

的切线面与 Oxy 平面的截线的方程.

3.15. 求下列曲面的第一基本形式:

(1) $\boldsymbol{r} = (u \cos v, u \sin v, f(v))$;

(2) $\boldsymbol{r} = (u \cos v, u \sin v, f(u) + av)$, 其中 a 是常数;

(3) $\boldsymbol{r} = (pu \cos v, qu \sin v, u^2(p \cos^2 v + q \sin^2 v))$, p, q 是常数.

3.16. 设球面的参数方程是

$$\boldsymbol{r} = \left(\frac{2u}{1 + u^2 + v^2}, \frac{2v}{1 + u^2 + v^2}, \frac{1 - u^2 - v^2}{1 + u^2 + v^2} \right),$$

求它的第一基本形式.

3.17. 求平面在极坐标系 (r, θ) 下的第一基本形式, 并且求平面上曲线 $r = r(\theta)$ 的弧长的表达式, 以及该曲线与曲线 $\theta = \theta_0$ (常数) 的夹角 φ.

3.18. 在曲面

$$\boldsymbol{r} = (u \cos v, u \sin v, u^2/2)$$

上考虑经过原点 $O = (0, 0, 0)$ 的曲线 $v = ku$. 求该曲线从原点 O 到任意一点 $u = t$ 的弧长.

3.19. 设在曲面上一点 (u, v), 由微分 du, dv 的二次方程

$$P(u, v)(du)^2 + 2Q(u, v)dudv + R(u, v)(dv)^2 = 0$$

确定了在该点的两个切方向. 证明: 这两个切方向彼此正交的充分必要条件是函数 P, Q, R 满足方程

$$ER - 2FQ + GP = 0,$$

其中 E, F, G 是曲面的第一类基本量.

3.20. 考虑球面

$$\boldsymbol{r} = (a\cos u\cos v, a\cos u\sin v, a\sin u), \qquad a > 0$$

上的曲线 $u = v$. 求该曲线分别与曲线 $v = v_0$ (常数) 和曲线 $u = u_0$ (常数) 的夹角.

3.21. 已知曲面的第一基本形式为 $\mathrm{I} = (\mathrm{d}u)^2 + (u^2 + a^2)(\mathrm{d}v)^2$.

(1) 求曲线 $C_1 : u + v = 0$ 与 $C_2 : u - v = 0$ 的交角；

(2) 求曲线 $C_1 : u = av^2$, $C_2 : u = -av^2$ 和 $C_3 : v = 1$ 所围成的曲边三角形的各个边长和各个内角；

(3) 求曲线 $C_1 : u = av$, $C_2 : u = -av$ 和 $C_3 : v = 1$ 所围成的曲边三角形的面积.

3.22. 在第一基本形式为 $\mathrm{I} = (\mathrm{d}u)^2 + \sinh^2 u(\mathrm{d}v)^2$ 的曲面上, 求曲线 $u = v$ 的弧长.

3.23. 设空间曲线 $\boldsymbol{r} = \boldsymbol{r}(s)$ 以弧长 s 为参数, 曲率是 $\kappa(s)$. 写出它的切线面的参数方程, 使得相应的参数曲线构成正交曲线网.

3.24. 求曲面 $\boldsymbol{r} = \boldsymbol{r}(u, v)$ 上分别与 u-曲线和 v-曲线正交的轨线所满足的微分方程.

3.25. 求曲面

$$\boldsymbol{r} = (v\cos u - k\sin u, v\sin u + k\cos u, ku)$$

的参数曲线的正交轨线, 其中 $k > 0$ 是常数.

3.26. 证明：在螺旋面 $\boldsymbol{r} = (u\cos v, u\sin v, kv)$ $(k > 0)$ 上微分方程 $(\mathrm{d}u)^2 - (u^2 + k^2)(\mathrm{d}v)^2 = 0$ 的解曲线构成正交曲线网.

3.27. 设曲面的第一基本形式是 $\mathrm{I} = E(\mathrm{d}u)^2 + 2F\mathrm{d}u\mathrm{d}v + G(\mathrm{d}v)^2$, 已知该曲面上一个曲线族所满足的微分方程是 $P\mathrm{d}u + Q\mathrm{d}v = 0$. 求曲面上已知曲线族的正交轨线所满足的微分方程.

3.28. 求单位球面 $r = (\cos u \cos v, \cos u \sin v, \sin u)$ 上曲线族 $u + v = c$ (常数) 的正交轨线.

3.29. 已知曲面

$$r = \left(\sin u \cos v, \sin u \sin v, \cos u + \log \tan \frac{u}{2} + 1\right),$$

试取适当的常数 λ 使得下面的两族曲线

$$\sin u + p(v + 1) = 0 \quad \text{和} \quad \frac{\lambda}{\sin^3 u} + v = q \quad (p, q \text{ 是常数})$$

构成正交曲线网.

3.30. (1) 在曲面 $r = (k \cos u \sin v, k \sin u \sin v, k \cos v)$ $(k > 0)$ 上求平分参数曲线之间夹角的曲线.

(2) 在曲面 $r = (u \cos v, u \sin v, u + v)$ 上求平分参数曲线之间夹角的曲线.

3.31. 证明: 在悬链面

$$r = (a \cosh t \cos \theta, a \cosh t \sin \theta, at), \quad -\infty < t < \infty, \quad 0 \le \theta \le 2\pi$$

和正螺旋面

$$r = (v \cos u, v \sin u, au), \quad 0 \le u \le 2\pi, \quad -\infty < v < \infty$$

之间存在保长对应, 其中常数 $a > 0$.

3.32. 证明: 曲面

$$r = (a(\cos u + \cos v), a(\sin u + \sin v), b(u + v))$$

能够和一个旋转面建立保长对应, 其中常数 $a > 0$, $b \ne 0$.

3.33. 证明: 平面到它自身的任意一个保长对应必定是平面上的一个刚体运动, 或刚体运动和关于一条直线的反射的合成.

3.34. 试建立旋转面

$$\boldsymbol{r} = (f(u)\cos v, f(u)\sin v, g(u))$$

和平面的保角对应.

3.35. 给出曲面 $x^2 + y^2 = 2z$ 到平面上一个区域的保角对应.

3.36. 证明：将正螺旋面 S 上的每一点借助于在该点的单位法向量映到单位球面 Σ 上的映射是保角的.

3.37. 判断下列曲面中哪些是可展曲面？哪些不是可展曲面？说明理由.

(1) $\boldsymbol{r} = \left(u^2 + \dfrac{v}{3}, 2u^3 + uv, u^4 + \dfrac{2u^2v}{3} \right)$;

(2) $\boldsymbol{r} = (\cos v - (u+v)\sin v, \sin v + (u+v)\cos v, u + 2v)$;

(3) $\boldsymbol{r} = (a(u+v), b(u-v), 2uv)$ $(a,\ b \neq 0)$;

(4) $\boldsymbol{r} = (u\cos v, u\sin v, \sin 2v)$.

3.38. 确定下列曲面是不是可展曲面？

(1) $xyz = k^3,\ k > 0$;

(2) $xy = (z - k)^2$.

3.39. 证明：单参数直线族

$$y = ux - u^3, \qquad z = u^3 y - u^6$$

生成一个可展曲面，其中 u 是直线族的参数.

3.40. 证明：满足条件 $\boldsymbol{r}_{uu} = \boldsymbol{r}_{uv} = 0$ 的曲面 $S: \boldsymbol{r} = \boldsymbol{r}(u,v)$ 是柱面.

3.41. 证明：由挠率不为零的正则曲线的主法线族和次法线族分别生成的直纹面都不是可展曲面.

3.42. 证明：挠率不为零的正则曲线必有一个依赖单参数的法线族，它们构成一个可展曲面.

3.43. 设正则曲线 C : $r = r(s)$ 的 Frenet 标架为 $\{r(s); \alpha(s), \beta(s), \gamma(s)\}$, s 是弧长参数, 曲率 $\kappa(s) > 0$, 挠率 $\tau(s) = 1$. 求以 C 为准线的可展曲面的参数方程, 使得它的直母线是曲线 C 的法线, 并且确定该可展曲面的类型.

3.44. 设 C 是直纹面 S 上与直母线处处正交的一条曲线, 由直纹面 S 沿曲线 C 的法线又构成另一个直纹面 $\tilde{S}$. 证明: $\tilde{S}$ 是可展曲面的充分必要条件为 S 是可展曲面.

3.45. 证明: 若单参数平面族有包络面, 则它必定是可展曲面.

3.46. 求单参数平面族 $a^2 x + 2ay + 2z = 2a$ 的包络.

3.47. 求单参数平面族 $3a^2 x - 3ay + z - a^3 = 0$ 的包络.

3.48. 求单参数球面族 $x^2 + (y - \lambda)^2 + (z - 2\lambda)^2 = 1$ 的包络.

3.49. 求双曲抛物面 $z = xy$ 沿着它与柱面 $x^2 = y$ 的交线的切平面构成的单参数平面族的包络.

3.50. 假定两个可展曲面相交成一条曲线 C, 并且这条曲线 C 与两个可展曲面的直母线都正交. 证明: 这两个可展曲面在各个交点的夹角是常数.

第四章 曲面的第二基本形式

§4.1 要点和公式

1. 曲面的第一基本形式描写了曲面上与度量有关的性质. 要描写曲面的形状需要曲面的第二基本形式. 设曲面 S 的参数方程是 $\boldsymbol{r} = \boldsymbol{r}(u,v)$, 它的单位法向量是 $\boldsymbol{n}(u,v)$, 则曲面的第二基本形式是

$$\mathbb{II} = L(\mathrm{d}u)^2 + 2M\mathrm{d}u\mathrm{d}v + N(\mathrm{d}v)^2,$$

其中

$$L = \boldsymbol{r}_{uu} \cdot \boldsymbol{n} = -\boldsymbol{r}_u \cdot \boldsymbol{n}_u, \quad N = \boldsymbol{r}_{vv} \cdot \boldsymbol{n} = -\boldsymbol{r}_v \cdot \boldsymbol{n}_v,$$
$$M = \boldsymbol{r}_{uv} \cdot \boldsymbol{n} = -\boldsymbol{r}_u \cdot \boldsymbol{n}_v = -\boldsymbol{r}_v \cdot \boldsymbol{n}_u.$$

由此可见, 曲面的第二基本形式涉及曲面参数方程的二阶偏导数. 另外, 在计算第二基本形式的系数时, 必须要用 单位法向量, 即

$$\boldsymbol{n}(u,v) = \frac{\boldsymbol{r}_u \times \boldsymbol{r}_v}{|\boldsymbol{r}_u \times \boldsymbol{r}_v|}.$$

这一点十分重要, 初学者在计算第二基本形式时往往会犯用 $\boldsymbol{r}_u \times \boldsymbol{r}_v$ 替代 $\boldsymbol{n}$ 的错误.

2. 曲面的第二基本形式的直观意义是: 它近似等于曲面 S 上的点 $p(u,v)$ 的邻近点 $q(u+\mathrm{d}u, v+\mathrm{d}v)$ 到 S 在点 p 的切平面的有向距离的 2 倍, 即

$$2(\boldsymbol{r}(u+\mathrm{d}u, v+\mathrm{d}v) - \boldsymbol{r}(u,v)) \cdot \boldsymbol{n}(u,v) = \mathbb{II} + o((\mathrm{d}u)^2 + (\mathrm{d}v)^2).$$

因此它与点 p 到点 q 的距离平方之比的大小反映了曲面在该点的弯曲程度. 特别是, 曲面是平面的充分必要条件是它的第二基本形式恒等于零, 即 $\mathbb{II} \equiv 0$, 或 $L(u,v) \equiv 0$, $M(u,v) \equiv 0$, $N(u,v) \equiv 0$.

3. 曲面的第二基本形式的另一个几何意义是: 第二基本形式与第一基本形式之比

$$\frac{\mathrm{II}}{\mathrm{I}} = \frac{L(\mathrm{d}u)^2 + 2M\,\mathrm{d}u\mathrm{d}v + N(\mathrm{d}v)^2}{E(\mathrm{d}u)^2 + 2F\,\mathrm{d}u\mathrm{d}v + G(\mathrm{d}v)^2}$$

是曲面在点 $p(u,v)$ 的切方向 $(\mathrm{d}u,\mathrm{d}v)$ 的函数, 它恰好是曲面在点 p 的法线和沿切方向 $(\mathrm{d}u,\mathrm{d}v)$ 的切线所张的平面与该曲面的交线在这一点的相对曲率, 记

$$\kappa_n = \frac{L(\mathrm{d}u)^2 + 2M\,\mathrm{d}u\mathrm{d}v + N(\mathrm{d}v)^2}{E(\mathrm{d}u)^2 + 2F\,\mathrm{d}u\mathrm{d}v + G(\mathrm{d}v)^2},$$

称为曲面在点 (u,v) 沿切方向 $(\mathrm{d}u,\mathrm{d}v)$ 的法曲率. 如果设曲面上的曲线的方程是 $u = u(s)$, $v = v(s)$, 其中 s 是弧长参数, 则该曲线的曲率向量在曲面单位法向量上的投影就是曲面沿曲线切方向的法曲率, 即

$$\kappa_n = \frac{\mathrm{d}^2 \boldsymbol{r}(u(s),v(s))}{\mathrm{d}s^2} \cdot \boldsymbol{n} = \kappa \cos\varphi,$$

其中 φ 是曲线的主法向量和曲面的法向量的夹角.

4. 正则参数曲面在任意一个固定点, 其法曲率必定在两个彼此正交的切方向上分别取最大值和最小值. 曲面在一个固定点处沿各个切方向的法曲率的最大值和最小值称为曲面在该点的主曲率, 记为 κ_1, κ_2, 达到这最大值和最小值的切方向称为曲面在该点的主方向. 这个事实可以通过直接计算来证实 (参看例题 4.5). 若曲面在 p 点的两个彼此正交的主方向单位向量是 $\boldsymbol{e}_1$, $\boldsymbol{e}_2$, 对应的主曲率是 κ_1, κ_2, 则曲面在点 p 沿着与主方向 $\boldsymbol{e}_1$ 的夹角为 θ 的切方向的法曲率是

$$\kappa_n(\theta) = \kappa_1 \cos^2\theta + \kappa_2 \sin^2\theta,$$

这就是著名的 Euler 公式.

5. 把曲面 S 上的点对应到单位球面 Σ 上由曲面 S 在该点的单位法向量所指的点, 这样的映射称为 Gauss 映射, 记为 $g: S \to \Sigma$. Gauss

映射在某种意义上描写了曲面的弯曲性质. 设 D 是曲面 S 上的一个区域, 用 $g(D) \subset \Sigma$ 表示 D 在 Gauss 映射 g 下的像. 在直观上, $g(D)$ 的面积和 D 的面积的比值 $\dfrac{A(g(D))}{A(D)}$ 的大小反映了曲面在该处的弯曲状况. 实际上, Gauss 证明了: 当区域 D 收缩为它所包含的一点 p 时, 上述比值的极限恰好是曲面 S 在该点的两个主曲率的乘积 (称为 Gauss 曲率), 即

$$\lim_{D \to p} \frac{A(g(D))}{A(D)} = K(p) = \kappa_1 \kappa_2.$$

6. Weingarten 映射 $W : T_pS \to T_pS$ 定义为 Gauss 映射 g 的切映射, 即 $W = -g_*$. 在这里, 因为 S 在点 p 的切平面和球面 Σ 在像点 $g(p)$ 的切平面是互相平行的, 因此我们把切空间 $T_{g(p)}\Sigma$ 和切空间 T_pS 等同起来了. Weingarten 映射的重要性在于, 借助曲面的第一基本形式, 它和曲面的第二基本形式可以互相表示, 即

$$\mathbb{II} = W(\mathrm{d}\boldsymbol{r}) \cdot \mathrm{d}\boldsymbol{r}.$$

线性代数的理论告诉我们, 在欧氏向量空间 V 中任意一个对称的双线性形式等同于该空间中的一个自共轭线性变换 (或称为对称变换), 即对于 V 上的任意一个对称的双线性形式 $\psi(\boldsymbol{u}, \boldsymbol{v})$, 存在唯一的一个线性变换 $A : V \to V$ 使得

$$\psi(\boldsymbol{u}, \boldsymbol{v}) = A(\boldsymbol{u}) \cdot \boldsymbol{v},$$

并且 A 是自共轭的, 即 $A(\boldsymbol{u}) \cdot \boldsymbol{v} = \boldsymbol{u} \cdot A(\boldsymbol{v})$. 特别地, V 上的任意一个二次型等同于该空间中的一个自共轭线性变换. 于是, 根据线性代数一般理论, 在微分几何中与曲面的第二基本形式相对应的、在切空间上的自共轭线性变换正是曲面在该点的 Weingarten 映射. 这是一个十分重要的结论.

线性代数的一般理论还告诉我们, 自共轭线性变换的特征值都是实数, 对应于不同特征值的特征向量必定是互相正交的. 因此, 在曲

面上每一点的 Weingarten 映射必定有两个彼此正交的特征方向, 对应的有两个实的特征值. 很明显, 这两个特征值恰好是曲面在该点的主曲率, 而对应的特征方向恰好是两个彼此正交的主方向. 这样, 求曲面在一点的主方向和主曲率的问题就归结为求 Weingarten 映射的特征方向和特征值.

7. 求主曲率和主方向的具体做法如下: 设有实数 λ 和非零切向量 $\mathrm{d}\boldsymbol{r}$ 使得
$$W(\mathrm{d}\boldsymbol{r}) = -\mathrm{d}\boldsymbol{n} = \lambda\mathrm{d}\boldsymbol{r},$$
即
$$-(\boldsymbol{n}_u\mathrm{d}u + \boldsymbol{n}_v\mathrm{d}v) = \lambda(\boldsymbol{r}_u\mathrm{d}u + \boldsymbol{r}_v\mathrm{d}v),$$
用 $\boldsymbol{r}_u$ 和 $\boldsymbol{r}_v$ 分别去点乘上面的式子, 则得
$$(\lambda E - L)\mathrm{d}u + (\lambda F - M)\mathrm{d}v = 0, \quad (\lambda F - M)\mathrm{d}u + (\lambda G - N)\mathrm{d}v = 0.$$

因为 $(\mathrm{d}u, \mathrm{d}v)$ 是上面的线性方程组的非零解, 故特征值 (也就是主曲率) κ_1, κ_2 满足二次方程 (特征方程)
$$\begin{vmatrix} \lambda E - L & \lambda F - M \\ \lambda F - M & \lambda G - N \end{vmatrix} = 0, \quad \text{即} \quad \lambda^2 - 2\lambda H + K = 0,$$
其中
$$H = \frac{EN - 2FM + GL}{2(EG - F^2)}, \quad K = \frac{LN - M^2}{EG - F^2}.$$
根据二次方程的根与系数的关系, 得知 $2H = \kappa_1 + \kappa_2$, $K = \kappa_1\kappa_2$, 所以称 H 为平均曲率, 称 K 为 Gauss 曲率.

将 κ_1 和 κ_2 逐次代替前面的线性方程组中的 λ, 解出的 $(\mathrm{d}u, \mathrm{d}v)$ 就是相应的主方向.

8. 直接求主方向的方法: 将前面的线性方程组改写为
$$\lambda(E\mathrm{d}u + F\mathrm{d}v) - (L\mathrm{d}u + M\mathrm{d}v) = 0, \quad \lambda(F\mathrm{d}u + G\mathrm{d}v) - (M\mathrm{d}u + N\mathrm{d}v) = 0,$$

由于 $(\lambda, -1) \neq 0$ 满足上面的线性方程, 所以必须有

$$
\begin{vmatrix}
E\mathrm{d}u + F\mathrm{d}v & L\mathrm{d}u + M\mathrm{d}v \\
F\mathrm{d}u + G\mathrm{d}v & M\mathrm{d}u + N\mathrm{d}v
\end{vmatrix} = 0,
$$

展开后重新整理得到便于记忆的形式:

$$
\begin{vmatrix}
(\mathrm{d}v)^2 & -\mathrm{d}u\mathrm{d}v & (\mathrm{d}u)^2 \\
E & F & G \\
L & M & N
\end{vmatrix} = 0.
$$

这个二次方程的解 $(\mathrm{d}u, \mathrm{d}v)$ 就是主方向.

9. 设 C 是曲面 S 上的一条曲线, 如果曲线 C 在各点的切向量正好是曲面 S 在该处的主方向, 则称曲线 C 是曲面 S 上的一条曲率线. 把上面的二次方程中的点 (u, v) 看作曲面上的动点, 则这个方程成为微分方程, 它恰好是曲率线所满足的微分方程.

在曲面上两个主曲率相等的点称为脐点. 在非脐点的一个充分小的邻域内存在唯一的参数系 (u, v) 使得相应的参数曲线构成彼此正交的曲率线网, 此时曲面的两个基本形式同时化为最简单的样子:

$$
\mathrm{I} = E(\mathrm{d}u)^2 + G(\mathrm{d}v)^2, \quad \mathrm{II} = L(\mathrm{d}u)^2 + N(\mathrm{d}v)^2,
$$

其中 $L = \kappa_1 E, \ N = \kappa_2 G$.

10. Weingarten 映射在自然基底下表示为

$$
W \begin{pmatrix} \boldsymbol{r}_u \\ \boldsymbol{r}_v \end{pmatrix} = - \begin{pmatrix} \boldsymbol{n}_u \\ \boldsymbol{n}_v \end{pmatrix} = \begin{pmatrix} L & M \\ M & N \end{pmatrix} \cdot \begin{pmatrix} E & F \\ F & G \end{pmatrix}^{-1} \cdot \begin{pmatrix} \boldsymbol{r}_u \\ \boldsymbol{r}_v \end{pmatrix}
$$

$$
= \frac{1}{EG - F^2} \begin{pmatrix} LG - MF & -LF + ME \\ MG - NF & -MF + NE \end{pmatrix} \cdot \begin{pmatrix} \boldsymbol{r}_u \\ \boldsymbol{r}_v \end{pmatrix}.
$$

11. 法曲率为零的切方向称为渐近方向. 曲面只在双曲点和抛物点有渐近方向. 曲面上其切方向处处是曲面的渐近方向的曲线称为曲

面上的渐近曲线. 渐近曲线的微分方程是

$$L(\mathrm{d}u)^2 + 2M\mathrm{d}u\mathrm{d}v + N(\mathrm{d}v)^2 = 0.$$

12. 曲面上的点按照 Gauss 曲率的符号不同分为椭圆点、抛物点和双曲点三类. 曲面在这些点附近的形状如同近似曲面. 具体情形如下列表格所示:

点型、Dupin 标形和近似曲面

点型	Gauss 曲率	Dupin 标形	近似曲面	渐近方向
椭圆点	$K > 0$	椭圆	椭圆抛物面	无
双曲点	$K < 0$	两对共轭双曲线	双曲抛物面	两个
抛物点(非平点)	$K = 0$	一对平行直线	抛物柱面	一个
抛物点(平点)	$K = 0$	无	无	任意的切方向

§4.2　例题详解

例题 4.1　求平面和圆柱面的第二基本形式和法曲率.

解　设 S_1 是 E^3 中的 Oxy 平面, 所以它的参数方程是

$$\boldsymbol{r} = (u, v, 0),$$

它的单位法向量是

$$\boldsymbol{n} = (0, 0, 1),$$

它们的微分是

$$\mathrm{d}\boldsymbol{r} = (1,0,0)\mathrm{d}u + (0,1,0)\mathrm{d}v, \quad \mathrm{d}\boldsymbol{n} = (0,0,0).$$

所以

$$\mathrm{I} = \mathrm{d}\boldsymbol{r} \cdot \mathrm{d}\boldsymbol{r} = (\mathrm{d}u)^2 + (\mathrm{d}v)^2, \qquad \mathrm{II} = -\mathrm{d}\boldsymbol{r} \cdot \mathrm{d}\boldsymbol{n} = 0.$$

由此可见，平面在每一点沿各个切方向的法曲率都是零.

设圆柱面 S_2 的方程是

$$\boldsymbol{r} = \left(a\cos\frac{u}{a}, a\sin\frac{u}{a}, v\right),$$

故

$$\boldsymbol{r}_u = \left(-\sin\frac{u}{a}, \cos\frac{u}{a}, 0\right), \qquad \boldsymbol{r}_v = (0, 0, 1),$$

$$\boldsymbol{r}_u \times \boldsymbol{r}_v = \left(\cos\frac{u}{a}, \sin\frac{u}{a}, 0\right) = \boldsymbol{n},$$

$$\boldsymbol{r}_{uu} = \left(-\frac{1}{a}\cos\frac{u}{a}, -\frac{1}{a}\sin\frac{u}{a}, 0\right), \qquad \boldsymbol{r}_{uv} = \boldsymbol{r}_{vv} = 0.$$

因此

$$E = \boldsymbol{r}_u \cdot \boldsymbol{r}_u = 1, \qquad F = \boldsymbol{r}_u \cdot \boldsymbol{r}_v = 0, \quad G = \boldsymbol{r}_v \cdot \boldsymbol{r}_v = 1,$$
$$L = \boldsymbol{r}_{uu} \cdot \boldsymbol{n} = -\frac{1}{a}, \quad M = \boldsymbol{r}_{uv} \cdot \boldsymbol{n} = 0, \quad N = \boldsymbol{r}_{vv} \cdot \boldsymbol{n} = 0.$$

所以

$$\mathrm{I} = (\mathrm{d}u)^2 + (\mathrm{d}v)^2, \qquad \mathrm{II} = -\frac{1}{a}(\mathrm{d}u)^2.$$

法曲率是

$$\kappa_n = \frac{\mathrm{II}}{\mathrm{I}} = \frac{-(\mathrm{d}u)^2}{a\left((\mathrm{d}u)^2 + (\mathrm{d}v)^2\right)} = -\frac{1}{a}\cos^2\theta,$$

其中 θ 是切方向和 u-曲线切方向的夹角.

注记 上面的例题告诉我们，尽管圆柱面和平面有相同的第一基本形式，因而它们在局部上可以建立保长对应，但是它们的第二基本形式却是不同的，这反映了它们的外观形状是不同的.

例题 4.2 一块正则曲面是平面的一部分，当且仅当它的第二基本形式恒等于零.

证明 定理的必要性在例题 4.1 中已经证明，现在只要证明充分性成立. 假定正则曲面的参数方程是

$$\boldsymbol{r} = \boldsymbol{r}(u, v),$$

它的第二基本形式恒等于零，即

$$L = -\boldsymbol{r}_u \cdot \boldsymbol{n}_u = 0,$$
$$M = -\boldsymbol{r}_u \cdot \boldsymbol{n}_v = -\boldsymbol{r}_v \cdot \boldsymbol{n}_u = 0,$$
$$N = -\boldsymbol{r}_v \cdot \boldsymbol{n}_v = 0.$$

我们要证明它的单位法向量 $\boldsymbol{n}$ 是常向量场. 因为 $\boldsymbol{n}$ 是单位向量场，故有

$$\boldsymbol{n}_u \cdot \boldsymbol{n} = \boldsymbol{n}_v \cdot \boldsymbol{n} = 0.$$

注意到 $\{r; \boldsymbol{r}_u, \boldsymbol{r}_v, \boldsymbol{n}\}$ 是空间 E^3 中的标架，而上面的两组式子表明向量 $\boldsymbol{n}_u, \boldsymbol{n}_v$ 在标架向量 $\boldsymbol{r}_u, \boldsymbol{r}_v, \boldsymbol{n}$ 上的正交投影都是零，所以 $\boldsymbol{n}_u, \boldsymbol{n}_v$ 只能是零向量，即

$$\mathrm{d}\boldsymbol{n} = \boldsymbol{n}_u \mathrm{d}u + \boldsymbol{n}_v \mathrm{d}v = 0, \qquad \boldsymbol{n} = 常向量.$$

由于

$$\mathrm{d}\boldsymbol{r} \cdot \boldsymbol{n} = 0,$$

所以

$$\mathrm{d}(\boldsymbol{r} \cdot \boldsymbol{n}) = \mathrm{d}\boldsymbol{r} \cdot \boldsymbol{n} + \boldsymbol{r} \cdot \mathrm{d}\boldsymbol{n} = 0, \qquad \boldsymbol{r} \cdot \boldsymbol{n} = 常数,$$

于是

$$\boldsymbol{r}(u, v) \cdot \boldsymbol{n} = \boldsymbol{r}(u_0, v_0) \cdot \boldsymbol{n}, \qquad (\boldsymbol{r}(u, v) - \boldsymbol{r}(u_0, v_0)) \cdot \boldsymbol{n} = 0,$$

这说明曲面 S 落在经过点 $\boldsymbol{r}(u_0, v_0)$、以 $\boldsymbol{n}$ 为法向量的平面内. 证毕.

例题 4.3 一块正则曲面是球面的一部分，当且仅当在曲面上的每一点，它的第二基本形式是第一基本形式的非零倍数.

证明 设曲面 $S: \boldsymbol{r} = r(u, v)$ 落在以 $\boldsymbol{r}_0$ 为中心、以常数 R 为半径的球面上，则曲面的参数方程满足条件

$$(\boldsymbol{r}(u, v) - \boldsymbol{r}_0)^2 = R^2.$$

对上式求微分得到

$$\mathrm{d}\boldsymbol{r} \cdot (\boldsymbol{r}(u, v) - \boldsymbol{r}_0) = 0,$$

由此可见，$\boldsymbol{r}(u, v) - \boldsymbol{r}_0$ 是曲面的法向量，故

$$\boldsymbol{n} = \frac{1}{R}(\boldsymbol{r}(u, v) - \boldsymbol{r}_0).$$

因此

$$\mathrm{II} = -\mathrm{d}\boldsymbol{r} \cdot \mathrm{d}\boldsymbol{n} = -\frac{1}{R}\mathrm{d}\boldsymbol{r} \cdot \mathrm{d}\boldsymbol{r} = -\frac{1}{R}\mathrm{I}.$$

反过来，假定有处处不为零的函数 $c(u, v)$，使得曲面的第二基本形式和第一基本形式满足关系式

$$\mathrm{II} = c(u, v) \cdot \mathrm{I},$$

将上面的关系式展开便得到

$$(L - cE)(\mathrm{d}u)^2 + 2(M - cF)\mathrm{d}u\mathrm{d}v + (N - cG)(\mathrm{d}v)^2 = 0.$$

对于任意一个固定点 (u, v)，上式是关于 $(\mathrm{d}u, \mathrm{d}v)$ 的恒等式，因此

$$L(u, v) = c(u, v)E(u, v),$$
$$M(u, v) = c(u, v)F(u, v),$$
$$N(u, v) = c(u, v)G(u, v).$$

根据第一类基本量和第二类基本量的定义，上面的方程组等价于

$$(\boldsymbol{n}_u + c\boldsymbol{r}_u) \cdot \boldsymbol{r}_u = 0,$$
$$(\boldsymbol{n}_u + c\boldsymbol{r}_u) \cdot \boldsymbol{r}_v = (\boldsymbol{n}_v + c\boldsymbol{r}_v) \cdot \boldsymbol{r}_u = 0,$$
$$(\boldsymbol{n}_v + c\boldsymbol{r}_v) \cdot \boldsymbol{r}_v = 0.$$

在另一方面, 因为 n 是单位法向量场, 所以

$$(n_u + cr_u) \cdot n = (n_v + cr_v) \cdot n = 0.$$

由于 $\{r; r_u, r_v, n\}$ 是空间 E^3 中的标架, 而上面的两组式子表明向量 $n_u + cr_u, n_v + cr_v$ 在标架向量 r_u, r_v, n 上的正交投影都是零, 所以 $n_u + cr_u, n_v + cr_v$ 都是零向量, 即

$$n_u + cr_u = 0, \qquad n_v + cr_v = 0.$$

将最后面这组的两个式子分别对 v, u 求导得到

$$n_{uv} + c_v r_u + c r_{uv} = 0, \quad n_{vu} + c_u r_v + c r_{vu} = 0,$$

比较这两个式子得到

$$c_v r_u = c_u r_v.$$

因为 r_u, r_v 是线性无关的, 上面的式子意味着

$$c_u = c_v = 0,$$

即 $c(u, v) = c$ 是常数. 求微分得到

$$\mathrm{d}(n + cr) = (n_u + cr_u)\mathrm{d}u + (n_v + cr_v)\mathrm{d}v = 0,$$

故 $n + cr$ 是定义在曲面 S 上的常向量场. 不妨设

$$n + cr = cr_0,$$

于是

$$r(u, v) - r_0 = -\frac{1}{c} n(u, v), \quad (r(u, v) - r_0)^2 = \frac{1}{c^2},$$

即曲面 S 落在以点 r_0 为中心、以 $\dfrac{1}{|c|}$ 为半径的球面上. 证毕.

注记 本例题条件的意义是, 在曲面上的每一点, 曲面沿各个方向的弯曲程度都是相同的, 也就是在每一点法曲率与切方向无关, 即

曲面处处是脐点. 本例题的结论是很强的, 它的意思是: 如果曲面上在每一个固定点沿各个方向的弯曲程度都是相同的, 则它在各个点、沿各个方向的弯曲程度都是相同的.

例题 4.4 试证明: 如果在可展曲面 S 上存在两个不同的单参数直线族, 则 S 必是平面.

证明 因为在该曲面上存在两个不同的单参数直线族, 所以可以在该曲面上取参数系 (u, v) 使参数曲线就是这两族直线 (这两族直线的切向量构成曲面上两个处处线性无关的切向量场, 根据《微分几何》第 106 页定理 4.1 得知满足上述条件的参数系是存在的). 由于 u-曲线和 v-曲线都是直线, 因此 $\boldsymbol{r}_{uu} \times \boldsymbol{r}_u = 0$, $\boldsymbol{r}_{vv} \times \boldsymbol{r}_v = 0$. 由此可见

$$
L = \boldsymbol{r}_{uu} \cdot \boldsymbol{n} = \frac{(\boldsymbol{r}_{uu}, \boldsymbol{r}_u, \boldsymbol{r}_v)}{|\boldsymbol{r}_u \times \boldsymbol{r}_v|} = \frac{(\boldsymbol{r}_{uu} \times \boldsymbol{r}_u) \cdot \boldsymbol{r}_v}{|\boldsymbol{r}_u \times \boldsymbol{r}_v|} \equiv 0,
$$

$$
N = \boldsymbol{r}_{vv} \cdot \boldsymbol{n} = \frac{(\boldsymbol{r}_{vv}, \boldsymbol{r}_u, \boldsymbol{r}_v)}{|\boldsymbol{r}_u \times \boldsymbol{r}_v|} = \frac{-(\boldsymbol{r}_{vv} \times \boldsymbol{r}_v) \cdot \boldsymbol{r}_u}{|\boldsymbol{r}_u \times \boldsymbol{r}_v|} \equiv 0.
$$

现在任意取定一点 $p \in S$, 设它对应的参数是 (u_0, v_0), 把 u-曲线 $v = v_0$ 作为准线, 直母线的方向向量是 $\boldsymbol{r}_v(u_0, v_0)$, 那么该曲面的参数方程写成直纹面的形式为

$$
\boldsymbol{r} = \boldsymbol{r}(u, v_0) + t\boldsymbol{r}_v(u, v_0).
$$

这是一张可展曲面, 所以根据可展曲面的条件得到

$$
(\boldsymbol{r}_u(u, v_0), \boldsymbol{r}_v(u, v_0), \boldsymbol{r}_{vu}(u, v_0)) = 0,
$$

此即

$$
M(u, v_0) = \boldsymbol{r}_{uv}(u, v_0) \cdot \frac{\boldsymbol{r}_u(u, v_0) \times \boldsymbol{r}_v(u, v_0)}{|\boldsymbol{r}_u(u, v_0) \times \boldsymbol{r}_v(u, v_0)|} = 0.
$$

由于 (u_0, v_0) 的任意性, 故有 $M \equiv 0$. 这样, $\mathrm{I\!I} \equiv 0$, 该曲面为平面.

注记 本题说明, 在非平面的可展曲面上不可能有两个不同的直线族. 特别地, 单叶双曲面和双曲抛物面都不是可展曲面.

例题 4.5   假定曲面 S：$\boldsymbol{r} = \boldsymbol{r}(u, v)$ 的参数曲线是彼此正交的，于是曲面 S 的第一基本形式和第二基本形式分别是

$$\mathrm{I} = E(\mathrm{d}u)^2 + G(\mathrm{d}v)^2, \quad \mathrm{II} = L(\mathrm{d}u)^2 + 2M\mathrm{d}u\mathrm{d}v + N(\mathrm{d}v)^2.$$

证明：曲面在任意一个固定点的法曲率必定在两个彼此正交的切方向上分别取到它的最大值和最小值.

证明   曲面 S 在任意一个固定点的法曲率是

$$
\begin{aligned}
\kappa_n &= \frac{\mathrm{II}}{\mathrm{I}} = \frac{L(\mathrm{d}u)^2 + 2M\mathrm{d}u\mathrm{d}v + N(\mathrm{d}v)^2}{E(\mathrm{d}u)^2 + G(\mathrm{d}v)^2} \\
&= \frac{L}{E}\left(\frac{\sqrt{E}\mathrm{d}u}{\sqrt{E(\mathrm{d}u)^2 + G(\mathrm{d}v)^2}}\right)^2 \\
&\quad + \frac{2M}{\sqrt{EG}}\frac{\sqrt{E}\mathrm{d}u}{\sqrt{E(\mathrm{d}u)^2 + G(\mathrm{d}v)^2}}\frac{\sqrt{G}\mathrm{d}v}{\sqrt{E(\mathrm{d}u)^2 + G(\mathrm{d}v)^2}} \\
&\quad + \frac{N}{G}\left(\frac{\sqrt{G}\mathrm{d}v}{\sqrt{E(\mathrm{d}u)^2 + G(\mathrm{d}v)^2}}\right)^2.
\end{aligned}
$$

用 θ 记切方向 $(\mathrm{d}u, \mathrm{d}v)$ 与 u-曲线切方向的夹角，则

$$\cos\theta = \frac{\sqrt{E}\mathrm{d}u}{\sqrt{E(\mathrm{d}u)^2 + G(\mathrm{d}v)^2}}, \quad \sin\theta = \frac{\sqrt{G}\mathrm{d}v}{\sqrt{E(\mathrm{d}u)^2 + G(\mathrm{d}v)^2}},$$

因此

$$
\begin{aligned}
\kappa_n(\theta) &= \frac{L}{E}\cos^2\theta + \frac{2M}{\sqrt{EG}}\cos\theta\sin\theta + \frac{N}{G}\sin^2\theta \\
&= \frac{L}{E}\frac{1 + \cos 2\theta}{2} + \frac{M}{\sqrt{EG}}\sin 2\theta + \frac{N}{G}\frac{1 - \cos 2\theta}{2} \\
&= \frac{1}{2}\left(\frac{L}{E} + \frac{N}{G}\right) + \frac{1}{2}\left(\frac{L}{E} - \frac{N}{G}\right)\cos 2\theta + \frac{M}{\sqrt{EG}}\sin 2\theta.
\end{aligned}
$$

命

$$A = \sqrt{\left(\frac{1}{2}\left(\frac{L}{E} - \frac{N}{G}\right)\right)^2 + \left(\frac{M}{\sqrt{EG}}\right)^2},$$

则当 $A \neq 0$ 时可以引进角 θ_0, 使得

$$\cos 2\theta_0 = \frac{1}{2A}\left(\frac{L}{E} - \frac{N}{G}\right), \quad \sin 2\theta_0 = \frac{M}{A\sqrt{EG}},$$

于是

$$\begin{aligned}
\kappa_n(\theta) &= \frac{1}{2}\left(\frac{L}{E} + \frac{N}{G}\right) + A(\cos 2\theta \cos 2\theta_0 + \sin 2\theta \sin 2\theta_0) \\
&= \frac{1}{2}\left(\frac{L}{E} + \frac{N}{G}\right) + A\cos 2(\theta - \theta_0).
\end{aligned}$$

由此可见, 当 $\theta = \theta_0$ 时, 法曲率 $\kappa_n(\theta)$ 取最大值:

$$\kappa_1 = \frac{1}{2}\left(\frac{L}{E} + \frac{N}{G}\right) + \sqrt{\left(\frac{1}{2}\left(\frac{L}{E} - \frac{N}{G}\right)\right)^2 + \left(\frac{M}{\sqrt{EG}}\right)^2},$$

当 $\theta = \theta_0 + \pi/2$ 时, 法曲率 $\kappa_n(\theta)$ 取最小值:

$$\kappa_2 = \frac{1}{2}\left(\frac{L}{E} + \frac{N}{G}\right) - \sqrt{\left(\frac{1}{2}\left(\frac{L}{E} - \frac{N}{G}\right)\right)^2 + \left(\frac{M}{\sqrt{EG}}\right)^2}.$$

当 $A = 0$ 时, 法曲率 $\kappa_n(\theta)$ 与角 θ 无关, 即

$$\kappa_n(\theta) = \frac{1}{2}\left(\frac{L}{E} + \frac{N}{G}\right).$$

例题 4.6 试证明: 曲面上的一条曲线在任意一点的法曲率等于该曲线在通过该点、由其切向量决定的法截面上的投影曲线在这个点的相对曲率.

证明 设曲面 S 上一条曲线 C 的参数方程是 $\boldsymbol{r} = \boldsymbol{r}(s)$, 其中 s 为曲线的弧长参数. 在曲线 C 上任意取定一点 p, 设 p 对应于参数 $s = 0$, 假定曲线 C 在点 p 的单位切向量是 $\boldsymbol{\alpha}_0$, 曲面 S 在该点的单位法向量是 $\boldsymbol{n}_0$. 命 $\boldsymbol{a} = \boldsymbol{\alpha}_0 \times \boldsymbol{n}_0$, 这是由 $\boldsymbol{\alpha}_0$ 和 $\boldsymbol{n}_0$ 所张成的法截面的单位法向量, 那么曲线 C 在这个法截面上的投影 $\tilde{C}$ 的参数方程是

$$\tilde{\boldsymbol{r}}(s) = \boldsymbol{r}(s) - (\boldsymbol{r}(s) \cdot \boldsymbol{a})\boldsymbol{a}.$$

求导数得到

$$\tilde{\boldsymbol{r}}'(s) = \boldsymbol{r}'(s) - (\boldsymbol{r}'(s) \cdot \boldsymbol{a})\boldsymbol{a}, \quad \tilde{\boldsymbol{r}}'(0) = \boldsymbol{r}'(0) - (\boldsymbol{r}'(0) \cdot \boldsymbol{a})\boldsymbol{a} = \boldsymbol{r}'(0),$$

于是 $|\tilde{\boldsymbol{r}}'(0)| = |\boldsymbol{r}'(0)| = 1$, 并且平面曲线 $\tilde{C}$ 在法截面中由单位切向量 $\tilde{\boldsymbol{r}}'(0) = \boldsymbol{\alpha}_0$ 绕法截面的单位法向量 $\boldsymbol{a}$ 正向旋转 $90°$ 得到的平面曲线的单位法向量恰好是 $\boldsymbol{n}_0$. 因此, 平面曲线 $\tilde{C}$ 在点 p 的相对曲率是

$$\kappa_r = \frac{\mathrm{d}^2\tilde{\boldsymbol{r}}}{\mathrm{d}\tilde{s}^2}\bigg|_{s=0} \cdot \boldsymbol{n}_0 = \left(\frac{\tilde{\boldsymbol{r}}''(0)}{|\tilde{\boldsymbol{r}}'(0)|^2} - \tilde{\boldsymbol{r}}'(0) \cdot \frac{\tilde{s}''(0)}{(\tilde{s}'(0))^3}\right) \cdot \boldsymbol{n}_0$$
$$= (\boldsymbol{r}''(0) - (\boldsymbol{r}''(0) \cdot \boldsymbol{a})\boldsymbol{a}) \cdot \boldsymbol{n}_0 = \boldsymbol{r}''(0) \cdot \boldsymbol{n}_0 = \kappa_n,$$

其中 $\tilde{s}(s)$ 是曲线 $\tilde{\boldsymbol{r}}(s)$ 的弧长函数. 证毕.

例题 4.7　设曲面 S_1 和曲面 S_2 的交线为 C, p 为曲线 C 上的一点, 假定曲面 S_1 和曲面 S_2 在点 p 处沿曲线 C 的切方向的法曲率分别是 $\kappa_1 \neq 0$ 和 $\kappa_2 \neq 0$. 如果曲面 S_1 和曲面 S_2 在点 p 的法向量的夹角是 $\theta \neq 0, \pi$, 求曲线 C 在点 p 处的曲率 κ.

解　设曲线 C 的主法向量与曲面 S_i 的法向量的夹角是 $\theta_i, i = 1, 2$. 那么曲面 S_i 沿曲线 C 的切方向的法曲率是 $\kappa_i = \kappa \cos\theta_i$. 很明显, 曲面 S_1 和 S_2 的夹角是 $\theta = \theta_1 - \theta_2$, 因此

$$\kappa^2 \cos\theta = \kappa^2(\cos\theta_1 \cos\theta_2 + \sin\theta_1 \sin\theta_2)$$
$$= \kappa_1\kappa_2 + \sqrt{\kappa^2 - \kappa_1^2}\sqrt{\kappa^2 - \kappa_2^2}.$$

将 $\kappa_1\kappa_2$ 移至左端, 并且将两边取平方得到

$$(\kappa^2 \cos\theta - \kappa_1\kappa_2)^2 = (\kappa^2 - \kappa_1^2)(\kappa^2 - \kappa_2^2),$$
$$\kappa^2 \sin^2\theta = \kappa_1^2 + \kappa_2^2 - 2\kappa_1\kappa_2 \cos\theta,$$

因此

$$\kappa = \frac{1}{\sin\theta}\sqrt{\kappa_1^2 + \kappa_2^2 - 2\kappa_1\kappa_2 \cos\theta}.$$

例题 4.8　设 C 是曲面 S 上的一条非直线的渐近曲线, 其参数方程为

$$u = u(s), \qquad v = v(s),$$

其中 s 是弧长参数. 证明: C 的挠率是

$$
\tau = \frac{1}{\sqrt{EG - F^2}} \begin{vmatrix} (v'(s))^2 & -u'(s)v'(s) & (u'(s))^2 \\ E & F & G \\ L & M & N \end{vmatrix}.
$$

证明 设曲线 C 的曲率是 $\kappa \neq 0$, 并且它是曲面 S 上的一条渐近曲线, 因此 $\kappa_n = \kappa \cos\theta = 0$, 其中 θ 是曲线 C 的主法向量 $\boldsymbol{\beta}$ 与曲面 S 的法向量 $\boldsymbol{n}$ 的夹角, 于是只能有 $\cos\theta = 0$, 即 $\theta = \pi/2$. 由此可见, $\boldsymbol{\beta} \perp \boldsymbol{n}$, 故曲线 C 的次法向量 $\boldsymbol{\gamma} = \pm\boldsymbol{n}$, 所以

$$
\boldsymbol{\beta} = \boldsymbol{\gamma} \times \boldsymbol{\alpha} = \pm\boldsymbol{n} \times \boldsymbol{\alpha}.
$$

根据定义, 曲线 C 的挠率是

$$
\tau = -\frac{\mathrm{d}\boldsymbol{\gamma}}{\mathrm{d}s} \cdot \boldsymbol{\beta} = -\frac{\mathrm{d}\boldsymbol{n}}{\mathrm{d}s} \cdot \left(\boldsymbol{n} \times \frac{\mathrm{d}\boldsymbol{r}}{\mathrm{d}s} \right) = \left(\frac{\mathrm{d}\boldsymbol{r}}{\mathrm{d}s}, \boldsymbol{n}, \frac{\mathrm{d}\boldsymbol{n}}{\mathrm{d}s} \right).
$$

现在展开右端的式子. 因为

$$
\frac{\mathrm{d}\boldsymbol{r}}{\mathrm{d}s} = \boldsymbol{r}_u \frac{\mathrm{d}u(s)}{\mathrm{d}s} + \boldsymbol{r}_v \frac{\mathrm{d}v(s)}{\mathrm{d}s}, \quad \frac{\mathrm{d}\boldsymbol{n}}{\mathrm{d}s} = \boldsymbol{n}_u \frac{\mathrm{d}u(s)}{\mathrm{d}s} + \boldsymbol{n}_v \frac{\mathrm{d}v(s)}{\mathrm{d}s},
$$

所以

$$
\begin{aligned}
\tau &= \left(\boldsymbol{r}_u \frac{\mathrm{d}u(s)}{\mathrm{d}s} + \boldsymbol{r}_v \frac{\mathrm{d}v(s)}{\mathrm{d}s}, \boldsymbol{n}, \boldsymbol{n}_u \frac{\mathrm{d}u(s)}{\mathrm{d}s} + \boldsymbol{n}_v \frac{\mathrm{d}v(s)}{\mathrm{d}s} \right) \\
&= \left((\boldsymbol{r}_u \times \boldsymbol{n}) \frac{\mathrm{d}u(s)}{\mathrm{d}s} + (\boldsymbol{r}_v \times \boldsymbol{n}) \frac{\mathrm{d}v(s)}{\mathrm{d}s} \right) \cdot \left(\boldsymbol{n}_u \frac{\mathrm{d}u(s)}{\mathrm{d}s} + \boldsymbol{n}_v \frac{\mathrm{d}v(s)}{\mathrm{d}s} \right) \\
&= (\boldsymbol{r}_u, \boldsymbol{n}, \boldsymbol{n}_u) \left(\frac{\mathrm{d}u(s)}{\mathrm{d}s} \right)^2 + ((\boldsymbol{r}_u, \boldsymbol{n}, \boldsymbol{n}_v) + (\boldsymbol{r}_v, \boldsymbol{n}, \boldsymbol{n}_u)) \frac{\mathrm{d}u(s)}{\mathrm{d}s} \frac{\mathrm{d}v(s)}{\mathrm{d}s} \\
&\quad + (\boldsymbol{r}_v, \boldsymbol{n}, \boldsymbol{n}_v) \left(\frac{\mathrm{d}v(s)}{\mathrm{d}s} \right)^2.
\end{aligned}
$$

用 $\boldsymbol{n} = \dfrac{\boldsymbol{r}_u \times \boldsymbol{r}_v}{|\boldsymbol{r}_u \times \boldsymbol{r}_v|}$ 代入得到

$$
(\boldsymbol{r}_u, \boldsymbol{n}, \boldsymbol{n}_u) = (\boldsymbol{r}_u \times \boldsymbol{n}) \cdot \boldsymbol{n}_u = \frac{(\boldsymbol{r}_u \times (\boldsymbol{r}_u \times \boldsymbol{r}_v)) \cdot \boldsymbol{n}_u}{|\boldsymbol{r}_u \times \boldsymbol{r}_v|}
$$

$$= \frac{((\boldsymbol{r}_u \cdot \boldsymbol{r}_v)\boldsymbol{r}_u - (\boldsymbol{r}_u \cdot \boldsymbol{r}_u)\boldsymbol{r}_v) \cdot \boldsymbol{n}_u}{|\boldsymbol{r}_u \times \boldsymbol{r}_v|} = \frac{-FL + EM}{\sqrt{EG - F^2}}.$$

同理我们有

$$(\boldsymbol{r}_u, \boldsymbol{n}, \boldsymbol{n}_v) = \frac{((\boldsymbol{r}_u \cdot \boldsymbol{r}_v)\boldsymbol{r}_u - (\boldsymbol{r}_u \cdot \boldsymbol{r}_u)\boldsymbol{r}_v) \cdot \boldsymbol{n}_v}{|\boldsymbol{r}_u \times \boldsymbol{r}_v|} = \frac{-FM + EN}{\sqrt{EG - F^2}},$$

$$(\boldsymbol{r}_v, \boldsymbol{n}, \boldsymbol{n}_u) = \frac{((\boldsymbol{r}_v \cdot \boldsymbol{r}_v)\boldsymbol{r}_u - (\boldsymbol{r}_v \cdot \boldsymbol{r}_u)\boldsymbol{r}_v) \cdot \boldsymbol{n}_u}{|\boldsymbol{r}_u \times \boldsymbol{r}_v|} = \frac{-GL + FM}{\sqrt{EG - F^2}},$$

$$(\boldsymbol{r}_v, \boldsymbol{n}, \boldsymbol{n}_v) = \frac{((\boldsymbol{r}_v \cdot \boldsymbol{r}_v)\boldsymbol{r}_u - (\boldsymbol{r}_v \cdot \boldsymbol{r}_u)\boldsymbol{r}_v) \cdot \boldsymbol{n}_v}{|\boldsymbol{r}_u \times \boldsymbol{r}_v|} = \frac{-GM + FN}{\sqrt{EG - F^2}},$$

因此

$$\tau = \frac{1}{\sqrt{EG - F^2}}\left((EM - FL)\left(\frac{\mathrm{d}u}{\mathrm{d}s}\right)^2 - (GL - EN)\frac{\mathrm{d}u}{\mathrm{d}s}\frac{\mathrm{d}v}{\mathrm{d}s}\right.$$

$$\left. + (FN - GM)\left(\frac{\mathrm{d}v}{\mathrm{d}s}\right)^2\right)$$

$$= \frac{1}{\sqrt{EG - F^2}} \begin{vmatrix} \left(\dfrac{\mathrm{d}v}{\mathrm{d}s}\right)^2 & -\dfrac{\mathrm{d}u}{\mathrm{d}s}\dfrac{\mathrm{d}v}{\mathrm{d}s} & \left(\dfrac{\mathrm{d}u}{\mathrm{d}s}\right)^2 \\ E & F & G \\ L & M & N \end{vmatrix}.$$

证毕.

例题 4.9 求抛物面

$$z = \frac{x^2}{\alpha^2} + \frac{y^2}{\beta^2}$$

在原点处的法曲率和主曲率.

解 该曲面的参数方程是

$$\boldsymbol{r} = \left(x, y, \frac{x^2}{\alpha^2} + \frac{y^2}{\beta^2}\right),$$

求导数得到

$$\boldsymbol{r}_x = \left(1, 0, \frac{2x}{\alpha^2}\right), \quad \boldsymbol{r}_y = \left(0, 1, \frac{2y}{\beta^2}\right), \quad \boldsymbol{r}_x \times \boldsymbol{r}_y = \left(-\frac{2x}{\alpha^2}, -\frac{2y}{\beta^2}, 1\right),$$

$$\boldsymbol{r}_{xx} = \left(0, 0, \frac{2}{\alpha^2}\right), \quad \boldsymbol{r}_{yy} = \left(0, 0, \frac{2}{\beta^2}\right), \quad \boldsymbol{r}_{xy} = (0, 0, 0).$$

因此,

$$E = 1 + \frac{4x^2}{\alpha^4}, \quad F = \frac{4xy}{\alpha^2\beta^2}, \quad G = 1 + \frac{4y^2}{\beta^4},$$

$$L = \frac{2}{\alpha^2\sqrt{1 + \dfrac{4x^2}{\alpha^4} + \dfrac{4y^2}{\beta^4}}}, \quad M = 0, \quad N = \frac{2}{\beta^2\sqrt{1 + \dfrac{4x^2}{\alpha^4} + \dfrac{4y^2}{\beta^4}}}.$$

本题在一般点的法曲率和主曲率的表达式比较复杂, 而在原点 $(x, y, z) = (0, 0, 0)$ 曲面的两个基本形式简单多了, 它们是

$$\mathrm{I} = (\mathrm{d}x)^2 + (\mathrm{d}y)^2, \quad \mathrm{II} = \frac{2}{\alpha^2}(\mathrm{d}x)^2 + \frac{2}{\beta^2}(\mathrm{d}y)^2,$$

所以该曲面在原点沿切方向 $(\mathrm{d}x, \mathrm{d}y)$ 的法曲率是

$$\begin{aligned}\kappa_n &= \frac{\mathrm{II}}{\mathrm{I}} = \frac{2}{\alpha^2}\frac{(\mathrm{d}x)^2}{(\mathrm{d}x)^2 + (\mathrm{d}y)^2} + \frac{2}{\beta^2}\frac{(\mathrm{d}y)^2}{(\mathrm{d}x)^2 + (\mathrm{d}y)^2} \\ &= \frac{2}{\alpha^2}\cos^2\theta + \frac{2}{\beta^2}\sin^2\theta,\end{aligned}$$

其中

$$\cos\theta = \frac{\mathrm{d}x}{\sqrt{(\mathrm{d}x)^2 + (\mathrm{d}y)^2}}, \quad \sin\theta = \frac{\mathrm{d}y}{\sqrt{(\mathrm{d}x)^2 + (\mathrm{d}y)^2}}.$$

法曲率分别在 $\theta = 0$ 和 $\theta = \pi/2$ 时达到最大值和最小值 (假定 $0 < \alpha \le \beta$), 故所求的主曲率是

$$\kappa_1 = \frac{2}{\alpha^2}, \quad \kappa_2 = \frac{2}{\beta^2}.$$

例题 4.10 曲面 S 上的曲线 C 是曲率线的充分必要条件是, 曲面 S 沿曲线 C 的法线构成一个可展曲面.

证明 设曲面 S: $\boldsymbol{r} = \boldsymbol{r}(u, v)$ 上的一条曲线 C 的参数方程是

$$u = u(s), \qquad v = v(s),$$

其中 s 是弧长参数. 设曲面 S 沿曲线 C 的单位法向量是 $\boldsymbol{n}(s) = \boldsymbol{n}(u(s), v(s))$, 因此由曲面 S 上沿曲线 C 的法线构成的直纹面是

$$\boldsymbol{r} = \boldsymbol{r}(s) + t\boldsymbol{n}(s),$$

其中 $\boldsymbol{r}(s) = \boldsymbol{r}(u(s), v(s))$. 根据直纹面是可展曲面的充分必要条件得知

$$(\boldsymbol{r}'(s), \boldsymbol{n}(s), \boldsymbol{n}'(s)) = 0.$$

由于 $\boldsymbol{n}(s)$ 是曲面 S 的单位法向量, 所以 $\boldsymbol{r}'(s) \cdot \boldsymbol{n}(s) = 0$, $\boldsymbol{n}'(s) \cdot \boldsymbol{n}(s) = 0$. 因此 $\boldsymbol{n}(s) // \boldsymbol{r}'(s) \times \boldsymbol{n}'(s)$, 不妨设

$$\boldsymbol{r}'(s) \times \boldsymbol{n}'(s) = \lambda \boldsymbol{n}(s),$$

则由前面的可展曲面条件得到

$$0 = -(\boldsymbol{r}'(s) \times \boldsymbol{n}'(s)) \cdot \boldsymbol{n}(s) = \lambda \boldsymbol{n}(s) \cdot \boldsymbol{n}(s) = \lambda,$$

故

$$\boldsymbol{r}'(s) \times \boldsymbol{n}'(s) = 0, \qquad \boldsymbol{r}'(s) // \boldsymbol{n}'(s).$$

根据 Rodriques 定理, 这说明曲线 C 的切向量是曲面 S 的主方向. 由此可见, 若曲面 S 沿曲线 C 的法线构成可展曲面, 则 C 为曲面 S 上的曲率线. 反过来是明显的. 证毕.

例题 4.11 求旋转面和可展曲面上的曲率线.

解 (1) 旋转面的经线是经过旋转轴的平面在旋转面上的截线, 它是生成旋转面的母线. 旋转面沿一条经线的法线都经过 (或平行于) 旋转轴, 因而落在经线本身所在的平面内, 故由这些法线构成的直纹面是可展曲面, 可见经线是旋转面上的曲率线. 另外, 旋转面沿平行圆 (纬线) 的法线都经过旋转轴上的一个定点 (或都平行于旋转轴), 它们构成一个锥面 (或柱面), 仍是可展曲面, 所以平行圆也是旋转面上的曲率线. 另外, 经、纬线构成旋转面的正交曲线网, 而一族曲率线的正交轨线必定是另一族曲率线, 所以在知道经线为曲率线时, 也能马上断言纬线也是曲率线.

(2) 可展曲面是直纹面, 而且曲面的切平面沿直母线是不变的. 换言之, 曲面的单位法向量沿直母线是常向量场, 这就是说可展曲面沿直母线的法线构成一张平面, 因此可展曲面的直母线必定是曲率线. 由于主方向彼此正交, 所以直母线的正交轨线是另一个主方向场的积分曲线, 因而是可展曲面的另一族曲率线.

例题 4.12 试证明: 曲面 S 上任意一点 p 的某个邻域内都有正交参数系 (u, v), 使得参数曲线在点 p 处的切向量是曲面 S 在该点的两个彼此正交的主方向单位向量.

证明 本题的背景如下. 如果在曲面 S 的一个邻域内没有脐点, 则在该邻域内处处有两个唯一确定的彼此正交的主方向, 因而在该邻域内每一点的附近存在由正交曲率线构成的参数曲线网, 在这种参数系下, 曲面的两个基本形式可以表示成只含有平方项的最简单的样子. 如果点 p 是曲面 S 的脐点, 则上面的结论就不成立了. 问题是: 能否在该点的附近找到参数系, 使得参数曲线在该点的切向量恰好是曲面 S 在该点的主方向? 如果回答是肯定的, 则曲面的两个基本形式限制在这一点仍然能够写成只含有平方项的最简单的样子, 这对于讨论曲面在该点的性质将会带来很多方便. 本题就是要给出这个问题的肯定回答.

本题的证明是比较简单的. 实际上, 只要对原来的参数系作一个适当的线性变换. 这种方法对于高维情形也适用. 设曲面 S 的原参数系是 (u, v), 点 p 对应的参数是 (u_0, v_0), 并且假定曲面 S 在点 p 的两个彼此正交的主方向单位向量是

$$e_1 = a_{11} \boldsymbol{r}_u|_p + a_{12} \boldsymbol{r}_v|_p, \quad e_2 = a_{21} \boldsymbol{r}_u|_p + a_{22} \boldsymbol{r}_v|_p,$$

其中 $a_{ij}, 1 \leq i, j \leq 2$ 都是常数, 并且 $a_{11} a_{22} - a_{12} a_{21} \neq 0$. 作参数变换引进新的参数系 $(\tilde{u}, \tilde{v})$:

$$u = a_{11} \tilde{u} + a_{21} \tilde{v}, \quad v = a_{12} \tilde{u} + a_{22} \tilde{v},$$

那么

$$\frac{\partial(u,v)}{\partial(\tilde{u},\tilde{v})} = \begin{vmatrix} \dfrac{\partial u}{\partial \tilde{u}} & \dfrac{\partial v}{\partial \tilde{u}} \\ \dfrac{\partial u}{\partial \tilde{v}} & \dfrac{\partial v}{\partial \tilde{v}} \end{vmatrix} = \begin{vmatrix} a_{11} & a_{12} \\ a_{21} & a_{22} \end{vmatrix} \neq 0,$$

所以上面给出的是容许的参数变换. 直接计算得到

$$\boldsymbol{r}_{\tilde{u}}|_p = \frac{\partial u}{\partial \tilde{u}} \boldsymbol{r}_u|_p + \frac{\partial v}{\partial \tilde{u}} \boldsymbol{r}_v|_p = a_{11} \boldsymbol{r}_u|_p + a_{12} \boldsymbol{r}_v|_p = \boldsymbol{e}_1,$$

$$\boldsymbol{r}_{\tilde{v}}|_p = \frac{\partial u}{\partial \tilde{v}} \boldsymbol{r}_u|_p + \frac{\partial v}{\partial \tilde{v}} \boldsymbol{r}_v|_p = a_{21} \boldsymbol{r}_u|_p + a_{22} \boldsymbol{r}_v|_p = \boldsymbol{e}_2.$$

证毕.

例题 4.13 设点 p 是曲面 S 的一个非脐点. 证明: 如果曲面 S 在点 p 的任意两个夹角为 θ_0 的切方向上的法曲率之和为常数, 则该夹角 θ_0 必等于 $\dfrac{\pi}{2}$.

证明 根据 Euler 公式, 曲面 S 在点 p 沿着与第一个主方向的夹角为 θ 的切方向的法曲率是 $\kappa_n(\theta) = \kappa_1 \cos^2\theta + \kappa_2 \sin^2\theta$, 沿着与第一个主方向的夹角为 $\theta + \theta_0$ 的切方向的法曲率是 $\kappa_n(\theta + \theta_0) = \kappa_1 \cos^2(\theta + \theta_0) + \kappa_2 \sin^2(\theta + \theta_0)$. 根据题设, 这两个法曲率之和应该与 θ 角无关, 即

$$\kappa_1 \cos^2\theta + \kappa_2 \sin^2\theta + \kappa_1 \cos^2(\theta + \theta_0) + \kappa_2 \sin^2(\theta + \theta_0) = c.$$

将上式对 θ 求导得到

$$\begin{aligned} 0 =& 2(-\kappa_1 + \kappa_2)\cos\theta\sin\theta + 2(-\kappa_1 + \kappa_2)\cos(\theta + \theta_0)\sin(\theta + \theta_0) \\ =& (\kappa_2 - \kappa_1)(\sin 2\theta + \sin 2(\theta + \theta_0)). \end{aligned}$$

因为 $\kappa_2 \neq \kappa_1$, 所以

$$\sin 2\theta + \sin 2(\theta + \theta_0) = (1 + \cos 2\theta_0)\sin 2\theta + \sin 2\theta_0 \cos 2\theta = 0.$$

如果 $(1 + \cos 2\theta_0, \sin 2\theta_0) \neq 0$, 则引进 φ 角使得

$$\cos\varphi = \frac{1 + \cos 2\theta_0}{\sqrt{(1 + \cos 2\theta_0)^2 + (\sin 2\theta_0)^2}},$$

$$\sin\varphi = \frac{\sin 2\theta_0}{\sqrt{(1+\cos 2\theta_0)^2 + (\sin 2\theta_0)^2}},$$

那么上面的式子成为 $\sin(2\theta+\varphi)=0$. 这里 φ 是常量, 这个式子不可能对任意的变量 θ 成立, 所以这种情况不可能发生. 于是, 必定有

$$1+\cos 2\theta_0 = 0, \quad \sin 2\theta_0 = 0.$$

从第二式得到 $2\theta_0 = k\pi$ (k 是整数), 将它代入第一式得到 $\cos 2\theta_0 = \cos k\pi = -1$, 所以 k 必须为奇数, 设为 $k=2n+1$, 因此 $\theta_0 = n\pi + \dfrac{\pi}{2}$.

注记 最后一段论证也可以如下进行. 因为 $\kappa_1 \neq \kappa_2$, 故得

$$0 = \sin 2\theta + \sin 2(\theta+\theta_0) = 2\sin(2\theta+\theta_0)\cos\theta_0.$$

由于 $\sin(2\theta+\theta_0)$ 是非零函数, 故只能有 $\cos\theta_0 = 0$, 即 $\theta_0 = \pi/2$.

例题 4.14 求 Weingarten 映射在曲面的自然基底下的矩阵 (§4.1, 第 10 款结论的证明).

解 设曲面 S 的参数方程是 $\boldsymbol{r} = \boldsymbol{r}(u,v)$. 根据 Weingarten 映射的定义,

$$W(\boldsymbol{r}_u) = -\boldsymbol{n}_u, \quad W(\boldsymbol{r}_v) = -\boldsymbol{n}_v.$$

因为 $\boldsymbol{n}_u$, $\boldsymbol{n}_v$ 是曲面 S 的切向量, 不妨设

$$\begin{pmatrix} -\boldsymbol{n}_u \\ -\boldsymbol{n}_v \end{pmatrix} = \begin{pmatrix} a_{11} & a_{12} \\ a_{21} & a_{22} \end{pmatrix} \begin{pmatrix} \boldsymbol{r}_u \\ \boldsymbol{r}_v \end{pmatrix}.$$

将上式两边分别与向量组 $(\boldsymbol{r}_u, \boldsymbol{r}_v)$ 作内积

$$\begin{pmatrix} -\boldsymbol{n}_u \\ -\boldsymbol{n}_v \end{pmatrix} \cdot (\boldsymbol{r}_u, \boldsymbol{r}_v) = \begin{pmatrix} a_{11} & a_{12} \\ a_{21} & a_{22} \end{pmatrix} \begin{pmatrix} \boldsymbol{r}_u \\ \boldsymbol{r}_v \end{pmatrix} \cdot (\boldsymbol{r}_u, \boldsymbol{r}_v),$$

得到

$$\begin{pmatrix} L & M \\ M & N \end{pmatrix} = \begin{pmatrix} a_{11} & a_{12} \\ a_{21} & a_{22} \end{pmatrix} \begin{pmatrix} E & F \\ F & G \end{pmatrix},$$

所以

$$
\begin{pmatrix} a_{11} & a_{12} \\ a_{21} & a_{22} \end{pmatrix} = \begin{pmatrix} L & M \\ M & N \end{pmatrix} \cdot \begin{pmatrix} E & F \\ F & G \end{pmatrix}^{-1}.
$$

2×2 可逆矩阵的逆矩阵很容易写出, 特别是

$$
\begin{pmatrix} E & F \\ F & G \end{pmatrix}^{-1} = \frac{1}{EG - F^2} \begin{pmatrix} G & -F \\ -F & E \end{pmatrix},
$$

因此

$$
\begin{pmatrix} a_{11} & a_{12} \\ a_{21} & a_{22} \end{pmatrix} = \frac{1}{EG - F^2} \begin{pmatrix} LG - MF & -LF + ME \\ MG - NF & -MF + NE \end{pmatrix},
$$

所以

$$
W \begin{pmatrix} \boldsymbol{r}_u \\ \boldsymbol{r}_v \end{pmatrix} = \frac{1}{EG - F^2} \begin{pmatrix} LG - MF & -LF + ME \\ MG - NF & -MF + NE \end{pmatrix} \begin{pmatrix} \boldsymbol{r}_u \\ \boldsymbol{r}_v \end{pmatrix}.
$$

注记　线性变换在某个基底下的矩阵的迹和行列式是线性变换的不变量, 它们与基底的选取无关. 由此可见, Weingarten 映射 W 在自然基底 $(\boldsymbol{r}_u, \boldsymbol{r}_v)$ 下的矩阵的迹和行列式分别是 $2H$ 和 K, 即

$$
2H = a_{11} + a_{22} = \frac{LG - 2MF + NE}{EG - F^2},
$$
$$
K = a_{11}a_{22} - a_{12}a_{21} = \frac{LN - M^2}{EG - F^2}.
$$

例题 4.15　求双曲抛物面 $\boldsymbol{r} = (a(u+v), b(u-v), 2uv)$ 的 Gauss 曲率 K, 平均曲率 H, 主曲率 κ_1, κ_2 和它们所对应的主方向.

解　对双曲抛物面的参数方程求偏导数得到

$$
\boldsymbol{r}_u = (a, b, 2v), \quad \boldsymbol{r}_v = (a, -b, 2u),
$$
$$
\boldsymbol{r}_u \times \boldsymbol{r}_v = (2b(u+v), -2a(u-v), -2ab),
$$
$$
\boldsymbol{n} = \frac{1}{A} \left(b(u+v), -a(u-v), -ab \right),
$$

其中 $A = \sqrt{b^2(u+v)^2 + a^2(u-v)^2 + a^2b^2} = \dfrac{1}{2}\sqrt{EG - F^2}$,

$$\boldsymbol{r}_{uu} = (0,0,0), \quad \boldsymbol{r}_{uv} = (0,0,2), \quad \boldsymbol{r}_{vv} = (0,0,0).$$

直接计算得到

$$E = a^2 + b^2 + 4v^2, \quad F = a^2 - b^2 + 4uv, \quad G = a^2 + b^2 + 4u^2,$$
$$L = 0, \quad M = \frac{-2ab}{A}, \quad N = 0.$$

因此,

$$H = \frac{EN - 2FM + GL}{2(EG - F^2)} = -\frac{FM}{EG - F^2} = \frac{ab(a^2 - b^2 + 4uv)}{2A^3},$$
$$K = \frac{LN - M^2}{EG - F^2} = -\frac{M^2}{EG - F^2} = -\frac{a^2 b^2}{A^4}.$$

解方程

$$\lambda^2 - 2H\lambda + K = \lambda^2 + \frac{2FM}{EG - F^2}\lambda - \frac{M^2}{EG - F^2} = 0,$$
$$\left(\lambda + \frac{FM}{EG - F^2}\right)^2 = \frac{M^2}{EG - F^2} + \frac{F^2 M^2}{(EG - F^2)^2} = \frac{M^2 EG}{(EG - F^2)^2},$$

得到

$$\kappa_1 = -\frac{M(F + \sqrt{EG})}{EG - F^2} = \frac{M}{F - \sqrt{EG}}$$
$$= \frac{ab}{2A^3}\left(a^2 - b^2 + 4uv + \sqrt{(a^2 + b^2 + 4u^2)(a^2 + b^2 + 4v^2)}\right),$$
$$\kappa_2 = -\frac{M(F - \sqrt{EG})}{EG - F^2} = \frac{M}{F + \sqrt{EG}}$$
$$= \frac{ab}{2A^3}\left(a^2 - b^2 + 4uv - \sqrt{(a^2 + b^2 + 4u^2)(a^2 + b^2 + 4v^2)}\right).$$

将 $\lambda = \kappa_1$ 和 $\lambda = \kappa_2$ 分别代入

$$\frac{\mathrm{d}u}{\mathrm{d}v} = -\frac{\lambda F - M}{\lambda E - L} = -\frac{F}{E} + \frac{1}{\lambda} \cdot \frac{M}{E},$$

便得到对应的主方向. 直接计算得到, 对应于 κ_1 的主方向是

$$\frac{\mathrm{d}u}{\mathrm{d}v} = -\frac{F}{E} + \frac{F - \sqrt{EG}}{M} \cdot \frac{M}{E} = -\frac{\sqrt{G}}{\sqrt{E}} = -\sqrt{\frac{a^2 + b^2 + 4u^2}{a^2 + b^2 + 4v^2}},$$

对应于 κ_2 的主方向是

$$\frac{\mathrm{d}u}{\mathrm{d}v} = -\frac{F}{E} + \frac{F + \sqrt{EG}}{M} \cdot \frac{M}{E} = \frac{\sqrt{G}}{\sqrt{E}} = \sqrt{\frac{a^2 + b^2 + 4u^2}{a^2 + b^2 + 4v^2}}.$$

注记 尽管计算比较繁琐, 但是本题属于常规的计算, 没有特别的困难. 需要指出的是, 在求第二基本形式的系数时, n 是 $r_u \times r_v$ 的单位化. 在做题时这个地方容易出错, 需要特别小心. 另外, 在计算时充分利用 $L = N = 0$ 的特殊性, 采用符号计算, 直到化简以后才用相应的表达式代入, 这就排除了繁杂的计算过程. 这是值得注意的技巧. $L = N \equiv 0$ 正好是在曲面上取渐近曲线网为参数曲线网的充分必要条件, 本题的一般公式适用于这种情形.

例题 4.16 在曲面 $S: r = r(u, v)$ 上每一点沿法线截取长度为 λ (适当小的正的常数) 的一段, 它们的端点的轨迹构成一个曲面 $\tilde{S}$, 称为原曲面 S 的平行曲面, 其方程是

$$\tilde{r}(u, v) = r(u, v) + \lambda n(u, v).$$

从点 $r(u, v)$ 到点 $\tilde{r}(u, v)$ 的对应记为 σ.

(1) 证明: 曲面 S 和曲面 $\tilde{S}$ 在对应点的切平面互相平行;

(2) 证明: 对应 σ 把曲面 S 上的曲率线映为曲面 $\tilde{S}$ 上的曲率线;

(3) 证明: 曲面 S 和曲面 $\tilde{S}$ 在对应点的 Gauss 曲率和平均曲率有下列关系:

$$\tilde{K} = \frac{K}{1 - 2\lambda H + \lambda^2 K}, \quad \tilde{H} = \frac{H - \lambda K}{1 - 2\lambda H + \lambda^2 K}.$$

证明 我们知道, 几何学的结论是不依赖参数系的选择的, 因此选择适当的坐标系或参数系是几何学惯用的技巧. 关于本题, 不妨假定 (u, v) 是曲面上给出正交曲率线网的参数系 (在非脐点的附近, 这总是能做到的). 此时, r_u, r_v 是彼此正交的主方向, 所以

$$n_u = -\kappa_1 r_u, \quad n_v = -\kappa_2 r_v,$$

其中 κ_1, κ_2 是曲面 S 的主曲率.

(1) 对曲面 $\tilde{S}$ 的参数方程求偏导数得到

$$\tilde{\boldsymbol{r}}_u = \boldsymbol{r}_u + \lambda \boldsymbol{n}_u = (1 - \lambda \kappa_1) \boldsymbol{r}_u,$$
$$\tilde{\boldsymbol{r}}_v = \boldsymbol{r}_v + \lambda \boldsymbol{n}_v = (1 - \lambda \kappa_2) \boldsymbol{r}_v.$$

当 $\lambda > 0$ 充分小时, 总可以使 $1 - \lambda \kappa_1 > 0, 1 - \lambda \kappa_2 > 0$, 于是 $\tilde{\boldsymbol{r}}_u // \boldsymbol{r}_u$, $\tilde{\boldsymbol{r}}_v // \boldsymbol{r}_v$. 因此, 曲面 S 和 $\tilde{S}$ 在对应点的切平面是互相平行的.

(2) 由前面的公式得到

$$\tilde{\boldsymbol{r}}_u \times \tilde{\boldsymbol{r}}_v = (1 - \lambda \kappa_1)(1 - \lambda \kappa_2) \boldsymbol{r}_u \times \boldsymbol{r}_v,$$

因此曲面 $\tilde{S}$ 的单位法向量是

$$\tilde{\boldsymbol{n}} = \frac{\tilde{\boldsymbol{r}}_u \times \tilde{\boldsymbol{r}}_v}{|\tilde{\boldsymbol{r}}_u \times \tilde{\boldsymbol{r}}_v|} = \boldsymbol{n},$$

所以

$$\tilde{\boldsymbol{n}}_u = \boldsymbol{n}_u = -\kappa_1 \boldsymbol{r}_u = -\frac{\kappa_1}{1 - \lambda \kappa_1} \tilde{\boldsymbol{r}}_u,$$
$$\tilde{\boldsymbol{n}}_v = \boldsymbol{n}_v = -\kappa_2 \boldsymbol{r}_v = -\frac{\kappa_2}{1 - \lambda \kappa_2} \tilde{\boldsymbol{r}}_v,$$

由此可见 $\tilde{\boldsymbol{r}}_u, \tilde{\boldsymbol{r}}_v$ 是主方向, u-曲线和 v-曲线是曲率线. 这就是说, 对应 σ 把曲面 S 上的曲率线映为曲面 $\tilde{S}$ 上的曲率线.

(3) 从前面的公式得知, 曲面 $\tilde{S}$ 的主曲率是

$$\tilde{\kappa}_1 = \frac{\kappa_1}{1 - \lambda \kappa_1}, \quad \tilde{\kappa}_2 = \frac{\kappa_2}{1 - \lambda \kappa_2},$$

因此曲面 $\tilde{S}$ 的平均曲率是

$$\tilde{H} = \frac{1}{2}(\tilde{\kappa}_1 + \tilde{\kappa}_2) = \frac{H - \lambda K}{1 - 2\lambda H + \lambda^2 K},$$

Gauss 曲率是

$$\tilde{K} = \tilde{\kappa}_1 \cdot \tilde{\kappa}_2 = \frac{K}{1 - 2\lambda H + \lambda^2 K}.$$

如果点 p 是曲面 S 的脐点, 则由例题 4.12 知道, 可以取参数系 (u,v) 使得 $\boldsymbol{r}_u|_p$ 和 $\boldsymbol{r}_v|_p$ 是在点 p 的彼此正交的主方向, 则上面证明的计算过程仍旧成立, 所以前面的结论在脐点仍然成立.

例题 4.17 求曲面 $z = f(x,y)$ 上的脐点所满足的 (充分必要) 条件.

解 把该曲面写成参数曲面的形式, 即

$$\boldsymbol{r} = (x, y, f(x,y)).$$

脐点是曲面上法曲率与曲面在该点的切方向无关的点, 也就是曲面的第二类基本量和第一类基本量成比例的点. 对曲面的参数方程求偏导数得到

$$\boldsymbol{r}_x = (1, 0, f_x), \quad \boldsymbol{r}_y = (0, 1, f_y),$$
$$\boldsymbol{r}_x \times \boldsymbol{r}_y = (-f_x, -f_y, 1), \quad \boldsymbol{n} = \frac{1}{A}(-f_x, -f_y, 1),$$
$$A = \sqrt{1 + f_x^2 + f_y^2}.$$

再次求导得到

$$\boldsymbol{r}_{xx} = (0, 0, f_{xx}), \quad \boldsymbol{r}_{xy} = (0, 0, f_{xy}), \quad \boldsymbol{r}_{yy} = (0, 0, f_{yy}).$$

因此, 曲面的第一类基本量和第二类基本量分别是

$$E = 1 + f_x^2, \quad F = f_x f_y, \quad G = 1 + f_y^2,$$
$$L = \frac{f_{xx}}{A}, \quad M = \frac{f_{xy}}{A}, \quad N = \frac{f_{yy}}{A}.$$

点 (x,y) 是脐点当且仅当存在数 λ, 使得在点 (x,y) 成立

$$f_{xx} = \lambda(1 + f_x^2), \quad f_{xy} = \lambda f_x f_y, \quad f_{yy} = \lambda(1 + f_y^2).$$

例题 4.18 求曲面 $\dfrac{x^2}{\alpha^2} + \dfrac{y^2}{\beta^2} + \dfrac{z^2}{\gamma^2} = 1$ 的脐点, 其中 $\alpha > \beta > \gamma > 0$.

解 这是三轴互不相等的椭球面,可以用六块参数曲面把整个椭球面覆盖住,它们分别是:

$$\boldsymbol{r} = \left(x, y, \gamma\sqrt{1 - \frac{x^2}{\alpha^2} - \frac{y^2}{\beta^2}}\right), \quad \frac{x^2}{\alpha^2} + \frac{y^2}{\beta^2} < 1;$$

$$\boldsymbol{r} = \left(x, y, -\gamma\sqrt{1 - \frac{x^2}{\alpha^2} - \frac{y^2}{\beta^2}}\right), \quad \frac{x^2}{\alpha^2} + \frac{y^2}{\beta^2} < 1;$$

$$\boldsymbol{r} = \left(\alpha\sqrt{1 - \frac{y^2}{\beta^2} - \frac{z^2}{\gamma^2}}, y, z\right), \quad \frac{y^2}{\beta^2} + \frac{z^2}{\gamma^2} < 1;$$

$$\boldsymbol{r} = \left(-\alpha\sqrt{1 - \frac{y^2}{\beta^2} - \frac{z^2}{\gamma^2}}, y, z\right), \quad \frac{y^2}{\beta^2} + \frac{z^2}{\gamma^2} < 1;$$

$$\boldsymbol{r} = \left(x, \beta\sqrt{1 - \frac{x^2}{\alpha^2} - \frac{z^2}{\gamma^2}}, z\right), \quad \frac{x^2}{\alpha^2} + \frac{z^2}{\gamma^2} < 1;$$

$$\boldsymbol{r} = \left(x, -\beta\sqrt{1 - \frac{x^2}{\alpha^2} - \frac{z^2}{\gamma^2}}, z\right), \quad \frac{x^2}{\alpha^2} + \frac{z^2}{\gamma^2} < 1.$$

下面以第一个参数方程为例求椭球面的脐点.

设 $f(x,y) = \gamma\sqrt{1 - \dfrac{x^2}{\alpha^2} - \dfrac{y^2}{\beta^2}}$, $A = \sqrt{1 - \dfrac{x^2}{\alpha^2} - \dfrac{y^2}{\beta^2}}$. 求偏导数得到

$$f_x = -\frac{\gamma}{\alpha^2} \cdot \frac{x}{A}, \quad f_y = -\frac{\gamma}{\beta^2} \cdot \frac{y}{A},$$

$$f_{xx} = -\frac{\gamma}{\alpha^2} \cdot \frac{1}{A^3}\left(1 - \frac{y^2}{\beta^2}\right), \quad f_{xy} = -\frac{\gamma}{\alpha^2\beta^2} \cdot \frac{xy}{A^3},$$

$$f_{yy} = -\frac{\gamma}{\beta^2} \cdot \frac{1}{A^3}\left(1 - \frac{x^2}{\alpha^2}\right).$$

点 (x, y) 是脐点的条件是存在 $\lambda(x, y)$ 使得 (λ, x, y) 满足方程

$$f_{xx} = \lambda(1 + f_x^2), \quad f_{xy} = \lambda f_x f_y, \quad f_{yy} = \lambda(1 + f_y^2).$$

用前面的表达式代入得到

$$-\frac{\gamma}{\alpha^2} \cdot \frac{1}{A^3}\left(1 - \frac{y^2}{\beta^2}\right) = \lambda\left(1 + \frac{\gamma^2 x^2}{\alpha^4 A^2}\right),$$

$$-\frac{\gamma}{\alpha^2\beta^2}\cdot\frac{xy}{A^3}=\lambda\frac{\gamma^2}{\alpha^2\beta^2}\cdot\frac{xy}{A^2},$$

$$-\frac{\gamma}{\beta^2}\cdot\frac{1}{A^3}\left(1-\frac{x^2}{\alpha^2}\right)=\lambda\left(1+\frac{\gamma^2y^2}{\beta^4A^2}\right),$$

化简得到

$$xy\left(\lambda\gamma+\frac{1}{A}\right)=0,$$

$$-\frac{\gamma}{\alpha^2}\left(1-\frac{y^2}{\beta^2}\right)=\lambda A\left(1-\frac{x^2}{\alpha^2}-\frac{y^2}{\beta^2}+\frac{\gamma^2}{\alpha^2}\cdot\frac{x^2}{\alpha^2}\right),$$

$$-\frac{\gamma}{\beta^2}\left(1-\frac{x^2}{\alpha^2}\right)=\lambda A\left(1-\frac{x^2}{\alpha^2}-\frac{y^2}{\beta^2}+\frac{\gamma^2}{\beta^2}\cdot\frac{y^2}{\beta^2}\right).$$

从上面的第一个方程得到 $\lambda=-\dfrac{1}{\gamma A}$, 或 $x=0$, 或 $y=0$.

用 $\lambda=-\dfrac{1}{\gamma A}$ 代入后两个方程得到

$$\left(1-\frac{\gamma^2}{\alpha^2}\right)\cdot\left(1-\frac{x^2}{\alpha^2}-\frac{y^2}{\beta^2}\right)=0,\quad\left(1-\frac{\gamma^2}{\beta^2}\right)\cdot\left(1-\frac{x^2}{\alpha^2}-\frac{y^2}{\beta^2}\right)=0.$$

因为 $\alpha>\beta>\gamma>0$, 以及 $1-\dfrac{x^2}{\alpha^2}-\dfrac{y^2}{\beta^2}>0$, 所以这是不可能的.

用 $x=0$ 代入前面的第二个方程得到

$$\left(\lambda A+\frac{\gamma}{\alpha^2}\right)\cdot\left(1-\frac{y^2}{\beta^2}\right)=0,$$

因为 $1-\dfrac{y^2}{\beta^2}>0$, 所以 $\lambda=-\dfrac{\gamma}{A\alpha^2}$. 将它们代入前面的第三个方程得到

$$\frac{1}{\beta^2}=\frac{1}{\alpha^2}\cdot\left(1-\frac{y^2}{\beta^2}+\frac{\gamma^2}{\beta^2}\cdot\frac{y^2}{\beta^2}\right),\quad\beta^2(\alpha^2-\beta^2)=(\gamma^2-\beta^2)y^2.$$

上式的左边 <0, 而右边 $\leqslant0$, 这同样是不可能成立的.

用 $y=0$ 代入前面的第三个方程得到

$$\left(\lambda A+\frac{\gamma}{\beta^2}\right)\cdot\left(1-\frac{x^2}{\alpha^2}\right)=0,$$

由此得到 $\lambda = -\dfrac{\gamma}{A\beta^2}$，将它们代入前面的第二个方程得到

$$\frac{1}{\alpha^2} = \frac{1}{\beta^2} \cdot \left(1 - \frac{x^2}{\alpha^2} + \frac{\gamma^2}{\alpha^2} \cdot \frac{x^2}{\alpha^2} \right), \quad x^2(\alpha^2 - \gamma^2) = (\alpha^2 - \beta^2)\alpha^2,$$

因此

$$x = \pm\alpha\sqrt{\frac{\alpha^2 - \beta^2}{\alpha^2 - \gamma^2}}, \quad z = \gamma\sqrt{\frac{\beta^2 - \gamma^2}{\alpha^2 - \gamma^2}}.$$

这就是说，在上半椭球面上有两个脐点，它们是

$$\left(\pm\alpha\sqrt{\frac{\alpha^2 - \beta^2}{\alpha^2 - \gamma^2}}, 0, \gamma\sqrt{\frac{\beta^2 - \gamma^2}{\alpha^2 - \gamma^2}} \right).$$

同理，在下半椭球面上也有两个脐点，它们是

$$\left(\pm\alpha\sqrt{\frac{\alpha^2 - \beta^2}{\alpha^2 - \gamma^2}}, 0, -\gamma\sqrt{\frac{\beta^2 - \gamma^2}{\alpha^2 - \gamma^2}} \right).$$

要断言椭球面上只有这 4 个脐点，需要证明在椭圆

$$\left\{ (x,y,z) : z = 0, \; \frac{x^2}{\alpha^2} + \frac{y^2}{\beta^2} = 1 \right\}$$

上没有椭球面的脐点. 为此，我们以椭球面的第三个参数方程为例来证明. 该参数方程是

$$\boldsymbol{r} = \left(\alpha\sqrt{1 - \frac{y^2}{\beta^2} - \frac{z^2}{\gamma^2}}, y, z \right), \quad \frac{y^2}{\beta^2} + \frac{z^2}{\gamma^2} < 1,$$

设 $g(y,z) = \alpha\sqrt{1 - \dfrac{y^2}{\beta^2} - \dfrac{z^2}{\gamma^2}}$，$B = \sqrt{1 - \dfrac{y^2}{\beta^2} - \dfrac{z^2}{\gamma^2}}$，求偏导数得到

$$g_y = -\frac{\alpha}{\beta^2} \cdot \frac{y}{B}, \quad g_z = -\frac{\alpha}{\gamma^2} \cdot \frac{z}{B},$$

$$g_{yy} = -\frac{\alpha}{\beta^2} \cdot \frac{1}{B^3} \left(1 - \frac{z^2}{\gamma^2} \right), \quad g_{yz} = -\frac{\alpha}{\beta^2\gamma^2} \cdot \frac{yz}{B^3},$$

$$g_{zz} = -\frac{\alpha}{\gamma^2} \cdot \frac{1}{B^3} \left(1 - \frac{y^2}{\beta^2} \right).$$

假定点 $(y,0)$ 是脐点, 则存在函数 $\lambda(y)$ 使得 $(\lambda, y, 0)$ 满足方程

$$g_{yy} = \lambda(1 + g_y^2), \quad g_{yz} = \lambda g_y g_z, \quad g_{zz} = \lambda(1 + g_z^2),$$

将上面偏导数的表达式代入, 并且命 $z = 0$, 得到

$$-\frac{\alpha}{\beta^2} \cdot \frac{1}{B^3} = \lambda \left(1 + \frac{\alpha^2}{\beta^2 B^2} \cdot \frac{y^2}{\beta^2} \right), \quad -\frac{\alpha}{\gamma^2 B^3} \left(1 - \frac{y^2}{\beta^2} \right) = \lambda,$$

其中 $B = \sqrt{1 - \dfrac{y^2}{\beta^2}}$. 这样, 从上面的第二式得到 $\lambda = -\dfrac{\alpha}{\gamma^2 B}$. 将它代入第一式得到

$$\beta^2(\gamma^2 - \beta^2) = (\alpha^2 - \beta^2)y^2.$$

很明显, 上式左边 < 0, 而右边 ≥ 0, 这是不可能成立的. 这就证明了在半个椭圆 $\left\{ (x, y, z) : z = 0, \dfrac{x^2}{\alpha^2} + \dfrac{y^2}{\beta^2} = 1, \ x > 0 \right\}$ 上没有椭球面的脐点. 同理在另外半个椭圆 $\left\{ (x, y, z) : z = 0, \dfrac{x^2}{\alpha^2} + \dfrac{y^2}{\beta^2} = 1, \ x < 0, \right\}$ 上也没有椭球面的脐点.

最后需要证明点 $(0, \beta, 0)$ 和 $(0, -\beta, 0)$ 都不是椭球面的脐点. 以第一个点为例, 求椭球面的该点的两个基本形式. 椭球面的第五个参数方程

$$\boldsymbol{r} = \left(x, \beta\sqrt{1 - \frac{x^2}{\alpha^2} - \frac{z^2}{\gamma^2}}, z \right), \quad \frac{x^2}{\alpha^2} + \frac{z^2}{\gamma^2} < 1$$

把点 $(0, \beta, 0)$ 包含在它的内部. 求偏导数得到

$$\boldsymbol{r}_x = \left(1, -\frac{\beta x}{\alpha^2 C}, 0 \right), \quad \boldsymbol{r}_z = \left(0, -\frac{\beta z}{\gamma^2 C}, 1 \right),$$

$$\boldsymbol{r}_{xx} = \left(0, -\frac{\beta}{\alpha^2 C^3} \left(1 - \frac{z^2}{\gamma^2} \right), 0 \right), \quad \boldsymbol{r}_{xz} = \left(0, -\frac{\beta x z}{\alpha^2 \gamma^2 C^3}, 0 \right),$$

$$\boldsymbol{r}_{zz} = \left(0, -\frac{\beta}{\gamma^2 C^3} \left(1 - \frac{x^2}{\alpha^2} \right), 0 \right), \quad C = \sqrt{1 - \frac{x^2}{\alpha^2} - \frac{z^2}{\gamma^2}}.$$

用 $x = 0$, $z = 0$ 代入得到

$$\boldsymbol{r}_x = (1, 0, 0), \quad \boldsymbol{r}_z = (0, 0, 1), \quad \boldsymbol{n} = \boldsymbol{r}_x \times \boldsymbol{r}_z = (0, -1, 0)$$

$$\boldsymbol{r}_{xx} = \left(0, -\frac{\beta}{\alpha^2}, 0\right), \quad \boldsymbol{r}_{xz} = (0, 0, 0), \quad \boldsymbol{r}_{zz} = \left(0, -\frac{\beta}{\gamma^2}, 0\right),$$

因此

$$E = 1, \quad F = 0, \quad G = 1, \quad L = \frac{\beta}{\alpha^2}, \quad M = 0, \quad N = \frac{\beta}{\gamma^2}.$$

这说明在点 $(0, \beta, 0)$ 处切方向 $(\mathrm{d}x, \mathrm{d}z) = (1, 0)$ 和 $(\mathrm{d}x, \mathrm{d}z) = (0, 1)$ 是椭球面的主方向, 对应的主曲率分别是 β/α^2 和 β/γ^2. 这两个主曲率是不相等的, 所以点 $(0, \beta, 0)$ 不是椭球面的脐点. 同理可以证明点 $(0, -\beta, 0)$ 也不是椭球面的脐点. 证毕.

例题 4.19 证明: 如果曲面 S 在点 p 有三个两两不共线的渐近方向, 则该点必定是曲面 S 的平点.

证明 设 $\boldsymbol{e}_1$, $\boldsymbol{e}_2$ 是曲面 S 在 p 点的两个彼此正交的主方向, 对应的主曲率是 κ_1, κ_2. 假定曲面 S 在点 p 有三个两两不共线的渐近方向, 它们与主方向 $\boldsymbol{e}_1$ 的夹角分别是 θ_1, θ_2, θ_3, 因此

$$\kappa_1 \cos^2 \theta_1 + \kappa_2 \sin^2 \theta_1 = 0,$$
$$\kappa_1 \cos^2 \theta_2 + \kappa_2 \sin^2 \theta_2 = 0,$$
$$\kappa_1 \cos^2 \theta_3 + \kappa_2 \sin^2 \theta_3 = 0,$$
$$\theta_2 - \theta_1 \neq k\pi, \quad \theta_3 - \theta_1 \neq k\pi, \quad \theta_3 - \theta_2 \neq k\pi.$$

将第二式和第三式分别减去第一式得到

$$\begin{aligned}
0 =& \kappa_1(\cos^2 \theta_2 - \cos^2 \theta_1) + \kappa_2(\sin^2 \theta_2 - \sin^2 \theta_1) \\
=& (\kappa_1 - \kappa_2)(\cos^2 \theta_2 - \cos^2 \theta_1), \\
0 =& \kappa_1(\cos^2 \theta_3 - \cos^2 \theta_1) + \kappa_2(\sin^2 \theta_3 - \sin^2 \theta_1) \\
=& (\kappa_1 - \kappa_2)(\cos^2 \theta_3 - \cos^2 \theta_1).
\end{aligned}$$

如果 $\kappa_1 \neq \kappa_2$, 则 $\cos^2 \theta_2 = \cos^2 \theta_1$, $\cos^2 \theta_3 = \cos^2 \theta_1$, 因此

$$\cos \theta_2 = \pm \cos \theta_1, \quad \cos \theta_3 = \pm \cos \theta_1.$$

由此得到 $\theta_2 = k\pi \pm \theta_1$, $\theta_3 = m\pi \pm \theta_1 (k, m$ 均为整数$)$. 因为 $\theta_2 - \theta_1 \neq k\pi$, $\theta_3 - \theta_1 \neq m\pi$, 只能有 $\theta_2 = k\pi - \theta_1$, $\theta_3 = m\pi - \theta_1$, 因此 $\theta_2 - \theta_3 = (k - m)\pi$. 这与 θ_2 和 θ_3 所对应的渐近方向不共线的假定相矛盾. 因此只能有 $\kappa_1 = \kappa_2$. 再加上渐近方向只在双曲点或抛物点存在, 故 $K = \kappa_1 \kappa_2 = (\kappa_1)^2 \leq 0$, 所以只能有 $\kappa_1 = \kappa_2 = 0$, 即该点必定是平点.

例题 4.20 求具有常数 Gauss 曲率的旋转曲面.

解 假定旋转曲面 S 的方程是

$$\boldsymbol{r} = (u \cos v, u \sin v, f(u)),$$

其中 $u > 0$, $0 \leq v < 2\pi$, 并且假定它有常数 Gauss 曲率 K. 经直接计算得到曲面 S 的第一基本形式和第二基本形式分别是

$$\mathrm{I} = (1 + f'^2(u))(\mathrm{d}u)^2 + u^2 (\mathrm{d}v)^2,$$
$$\mathrm{II} = \frac{f''(u)}{\sqrt{1 + f'^2(u)}}(\mathrm{d}u)^2 + \frac{uf'(u)}{\sqrt{1 + f'^2(u)}}(\mathrm{d}v)^2.$$

因此曲面 S 的 Gauss 曲率是

$$K = \frac{LN - M^2}{EG - F^2} = \frac{f'(u)f''(u)}{u(1 + f'^2(u))^2},$$

所以, 待定的函数 $f(u)$ 应该满足微分方程

$$f'(u)f''(u) = Ku(1 + f'^2(u))^2.$$

将上式积分一次得到

$$\frac{1}{1 + f'^2(u)} = c - Ku^2,$$

其中 c 为任意常数. 再次积分得到

$$f(u) = \pm \int \sqrt{\frac{1 - c + Ku^2}{c - Ku^2}} \, \mathrm{d}u.$$

如果 $K = 0$, 则

$$f(u) = au + b, \quad a = \pm\sqrt{\frac{1-c}{c}}, \quad 0 < c \le 1.$$

此时, 旋转面 S 或者为平面 $(a = 0)$, 或者为圆锥面 $(a \ne 0)$. 另一个 Gauss 曲率 $K = 0$ 的旋转面是圆柱面, 其方程是

$$\boldsymbol{r} = (a \cos v, a \sin v, u),$$

不在本题开头所描述的曲面之列.

如果 K 是正数, 不妨设 $K = \dfrac{1}{a^2}(a > 0)$, 则

$$f(u) = \pm \int \sqrt{\frac{a^2(1-c) + u^2}{ca^2 - u^2}} \, \mathrm{d}u.$$

由此可见, c 必须取正值. 设 $c = b^2 (b > 0)$, 则上式成为

$$f(u) = \pm \int \sqrt{\frac{a^2(1 - b^2) + u^2}{a^2 b^2 - u^2}} \, \mathrm{d}u.$$

取不同的 b 的值, 则得到不同的具有相同正常 Gauss 曲率的旋转曲面. 假定 $b^2 = 1$, 则得到

$$f(u) = \pm \int \frac{u}{\sqrt{a^2 - u^2}} \, \mathrm{d}u = \mp\sqrt{a^2 - u^2} + c_0.$$

它的图像是半径为 a 的圆周, 所以将它绕 z-轴旋转得到的是半径为 a 的球面. 若取 $b^2 > 1$, 或 $0 < b^2 < 1$, 积分上面的式子, 则得到非球面的正常曲率 $K = 1/a^2$ 的旋转面, 这样的曲面可以看成是将球面去掉南、北极之后再往里压, 或者向外抻的结果. 在内蕴几何学中知道, 所有具有相同常数 Gauss 曲率的曲面在局部上都能够彼此建立保长对

应. 然而在大范围微分几何学中已经证明, Gauss 曲率为正的凸闭曲面有刚硬性, 即它们不可能与其他曲面有除了刚体运动以外的保长对应, 因此球面也是刚硬的. 但是在上面所说的变形中, 已经把球面的南、北极去掉了, 因而它不再是闭曲面了, 因此不再具有刚硬性.

如果 K 是负数, 不妨设 $K = -\dfrac{1}{a^2}(a > 0)$, 则

$$f(u) = \pm \int \sqrt{\frac{a^2(1-c) - u^2}{ca^2 + u^2}}\,\mathrm{d}u.$$

由此可见, 必须有 $c < 1$. 设 $c = 1 - b^2(b > 0)$, 则上式成为

$$f(u) = \pm \int \sqrt{\frac{a^2 b^2 - u^2}{a^2(1 - b^2) + u^2}}\,\mathrm{d}u.$$

由此可见, 取不同的 b 的值便得到不同的具有相同负常 Gauss 曲率的旋转曲面. 假定 $b^2 = 1$, 则得到

$$f(u) = \pm \int \frac{\sqrt{a^2 - u^2}}{u}\,\mathrm{d}u.$$

作变量替换

$$u = a \cos\varphi, \qquad 0 \le \varphi < \frac{\pi}{2},$$

则得

$$f = \mp \int a \cdot \frac{\sin^2\varphi}{\cos\varphi}\,\mathrm{d}\varphi = \pm a(\log(\sec\varphi + \tan\varphi) - \sin\varphi),\ 0 \le \varphi < \frac{\pi}{2}.$$

在 Oyz 平面上, 由函数 $f(\varphi)$ 给出的曲线是

$$y = a \cos\varphi, \quad z = \pm a(\log(\sec\varphi + \tan\varphi) - \sin\varphi), \quad 0 \le \varphi < \frac{\pi}{2},$$

这是由两条曳物线构成的曲线, 在 $(y, z) = (a, 0)$ 处有一个尖点, y-轴是它在尖点的切线, 并且 z-轴是它的渐近线. 把上半条曳物线绕 z-轴旋转一周所得到的曲面称为伪球面, 它的方程是

$$\boldsymbol{r} = (a \cos\varphi \cos\theta, a \cos\varphi \sin\theta, a(\log(\sec\varphi + \tan\varphi) - \sin\varphi))$$

$$(0 \leq \varphi < \pi/2, \qquad 0 \leq \theta < 2\pi).$$

伪球面是 Gauss 曲率为负常数的曲面的典型例子. 当 $0 < b^2 < 1$ 或 $b^2 > 1$ 时, 便给出 Gauss 曲率为负常数的旋转曲面的其他例子.

例题 4.21 平均曲率为零的曲面称为极小曲面. 试求作为旋转曲面的极小曲面.

解 设旋转曲面 S 的参数方程如例题 4.20 开头所给出, 它的平均曲率是

$$H = \frac{1}{2}\left(\frac{f''(u)}{(\sqrt{1 + f'^2(u)})^3} + \frac{f'(u)}{u\sqrt{1 + f'^2(u)}}\right)$$
$$= \frac{uf''(u) + f'(u)(1 + f'^2(u))}{2u(\sqrt{1 + f'^2(u)})^3}.$$

由此可见, 如果 S 是极小曲面, 则函数 $f(u)$ 必须满足微分方程

$$uf''(u) + f'(u)(1 + f'^2(u)) = 0.$$

上式可以改写为

$$\frac{\mathrm{d}}{\mathrm{d}u}\left(\frac{uf'(u)}{\sqrt{1 + f'^2(u)}}\right) = 0,$$

因此得到它的首次积分

$$\frac{f'^2(u)}{1 + f'^2(u)} = \frac{c}{u^2},$$

这里的常数 c 必须是非负数. 如果 $c = 0$, 则

$$f'(u) = 0, \qquad f(u) = \mathrm{const},$$

相应的曲面是平面. 假定 $c = a^2$, $a > 0$, 则

$$f'(u) = \pm\frac{a}{\sqrt{u^2 - a^2}},$$

$$f(u) = \pm \int \frac{a\,\mathrm{d}u}{\sqrt{u^2-a^2}} = \pm a \log(u + \sqrt{u^2-a^2}).$$

相应的极小曲面的方程是

$$\boldsymbol{r} = (u\cos v, u\sin v, \pm a\log(u+\sqrt{u^2-a^2})),$$

命

$$u = a\cosh\frac{r}{a}, \qquad v = \theta,$$

则极小曲面的方程成为

$$\boldsymbol{r} = \left(a\cosh\frac{r}{a}\cos\theta, a\cosh\frac{r}{a}\sin\theta, r\right).$$

函数 $u = a\cosh\dfrac{r}{a}$ 的图像是一条悬链线，它绕轴旋转一周所得的曲面就是这里所得到旋转极小曲面，称为悬链面.

§4.3 习题

4.1. 求下列曲面的第二基本形式 (以下常数 $a, b, k > 0$):

(1) $\boldsymbol{r} = (a\cos\varphi\cos\theta, a\cos\varphi\sin\theta, b\sin\varphi)$ (椭球面);

(2) $\boldsymbol{r} = \left(u, v, \dfrac{1}{2}(u^2+v^2)\right)$ (旋转抛物面);

(3) $\boldsymbol{r} = (a(u+v), a(u-v), 2uv)$ (双曲抛物面);

(4) $\boldsymbol{r} = (f(u), g(u), v)$ (一般柱面);

(5) $\boldsymbol{r} = (u\cos v, u\sin v, f(v))$ ($u > 0$, 劈锥曲面);

(6) Viviani 曲线 $\boldsymbol{r} = \left(k(1+\cos u), k\sin u, 2k\sin\dfrac{u}{2}\right)$ 的切线面;

(7) $\boldsymbol{r} = (v\cos u - k\sin u, v\sin u + k\cos u, v + ku)$, k 是常数.

4.2. 求曲面 $z = f(x,y)$ 的第一、第二基本形式.

4.3. 求下列曲面的第二基本形式:

(1) $z(x^2+y^2) = 2xy$; (2) $x^2 + y^2 = (\tan^2\alpha)z^2$ (α 是常数);

(3) $xyz = k^3$, $k \neq 0$ 是常数.

4.4. 求曲线 $\boldsymbol{r} = \boldsymbol{r}(s)$ 的切线面的第二基本形式以及它的平均曲率, 其中 s 是该曲线的弧长参数.

4.5. 证明: 当曲面 $\boldsymbol{r} = \boldsymbol{r}(u,v)$ 在空间 E^3 中作刚体运动时, 它的第一基本形式和第二基本形式是保持不变的.

4.6. 设悬链面的方程是

$$\boldsymbol{r} = \left(\sqrt{u^2 + a^2} \cos v, \sqrt{u^2 + a^2} \sin v, a \log(u + \sqrt{u^2 + a^2}) \right),$$

求它的第一基本形式和第二基本形式, 并求它在点 $(0,0)$ 处、沿切向量 $\mathrm{d}\boldsymbol{r} = 2\boldsymbol{r}_u + \boldsymbol{r}_v$ 的法曲率.

4.7. 求曲面

$$z = \frac{x^2}{\alpha^2} + \frac{y^2}{\beta^2}$$

被平面 $z = ky$ 所截的截线在原点处的法曲率, 其中 α, β, k 都是非零常数.

4.8. 求下列曲面上的已知曲线的法曲率:

(1) 球面 $\boldsymbol{r} = (a \cos u \cos v, a \cos u \sin v, a \sin u)$ 上的曲线 $u + v = \dfrac{\pi}{2}$;

(2) 正则参数曲线 $\boldsymbol{r}(u)$ 的切线面 $\boldsymbol{r}(u,v) = \boldsymbol{r}(u) + v \boldsymbol{r}'(u)$ 上的曲线 $u + v = c$, c 是常数;

(3) 曲面 $\boldsymbol{r} = (u, v, kuv)$ 上的曲线 $u = v^2$.

4.9. 求下列曲面上的渐近曲线:

(1) 正螺旋面:　$\boldsymbol{r} = (u \cos v, u \sin v, bv)$;

(2) 双曲抛物面:　$\boldsymbol{r} = \left(\dfrac{u+v}{2}, \dfrac{u-v}{2}, uv \right)$;

(3) $\boldsymbol{r} = (u \cos v, u \sin v, k \log u)$;

(4) $z = \dfrac{1}{x^2 + y^2}$;

(5) $\boldsymbol{r} = (u \cos v, u \sin v, k \cos 3v)$;

(6) $\boldsymbol{r} = ((1+u) \cosh v, (1-u) \sinh v, u)$;

(7) $\boldsymbol{r} = ((1 + u)\cos v, (1 - u)\sin v, u)$;

(8) $\boldsymbol{r} = (3u + 3v, 3u^2 + 3v^2, 2u^3 + 2v^3)$;

(9) $z = xy^2$;

(10) $z = a\left(\dfrac{x}{y} + \dfrac{y}{x}\right)$.

4.10. 求二次曲面 $2z = ax^2 + 2bxy + cy^2 (b^2 - ac > 0)$ 上渐近曲线的挠率.

4.11. 求曲线 $\boldsymbol{r} = \boldsymbol{r}(s)$ 的次法线构成的曲面上的渐近曲线的挠率, 这里 s 是曲线的弧长.

4.12. 证明: 曲面 S 在任意固定的一点处沿任意两个彼此正交的切方向的法曲率之和是一个常数.

4.13. 假定曲面 S 被一族渐近曲线所覆盖. 证明: 这族渐近曲线的正交轨线的法曲率等于曲面 S 的平均曲率的两倍.

4.14. 设曲面 S 上的一条曲率线不是渐近曲线, 并且它的密切平面与曲面 S 的切平面相交成定角, 证明: 该曲线必定是一条平面曲线.

4.15. 设在曲面 S 的一个固定点 p 的切方向与一个主方向的夹角为 θ, 该切方向所对应的法曲率记为 $\kappa_n(\theta)$, 证明:

$$\frac{1}{2\pi}\int_0^{2\pi} \kappa_n(\theta)\mathrm{d}\theta = H,$$

其中 $H = (\kappa_1 + \kappa_2)/2$.

4.16. 求双曲抛物面 $xy = kz$ 在它与双叶双曲面 $x^2 + y^2 - z^2 + k^2 = 0$ 的交点处的主曲率.

4.17. 求曲面 $z = e^{xy}$ 在点 $p = (0, 0, 1)$ 处的主曲率和主方向.

4.18. 设 S 是 Oxz 平面上的曲线 $x^2 - z^2 = 1$ 绕 z-轴旋转一周生成的曲面.

(1) 写出 S 的参数方程, 并求它的第一基本形式和第二基本形式;

(2) 证明: 曲面 S 的两个主曲率 κ_1, κ_2 满足关系式 $\kappa_1 + \kappa_2^3 = 0$.

4.19. 求双曲抛物面 $xy = 2z$ 的两个主曲率之比.

4.20. 求螺旋面 $\boldsymbol{r} = (u\cos v, u\sin v, u + v)$ 的 Gauss 曲率、平均曲率和主曲率.

4.21. 设 S 是平面曲线 C：$\boldsymbol{r} = (g(s), 0, f(s))$ 围绕 z-轴旋转一周所得的曲面, 其中 s 是曲线 C 的弧长参数. 求曲面 S 的 Gauss 曲率 K 和平均曲率 H.

4.22. 求曲面 $e^z = \sin\sqrt{x^2 + y^2}$ 的 Gauss 曲率.

4.23. 求下列曲面的 Gauss 曲率 K 和平均曲率 $H\,(k > 0)$:

(1) $\boldsymbol{r} = (u\cos v, u\sin v, ku^2)$, $u > 0$;

(2) 曲线 $z = k\sqrt{x}$, $y = 0$ 绕 z-轴旋转所生成的曲面;

(3) 曲线 (曳物线)
$$\boldsymbol{r} = \left(k\sin v, 0, k\left(\log\tan\frac{v}{2} + \cos v\right)\right)$$
绕 z-轴旋转所生成的曲面 (伪球面);

(4) Scherk 曲面 $z = \dfrac{1}{k}(\log(\cos kx) - \log(\cos ky))$;

(5) 曲线 $\boldsymbol{r} = \boldsymbol{r}(s)(s$ 是弧长参数) 的次法线所张成的曲面;

(6) 曲面 $S : xyz = 1$, $x > 0$, $y > 0$, $z > 0$.

4.24. 设在曲线 C：$\boldsymbol{r} = \boldsymbol{r}(s)$ 的所有法线上截取长度为 λ 的一段, 它们的端点的轨迹构成一个曲面 S, 称为围绕曲线 C 的管状曲面, 其方程是
$$\boldsymbol{r}(s,\theta) = \boldsymbol{r}(s) + \lambda(\cos\theta\boldsymbol{\beta}(s) + \sin\theta\boldsymbol{\gamma}(s)),$$
其中 s 是曲线的弧长参数, $\boldsymbol{\beta}(s)$, $\boldsymbol{\gamma}(s)$ 分别是曲线 C 的主法向量和次法向量. 求该曲面的 Gauss 曲率 K, 平均曲率 H 和主曲率 κ_1, κ_2. 研究管状曲面上各种类型点的分布情况.

4.25. 求曲面 $z = f(x, y)$ 上曲率线所满足的微分方程.

4.26. 求曲面 $z = \arctan\dfrac{y}{x}$ 上的曲率线, 以及它的主曲率.

4.27. 求曲面 $z = axy$ 上的曲率线.

4.28. 求抛物面 $z = ax^2 + by^2$ 上的 Gauss 曲率和平均曲率, 以及在点 $(x, y) = \left(\dfrac{1}{a}, \dfrac{1}{b} \right)$ 处的主方向.

4.29. 求曲面 $S : \boldsymbol{r} = (u + v, u - v, uv)$ 的平均曲率和 Gauss 曲率, 以及该曲面上的曲率线.

4.30. 设曲面 S_1 和 S_2 沿曲线 C 相交, 并且它们沿曲线 C 的法向量的夹角是常数. 证明: 若 C 是曲面 S_1 上的曲率线, 则 C 也是曲面 S_2 上的曲率线.

4.31. 设 $C : u = u(s),\ v = v(s)$ 是曲面 $S : \boldsymbol{r} = \boldsymbol{r}(u, v)$ 上一条以弧长 s 为参数的曲线, 用 Σ 记曲面 S 沿曲线 C 的法线所构成的曲面.

(1) 写出曲面 Σ 的参数方程;

(2) 证明: Σ 是可展曲面的充分必要条件是 C 为曲面 S 上的曲率线;

(3) 假定 C 是曲面 S 上的曲率线, 证明: 当它的法曲率 κ_n 处处不为零时, 相应的曲面 Σ 不是柱面, 并且当 Σ 是某条曲线 Γ 的切线面时, 则曲线 Γ 的参数方程是

$$\boldsymbol{r} = \boldsymbol{r}(u(s), v(s)) + \frac{1}{\kappa_n} \boldsymbol{n}(u(s), v(s)).$$

4.32. 求下列曲面上的脐点:

(1) $z = \dfrac{x^2}{\alpha^2} + \dfrac{y^2}{\beta^2}$, 其中 $\alpha > \beta > 0$;

(2) $\dfrac{x^2}{\alpha^2} + \dfrac{y^2}{\beta^2} - \dfrac{z^2}{\gamma^2} = -1$, 其中 $\alpha > \beta > 0, \gamma > 0$;

(3) $xyz = 1$.

4.33. 证明曲线 $z = 0,\ 2x = y^2$ 上的点都是曲面 $z^2 + (2x + 1)(y^2 - 2x) = 0$ 上的脐点.

4.34. 证明下列恒等式:

(1)
$$\begin{pmatrix} L & M \\ M & N \end{pmatrix} \cdot \begin{pmatrix} E & F \\ F & G \end{pmatrix}^{-1}$$
$$= \frac{1}{\sqrt{EG - F^2}} \begin{pmatrix} -\boldsymbol{n}_u \cdot (\boldsymbol{r}_v \times \boldsymbol{n}) & \boldsymbol{n}_u \cdot (\boldsymbol{r}_u \times \boldsymbol{n}) \\ -\boldsymbol{n}_v \cdot (\boldsymbol{r}_v \times \boldsymbol{n}) & \boldsymbol{n}_v \cdot (\boldsymbol{r}_u \times \boldsymbol{n}) \end{pmatrix};$$

(2)
$$\begin{pmatrix} L & M \\ M & N \end{pmatrix} \cdot \begin{pmatrix} E & F \\ F & G \end{pmatrix}^{-1} \cdot \begin{pmatrix} L & M \\ M & N \end{pmatrix} = \begin{pmatrix} e & f \\ f & g \end{pmatrix}.$$

4.35. 证明：如果旋转曲面上的经线有切向量与旋转轴垂直，则相应的切点是该曲面的抛物点.

4.36. 求曲面 $\boldsymbol{r} = (u^3, v^3, u + v)$ 上的抛物点的轨迹，以及椭圆点和双曲点的集合.

4.37. 求曲面 $\boldsymbol{r} = (u, v, u^2 + v^3)$ 上的抛物点，椭圆点和双曲点的集合.

4.38. 求曲面 $\boldsymbol{r} = (v^3, u^2, u + v)$ 上的抛物点的轨迹.

4.39. 设 φ 是曲面 S 在双曲点 p 处的两个渐近方向的夹角，证明：

(1) $\tan \varphi = \dfrac{\sqrt{-K}}{H}$;

(2) $\cos \varphi = \pm \dfrac{EN - 2FM + GL}{\sqrt{(EN - GL)^2 + 4(EM - FL)(GM - FN)}}$，其中 E, F, G, L, M, N 分别是曲面 S 在点 p 处的第一类基本量和第二类基本量.

4.40. 证明：如果曲面 S 上的渐近曲线网的夹角是常数，则曲面 S 的 Gauss 曲率 K 和平均曲率 H 的平方成比例.

4.41. 求下列曲面在原点处的近似曲面：

(1) $z = \exp(x^2 + y^2) - 1$;   (2) $z = \log \cos x - \log \cos y$;

(3) $z = (x + 3y)^2$.

4.42. 求曲面 $\log z = -\dfrac{x^2 + y^2}{2}$ 的 Gauss 曲率，画出它的草图，并且指出椭圆点和双曲点分布的区域.

4.43. 推导极小曲面 $z = f(x, y)$ 所满足的微分方程

$$(1 + f_y^2)f_{xx} - 2f_x f_y f_{xy} + (1 + f_x^2)f_{yy} = 0.$$

4.44. 证明：$z = c \cdot \arctan \dfrac{y}{x}$ 是极小曲面，并求它的主曲率.

4.45. (1) 证明：

$$z = \frac{1}{a} \log \frac{\cos ay}{\cos ax}$$

是极小曲面，其中 a 是非零常数. 该曲面称为 Scherk 曲面；

(2) 证明：形如 $z = f(x) + g(y)$ 的极小曲面必定是 Scherk 曲面.

4.46. (1) 证明：

$$\boldsymbol{r} = \big(3u(1 + v^2) - u^3, 3v(1 + u^2) - v^3, 3(u^2 - v^2)\big)$$

是极小曲面. 该曲面称为 Enneper 曲面；

(2) 证明：Enneper 曲面的曲率线必定是平面曲线. 求出曲率线所在的平面.

4.47. (1) 证明：正螺旋面 $\boldsymbol{r} = (u \cos v, u \sin v, bv)$ 是极小曲面；

(2) 证明：形如 $z = f\left(\dfrac{y}{x}\right)$ 的极小曲面必定是正螺旋面.

4.48. 证明：如果从曲面 S 到单位球面 Σ 的 Gauss 映射是保角对应，则该曲面 S 或者是球面，或者是极小曲面.

4.49. 将一个旋转曲面 S 沿它的旋转轴平移得到单参数曲面族.

(1) 求一个共轴的旋转曲面 S^*，使得它与已知单参数曲面族中的每一个曲面都垂直相交；

(2) 假设旋转曲面 S 和 S^* 的 Gauss 曲率分别是 K 和 K^*. 证明：$K = -K^*$.

4.50. 求函数 $f(x)$，使得曲面 $z = f(x) - f(y)$ 上的渐近曲线网构成正交曲线网.

4.51. 假定直纹面 $\tilde{S}$ 与双曲抛物面 $S : \boldsymbol{r} = (u, v, uv)$ 沿曲线 $C :$ $u = u(t), v = v(t)$ 相切. 试决定直母线的方向向量使曲面 $\tilde{S}$ 成为可展曲面.

第五章 曲面论基本定理

§5.1 要点和公式

1. 曲面的两个基本形式 I, II 与曲面上保持定向不变的参数变换是无关的, 与 E^3 中直角坐标变换也是无关的, 因而当曲面在空间 E^3 中作刚体运动时它的两个基本形式 I, II 是保持不变的. 总之, 基本形式 I, II 是曲面的两个不变式. 本章的目的是证明这两个基本形式足以确定曲面的大小和形状, 即 I, II 构成曲面的完全的不变量系统.

2. 为了说明 I, II 构成曲面的完全的不变量系统, 需要曲面论的基本公式, 也就是曲面的自然标架场的求导公式. 它们在曲面的理论中扮演基本的角色, 相当于曲线论中的 Frenet 公式. 然而, 曲面论处理的是二元函数, 就有求导结果与求导次序无关的问题, 这导致曲面论的基本方程, 即曲面论的 Gauss-Codazzi 方程. 基本方程在曲面论中占据极其重要的地位. 一方面它们是由两个给定的二次微分形式决定曲面的充分必要条件; 另一方面, 其中的 Gauss 方程开启了微分几何的新时代, 现代微分几何是传承 Gauss 的杰出贡献而发展起来的.

3. 曲面论的基本公式和基本方程涉及二元函数的两次以上偏导数, 不可避免的要用求和表达式. 关于曲面的各种量的原有记号 (Gauss 记号) 显得不适用了, 必须引进带指标的记号, 并且采用 Einstein 和式约定使繁复的表达式得以简化.

原有记号和带指标记号的对应如表所示:

Gauss 记号	u	v	$\boldsymbol{r}_u$	$\boldsymbol{r}_v$	E	F	G	L	M	N
张量记号	u^1	u^2	$\boldsymbol{r}_1$	$\boldsymbol{r}_2$	g_{11}	g_{12}	g_{22}	b_{11}	b_{12}	b_{22}

Einstein 的和式约定是指: 如果在一个单项表达式中, 同一个指标出现两次, 一次作为上指标, 一次作为下指标, 则该项是关于这个指标在规定范围内的求和式, 和号认为是省略的. 在本书, 如果没有别的

说明，则规定希腊字母 $\alpha, \beta, \gamma, \eta, \xi, \delta$ 等作为指标的取值范围是 $\{1, 2\}$；规定拉丁字母 i, j, k, l, a, b, c 等作为指标的取值范围是 $\{1, 2, 3\}$.

这样，$\boldsymbol{r}(u, v)$ 记成 $\boldsymbol{r}(u^1, u^2)$，并且

$$\boldsymbol{r}_u = \frac{\partial \boldsymbol{r}}{\partial u} = \frac{\partial \boldsymbol{r}}{\partial u^1} = \boldsymbol{r}_1, \quad \boldsymbol{r}_v = \frac{\partial \boldsymbol{r}}{\partial v} = \frac{\partial \boldsymbol{r}}{\partial u^2} = \boldsymbol{r}_2.$$

相应地，

$$\mathrm{d}\boldsymbol{r} = \sum_{\alpha=1}^{2} \boldsymbol{r}_\alpha \mathrm{d}u^\alpha = \boldsymbol{r}_\alpha \mathrm{d}u^\alpha,$$

$$\mathrm{I} = |\mathrm{d}\boldsymbol{r}|^2 = \sum_{\alpha,\beta=1}^{2} (\boldsymbol{r}_\alpha \cdot \boldsymbol{r}_\beta) \mathrm{d}u^\alpha \mathrm{d}u^\beta = \sum_{\alpha,\beta=1}^{2} g_{\alpha\beta} \mathrm{d}u^\alpha \mathrm{d}u^\beta = g_{\alpha\beta} \mathrm{d}u^\alpha \mathrm{d}u^\beta,$$

其中 $\boldsymbol{r}_\alpha \cdot \boldsymbol{r}_\beta = g_{\alpha\beta}$. 第二基本形式是

$$\mathrm{II} = \sum_{\alpha,\beta=1}^{2} (\boldsymbol{r}_{\alpha\beta} \cdot \boldsymbol{n}) \mathrm{d}u^\alpha \mathrm{d}u^\beta = \sum_{\alpha,\beta=1}^{2} b_{\alpha\beta} \mathrm{d}u^\alpha \mathrm{d}u^\beta = b_{\alpha\beta} \mathrm{d}u^\alpha \mathrm{d}u^\beta,$$

其中 $\boldsymbol{r}_{\alpha\beta} \cdot \boldsymbol{n} = b_{\alpha\beta}$.

4. 采用新的记号系统，曲面 $S : \boldsymbol{r} = \boldsymbol{r}(u^1, u^2)$ 在每一点有自然标架 $\{\boldsymbol{r}; \boldsymbol{r}_1, \boldsymbol{r}_2, \boldsymbol{n}\}$. 当点在曲面上运动时，对应的自然标架是随着运动的. 描写它的变化的公式就是曲面论基本公式：

$$\frac{\partial \boldsymbol{r}}{\partial u^\alpha} = \boldsymbol{r}_\alpha, \quad \frac{\partial \boldsymbol{r}_\alpha}{\partial u^\beta} = \Gamma_{\alpha\beta}^\gamma \boldsymbol{r}_\gamma + b_{\alpha\beta} \boldsymbol{n}, \quad \frac{\partial \boldsymbol{n}}{\partial u^\beta} = -b_\beta^\gamma \boldsymbol{r}_\gamma,$$

其中系数 $\Gamma_{\alpha\beta}^\gamma$ 是曲面的第一类基本量 $g_{\alpha\beta}$ 的一阶偏导数的一个表达式，称为由曲面 S 的第一类基本量 $g_{\alpha\beta}$ 决定的 Christoffel 记号，其定义是

$$\Gamma_{\alpha\beta}^\gamma = \frac{1}{2} g^{\gamma\xi} \left(\frac{\partial g_{\alpha\xi}}{\partial u^\beta} + \frac{\partial g_{\xi\beta}}{\partial u^\alpha} - \frac{\partial g_{\alpha\beta}}{\partial u^\xi} \right),$$

其中 $(g^{\alpha\beta})$ 是度量矩阵 $(g_{\alpha\beta})$ 的逆矩阵，即它满足恒等式 $g_{\alpha\beta} g^{\beta\gamma} = \delta_\alpha^\gamma$. 由于 $(g_{\alpha\beta})$ 是 2×2 矩阵，所以 $g^{\alpha\beta}$ 可以直接写出来如下：

$$g^{11} = \frac{g_{22}}{g}, \quad g^{12} = -\frac{g_{12}}{g}, \quad g^{22} = \frac{g_{11}}{g}, \quad \text{其中 } g = g_{11} g_{22} - (g_{12})^2.$$

5. Christoffel 记号是内蕴微分几何学中十分重要的量, 对它的一般公式必须熟记. 用曲面论的 Gauss 记号表示, 则有

$$\Gamma_{11}^1 = \frac{1}{EG - F^2}\left(\frac{G}{2}\frac{\partial E}{\partial u} + \frac{F}{2}\frac{\partial E}{\partial v} - F\frac{\partial F}{\partial u}\right),$$

$$\Gamma_{12}^1 = \Gamma_{21}^1 = \frac{1}{EG - F^2}\left(\frac{G}{2}\frac{\partial E}{\partial v} - \frac{F}{2}\frac{\partial G}{\partial u}\right),$$

$$\Gamma_{22}^1 = \frac{1}{EG - F^2}\left(G\frac{\partial F}{\partial v} - \frac{G}{2}\frac{\partial G}{\partial u} - \frac{F}{2}\frac{\partial G}{\partial v}\right),$$

$$\Gamma_{11}^2 = \frac{1}{EG - F^2}\left(-\frac{F}{2}\frac{\partial E}{\partial u} - \frac{E}{2}\frac{\partial E}{\partial v} + E\frac{\partial F}{\partial u}\right),$$

$$\Gamma_{12}^2 = \Gamma_{21}^2 = \frac{1}{EG - F^2}\left(-\frac{F}{2}\frac{\partial E}{\partial v} + \frac{E}{2}\frac{\partial G}{\partial u}\right),$$

$$\Gamma_{22}^2 = \frac{1}{EG - F^2}\left(-F\frac{\partial F}{\partial v} + \frac{F}{2}\frac{\partial G}{\partial u} + \frac{E}{2}\frac{\partial G}{\partial v}\right).$$

如果在曲面上取正交参数曲线网, 则 $F \equiv 0$, 上面的公式便变得十分简单了, 但是并不好记忆, 它们是

$$\Gamma_{11}^1 = \frac{1}{2}\frac{\partial \log E}{\partial u}, \quad \Gamma_{12}^1 = \Gamma_{21}^1 = \frac{1}{2}\frac{\partial \log E}{\partial v}, \quad \Gamma_{22}^1 = -\frac{1}{2E}\frac{\partial G}{\partial u},$$

$$\Gamma_{11}^2 = -\frac{1}{2G}\frac{\partial E}{\partial v}, \quad \Gamma_{12}^2 = \Gamma_{21}^2 = \frac{1}{2}\frac{\partial \log G}{\partial u}, \quad \Gamma_{22}^2 = \frac{1}{2}\frac{\partial \log G}{\partial v}.$$

希望读者记住 Christoffel 记号的一般公式, 然后在 $g_{12} = F = 0$ 的情形下, 能够熟练地写出上面容易计算的公式.

6. 曲面的参数方程有三次以上连续可微的性质, 因此 $\boldsymbol{r}_\alpha$ 和 $\boldsymbol{n}$ 的两次偏导数应该与求导的次序无关, 即

$$\frac{\partial^2 \boldsymbol{r}_\alpha}{\partial u^\beta \partial u^\gamma} = \frac{\partial^2 \boldsymbol{r}_\alpha}{\partial u^\gamma \partial u^\beta}, \quad \frac{\partial^2 \boldsymbol{n}}{\partial u^\beta \partial u^\gamma} = \frac{\partial^2 \boldsymbol{n}}{\partial u^\gamma \partial u^\beta}.$$

用曲面论基本公式代入, 便得到与此等价的、曲面的两个基本形式系数应该满足的条件

$$\frac{\partial}{\partial u^\gamma}\Gamma_{\alpha\beta}^\delta - \frac{\partial}{\partial u^\beta}\Gamma_{\alpha\gamma}^\delta + \Gamma_{\alpha\beta}^\eta\Gamma_{\eta\gamma}^\delta - \Gamma_{\alpha\gamma}^\eta\Gamma_{\eta\beta}^\delta = b_{\alpha\beta}b_\gamma^\delta - b_{\alpha\gamma}b_\beta^\delta,$$

$$\frac{\partial b_{\alpha\beta}}{\partial u^\gamma} - \frac{\partial b_{\alpha\gamma}}{\partial u^\beta} = \Gamma^\delta_{\alpha\gamma} b_{\delta\beta} - \Gamma^\delta_{\alpha\beta} b_{\delta\gamma}.$$

前一组方程称为 Gauss 方程, 后一组方程称为 Codazzi 方程. 为方便起见, 将 Gauss 方程的左端记成 $R^\delta_{\alpha\beta\gamma}$, 即

$$R^\delta_{\alpha\beta\gamma} = \frac{\partial}{\partial u^\gamma}\Gamma^\delta_{\alpha\beta} - \frac{\partial}{\partial u^\beta}\Gamma^\delta_{\alpha\gamma} + \Gamma^\eta_{\alpha\beta}\Gamma^\delta_{\eta\gamma} - \Gamma^\eta_{\alpha\gamma}\Gamma^\delta_{\eta\beta},$$

并且命 $R_{\alpha\delta\beta\gamma} = g_{\delta\eta}R^\eta_{\alpha\beta\gamma}$, 用前面的式子代入得到

$$R_{\alpha\delta\beta\gamma} = \frac{\partial\Gamma_{\delta\alpha\beta}}{\partial u^\gamma} - \frac{\partial\Gamma_{\delta\alpha\gamma}}{\partial u^\beta} + \Gamma_{\eta\delta\beta}\Gamma^\eta_{\alpha\gamma} - \Gamma_{\eta\delta\gamma}\Gamma^\eta_{\alpha\beta},$$

其中 $\Gamma_{\delta\alpha\beta} = g_{\delta\eta}\Gamma^\eta_{\alpha\beta}$. 它们是曲面的第一类基本量 $g_{\alpha\beta}$ 的二次偏导数的表达式, 称为曲面的第一类基本量的 Riemann 记号.

根据 Gauss-Codazzi 方程两边对于下指标的对称性质, 这两组方程实质上只包含三个方程, 它们是

$$R_{1212} = b_{11}b_{22} - (b_{12})^2,$$
$$\frac{\partial b_{11}}{\partial u^2} - \frac{\partial b_{12}}{\partial u^1} = -b_{2\delta}\Gamma^\delta_{11} + b_{1\delta}\Gamma^\delta_{12},$$
$$\frac{\partial b_{21}}{\partial u^2} - \frac{\partial b_{22}}{\partial u^1} = -b_{2\delta}\Gamma^\delta_{21} + b_{1\delta}\Gamma^\delta_{22}.$$

7. 在曲面上若用正交参数曲线网, 即 $g_{12} = F = 0$, 则 R_{1212} 有比较简单的表达式

$$R_{1212} = -\sqrt{EG}\left(\left(\frac{(\sqrt{E})_v}{\sqrt{G}}\right)_v + \left(\frac{(\sqrt{G})_u}{\sqrt{E}}\right)_u\right),$$

Gauss 方程成为

$$-\sqrt{EG}\left(\left(\frac{(\sqrt{E})_v}{\sqrt{G}}\right)_v + \left(\frac{(\sqrt{G})_u}{\sqrt{E}}\right)_u\right) = LN - M^2.$$

8. 在曲面上若取正交曲率线网作为参数曲线网, 即 $g_{12} = F = 0$, $b_{12} = M = 0$, 则 Codazzi 方程成为

$$\frac{\partial L}{\partial v} = H\frac{\partial E}{\partial v}, \qquad \frac{\partial N}{\partial u} = H\frac{\partial G}{\partial u},$$

其中 $H = \dfrac{1}{2}\left(\dfrac{L}{E} + \dfrac{N}{G}\right)$ 是曲面的平均曲率.

9. 曲面论基本定理. 唯一性: 设 S_1, S_2 是定义在同一个参数区域 $D \subset \mathbb{R}^2$ 上的两个正则参数曲面. 若在区域 D 上曲面 S_1 和 S_2 都有相同的第一基本形式和第二基本形式, 则曲面 S_1 和 S_2 在欧氏空间 E^3 的一个刚体运动下是彼此重合的.

曲面论基本定理. 存在性: 设 $D \subset \mathbb{R}^2$ 是 $\mathbb{R}^2$ 中的一个单连通区域, 设

$$\varphi = g_{\alpha\beta}\mathrm{d}u^\alpha\mathrm{d}u^\beta, \qquad \psi = b_{\alpha\beta}\mathrm{d}u^\alpha\mathrm{d}u^\beta$$

是定义在 D 内的两个二次微分形式, 其中 $g_{\alpha\beta} = g_{\beta\alpha}$, $b_{\alpha\beta} = b_{\beta\alpha}$, $g_{\alpha\beta}$ 至少二阶连续可微, $b_{\alpha\beta}$ 连续可微, 且矩阵 $(g_{\alpha\beta})$ 是正定的. 如果二次微分形式 φ, ψ 满足 Gauss-Codazzi 方程

$$b_{11}b_{22} - (b_{12})^2 = R_{1212},$$
$$\frac{\partial b_{11}}{\partial u^2} - \frac{\partial b_{12}}{\partial u^1} = -b_{2\gamma}\Gamma_{11}^\gamma + b_{1\gamma}\Gamma_{12}^\gamma,$$
$$\frac{\partial b_{21}}{\partial u^2} - \frac{\partial b_{22}}{\partial u^1} = -b_{2\gamma}\Gamma_{21}^\gamma + b_{1\gamma}\Gamma_{22}^\gamma,$$

则在任意一点 $(u_0^1, u_0^2) \in D$ 必有它的一个邻域 $U \subset D$, 以及在空间 E^3 中定义在该邻域 U 上的一个正则参数曲面 $S: \boldsymbol{r} = \boldsymbol{r}(u^1, u^2), (u^1, u^2) \in U$, 使得它的第一基本形式和第二基本形式分别是 φ 和 ψ, 并且在 E^3 中任意两块满足上述条件的曲面必定能够在 E^3 的一个刚体运动下彼此重合.

10. Gauss 方程的直接推论是 Gauss 绝妙定理: 曲面的 Gauss 曲率是曲面在保长变换下的不变量.

事实上, 由 Gauss 方程得知

$$K = \frac{b_{11}b_{22} - (b_{12})^2}{g_{11}g_{22} - (g_{12})^2} = \frac{R_{1212}}{g_{11}g_{22} - (g_{12})^2},$$

因此曲面的 Gauss 曲率是由它的第一基本形式完全确定的. 在 $g_{12} =$

$F = 0$ 的情形，Gauss 曲率用曲面的第一基本形式的表达式是

$$K = -\frac{1}{\sqrt{EG}}\left(\left(\frac{(\sqrt{E})_v}{\sqrt{G}}\right)_v + \left(\frac{(\sqrt{G})_u}{\sqrt{E}}\right)_u\right).$$

在曲面的等温参数系下，$E = G = \lambda^2$，$F = 0$，则 Gauss 曲率的表达式是

$$K = -\frac{1}{\lambda^2}\left(\frac{\partial^2}{\partial u^2} + \frac{\partial^2}{\partial v^2}\right)\log\lambda.$$

Gauss 绝妙定理是微分几何学发展过程中的里程碑，开创了内蕴几何学的新时代，进而引发了 Riemann 几何学. 另外，Gauss 曲率在曲面作保长变换时是保持不变的，这个事实在寻求两个曲面之间是否存在保长对应时起重要的作用.

§5.2　例题详解

例题 5.1　设容许的参数变换是 $u^\alpha = u^\alpha(v^1, v^2)$，命 $a^\alpha_\beta = \dfrac{\partial u^\alpha}{\partial v^\beta}$，假定 $\det(a^\alpha_\beta) > 0$. 用 $g_{\alpha\beta}, b_{\alpha\beta}$ 表示曲面 S 在参数系 (u^1, u^2) 下的第一类基本量和第二类基本量，用 $\tilde{g}_{\alpha\beta}, \tilde{b}_{\alpha\beta}$ 表示曲面 S 在参数系 (v^1, v^2) 下的第一类基本量和第二类基本量. 证明：

$$\tilde{g}_{\alpha\beta} = g_{\gamma\delta}a^\gamma_\alpha a^\delta_\beta, \qquad \tilde{b}_{\alpha\beta} = b_{\gamma\delta}a^\gamma_\alpha a^\delta_\beta.$$

证明　在容许的参数变换 $u^\alpha = u^\alpha(v^1, v^2)$ 下，曲面 S 的参数方程成为

$$\boldsymbol{r} = \boldsymbol{r}(u^1(v^1, v^2), u^2(v^1, v^2)) = \tilde{\boldsymbol{r}}(v^1, v^2),$$

这样，

$$\frac{\partial \boldsymbol{r}}{\partial v^\alpha} = \frac{\partial \boldsymbol{r}}{\partial u^\gamma}\frac{\partial u^\gamma}{\partial v^\alpha},$$

因此

$$\tilde{g}_{\alpha\beta} = \frac{\partial \boldsymbol{r}}{\partial v^\alpha}\cdot\frac{\partial \boldsymbol{r}}{\partial v^\beta} = \left(\frac{\partial \boldsymbol{r}}{\partial u^\gamma}\cdot\frac{\partial \boldsymbol{r}}{\partial u^\delta}\right)\frac{\partial u^\gamma}{\partial v^\alpha}\frac{\partial u^\delta}{\partial v^\beta} = g_{\gamma\delta}a^\gamma_\alpha a^\delta_\beta.$$

另外,

$$\frac{\partial \boldsymbol{r}}{\partial v^1} \times \frac{\partial \boldsymbol{r}}{\partial v^2} = \left(\frac{\partial \boldsymbol{r}}{\partial u^\gamma} \frac{\partial u^\gamma}{\partial v^1} \right) \times \left(\frac{\partial \boldsymbol{r}}{\partial u^\delta} \frac{\partial u^\delta}{\partial v^2} \right) = \frac{\partial \boldsymbol{r}}{\partial u^1} \times \frac{\partial \boldsymbol{r}}{\partial u^2} \left(a_1^1 a_2^2 - a_1^2 a_2^1 \right),$$

因为 $\det(a_\beta^\alpha) = a_1^1 a_2^2 - a_1^2 a_2^1 > 0$, 所以

$$\tilde{\boldsymbol{n}} = \frac{\dfrac{\partial \boldsymbol{r}}{\partial v^1} \times \dfrac{\partial \boldsymbol{r}}{\partial v^2}}{\left| \dfrac{\partial \boldsymbol{r}}{\partial v^1} \times \dfrac{\partial \boldsymbol{r}}{\partial v^2} \right|} = \frac{\dfrac{\partial \boldsymbol{r}}{\partial u^1} \times \dfrac{\partial \boldsymbol{r}}{\partial u^2}}{\left| \dfrac{\partial \boldsymbol{r}}{\partial u^1} \times \dfrac{\partial \boldsymbol{r}}{\partial u^2} \right|} = \boldsymbol{n}.$$

对曲面的参数方程再求导得到

$$\frac{\partial^2 \boldsymbol{r}}{\partial v^\alpha \partial v^\beta} = \frac{\partial^2 \boldsymbol{r}}{\partial u^\gamma \partial u^\delta} \frac{\partial u^\gamma}{\partial v^\alpha} \frac{\partial u^\delta}{\partial v^\beta} + \frac{\partial \boldsymbol{r}}{\partial u^\gamma} \frac{\partial^2 u^\gamma}{\partial v^\alpha \partial v^\beta},$$

因此

$$\tilde{b}_{\alpha\beta} = \frac{\partial^2 \boldsymbol{r}}{\partial v^\alpha \partial v^\beta} \cdot \tilde{\boldsymbol{n}} = \left(\frac{\partial^2 \boldsymbol{r}}{\partial u^\gamma \partial u^\delta} \cdot \boldsymbol{n} \right) \frac{\partial u^\gamma}{\partial v^\alpha} \frac{\partial u^\delta}{\partial v^\beta} = b_{\gamma\delta} a_\alpha^\gamma a_\beta^\delta.$$

证毕.

注记 上面的变换公式可以写成矩阵相乘的形式, 读者应该对下面的式子进行验证, 这对掌握 Einstein 和式约定十分有好处.

$$\begin{pmatrix} \tilde{g}_{11} & \tilde{g}_{12} \\ \tilde{g}_{21} & \tilde{g}_{22} \end{pmatrix} = \begin{pmatrix} a_1^1 & a_1^2 \\ a_2^1 & a_2^2 \end{pmatrix} \cdot \begin{pmatrix} g_{11} & g_{12} \\ g_{21} & g_{22} \end{pmatrix} \cdot \begin{pmatrix} a_1^1 & a_1^2 \\ a_2^1 & a_2^2 \end{pmatrix}^{\mathrm{T}},$$

$$\begin{pmatrix} \tilde{b}_{11} & \tilde{b}_{12} \\ \tilde{b}_{21} & \tilde{b}_{22} \end{pmatrix} = \begin{pmatrix} a_1^1 & a_1^2 \\ a_2^1 & a_2^2 \end{pmatrix} \cdot \begin{pmatrix} b_{11} & b_{12} \\ b_{21} & b_{22} \end{pmatrix} \cdot \begin{pmatrix} a_1^1 & a_1^2 \\ a_2^1 & a_2^2 \end{pmatrix}^{\mathrm{T}}.$$

例题 5.2 用 $(g^{\alpha\beta})$ 表示 $(g_{\alpha\beta})$ 的逆矩阵, 用 $(\tilde{g}^{\alpha\beta})$ 表示 $(\tilde{g}_{\alpha\beta})$ 的逆矩阵, 证明: 在上题的参数变换下有

$$g^{\alpha\beta} = \tilde{g}^{\gamma\delta} a_\gamma^\alpha a_\delta^\beta.$$

证明 $(g^{\alpha\beta})$ 是 $(g_{\alpha\beta})$ 的逆矩阵, 这意味着 $g^{\alpha\gamma} g_{\gamma\beta} = \delta_\beta^\alpha$; 同理, $(\tilde{g}^{\alpha\beta})$ 是 $(\tilde{g}_{\alpha\beta})$ 的逆矩阵, 这意味着 $\tilde{g}^{\alpha\gamma} \tilde{g}_{\gamma\beta} = \delta_\beta^\alpha$. 用 (A_β^α) 记 (a_β^α) 的逆矩阵, 即满足条件

$$A_\gamma^\alpha a_\beta^\gamma = a_\gamma^\alpha A_\beta^\gamma = \delta_\beta^\alpha.$$

由例题 5.1 得知

$$\tilde{g}_{\alpha\beta} = g_{\gamma\xi} a_{\alpha}^{\gamma} a_{\beta}^{\xi},$$

在两边同时乘以 A_{η}^{β}，并且对指标 β 求和得到

$$\tilde{g}_{\alpha\beta} A_{\eta}^{\beta} = g_{\gamma\xi} a_{\alpha}^{\gamma} a_{\beta}^{\xi} A_{\eta}^{\beta} = g_{\gamma\xi} a_{\alpha}^{\gamma} \delta_{\eta}^{\xi} = g_{\gamma\eta} a_{\alpha}^{\gamma} = g_{\beta\eta} a_{\alpha}^{\beta}.$$

在上面的等式两边同时乘以 $g^{\eta\xi}$ 和 $\tilde{g}^{\gamma\alpha}$，并且对指标 α, η 求和得到

$$\tilde{g}^{\gamma\alpha} \tilde{g}_{\alpha\beta} A_{\eta}^{\beta} g^{\eta\xi} = g^{\eta\xi} g_{\beta\eta} a_{\alpha}^{\beta} \tilde{g}^{\gamma\alpha},$$

$$\delta_{\beta}^{\gamma} A_{\eta}^{\beta} g^{\eta\xi} = \delta_{\beta}^{\xi} a_{\alpha}^{\beta} \tilde{g}^{\gamma\alpha}, \quad \text{即} \quad A_{\eta}^{\gamma} g^{\eta\xi} = a_{\alpha}^{\xi} \tilde{g}^{\gamma\alpha}.$$

在最后一式的两边同时乘以 a_{γ}^{β}，并且对指标 γ 求和得到

$$a_{\gamma}^{\beta} A_{\eta}^{\gamma} g^{\eta\xi} = \delta_{\eta}^{\beta} g^{\eta\xi} = a_{\gamma}^{\beta} a_{\alpha}^{\xi} \tilde{g}^{\gamma\alpha},$$

也就是 $g^{\beta\xi} = a_{\gamma}^{\beta} a_{\alpha}^{\xi} \tilde{g}^{\gamma\alpha}$. 证毕.

注记 1 读者对于本题的做法可能会感到不习惯. 事实上, 我们要利用的是矩阵的逆矩阵的性质, 但是在公式

$$\tilde{g}_{\alpha\beta} = g_{\gamma\xi} a_{\alpha}^{\gamma} a_{\beta}^{\xi}$$

中 $g_{\gamma\xi}$ 的两个下指标都是求和指标, 没有办法用矩阵 $(g_{\alpha\beta})$ 的逆矩阵的元素去乘, 因此要设法空出 $g_{\gamma\xi}$ 的一个下指标, 采用的方法就是在公式的两边同时乘以 (a_{β}^{α}) 的逆矩阵的元素 A_{η}^{β}, 并且对指标 β 求和. 如果把上面的公式用矩阵来表示, 则上面的证明过程就变得更加清晰了. 设

$$a = \begin{pmatrix} a_1^1 & a_1^2 \\ a_2^1 & a_2^2 \end{pmatrix}, \quad A = \begin{pmatrix} A_1^1 & A_1^2 \\ A_2^1 & A_2^2 \end{pmatrix},$$

并且它们满足关系式 $a \cdot A = A \cdot a = I$ (单位矩阵). 再设

$$g = \begin{pmatrix} g_{11} & g_{12} \\ g_{21} & g_{22} \end{pmatrix}, \quad \tilde{g} = \begin{pmatrix} \tilde{g}_{11} & \tilde{g}_{12} \\ \tilde{g}_{21} & \tilde{g}_{22} \end{pmatrix},$$

则从矩阵 g 到 $\tilde{g}$ 的变换公式是

$$\tilde{g} = a \cdot g \cdot a^{\mathrm{T}},$$

其中 a^{T} 是 a 的转置矩阵. 那么上面的证明过程成为

$$A \cdot \tilde{g} = a^{-1} \cdot a \cdot g \cdot a^{\mathrm{T}} = g \cdot a^{\mathrm{T}},$$

$$g^{-1} \cdot A \cdot \tilde{g} \cdot \tilde{g}^{-1} = g^{-1} \cdot g \cdot a^{\mathrm{T}} \cdot \tilde{g}^{-1},$$

$$g^{-1} \cdot A = a^{\mathrm{T}} \cdot \tilde{g}^{-1},$$

$$g^{-1} = g^{-1} \cdot A \cdot a = a^{\mathrm{T}} \cdot \tilde{g}^{-1} \cdot a.$$

本题的结论对于任意 n 维的情形也是成立的.

注记 2   本题的结论给出一个十分重要的事实. 变换公式 $\tilde{g} = a \cdot g \cdot a^{\mathrm{T}}$ 说明 g 在坐标变换时经受一个二重线性变换, 称它为一个二阶协变张量. 而它的逆矩阵 g^{-1} 在坐标变换时经受另一种二重线性变换 $g^{-1} = a^{\mathrm{T}} \cdot \tilde{g}^{-1} \cdot a$, 通常称它是一个二阶反变张量. 这就是说, 曲面的第一类基本量 $g_{\alpha\beta}$ 在坐标变换下遵循二阶协变张量的变换规律 (因而也把曲面第一类基本量称为度量张量); 而且, 度量矩阵的逆矩阵元素 $g^{\alpha\beta}$ 在坐标变换下遵循二阶反变张量的变换规律. 因此, 曲面上张量的指标借助于 g^{-1} 和 g 可以上升和下降. 例如, 记

$$b = \begin{pmatrix} b_{11} & b_{12} \\ b_{21} & b_{22} \end{pmatrix},$$

则例题 5.1 的注记给出 b 在坐标变换下的公式是 $\tilde{b} = a \cdot b \cdot a^{\mathrm{T}}$, 这说明 b 在坐标变换下遵循二阶协变张量的变换规律. 考虑矩阵 $b \cdot g^{-1}$, 则它坐标变换下的公式是

$$b \cdot g^{-1} = (a^{-1} \cdot \tilde{b} \cdot (a^{\mathrm{T}})^{-1}) \cdot (a^{\mathrm{T}} \cdot \tilde{g}^{-1} \cdot a) = a^{-1} \cdot (\tilde{b} \cdot \tilde{g}^{-1}) \cdot a.$$

矩阵 $b \cdot g^{-1}$ 的元素是 $b_\alpha^\beta = b_{\alpha\gamma} g^{\gamma\beta}$, 上面的变换公式成为

$$a_\alpha^\gamma b_\gamma^\beta = \tilde{b}_\alpha^\gamma a_\gamma^\beta \quad \text{或} \quad b_\alpha^\gamma = a_\beta^\gamma A_\alpha^\xi \tilde{b}_\xi^\beta.$$

例题 5.3   如果用 $\Gamma^{\gamma}_{\alpha\beta}$ 表示关于 $g_{\alpha\beta}$ 的 Christoffel 记号，用 $\tilde{\Gamma}^{\gamma}_{\alpha\beta}$ 表示关于 $\tilde{g}_{\alpha\beta}$ 的 Christoffel 记号，证明：在例题 5.1 的参数变换下有

$$\tilde{\Gamma}^{\gamma}_{\alpha\beta} = \Gamma^{\nu}_{\lambda\mu} a^{\lambda}_{\alpha} a^{\mu}_{\beta} A^{\gamma}_{\nu} + \frac{\partial a^{\nu}_{\alpha}}{\partial v^{\beta}} A^{\gamma}_{\nu},$$

其中 (A^{γ}_{ν}) 是 (a^{λ}_{α}) 的逆矩阵，即 $A^{\alpha}_{\beta} = \dfrac{\partial v^{\alpha}}{\partial u^{\beta}}$.

证明   本题实际上是常规的计算，但是这个变换公式十分重要，我们在这里示范性地做一遍. 希望读者能够独立地再做一遍. Christoffel 记号是第一类基本量 $g_{\alpha\beta}$ 的一阶偏导数的表达式，所以我们对 $g_{\alpha\beta}$ 的坐标变换公式求导得到

$$\frac{\partial \tilde{g}_{\alpha\beta}}{\partial v^{\gamma}} = \frac{\partial g_{\xi\eta}}{\partial u^{\varsigma}} \frac{\partial u^{\varsigma}}{\partial v^{\gamma}} a^{\xi}_{\alpha} a^{\eta}_{\beta} + g_{\xi\eta} \frac{\partial a^{\xi}_{\alpha}}{\partial v^{\gamma}} a^{\eta}_{\beta} + g_{\xi\eta} a^{\xi}_{\alpha} \frac{\partial a^{\eta}_{\beta}}{\partial v^{\gamma}},$$

由此得到

$$\begin{aligned}
&\frac{\partial \tilde{g}_{\gamma\beta}}{\partial v^{\alpha}} + \frac{\partial \tilde{g}_{\alpha\gamma}}{\partial v^{\beta}} - \frac{\partial \tilde{g}_{\alpha\beta}}{\partial v^{\gamma}} \\
=& \frac{\partial g_{\xi\eta}}{\partial u^{\varsigma}} a^{\varsigma}_{\alpha} a^{\xi}_{\gamma} a^{\eta}_{\beta} + \frac{\partial g_{\xi\eta}}{\partial u^{\varsigma}} a^{\varsigma}_{\beta} a^{\xi}_{\alpha} a^{\eta}_{\gamma} - \frac{\partial g_{\xi\eta}}{\partial u^{\varsigma}} a^{\varsigma}_{\gamma} a^{\xi}_{\alpha} a^{\eta}_{\beta} \\
&+ g_{\xi\eta} \frac{\partial a^{\xi}_{\gamma}}{\partial v^{\alpha}} a^{\eta}_{\beta} + g_{\xi\eta} a^{\xi}_{\gamma} \frac{\partial a^{\eta}_{\beta}}{\partial v^{\alpha}} + g_{\xi\eta} \frac{\partial a^{\xi}_{\alpha}}{\partial v^{\beta}} a^{\eta}_{\gamma} \\
&+ g_{\xi\eta} a^{\xi}_{\alpha} \frac{\partial a^{\eta}_{\gamma}}{\partial v^{\beta}} - g_{\xi\eta} \frac{\partial a^{\xi}_{\alpha}}{\partial v^{\gamma}} a^{\eta}_{\beta} - g_{\xi\eta} a^{\xi}_{\alpha} \frac{\partial a^{\eta}_{\beta}}{\partial v^{\gamma}} \\
=& \left(\frac{\partial g_{\varsigma\eta}}{\partial u^{\xi}} + \frac{\partial g_{\xi\varsigma}}{\partial u^{\eta}} - \frac{\partial g_{\xi\eta}}{\partial u^{\varsigma}} \right) a^{\varsigma}_{\gamma} a^{\xi}_{\alpha} a^{\eta}_{\beta} + 2 g_{\xi\eta} \frac{\partial^2 u^{\xi}}{\partial v^{\alpha} \partial v^{\beta}} \frac{\partial u^{\eta}}{\partial v^{\gamma}}.
\end{aligned}$$

这里运用的技巧是换用作为哑指标的字母，例如

$$\frac{\partial g_{\xi\eta}}{\partial u^{\varsigma}} a^{\varsigma}_{\alpha} a^{\xi}_{\gamma} a^{\eta}_{\beta} = \frac{\partial g_{\varsigma\eta}}{\partial u^{\xi}} a^{\xi}_{\alpha} a^{\varsigma}_{\gamma} a^{\eta}_{\beta},$$

其中 ξ, ς 都是求和指标，它们的功能只是表示求和，称为哑指标，所以用什么希腊字母来表示是无关紧要的. 把 ξ 记成 ς, 把 ς 记成 ξ, 则不影响该求和表达式，而这样做的结果却使相应三式的 $a^{\varsigma}_{\alpha} a^{\xi}_{\gamma} a^{\eta}_{\beta}$ 能够

统一起来, 作为公共的因子提取到括号外面来了. 上式成立的另一个因素是

$$g_{\xi\eta}\frac{\partial a_\gamma^\xi}{\partial v^\alpha}a_\beta^\eta = g_{\xi\eta}\frac{\partial^2 u^\xi}{\partial v^\gamma \partial v^\alpha}a_\beta^\eta = g_{\xi\eta}\frac{\partial^2 u^\xi}{\partial v^\alpha \partial v^\gamma}a_\beta^\eta = g_{\xi\eta}\frac{\partial a_\alpha^\xi}{\partial v^\gamma}a_\beta^\eta,$$

$$g_{\xi\eta}a_\alpha^\xi\frac{\partial a_\gamma^\eta}{\partial v^\beta} = g_{\xi\eta}a_\alpha^\xi\frac{\partial^2 u^\eta}{\partial v^\gamma \partial v^\beta} = g_{\xi\eta}a_\alpha^\xi\frac{\partial^2 u^\eta}{\partial v^\beta \partial v^\gamma} = g_{\xi\eta}a_\alpha^\xi\frac{\partial a_\beta^\eta}{\partial v^\gamma},$$

$$g_{\xi\eta}a_\gamma^\xi\frac{\partial a_\beta^\eta}{\partial v^\alpha} = g_{\xi\eta}a_\gamma^\xi\frac{\partial^2 u^\eta}{\partial v^\beta \partial v^\alpha} = g_{\xi\eta}a_\gamma^\xi\frac{\partial^2 u^\eta}{\partial v^\alpha \partial v^\beta} = g_{\eta\xi}a_\gamma^\eta\frac{\partial a_\alpha^\xi}{\partial v^\beta},$$

$$g_{\xi\eta}a_\gamma^\xi\frac{\partial a_\beta^\eta}{\partial v^\alpha} + g_{\xi\eta}\frac{\partial a_\alpha^\xi}{\partial v^\beta}a_\gamma^\eta = 2g_{\xi\eta}\frac{\partial a_\alpha^\xi}{\partial v^\beta}a_\gamma^\eta = 2g_{\xi\eta}\frac{\partial^2 u^\xi}{\partial v_\alpha \partial v^\beta}\frac{\partial u^\eta}{\partial v_\gamma}.$$

再利用例题 5.2 关于 $g^{\alpha\beta}$ 的坐标变换公式 $a_\delta^\zeta \tilde{g}^{\gamma\delta} = A_\delta^\gamma g^{\zeta\delta}$ 得到

$$\begin{aligned}
\tilde{\Gamma}_{\alpha\beta}^\gamma &= \frac{1}{2}\tilde{g}^{\gamma\delta}\left(\frac{\partial \tilde{g}_{\delta\beta}}{\partial v^\alpha} + \frac{\partial \tilde{g}_{\alpha\delta}}{\partial v^\beta} - \frac{\partial \tilde{g}_{\alpha\beta}}{\partial v^\delta}\right) \\
&= \frac{1}{2}\tilde{g}^{\gamma\delta}\left(\left(\frac{\partial g_{\zeta\eta}}{\partial u^\xi} + \frac{\partial g_{\xi\zeta}}{\partial u^\eta} - \frac{\partial g_{\xi\eta}}{\partial u^\zeta}\right)a_\delta^\zeta a_\alpha^\xi a_\beta^\eta + 2g_{\xi\eta}\frac{\partial^2 u^\xi}{\partial v^\alpha \partial v^\beta}\frac{\partial u^\eta}{\partial v^\delta}\right) \\
&= \frac{1}{2}A_\delta^\gamma g^{\zeta\delta}\left(\frac{\partial g_{\zeta\eta}}{\partial u^\xi} + \frac{\partial g_{\xi\zeta}}{\partial u^\eta} - \frac{\partial g_{\xi\eta}}{\partial u^\zeta}\right)a_\alpha^\xi a_\beta^\eta + A_\delta^\gamma g^{\eta\delta}g_{\xi\eta}\frac{\partial^2 u^\xi}{\partial v^\alpha \partial v^\beta} \\
&= \Gamma_{\xi\eta}^\delta\frac{\partial u^\xi}{\partial v^\alpha}\frac{\partial u^\eta}{\partial v^\beta}\frac{\partial v^\gamma}{\partial u^\delta} + \frac{\partial^2 u^\delta}{\partial v^\alpha \partial v^\beta}\frac{\partial v^\gamma}{\partial u^\delta}.
\end{aligned}$$

例题 5.4 求曲面 $z = f(x,y)$ 的 Christoffel 记号.

解 Christoffel 记号是用曲面的第一类基本量及其导数表示的表达式. 但是本题已经给出了曲面的方程, 所以可以利用 Christoffel 记号的几何意义直接求曲面的 Christoffel 记号, 即 $\Gamma_{\alpha\beta}^\gamma$ 是 $\dfrac{\partial \boldsymbol{r}_\alpha}{\partial u^\beta}$ 在自然标架的向量 $\boldsymbol{r}_\gamma$ 上的分量. 现在曲面的参数方程是

$$\boldsymbol{r} = (x, y, f(x,y)),$$

这里的 x, y 分别对应于 u^1, u^2, 于是 Γ_{11}^1 就是 $\boldsymbol{r}_{11} = \dfrac{\partial \boldsymbol{r}_x}{\partial x}$ 在 $\boldsymbol{r}_x$ 上的分量, Γ_{11}^2 就是 $\boldsymbol{r}_{11} = \dfrac{\partial \boldsymbol{r}_x}{\partial x}$ 在 $\boldsymbol{r}_y$ 上的分量, 如此等等, 即

$$\boldsymbol{r}_{xx} = \frac{\partial \boldsymbol{r}_x}{\partial x} = \Gamma_{11}^1\boldsymbol{r}_x + \Gamma_{11}^2\boldsymbol{r}_y + L\boldsymbol{n},$$

$$\boldsymbol{r}_{xy} = \frac{\partial \boldsymbol{r}_x}{\partial y} = \frac{\partial \boldsymbol{r}_y}{\partial x} = \Gamma_{12}^1 \boldsymbol{r}_x + \Gamma_{12}^2 \boldsymbol{r}_y + M\boldsymbol{n},$$

$$\boldsymbol{r}_{yy} = \frac{\partial \boldsymbol{r}_y}{\partial y} = \Gamma_{22}^1 \boldsymbol{r}_x + \Gamma_{22}^2 \boldsymbol{r}_y + N\boldsymbol{n}.$$

显然

$$\boldsymbol{r}_x = (1, 0, f_x), \qquad \boldsymbol{r}_y = (0, 1, f_y),$$

$$\boldsymbol{r}_{xx} = (0, 0, f_{xx}), \qquad \boldsymbol{r}_{xy} = (0, 0, f_{xy}), \qquad \boldsymbol{r}_{yy} = (0, 0, f_{yy}).$$

因此

$$g_{11} = 1 + f_x^2, \qquad g_{12} = f_x f_y, \qquad g_{22} = 1 + f_y^2,$$

$$g = g_{11}g_{22} - (g_{12})^2 = 1 + f_x^2 + f_y^2,$$

相应的逆矩阵元素是

$$g^{11} = \frac{1 + f_y^2}{1 + f_x^2 + f_y^2}, \ g^{12} = -\frac{f_x f_y}{1 + f_x^2 + f_y^2}, \ g^{22} = \frac{1 + f_x^2}{1 + f_x^2 + f_y^2}.$$

求内积得到

$$\Gamma_{111} = \boldsymbol{r}_{xx} \cdot \boldsymbol{r}_x = f_x f_{xx}, \qquad\qquad \Gamma_{211} = \boldsymbol{r}_{xx} \cdot \boldsymbol{r}_y = f_y f_{xx},$$

$$\Gamma_{112} = \Gamma_{121} = \boldsymbol{r}_{xy} \cdot \boldsymbol{r}_x = f_x f_{xy}, \quad \Gamma_{212} = \Gamma_{221} = \boldsymbol{r}_{xy} \cdot \boldsymbol{r}_y = f_y f_{xy},$$

$$\Gamma_{122} = \boldsymbol{r}_{yy} \cdot \boldsymbol{r}_x = f_x f_{yy}, \qquad\qquad \Gamma_{222} = \boldsymbol{r}_{yy} \cdot \boldsymbol{r}_y = f_y f_{yy}.$$

因此

$$\Gamma_{11}^1 = g^{11}\Gamma_{111} + g^{12}\Gamma_{211} = \frac{f_x f_{xx}}{1 + f_x^2 + f_y^2},$$

$$\Gamma_{12}^1 = \Gamma_{21}^1 = g^{11}\Gamma_{112} + g^{12}\Gamma_{212} = \frac{f_x f_{xy}}{1 + f_x^2 + f_y^2},$$

$$\Gamma_{22}^1 = g^{11}\Gamma_{122} + g^{12}\Gamma_{222} = \frac{f_x f_{yy}}{1 + f_x^2 + f_y^2},$$

$$\Gamma_{11}^2 = g^{21}\Gamma_{111} + g^{22}\Gamma_{211} = \frac{f_y f_{xx}}{1 + f_x^2 + f_y^2},$$

$$\Gamma_{12}^2 = \Gamma_{21}^2 = g^{21}\Gamma_{112} + g^{22}\Gamma_{212} = \frac{f_y f_{xy}}{1 + f_x^2 + f_y^2},$$

$$\Gamma_{22}^2 = g^{21}\Gamma_{122} + g^{22}\Gamma_{222} = \frac{f_y f_{yy}}{1 + f_x^2 + f_y^2}.$$

例题 5.5 设 S_1, S_2 是定义在同一个参数区域 $D \subset E^2$ 上的两个正则参数曲面. 假定在每一点 $(u^1, u^2) \in D$, 曲面 S_1 和 S_2 有相同的第一基本形式和第二基本形式, 曲面 S_i 的自然标架场是 $\{r^{(i)}; r_1^{(i)}, r_2^{(i)}, n^{(i)}\}$, $i = 1, 2$. 命

$$f_{\alpha\beta}(u) = \left(r_\alpha^{(1)} - r_\alpha^{(2)}\right) \cdot \left(r_\beta^{(1)} - r_\beta^{(2)}\right),$$

$$f_\alpha(u) = \left(r_\alpha^{(1)} - r_\alpha^{(2)}\right) \cdot \left(n^{(1)} - n^{(2)}\right),$$

$$f(u) = \left(n^{(1)} - n^{(2)}\right)^2.$$

证明: 函数 $f_{\alpha\beta}, f_\alpha, f$ 满足下列一阶线性齐次偏微分方程组

$$\frac{\partial f_{\alpha\beta}}{\partial u^\gamma} = \Gamma_{\gamma\alpha}^\delta f_{\delta\beta} + \Gamma_{\gamma\beta}^\delta f_{\delta\alpha} + b_{\gamma\alpha} f_\beta + b_{\gamma\beta} f_\alpha,$$

$$\frac{\partial f_\alpha}{\partial u^\gamma} = -b_\gamma^\delta f_{\delta\alpha} + \Gamma_{\gamma\alpha}^\delta f_\delta + b_{\gamma\alpha} f,$$

$$\frac{\partial f}{\partial u^\gamma} = -2b_\gamma^\delta f_\delta.$$

证明 因为在曲面 S_1, S_2 上采用了同一组参数, 因此在区域 D 上曲面 S_1 和 S_2 都有相同的第一基本形式和第二基本形式的意思是, 它们在每一点都有相同的第一类基本量和第二类基本量, 于是它们的基本公式中的系数函数 $\Gamma_{\alpha\beta}^\gamma$, $b_{\alpha\beta}$ 和 b_α^γ 都是相同的. 对函数 $f_{\alpha\beta}$ 关于 u^γ 求导得到

$$\frac{\partial f_{\alpha\beta}}{\partial u^\gamma} = \left(\frac{\partial r_\alpha^{(1)}}{\partial u^\gamma} - \frac{\partial r_\alpha^{(2)}}{\partial u^\gamma}\right) \cdot \left(r_\beta^{(1)} - r_\beta^{(2)}\right)$$

$$+ \left(r_\alpha^{(1)} - r_\alpha^{(2)}\right) \cdot \left(\frac{\partial r_\beta^{(1)}}{\partial u^\gamma} - \frac{\partial r_\beta^{(2)}}{\partial u^\gamma}\right)$$

$$
\begin{aligned}
=& \left(\Gamma_{\alpha\gamma}^{\delta}\left(\boldsymbol{r}_{\delta}^{(1)}-\boldsymbol{r}_{\delta}^{(2)}\right)+b_{\alpha\gamma}\left(\boldsymbol{n}^{(1)}-\boldsymbol{n}^{(2)}\right)\right)\cdot\left(\boldsymbol{r}_{\beta}^{(1)}-\boldsymbol{r}_{\beta}^{(2)}\right) \\
&+\left(\boldsymbol{r}_{\alpha}^{(1)}-\boldsymbol{r}_{\alpha}^{(2)}\right)\cdot\left(\Gamma_{\beta\gamma}^{\delta}\left(\boldsymbol{r}_{\delta}^{(1)}-\boldsymbol{r}_{\delta}^{(2)}\right)+b_{\beta\gamma}\left(\boldsymbol{n}^{(1)}-\boldsymbol{n}^{(2)}\right)\right) \\
=& \Gamma_{\alpha\gamma}^{\delta}f_{\delta\beta}+\Gamma_{\beta\gamma}^{\delta}f_{\delta\alpha}+b_{\alpha\gamma}f_{\beta}+b_{\beta\gamma}f_{\alpha}.
\end{aligned}
$$

对函数 f_{α} 关于 u^{γ} 求导得到

$$
\begin{aligned}
\frac{\partial f_{\alpha}}{\partial u^{\gamma}}=& \left(\frac{\partial \boldsymbol{r}_{\alpha}^{(1)}}{\partial u^{\gamma}}-\frac{\partial \boldsymbol{r}_{\alpha}^{(2)}}{\partial u^{\gamma}}\right)\cdot\left(\boldsymbol{n}^{(1)}-\boldsymbol{n}^{(2)}\right) \\
&+\left(\boldsymbol{r}_{\alpha}^{(1)}-\boldsymbol{r}_{\alpha}^{(2)}\right)\cdot\left(\frac{\partial \boldsymbol{n}^{(1)}}{\partial u^{\gamma}}-\frac{\partial \boldsymbol{n}^{(2)}}{\partial u^{\gamma}}\right) \\
=& \left(\Gamma_{\alpha\gamma}^{\delta}\left(\boldsymbol{r}_{\delta}^{(1)}-\boldsymbol{r}_{\delta}^{(2)}\right)+b_{\alpha\gamma}\left(\boldsymbol{n}^{(1)}-\boldsymbol{n}^{(2)}\right)\right)\cdot\left(\boldsymbol{n}^{(1)}-\boldsymbol{n}^{(2)}\right) \\
&+\left(\boldsymbol{r}_{\alpha}^{(1)}-\boldsymbol{r}_{\alpha}^{(2)}\right)\cdot\left(-b_{\gamma}^{\delta}\left(\boldsymbol{r}_{\delta}^{(1)}-\boldsymbol{r}_{\delta}^{(2)}\right)\right) \\
=& -b_{\gamma}^{\delta}f_{\alpha\delta}+\Gamma_{\alpha\gamma}^{\delta}f_{\delta}+b_{\alpha\gamma}f.
\end{aligned}
$$

对函数 f 关于 u^{γ} 求导得到

$$
\begin{aligned}
\frac{\partial f}{\partial u^{\gamma}}=& 2\left(\frac{\partial \boldsymbol{n}^{(1)}}{\partial u^{\gamma}}-\frac{\partial \boldsymbol{n}^{(2)}}{\partial u^{\gamma}}\right)\cdot\left(\boldsymbol{n}^{(1)}-\boldsymbol{n}^{(2)}\right) \\
=& -2b_{\gamma}^{\delta}\left(\boldsymbol{r}_{\delta}^{(1)}-\boldsymbol{r}_{\delta}^{(2)}\right)\cdot\left(\boldsymbol{n}^{(1)}-\boldsymbol{n}^{(2)}\right) \\
=& -2b_{\gamma}^{\delta}f_{\delta}.
\end{aligned}
$$

证毕.

例题 5.6 设 $b_{\alpha\beta}$ 是曲面的第二类基本量，$b_{\alpha}^{\beta}=b_{\alpha\delta}g^{\delta\beta}$. 证明：方程组

$$
\frac{\partial b_{\beta}^{\delta}}{\partial u^{\gamma}}-\frac{\partial b_{\gamma}^{\delta}}{\partial u^{\beta}}=-b_{\beta}^{\eta}\Gamma_{\eta\gamma}^{\delta}+b_{\gamma}^{\eta}\Gamma_{\eta\beta}^{\delta}
$$

和 Codazzi 方程

$$
\frac{\partial b_{\alpha\beta}}{\partial u^{\gamma}}-\frac{\partial b_{\alpha\gamma}}{\partial u^{\beta}}=\Gamma_{\alpha\gamma}^{\delta}b_{\delta\beta}-\Gamma_{\alpha\beta}^{\delta}b_{\delta\gamma}
$$

是等价的.

证明 $(g^{\alpha\beta})$ 是 $(g_{\alpha\beta})$ 的逆矩阵，所以 $g^{\alpha\delta}g_{\delta\beta} = \delta^\alpha_\beta$. 对此式求偏导数得到

$$\frac{\partial g^{\alpha\delta}}{\partial u^\gamma}g_{\delta\beta} + g^{\alpha\delta}\frac{\partial g_{\delta\beta}}{\partial u^\gamma} = 0,$$

因此

$$\begin{aligned}
\frac{\partial g^{\alpha\xi}}{\partial u^\gamma} &= -g^{\xi\beta}g^{\alpha\delta}\frac{\partial g_{\delta\beta}}{\partial u^\gamma} = -g^{\xi\beta}g^{\alpha\delta}\left(g_{\delta\eta}\Gamma^\eta_{\beta\gamma} + g_{\beta\eta}\Gamma^\eta_{\delta\gamma}\right)\\
&= -g^{\xi\beta}\Gamma^\alpha_{\beta\gamma} - g^{\alpha\delta}\Gamma^\xi_{\delta\gamma} = -g^{\alpha\beta}\Gamma^\xi_{\beta\gamma} - g^{\xi\beta}\Gamma^\alpha_{\beta\gamma}.
\end{aligned}$$

这样，

$$\begin{aligned}
\frac{\partial b^\delta_\beta}{\partial u^\gamma} - \frac{\partial b^\delta_\gamma}{\partial u^\beta} &= \frac{\partial b_{\alpha\beta}}{\partial u^\gamma}g^{\alpha\delta} + b_{\alpha\beta}\frac{\partial g^{\alpha\delta}}{\partial u^\gamma} - \frac{\partial b_{\alpha\gamma}}{\partial u^\beta}g^{\alpha\delta} - b_{\alpha\gamma}\frac{\partial g^{\alpha\delta}}{\partial u^\beta}\\
&= \left(\frac{\partial b_{\alpha\beta}}{\partial u^\gamma} - \frac{\partial b_{\alpha\gamma}}{\partial u^\beta}\right)g^{\alpha\delta} - b_{\alpha\beta}\left(g^{\alpha\eta}\Gamma^\delta_{\eta\gamma} + g^{\delta\eta}\Gamma^\alpha_{\eta\gamma}\right)\\
&\quad + b_{\alpha\gamma}\left(g^{\alpha\eta}\Gamma^\delta_{\eta\beta} + g^{\delta\eta}\Gamma^\alpha_{\eta\beta}\right)\\
&= \left(\frac{\partial b_{\alpha\beta}}{\partial u^\gamma} - \frac{\partial b_{\alpha\gamma}}{\partial u^\beta}\right)g^{\alpha\delta} - b^\eta_\beta\Gamma^\delta_{\eta\gamma} + b^\eta_\gamma\Gamma^\delta_{\eta\beta}\\
&\quad + g^{\delta\eta}\left(b_{\alpha\gamma}\Gamma^\alpha_{\eta\beta} - b_{\alpha\beta}\Gamma^\alpha_{\eta\gamma}\right),
\end{aligned}$$

因此

$$\begin{aligned}
&\frac{\partial b^\delta_\beta}{\partial u^\gamma} - \frac{\partial b^\delta_\gamma}{\partial u^\beta} + b^\eta_\beta\Gamma^\delta_{\eta\gamma} - b^\eta_\gamma\Gamma^\delta_{\eta\beta}\\
&= \left(\frac{\partial b_{\alpha\beta}}{\partial u^\gamma} - \frac{\partial b_{\alpha\gamma}}{\partial u^\beta} + b_{\eta\gamma}\Gamma^\eta_{\alpha\beta} - b_{\eta\beta}\Gamma^\eta_{\alpha\gamma}\right)g^{\alpha\delta}.
\end{aligned}$$

由此可见，左端式子为零当且仅当右端的括号内式子为零. 证毕.

例题 5.7 证明：平均曲率为常数的曲面或者是平面，或者是球面，或者存在参数系 (u, v)，使得它的第一基本形式和第二基本形式能够表示成

$$\mathrm{I} = \lambda\left((\mathrm{d}u)^2 + (\mathrm{d}v)^2\right),$$
$$\mathrm{II} = (1 + \lambda H)(\mathrm{d}u)^2 - (1 - \lambda H)(\mathrm{d}v)^2,$$

其中 H 是曲面的平均曲率.

证明   平面和球面都是平均曲率为常数的曲面. 假定常平均曲率曲面 S 不是平面和球面, 即曲面 S 不是全脐点曲面. 在 S 上取非脐点 p, 则在点 p 附近能够取正交曲率线网作为参数曲线网, 相应的参数系是 (u, v). 这样, 曲面 S 的两个基本形式成为

$$\mathrm{I} = E(\mathrm{d}u)^2 + G(\mathrm{d}v)^2, \quad \mathrm{II} = L(\mathrm{d}u)^2 + N(\mathrm{d}v)^2,$$

平均曲率是

$$H = \frac{1}{2}\left(\frac{L}{E} + \frac{N}{G}\right) = 常数,$$

主曲率是 $\kappa_1 = \dfrac{L}{E}$, $\kappa_2 = \dfrac{N}{G}$, $\kappa_1 > \kappa_2$. 此时, Codazzi 方程写成最简单的形式

$$\frac{\partial L}{\partial v} = H\frac{\partial E}{\partial v}, \quad \frac{\partial N}{\partial u} = H\frac{\partial G}{\partial u}.$$

因为 H 是常数, 上式可写成

$$\frac{\partial}{\partial v}(L - HE) = 0, \quad \frac{\partial}{\partial u}(N - HG) = 0.$$

这就是说, 函数 $L - HE$ 与 v 无关, 函数 $N - HG$ 与 u 无关, 于是可以假定

$$L - HE = a(u), \quad N - HG = b(v).$$

上式可以改写成

$$a(u) = E\left(\frac{L}{E} - H\right) = E \cdot \frac{\kappa_1 - \kappa_2}{2},$$

$$b(v) = G\left(\frac{N}{G} - H\right) = -G \cdot \frac{\kappa_1 - \kappa_2}{2},$$

因此

$$E = \lambda a(u), \quad G = -\lambda b(v), \quad \lambda = \frac{2}{\kappa_1 - \kappa_2} > 0,$$

曲面的第一基本形式成为

$$\mathrm{I} = \lambda\left(a(u)(\mathrm{d}u)^2 - b(v)(\mathrm{d}v)^2\right), \quad a(u) > 0, \quad b(v) < 0.$$

引进新参数

$$\tilde{u} = \int \sqrt{a(u)}\mathrm{d}u, \quad \tilde{v} = \int \sqrt{-b(v)}\mathrm{d}v,$$

则有

$$\mathrm{I} = \lambda\left((\mathrm{d}\tilde{u})^2 + (\mathrm{d}\tilde{v})^2\right).$$

假定在新参数系 $(\tilde{u}, \tilde{v})$ 下, 曲面的第二基本形式是 $\mathrm{II} = \tilde{L}(\mathrm{d}\tilde{u})^2 + \tilde{N}(\mathrm{d}\tilde{v})^2$. 因为 $H = \dfrac{1}{2}\left(\dfrac{\tilde{L}}{\lambda} + \dfrac{\tilde{N}}{\lambda}\right)$, 所以

$$\frac{\tilde{L}}{\lambda} - H = H - \frac{\tilde{N}}{\lambda} = \frac{\kappa_1 - \kappa_2}{2} = \frac{1}{\lambda},$$

故有

$$\tilde{L} = 1 + \lambda H, \quad \tilde{N} = \lambda H - 1,$$
$$\mathrm{II} = (1 + \lambda H)(\mathrm{d}\tilde{u})^2 - (1 - \lambda H)(\mathrm{d}\tilde{v})^2.$$

证毕.

例题 5.8 求曲面 S 的参数方程, 使得它的第一基本形式和第二基本形式分别为

$$\mathrm{I} = (1 + u^2)(\mathrm{d}u)^2 + u^2\,(\mathrm{d}v)^2, \quad \mathrm{II} = \frac{1}{\sqrt{1 + u^2}}((\mathrm{d}u)^2 + u^2\,(\mathrm{d}v)^2).$$

解 由假定得知

$$E = 1 + u^2, \quad F = 0, \quad G = u^2,$$
$$L = \frac{1}{\sqrt{1 + u^2}}, \quad M = 0, \quad N = \frac{u^2}{\sqrt{1 + u^2}}.$$

验证 Gauss 方程:

$$-\sqrt{EG}\left(\left(\frac{(\sqrt{E})_v}{\sqrt{G}}\right)_v + \left(\frac{(\sqrt{G})_u}{\sqrt{E}}\right)_u\right)$$

$$= -u\sqrt{1+u^2} \cdot \left(\frac{1}{\sqrt{1+u^2}}\right)_u = \frac{u^2}{1+u^2} = LN - M^2,$$

验证 Codazzi 方程:

$$\frac{\partial L}{\partial v} = H\frac{\partial E}{\partial v} = 0, \quad \frac{\partial N}{\partial u} = \frac{2u}{\sqrt{1+u^2}} - \frac{u^3}{(\sqrt{1+u^2})^3} = \frac{u(2+u^2)}{(\sqrt{1+u^2})^3},$$

$$H\frac{\partial G}{\partial u} = \frac{1}{2}\left(\frac{1}{(\sqrt{1+u^2})^3} + \frac{1}{\sqrt{1+u^2}}\right) \cdot 2u = \frac{u(2+u^2)}{(\sqrt{1+u^2})^3} = \frac{\partial N}{\partial u}.$$

由此可见, 根据曲面论基本定理, 存在曲面以给定的两个二次微分形式为第一基本形式和第二基本形式.

为求曲面的参数方程, 应该解由自然标架场的运动方程 (曲面论基本公式) 给出的偏微分方程组. 但是, 注意到给定的两个二次微分形式中 $F = M = 0$, 并且所有的系数只依赖一个参数 u, 旋转面的两个基本形式正好符合这种情形. 不妨假定所求的曲面的参数方程是

$$\boldsymbol{r} = (f(u)\cos v, f(u)\sin v, g(u)),$$

其中 $f(u) > 0$, $g(u)$ 是待定的函数. 经直接计算得到, 该旋转面的两个基本形式是

$$\tilde{\mathrm{I}} = (f'^2(u) + g'^2(u))(\mathrm{d}u)^2 + f^2(u)\ (\mathrm{d}v)^2,$$
$$\tilde{\mathrm{II}} = \frac{f'(u)g''(u) - f''(u)g'(u)}{\sqrt{f'^2(u) + g'^2(u)}}(\mathrm{d}u)^2 + \frac{f(u)g'(u)}{\sqrt{f'^2(u) + g'^2(u)}}(\mathrm{d}v)^2.$$

与已知的二次微分形式相对照得到

$$f'^2(u) + g'^2(u) = 1 + u^2, \quad f^2(u) = u^2,$$
$$\frac{f'(u)g''(u) - f''(u)g'(u)}{\sqrt{f'^2(u) + g'^2(u)}} = \frac{1}{\sqrt{1+u^2}}, \quad \frac{f(u)g'(u)}{\sqrt{f'^2(u) + g'^2(u)}} = \frac{u^2}{\sqrt{1+u^2}},$$

从前两个方程得到

$$f(u) = u, \quad g'(u) = u, \quad g(u) = \frac{1}{2}u^2,$$

经直接验证可知它们也适合后两个方程. 因此, 所求曲面的参数方程是

$$\boldsymbol{r} = \left(u\cos v, \, u\sin v, \, \frac{1}{2}u^2 \right).$$

注记　下面我们采取直接解微分方程的方法求解曲面. 由第一基本形式计算得到

$$\Gamma_{11}^1 = \frac{1}{2}\frac{\partial \log E}{\partial u} = \frac{u}{1+u^2}, \qquad \Gamma_{11}^2 = -\frac{1}{2G}\frac{\partial E}{\partial v} = 0,$$

$$\Gamma_{12}^1 = \frac{1}{2}\frac{\partial \log E}{\partial v} = 0, \qquad \Gamma_{12}^2 = \frac{1}{2}\frac{\partial \log G}{\partial u} = \frac{1}{u},$$

$$\Gamma_{22}^1 = -\frac{1}{2E}\frac{\partial G}{\partial u} = -\frac{u}{1+u^2}, \qquad \Gamma_{22}^2 = \frac{1}{2}\frac{\partial \log G}{\partial v} = 0.$$

根据曲面论基本公式, 考虑微分方程组

$$\frac{\partial \boldsymbol{r}}{\partial u} = \boldsymbol{r}_u, \qquad \frac{\partial \boldsymbol{r}}{\partial v} = \boldsymbol{r}_v,$$

$$\frac{\partial \boldsymbol{r}_u}{\partial u} = \Gamma_{11}^1 \boldsymbol{r}_u + \Gamma_{11}^2 \boldsymbol{r}_v + b_{11}\boldsymbol{n} = \frac{u}{1+u^2}\boldsymbol{r}_u + \frac{1}{\sqrt{1+u^2}}\boldsymbol{n},$$

$$\frac{\partial \boldsymbol{r}_u}{\partial v} = \frac{\partial \boldsymbol{r}_v}{\partial u} = \Gamma_{12}^1 \boldsymbol{r}_u + \Gamma_{12}^2 \boldsymbol{r}_v + b_{12}\boldsymbol{n} = \frac{1}{u}\boldsymbol{r}_v,$$

$$\frac{\partial \boldsymbol{r}_v}{\partial v} = \Gamma_{22}^1 \boldsymbol{r}_u + \Gamma_{22}^2 \boldsymbol{r}_v + b_{22}\boldsymbol{n} = -\frac{u}{1+u^2}\boldsymbol{r}_u + \frac{u^2}{\sqrt{1+u^2}}\boldsymbol{n},$$

$$\frac{\partial \boldsymbol{n}}{\partial u} = -b_1^1 \boldsymbol{r}_u - b_1^2 \boldsymbol{r}_v = -\frac{1}{\sqrt{(1+u^2)^3}}\boldsymbol{r}_u,$$

$$\frac{\partial \boldsymbol{n}}{\partial v} = -b_2^1 \boldsymbol{r}_u - b_2^2 \boldsymbol{r}_v = -\frac{1}{\sqrt{1+u^2}}\boldsymbol{r}_v,$$

其中 $\boldsymbol{r}, \boldsymbol{r}_u, \boldsymbol{r}_v, \boldsymbol{n}$ 都是未知向量函数. 由第 1, 3, 6 个方程得到

$$\begin{aligned}
\frac{\partial^3 \boldsymbol{r}}{\partial u^3} &= \frac{\partial}{\partial u}\left(\frac{\partial \boldsymbol{r}_u}{\partial u} \right) \\
&= \frac{1-u^2}{(1+u^2)^2}\boldsymbol{r}_u + \frac{u}{1+u^2}\frac{\partial \boldsymbol{r}_u}{\partial u} \\
&\quad - \frac{u}{\sqrt{(1+u^2)^3}}\boldsymbol{n} + \frac{1}{\sqrt{1+u^2}}\frac{\partial \boldsymbol{n}}{\partial u} \\
&= 0,
\end{aligned}$$

所以

$$
\begin{aligned}
\boldsymbol{r} &= \frac{u^2}{2}\boldsymbol{a}(v) + u\boldsymbol{b}(v) + \boldsymbol{c}(v), \\
\boldsymbol{r}_u &= u\boldsymbol{a}(v) + \boldsymbol{b}(v), \\
\boldsymbol{r}_v &= \frac{u^2}{2}\boldsymbol{a}'(v) + u\boldsymbol{b}'(v) + \boldsymbol{c}'(v).
\end{aligned}
$$

由第 4 个方程得到

$$
\boldsymbol{r}_v = u\boldsymbol{f}(v),
$$

与前面的最后一式对照得到 $\boldsymbol{a}'(v) = 0$, $\boldsymbol{c}'(v) = 0$, $\boldsymbol{b}'(v) = \boldsymbol{f}(v)$, 因此 $\boldsymbol{a}(v) = \boldsymbol{a}$, $\boldsymbol{c}(v) = \boldsymbol{c}$. 再由第 3 个方程得到

$$
\begin{aligned}
\boldsymbol{n} &= \sqrt{1+u^2}\left(\boldsymbol{a} - \frac{u}{1+u^2}(u\boldsymbol{a} + \boldsymbol{b}(v))\right) \\
&= \frac{1}{\sqrt{1+u^2}}\boldsymbol{a} - \frac{u}{\sqrt{1+u^2}}\boldsymbol{b}(v),
\end{aligned}
$$

由第 5 个方程得到

$$
\begin{aligned}
\boldsymbol{n} &= \frac{\sqrt{1+u^2}}{u^2}\left(u\boldsymbol{b}''(v) + \frac{u}{1+u^2}(u\boldsymbol{a} + \boldsymbol{b}(v))\right) \\
&= \frac{\sqrt{1+u^2}}{u}\boldsymbol{b}''(v) + \frac{1}{\sqrt{1+u^2}}\boldsymbol{a} + \frac{1}{u\sqrt{1+u^2}}\boldsymbol{b}(v),
\end{aligned}
$$

将两式对照得到 $\boldsymbol{b}''(v) = -\boldsymbol{b}(v)$, 于是

$$
\begin{aligned}
\boldsymbol{b} &= \cos v\,\boldsymbol{b}_1 + \sin v\,\boldsymbol{b}_2, \\
\boldsymbol{r}_u &= u\boldsymbol{a} + \cos v\,\boldsymbol{b}_1 + \sin v\,\boldsymbol{b}_2, \\
\boldsymbol{r}_v &= u(-\sin v\,\boldsymbol{b}_1 + \cos v\,\boldsymbol{b}_2), \\
\boldsymbol{n} &= \frac{1}{\sqrt{1+u^2}}\boldsymbol{a} - \frac{u}{\sqrt{1+u^2}}(\cos v\,\boldsymbol{b}_1 + \sin v\,\boldsymbol{b}_2),
\end{aligned}
$$

这里 $\boldsymbol{a}$, $\boldsymbol{b}_1$, $\boldsymbol{b}_2$ 都是常向量. 因为

$$
\boldsymbol{r}_u \cdot \boldsymbol{r}_u = 1 + u^2, \quad \boldsymbol{r}_u \cdot \boldsymbol{r}_v = 0, \quad \boldsymbol{r}_v \cdot \boldsymbol{r}_v = u^2, \quad \boldsymbol{r}_u \cdot \boldsymbol{n} = \boldsymbol{r}_v \cdot \boldsymbol{n} = 0,
$$

代入得到

$$u^2|\boldsymbol{a}|^2 + u \cdot \boldsymbol{a} \cdot \boldsymbol{b} + |\boldsymbol{b}|^2 = 1 + u^2,$$
$$u^2(|\boldsymbol{b}_1|^2 - 2\sin v \cos v \cdot \boldsymbol{b}_1 \cdot \boldsymbol{b}_2 + |\boldsymbol{b}_2|^2) = u^2,$$

所以

$$|\boldsymbol{a}|^2 = 1, \quad \boldsymbol{a} \cdot \boldsymbol{b} = 0,$$
$$|\boldsymbol{b}|^2 = \cos^2 v |\boldsymbol{b}_1|^2 + 2\sin v \cos v \cdot \boldsymbol{b}_1 \cdot \boldsymbol{b}_2 + \sin^2 v |\boldsymbol{b}_2|^2 = 1,$$
$$\sin^2 v |\boldsymbol{b}_1|^2 - 2\sin v \cos v \cdot \boldsymbol{b}_1 \cdot \boldsymbol{b}_2 + \cos^2 v |\boldsymbol{b}_2|^2 = 1.$$

因此 $|\boldsymbol{a}|^2 = |\boldsymbol{b}_1|^2 = |\boldsymbol{b}_2|^2 = 1$, $\boldsymbol{a} \cdot \boldsymbol{b}_1 = \boldsymbol{a} \cdot \boldsymbol{b}_2 = \boldsymbol{b}_1 \cdot \boldsymbol{b}_2 = 0$, 并且向量 $\boldsymbol{a}$, $\boldsymbol{b}_1$, $\boldsymbol{b}_2$ 构成右手系. 直接验证得知第 7 个方程是成立的. 取 $\boldsymbol{b}_1 = (1,0,0)$, $\boldsymbol{b}_2 = (0,1,0)$, $\boldsymbol{a} = (0,0,1)$, $\boldsymbol{c} = (0,0,0)$, 则得所求的曲面是

$$\boldsymbol{r} = \left(u\cos v, u\sin v, \frac{u^2}{2} \right).$$

例题 5.9 欧氏空间 E^3 中的一块曲面 S 是可展曲面, 当且仅当它的 Gauss 曲率 K 恒等于零; 特别地, S 是可展曲面当且仅当它与平面可以建立保长对应.

证明 我们知道可展曲面在局部上可以和平面建立保长对应, 而平面的 Gauss 曲率恒等于零, 并且保长对应保持 Gauss 曲率不变, 因此可展曲面的 Gauss 曲率为零. 现在只要证明充分性成立. 设曲面 S 的 Gauss 曲率 $K \equiv 0$. 如果曲面 S 上处处是脐点, 则曲面 S 是由平点组成的, 所以曲面 S 是一块平面. 现在假定点 $p \in S$ 不是脐点, 则有点 p 在曲面 S 上的一个邻域 U, 使得在 U 上没有脐点, 于是在 U 内可以取正交曲率线网作为参数曲线网 (u,v), 所以 $F = M \equiv 0$, 并且

$$K = \frac{LN}{EG} \equiv 0.$$

不妨假定 v-曲线对应的主曲率 $\kappa_2 = N/G$ 恒等于零, 于是 $N \equiv 0$, $L \neq 0$. 由 Codazzi 方程得知

$$H\frac{\partial G}{\partial u} = \frac{\partial N}{\partial u} = 0, \qquad 2H = \frac{L}{E} + \frac{N}{G} = \frac{L}{E} \neq 0,$$

因此

$$\frac{\partial G}{\partial u} = 0.$$

关键是要证明曲面 S 为直纹面, 更具体地说, 我们要证明每一条 v-曲线是直线. 为此只要证明 v-曲线的切方向不变, 即 $\boldsymbol{r}_{vv} \times \boldsymbol{r}_v \equiv 0$. 事实上, 根据自然标架的运动公式我们有

$$\boldsymbol{r}_{vv} = \Gamma_{22}^1 \boldsymbol{r}_u + \Gamma_{22}^2 \boldsymbol{r}_v + N\boldsymbol{n} = \Gamma_{22}^1 \boldsymbol{r}_u + \Gamma_{22}^2 \boldsymbol{r}_v,$$

$$\boldsymbol{r}_{vv} \times \boldsymbol{r}_v = \Gamma_{22}^1 \boldsymbol{r}_u \times \boldsymbol{r}_v.$$

由 G 所满足的条件得知

$$\Gamma_{22}^1 = -\frac{1}{2E}\frac{\partial G}{\partial u} \equiv 0,$$

故有

$$\boldsymbol{r}_{vv} \times \boldsymbol{r}_v \equiv 0.$$

得证. 下面要证明曲面 S 的单位法向量 $\boldsymbol{n}$ 沿 v-曲线是不变的. 实际上根据定义和假定, 我们有

$$\boldsymbol{n}_v \cdot \boldsymbol{r}_u = -M = 0, \quad \boldsymbol{n}_v \cdot \boldsymbol{r}_v = -N = 0, \quad \boldsymbol{n}_v \cdot \boldsymbol{n} = 0,$$

因此 $\boldsymbol{n}_v$ 只能是零向量, 故 $\boldsymbol{n}$ 沿 v-曲线是不变的, 所以 S 是可展曲面.

现在假定曲面 S 在局部上可以和平面建立保长对应, 而平面的 Gauss 曲率恒等于零, 并且保长对应保持 Gauss 曲率不变, 由此得知曲面 S 的 Gauss 曲率为零, 因此 S 是可展曲面.

例题 5.10 已知曲面 S 和 $\tilde{S}$ 的参数方程分别是

$$\boldsymbol{r} = \left(au, bv, \frac{1}{2}(au^2 + bv^2)\right),$$

$$\tilde{\boldsymbol{r}} = \left(\tilde{a}\tilde{u}, \tilde{b}\tilde{v}, \frac{1}{2}(\tilde{a}\tilde{u}^2 + \tilde{b}\tilde{v}^2) \right),$$

并且 $ab = \tilde{a}\tilde{b}$. 那么在对应 $\tilde{u} = u$, $\tilde{v} = v$ 下，曲面 S 和 $\tilde{S}$ 在对应点有相同的 Gauss 曲率；但是当 $(a^2, b^2) \neq (\tilde{a}^2, \tilde{b}^2)$ 以及 $(a^2, b^2) \neq (\tilde{b}^2, \tilde{a}^2)$ 时，在曲面 S 和 $\tilde{S}$ 之间不存在保长对应.

解 经直接计算得到曲面 S 的第一基本形式是

$$\mathrm{I} = a^2(1 + u^2)(\mathrm{d}u)^2 + 2abuv\mathrm{d}u\mathrm{d}v + b^2(1 + v^2)(\mathrm{d}v)^2,$$

第二基本形式是

$$\mathrm{II} = \frac{a}{\sqrt{1 + u^2 + v^2}}(\mathrm{d}u)^2 + \frac{b}{\sqrt{1 + u^2 + v^2}}(\mathrm{d}v)^2,$$

所以曲面 S 的 Gauss 曲率是

$$K = \frac{1}{ab(1 + u^2 + v^2)^2}.$$

因为曲面 $\tilde{S}$ 和 S 的参数方程有相同的表达式，只是系数不同，因此曲面 $\tilde{S}$ 的 Gauss 曲率也有相同的表达式

$$\tilde{K} = \frac{1}{\tilde{a}\tilde{b}(1 + \tilde{u}^2 + \tilde{v}^2)^2} = \frac{1}{ab(1 + \tilde{u}^2 + \tilde{v}^2)^2}.$$

由此可见，曲面 S 和 $\tilde{S}$ 在对应点 $u = \tilde{u}$, $v = \tilde{v}$ 有相同的 Gauss 曲率.

如果在曲面 S 和 $\tilde{S}$ 之间存在保长对应

$$\tilde{u} = \tilde{u}(u, v), \qquad \tilde{v} = \tilde{v}(u, v),$$

则根据 Gauss 绝妙定理，曲面 S 和 $\tilde{S}$ 在对应点应该有相同的 Gauss 曲率，即

$$\frac{1}{ab(1 + \tilde{u}^2 + \tilde{v}^2)^2} = \frac{1}{ab(1 + u^2 + v^2)^2},$$

故有

$$\tilde{u}^2(u, v) + \tilde{v}^2(u, v) = u^2 + v^2.$$

因此曲面 S 上的点 $(u, v) = (0, 0)$ 必须对应着曲面 $\tilde{S}$ 上的点 $(\tilde{u}, \tilde{v}) = (0, 0)$, 即

$$\tilde{u}(0, 0) = 0, \qquad \tilde{v}(0, 0) = 0.$$

将前面由 Gauss 绝妙定理得到的恒等式分别对 u, v 求导得到

$$\tilde{u}\frac{\partial \tilde{u}}{\partial u} + \tilde{v}\frac{\partial \tilde{v}}{\partial u} = u, \quad \tilde{u}\frac{\partial \tilde{u}}{\partial v} + \tilde{v}\frac{\partial \tilde{v}}{\partial v} = v,$$

将上面的式子再次对 u, v 求导, 并且让 $u = 0$, $v = 0$, 则得到

$$\left(\frac{\partial \tilde{u}}{\partial u}\right)^2 + \left(\frac{\partial \tilde{v}}{\partial u}\right)^2 = 1, \quad \left(\frac{\partial \tilde{u}}{\partial v}\right)^2 + \left(\frac{\partial \tilde{v}}{\partial v}\right)^2 = 1, \quad \frac{\partial \tilde{u}}{\partial u}\frac{\partial \tilde{u}}{\partial v} + \frac{\partial \tilde{v}}{\partial u}\frac{\partial \tilde{v}}{\partial v} = 0.$$

命

$$J = \begin{pmatrix} \dfrac{\partial \tilde{u}}{\partial u} & \dfrac{\partial \tilde{v}}{\partial u} \\ \dfrac{\partial \tilde{u}}{\partial v} & \dfrac{\partial \tilde{v}}{\partial v} \end{pmatrix},$$

则前面得到的等式表明 $J|_{(u,v)=(0,0)}$ 是正交矩阵, 不妨设

$$J|_{(u,v)=(0,0)} = \begin{pmatrix} \cos\theta & \sin\theta \\ -\varepsilon\sin\theta & \varepsilon\cos\theta \end{pmatrix},$$

其中 $\varepsilon = \pm 1$. 因为假定给出的对应是保长对应, 根据保长对应的条件应该有

$$\begin{pmatrix} a^2(1 + u^2) & abuv \\ abuv & b^2(1 + v^2) \end{pmatrix} = J \begin{pmatrix} \tilde{a}^2(1 + \tilde{u}^2) & \tilde{a}\tilde{b}\tilde{u}\tilde{v} \\ \tilde{a}\tilde{b}\tilde{u}\tilde{v} & \tilde{b}^2(1 + \tilde{v}^2) \end{pmatrix} J^{\mathrm{T}}.$$

让 $(u, v) = (0, 0)$, 则根据关于 J 的假定, 上面的等式成为

$$\begin{pmatrix} a^2 & 0 \\ 0 & b^2 \end{pmatrix} = \begin{pmatrix} \cos\theta & \sin\theta \\ -\varepsilon\sin\theta & \varepsilon\cos\theta \end{pmatrix} \begin{pmatrix} \tilde{a}^2 & 0 \\ 0 & \tilde{b}^2 \end{pmatrix} \begin{pmatrix} \cos\theta & -\varepsilon\sin\theta \\ \sin\theta & \varepsilon\cos\theta \end{pmatrix},$$

即

$$\tilde{a}^2\cos^2\theta + \tilde{b}^2\sin^2\theta = a^2, \quad (\tilde{b}^2 - \tilde{a}^2)\sin\theta\cos\theta = 0,$$

$$\tilde{a}^2 \sin^2 \theta + \tilde{b}^2 \cos^2 \theta = b^2.$$

如果 $\tilde{b}^2 = \tilde{a}^2$，则从上面的第一、三式得到 $\tilde{b}^2 = \tilde{a}^2 = b^2 = a^2$. 如果 $\tilde{b}^2 \neq \tilde{a}^2$，则从上面的第二式得到或者 $\theta = 0$，或者 $\theta = \pi/2$，即

$$(a^2, b^2) = (\tilde{a}^2, \tilde{b}^2) \quad \text{或} \quad (a^2, b^2) = (\tilde{b}^2, \tilde{a}^2).$$

因此当 $(a^2, b^2) \neq (\tilde{a}^2, \tilde{b}^2)$ 以及 $(a^2, b^2) \neq (\tilde{b}^2, \tilde{a}^2)$ 时，在曲面 S 和 $\tilde{S}$ 之间不可能存在保长对应. 证毕.

这个例题说明 Gauss 曲率相等是两个曲面能够建立保长对应的必要条件，但决不是充分条件. 本题的做法的要点在于，首先断言若有保长对应，则必定是把点 $(0,0)$ 映到点 $(0,0)$，然后保长对应在该点的切空间诱导出正交变换，由此得到必须有 $(a^2, b^2) = (\tilde{a}^2, \tilde{b}^2)$ 或 $(a^2, b^2) = (\tilde{b}^2, \tilde{a}^2)$.

例题 5.11 设 $\sigma : S_1 \to S_2$ 是从曲面 S_1 到 S_2 的连续可微映射，其中曲面 S_1 没有脐点，并且它的 Gauss 曲率 K 不为零. 如果曲面 S_1 和 S_2 在所有的对应点、沿所有的对应切方向的法曲率保持不变，则有空间 E^3 中的一个刚体运动 $\tilde{\sigma} : E^3 \to E^3$ 使得

$$\sigma = \tilde{\sigma}|_{S_1}.$$

证明 因为在曲面 S_1 上没有脐点，所以在曲面 S_1 上可以取正交曲率线网作为参数曲线网 (u, v)，于是曲面 S_1 的两个基本微分形式成为

$$\mathrm{I} = E(\mathrm{d}u)^2 + G(\mathrm{d}v)^2, \qquad \mathrm{II} = L(\mathrm{d}u)^2 + N(\mathrm{d}v)^2,$$

并且

$$L = \kappa_1 E, \quad N = \kappa_2 G, \quad \kappa_1 > \kappa_2, \quad K = \kappa_1 \kappa_2 \neq 0.$$

由于假定曲面 S_1 和 S_2 在所有的对应点、沿所有的对应切方向的法曲率保持不变，因此切映射 σ_* 首先应该是处处非退化的，否则 S_1 在某处的一个切向量将在切映射 σ_* 下映为零向量，谈不上保持对应切方

向的法曲率不变. 于是 (u, v) 也可以作为曲面 S_2 上的参数, 从而 σ 是曲面 S_1 和曲面 S_2 上有相同参数值的点之间的对应. 不妨设曲面 S_2 的两个基本微分形式是

$$\tilde{\mathrm{I}} = \tilde{E}(\mathrm{d}u)^2 + 2\tilde{F}\mathrm{d}u\mathrm{d}v + \tilde{G}(\mathrm{d}v)^2, \quad \tilde{\mathrm{II}} = \tilde{L}(\mathrm{d}u)^2 + 2\tilde{M}\mathrm{d}u\mathrm{d}v + \tilde{N}(\mathrm{d}v)^2.$$

因为在对应 σ 下, 曲面 S_1 和 S_2 在所有的对应点、沿所有的对应切方向的法曲率都相等, 因此曲面 S_2 沿 u-曲线方向的法曲率应该是 κ_1, 沿 v-曲线方向的法曲率应该是 κ_2, 并且它们同样是曲面 S_2 在每一点沿各个切方向的法曲率的最大值和最小值. 这就是说, (u, v) 也是曲面 S_2 上的正交曲率线网, 故有

$$\tilde{F} = \tilde{M} = 0, \quad \tilde{L} = \kappa_1 \tilde{E}, \quad \tilde{N} = \kappa_2 \tilde{G}.$$

这样, 曲面 S_1 和 S_2 在对应点、沿对应切方向的法曲率相等的条件成为

$$\frac{\kappa_1 E(\mathrm{d}u)^2 + \kappa_2 G(\mathrm{d}v)^2}{E(\mathrm{d}u)^2 + G(\mathrm{d}v)^2} = \frac{\kappa_1 \tilde{E}(\mathrm{d}u)^2 + \kappa_2 \tilde{G}(\mathrm{d}v)^2}{\tilde{E}(\mathrm{d}u)^2 + \tilde{G}(\mathrm{d}v)^2}.$$

将上式展开得到

$$(\kappa_1 - \kappa_2)(\tilde{E}G - E\tilde{G})(\mathrm{d}u)^2(\mathrm{d}v)^2 = 0.$$

由于 $\kappa_1 - \kappa_2 > 0$, 并且上式是关于 $\mathrm{d}u, \mathrm{d}v$ 的恒等式, 故有 $\tilde{E}G - E\tilde{G} = 0$. 设 $\dfrac{\tilde{E}}{E} = \dfrac{\tilde{G}}{G} = \lambda$, 则

$$\tilde{\mathrm{I}} = \lambda \mathrm{I}, \qquad \tilde{\mathrm{II}} = \lambda \mathrm{II}.$$

因此我们需要证明 $\lambda = 1$.

在正交曲率线网为参数曲线网的条件下, 曲面 S_1 和 S_2 的 Codazzi 方程是

$$\frac{\partial L}{\partial v} = H\frac{\partial E}{\partial v}, \qquad \frac{\partial N}{\partial u} = H\frac{\partial G}{\partial u},$$

$$\frac{\partial \tilde{L}}{\partial v} = H\frac{\partial \tilde{E}}{\partial v}, \qquad \frac{\partial \tilde{N}}{\partial u} = H\frac{\partial \tilde{G}}{\partial u},$$

其中 $H = \dfrac{1}{2}(\kappa_1 + \kappa_2)$. 因为 $\tilde{E} = \lambda E$, $\tilde{G} = \lambda G$, $\tilde{L} = \lambda L$, $\tilde{N} = \lambda N$, 将上面的第二式展开, 并且用第一式代入其中得到

$$(\kappa_1 - \kappa_2)\frac{\partial \lambda}{\partial u} = (\kappa_1 - \kappa_2)\frac{\partial \lambda}{\partial v} = 0,$$

所以

$$\frac{\partial \lambda}{\partial u} = 0, \qquad \frac{\partial \lambda}{\partial v} = 0,$$

即 λ 是常数. 将 $\tilde{E} = \lambda E$, $\tilde{G} = \lambda G$ 代入 Gauss 曲率在正交参数系下的表达式得到

$$\tilde{K} = \frac{1}{\lambda}K.$$

但是, 在另一方面

$$\tilde{K} = \kappa_1\kappa_2 = K \neq 0,$$

故得 $\lambda = 1$. 由此可见, 曲面 S_1 和 S_2 有相同的第一基本形式和第二基本形式. 根据曲面论基本定理中的唯一性, 在空间 E^3 中存在一个刚体运动 $\tilde{\sigma}$ 使得 $\sigma = \tilde{\sigma}|_{S_1}$. 证毕.

例题 5.12 设曲面 S 的第一基本形式是 $\mathrm{I} = E(\mathrm{d}u)^2 + 2F\mathrm{d}u\mathrm{d}v + G(\mathrm{d}v)^2$. 证明：它的 Gauss 曲率的表达式是

$$K = \frac{1}{(EG - F^2)^2}$$

$$\cdot \left(\begin{vmatrix} -\dfrac{G_{uu}}{2} + F_{uv} - \dfrac{E_{vv}}{2} & \dfrac{E_u}{2} & F_u - \dfrac{E_v}{2} \\[2mm] F_v - \dfrac{G_u}{2} & E & F \\[2mm] \dfrac{G_v}{2} & F & G \end{vmatrix} - \begin{vmatrix} 0 & \dfrac{E_v}{2} & \dfrac{G_u}{2} \\[2mm] \dfrac{E_v}{2} & E & F \\[2mm] \dfrac{G_u}{2} & F & G \end{vmatrix} \right).$$

证明 此题的重要性在于：当 $F = 0$ 时我们已经有 Gauss 曲率 K 的简单的表达式；当 $F \neq 0$ 时我们尽管有用曲面的第一类基本量表示

Gauss 曲率的一般公式, 但是表达式是比较复杂的. 本题把 Gauss 曲率 K 表示成行列式, 相对而言该表达式比较简洁.

已知 $K = \dfrac{LN - M^2}{EG - F^2}$, 其中

$$
\begin{aligned}
L &= \boldsymbol{r}_{uu} \cdot \boldsymbol{n} = \frac{(\boldsymbol{r}_{uu}, \boldsymbol{r}_u, \boldsymbol{r}_v)}{|\boldsymbol{r}_u \times \boldsymbol{r}_v|} = \frac{(\boldsymbol{r}_{uu}, \boldsymbol{r}_u, \boldsymbol{r}_v)}{\sqrt{EG - F^2}}, \\
M &= \boldsymbol{r}_{uv} \cdot \boldsymbol{n} = \frac{(\boldsymbol{r}_{uv}, \boldsymbol{r}_u, \boldsymbol{r}_v)}{|\boldsymbol{r}_u \times \boldsymbol{r}_v|} = \frac{(\boldsymbol{r}_{uv}, \boldsymbol{r}_u, \boldsymbol{r}_v)}{\sqrt{EG - F^2}}, \\
N &= \boldsymbol{r}_{vv} \cdot \boldsymbol{n} = \frac{(\boldsymbol{r}_{vv}, \boldsymbol{r}_u, \boldsymbol{r}_v)}{|\boldsymbol{r}_u \times \boldsymbol{r}_v|} = \frac{(\boldsymbol{r}_{vv}, \boldsymbol{r}_u, \boldsymbol{r}_v)}{\sqrt{EG - F^2}},
\end{aligned}
$$

因此

$$
\begin{aligned}
K &= \frac{LN - M^2}{EG - F^2} \\
&= \frac{1}{(EG - F^2)^2}\left((\boldsymbol{r}_{uu}, \boldsymbol{r}_u, \boldsymbol{r}_v) \cdot (\boldsymbol{r}_{vv}, \boldsymbol{r}_u, \boldsymbol{r}_v) - (\boldsymbol{r}_{uv}, \boldsymbol{r}_u, \boldsymbol{r}_v)^2\right) \\
&= \frac{1}{(EG - F^2)^2}\left\{\det\begin{pmatrix} \boldsymbol{r}_{uu} \cdot \boldsymbol{r}_{vv} & \boldsymbol{r}_{uu} \cdot \boldsymbol{r}_u & \boldsymbol{r}_{uu} \cdot \boldsymbol{r}_v \\ \boldsymbol{r}_u \cdot \boldsymbol{r}_{vv} & \boldsymbol{r}_u \cdot \boldsymbol{r}_u & \boldsymbol{r}_u \cdot \boldsymbol{r}_v \\ \boldsymbol{r}_v \cdot \boldsymbol{r}_{vv} & \boldsymbol{r}_v \cdot \boldsymbol{r}_u & \boldsymbol{r}_v \cdot \boldsymbol{r}_v \end{pmatrix}\right. \\
&\qquad\qquad \left. - \det\begin{pmatrix} \boldsymbol{r}_{uv} \cdot \boldsymbol{r}_{uv} & \boldsymbol{r}_{uv} \cdot \boldsymbol{r}_u & \boldsymbol{r}_{uv} \cdot \boldsymbol{r}_v \\ \boldsymbol{r}_u \cdot \boldsymbol{r}_{uv} & \boldsymbol{r}_u \cdot \boldsymbol{r}_u & \boldsymbol{r}_u \cdot \boldsymbol{r}_v \\ \boldsymbol{r}_v \cdot \boldsymbol{r}_{uv} & \boldsymbol{r}_v \cdot \boldsymbol{r}_u & \boldsymbol{r}_v \cdot \boldsymbol{r}_v \end{pmatrix}\right\} \\
&= \frac{1}{(EG - F^2)^2}\left\{\det\begin{pmatrix} \boldsymbol{r}_{uu} \cdot \boldsymbol{r}_{vv} & \dfrac{E_u}{2} & F_u - \dfrac{E_v}{2} \\ F_v - \dfrac{G_u}{2} & E & F \\ \dfrac{G_v}{2} & F & G \end{pmatrix}\right. \\
&\qquad\qquad \left. - \det\begin{pmatrix} \boldsymbol{r}_{uv} \cdot \boldsymbol{r}_{uv} & \dfrac{E_v}{2} & \dfrac{G_u}{2} \\ \dfrac{E_v}{2} & E & F \\ \dfrac{G_u}{2} & F & G \end{pmatrix}\right\}.
\end{aligned}
$$

这里, $(r_{uu}, r_u, r_v) \cdot (r_{vv}, r_u, r_v)$ 是两个行列式相乘, 其中向量 r_{uu}, r_u, r_v, r_{vv} 的每一个都看成一个列向量. 在做行列式相乘时, 将第一个行列式转置, 其值是不变的; 而两个矩阵的行列式相乘等于这两个矩阵相乘的行列式; 此时, 第一个矩阵在转置后, 向量 r_{uu}, r_u, r_v 的每一个都看作行向量, 因此按照两个矩阵相乘的规则, 所得到的矩阵的各个元素恰好是相应的两个向量的内积. 于是我们有

$$(r_{uu}, r_u, r_v) \cdot (r_{vv}, r_u, r_v) = \det \begin{pmatrix} r_{uu} \cdot r_{vv} & r_{uu} \cdot r_u & r_{uu} \cdot r_v \\ r_u \cdot r_{vv} & r_u \cdot r_u & r_u \cdot r_v \\ r_v \cdot r_{vv} & r_v \cdot r_u & r_v \cdot r_v \end{pmatrix}.$$

同理, 我们有

$$(r_{uv}, r_u, r_v)^2 = \det \begin{pmatrix} r_{uv} \cdot r_{uv} & r_{uv} \cdot r_u & r_{uv} \cdot r_v \\ r_u \cdot r_{uv} & r_u \cdot r_u & r_u \cdot r_v \\ r_v \cdot r_{uv} & r_v \cdot r_u & r_v \cdot r_v \end{pmatrix}.$$

再有

$$r_{uu} \cdot r_u = \frac{1}{2}(r_u \cdot r_u)_u = \frac{E_u}{2},$$

$$r_{uu} \cdot r_v = (r_u \cdot r_v)_u - r_u \cdot r_{uv} = F_u - \frac{E_v}{2},$$

$$r_{uv} \cdot r_u = \frac{1}{2}(r_u \cdot r_u)_v = \frac{E_v}{2},$$

$$r_{uv} \cdot r_v = \frac{1}{2}(r_v \cdot r_v)_u = \frac{G_u}{2},$$

$$r_{vv} \cdot r_u = (r_v \cdot r_u)_v - r_v \cdot r_{uv} = F_v - \frac{G_u}{2},$$

$$r_{vv} \cdot r_v = \frac{1}{2}(r_v \cdot r_v)_v = \frac{G_v}{2},$$

这样就得到前面给出的公式. 根据行列式关于各列的线性性质则有

$$
\begin{vmatrix} \boldsymbol{r}_{uu} \cdot \boldsymbol{r}_{vv} & \dfrac{E_u}{2} & F_u - \dfrac{E_v}{2} \\[2mm] F_v - \dfrac{G_u}{2} & E & F \\[2mm] \dfrac{G_v}{2} & F & G \end{vmatrix} - \begin{vmatrix} \boldsymbol{r}_{uv} \cdot \boldsymbol{r}_{uv} & \dfrac{E_v}{2} & \dfrac{G_u}{2} \\[2mm] \dfrac{E_v}{2} & E & F \\[2mm] \dfrac{G_u}{2} & F & G \end{vmatrix}
$$

$$
= \begin{vmatrix} \boldsymbol{r}_{uu} \cdot \boldsymbol{r}_{vv} & \dfrac{E_u}{2} & F_u - \dfrac{E_v}{2} \\[2mm] F_v - \dfrac{G_u}{2} & E & F \\[2mm] \dfrac{G_v}{2} & F & G \end{vmatrix} - \begin{vmatrix} 0 & \dfrac{E_v}{2} & \dfrac{G_u}{2} \\[2mm] \dfrac{E_v}{2} & E & F \\[2mm] \dfrac{G_u}{2} & F & G \end{vmatrix}
$$

$$
- \begin{vmatrix} \boldsymbol{r}_{uv} \cdot \boldsymbol{r}_{uv} & \dfrac{E_v}{2} & \dfrac{G_u}{2} \\[2mm] 0 & E & F \\[2mm] 0 & F & G \end{vmatrix}
$$

$$
= \begin{vmatrix} \boldsymbol{r}_{uu} \cdot \boldsymbol{r}_{vv} & \dfrac{E_u}{2} & F_u - \dfrac{E_v}{2} \\[2mm] F_v - \dfrac{G_u}{2} & E & F \\[2mm] \dfrac{G_v}{2} & F & G \end{vmatrix} - \begin{vmatrix} 0 & \dfrac{E_v}{2} & \dfrac{G_u}{2} \\[2mm] \dfrac{E_v}{2} & E & F \\[2mm] \dfrac{G_u}{2} & F & G \end{vmatrix}
$$

$$
- \begin{vmatrix} \boldsymbol{r}_{uv} \cdot \boldsymbol{r}_{uv} & \dfrac{E_u}{2} & F_u - \dfrac{E_v}{2} \\[2mm] 0 & E & F \\[2mm] 0 & F & G \end{vmatrix}
$$

$$
= \begin{vmatrix} \boldsymbol{r}_{uu} \cdot \boldsymbol{r}_{vv} - \boldsymbol{r}_{uv} \cdot \boldsymbol{r}_{uv} & \dfrac{E_u}{2} & F_u - \dfrac{E_v}{2} \\[2mm] F_v - \dfrac{G_u}{2} & E & F \\[2mm] \dfrac{G_v}{2} & F & G \end{vmatrix} - \begin{vmatrix} 0 & \dfrac{E_v}{2} & \dfrac{G_u}{2} \\[2mm] \dfrac{E_v}{2} & E & F \\[2mm] \dfrac{G_u}{2} & F & G \end{vmatrix} .
$$

现在

$$\boldsymbol{r}_{uu} \cdot \boldsymbol{r}_{vv} - \boldsymbol{r}_{uv} \cdot \boldsymbol{r}_{uv}$$

$$=(\boldsymbol{r}_u \cdot \boldsymbol{r}_{vv})_u - \boldsymbol{r}_u \cdot \boldsymbol{r}_{uvv} - (\boldsymbol{r}_u \cdot \boldsymbol{r}_{uv})_v + \boldsymbol{r}_u \cdot \boldsymbol{r}_{uvv}$$

$$=(\boldsymbol{r}_u \cdot \boldsymbol{r}_v)_{uv} - (\boldsymbol{r}_{uv} \cdot \boldsymbol{r}_v)_u - (\boldsymbol{r}_u \cdot \boldsymbol{r}_{uv})_v$$

$$= -\frac{1}{2}E_{vv} + F_{uv} - \frac{1}{2}G_{uu}.$$

得证.

§5.3　习题

5.1. 验证: 曲面 S 的平均曲率 H 可以表示成

$$H = \frac{1}{2}b_{\alpha\beta}g^{\alpha\beta},$$

并且直接证明 H 在保持定向的容许参数变换下是不变的.

5.2. 设 $R_{\gamma\delta\alpha\beta}$ 及 $R^\delta_{\gamma\alpha\beta}$ 是关于曲面的第一类基本量 $g_{\alpha\beta}(u^1, u^2)$ 的 Riemann 记号. 用带 "~" 的记号表示在参数系 (v^1, v^2) 下相应的量, 并且记参数变换为 $u^\alpha = u^\alpha(v^1, v^2)$.

(1) 证明: 在参数变换下 Riemann 记号的变换规律是

$$\tilde{R}_{\gamma\delta\alpha\beta} = R_{\xi\eta\mu\nu}a^\xi_\gamma a^\eta_\delta a^\mu_\alpha a^\nu_\beta, \qquad \tilde{R}^\delta_{\gamma\alpha\beta} = R^\eta_{\xi\mu\nu}A^\delta_\eta a^\xi_\gamma a^\mu_\alpha a^\nu_\beta,$$

其中 $a^\alpha_\beta = \dfrac{\partial u^\alpha}{\partial v^\beta}$, 并且 (A^α_β) 是 (a^α_β) 的逆矩阵.

(2) 证明: $\tilde{R}_{1212} = R_{1212}(a^1_1 a^2_2 - a^1_2 a^2_1)^2$.

5.3. 证明下列恒等式:

(1) $g^{\alpha\delta}\Gamma^\beta_{\delta\gamma} + g^{\beta\delta}\Gamma^\alpha_{\delta\gamma} = -\dfrac{\partial g^{\alpha\beta}}{\partial u^\gamma}$;

(2) $\dfrac{\partial g_{\gamma\beta}}{\partial u^\alpha} - \dfrac{\partial g_{\alpha\gamma}}{\partial u^\beta} = g_{\beta\lambda}\Gamma^\lambda_{\gamma\alpha} - g_{\alpha\lambda}\Gamma^\lambda_{\gamma\beta}$;

(3) $\Gamma^\beta_{\alpha\beta} = \dfrac{1}{2}\dfrac{\partial \log g}{\partial u^\alpha}$, 其中 $g = g_{11}g_{22} - (g_{12})^2$.

5.4. 已知函数 $f_{\alpha\beta}(u^1, u^2)$, $f_\alpha(u^1, u^2)$, $f(u^1, u^2)$ 满足微分方程组

$$\frac{\partial f_{\alpha\beta}}{\partial u^\gamma} = \Gamma_{\gamma\alpha}^\delta f_{\delta\beta} + \Gamma_{\gamma\beta}^\delta f_{\delta\alpha} + b_{\gamma\alpha} f_\beta + b_{\gamma\beta} f_\alpha,$$

$$\frac{\partial f_\alpha}{\partial u^\gamma} = -b_\gamma^\delta f_{\delta\alpha} + \Gamma_{\gamma\alpha}^\delta f_\delta + b_{\gamma\alpha} f,$$

$$\frac{\partial f}{\partial u^\gamma} = -2b_\gamma^\delta f_\delta,$$

其中 $g_{\alpha\beta}$ 是曲面的第一类基本量, $(g^{\alpha\beta})$ 是 $(g_{\alpha\beta})$ 的逆矩阵, $\Gamma_{\alpha\beta}^\delta$ 是相应的 Christoffel 记号. 命

$$F(u^1, u^2) = g^{\alpha\gamma} g^{\beta\delta} f_{\alpha\beta} f_{\gamma\delta} + 2g^{\alpha\beta} f_\alpha f_\beta + f^2,$$

证明：$\dfrac{\partial F(u^1, u^2)}{\partial u^\alpha} = 0$, $\alpha = 1, 2$.

5.5. 证明：若 (u, v) 是曲面 S 上的参数系, 使得参数曲线网是曲面 S 上的正交曲率线网, 则主曲率 κ_1, κ_2 满足方程组

$$\frac{\partial \kappa_1}{\partial v} = \frac{E_v}{2E}(\kappa_2 - \kappa_1), \qquad \frac{\partial \kappa_2}{\partial u} = \frac{G_u}{2G}(\kappa_1 - \kappa_2).$$

5.6. 设曲面 $S : \boldsymbol{r} = \boldsymbol{r}(u, v)$ 的第一基本形式为

$$\mathrm{I} = \lambda^2(u, v)\left((\mathrm{d}u)^2 + (\mathrm{d}v)^2\right).$$

证明：

$$\boldsymbol{r}_{uu} + \boldsymbol{r}_{vv} = 2\lambda^2 H \boldsymbol{n},$$

其中 H 是曲面 S 的平均曲率, $\boldsymbol{n}$ 是它的单位法向量.

5.7. 已知曲面 S 的第一基本形式和第二基本形式分别是

$$\mathrm{I} = \lambda(u, v)\left((\mathrm{d}u)^2 + (\mathrm{d}v)^2\right), \quad \lambda(u, v) > 0,$$

$$\mathrm{II} = L(\mathrm{d}u)^2 + 2M \mathrm{d}u \mathrm{d}v + N(\mathrm{d}v)^2,$$

证明：

$$\lambda \frac{\partial H}{\partial u} = \frac{\partial}{\partial u}\left(\frac{L - N}{2}\right) + \frac{\partial M}{\partial v},$$

$$\lambda \frac{\partial H}{\partial v} = \frac{\partial M}{\partial u} - \frac{\partial}{\partial v}\left(\frac{L-N}{2}\right),$$

其中 H 是曲面 S 的平均曲率.

5.8. 设 S 是 E^3 中的一块曲面, 它的主曲率是两个互不相等的常值函数, 证明: S 是圆柱面的一部分.

5.9. 已知曲面 S 的第一基本形式和第二基本形式分别是

$$\mathrm{I} = u^2\left((\mathrm{d}u)^2 + (\mathrm{d}v)^2\right),$$
$$\mathrm{II} = A(u,v)(\mathrm{d}u)^2 + B(u,v)(\mathrm{d}v)^2,$$

证明: 函数 $A(u,v)$, $B(u,v)$ 满足关系式

$$A(u,v) \cdot B(u,v) = 1,$$

并且它们只是 u 的函数.

5.10. 已知曲面 S 的第一基本形式和第二基本形式分别是

$$\mathrm{I} = \frac{1}{u^2}\left((\mathrm{d}u)^2 + (\mathrm{d}v)^2\right),$$
$$\mathrm{II} = A(u,v)(\mathrm{d}u)^2 + B(u,v)(\mathrm{d}v)^2,$$

证明: 函数 $A(u,v)$, $B(u,v)$ 满足关系式

$$A(u,v) \cdot B(u,v) = -\frac{1}{u^4},$$

并且它们只是 u 的函数.

5.11. 假定曲面 S 的第一基本形式 I 和第二基本形式 II 具有如下的形状:

$$\mathrm{I} = -\mathrm{II} = (\mathrm{d}u)^2 + G(u)(\mathrm{d}v)^2,$$

求函数 $G(u)$. 如果进一步假定函数 $G(u)$ 满足条件 $G(0) = 1$, $G'(0) = 0$, 求该曲面的参数方程.

5.12. 判断下面给出的二次微分形式 φ, ψ 能否作为空间 E^3 中一块曲面的第一基本形式和第二基本形式？说明理由.

(1) $\varphi = (\mathrm{d}u)^2 + (\mathrm{d}v)^2$, $\psi = (\mathrm{d}u)^2 - (\mathrm{d}v)^2$;

(2) $\varphi = (\mathrm{d}u)^2 + \cos^2 u \,(\mathrm{d}v)^2$, $\psi = \cos^2 u \,(\mathrm{d}u)^2 + (\mathrm{d}v)^2$;

(3) $\varphi = (\mathrm{d}u)^2 + (\mathrm{d}v)^2$, $\psi = v^2 (\mathrm{d}u)^2$;

(4) $\varphi = (1 + \cos^2 u)(\mathrm{d}u)^2 + \sin^2 u \,(\mathrm{d}v)^2$,

$$\psi = \frac{\sin u}{\sqrt{1 + \cos^2 u}} \left((\mathrm{d}u)^2 + (\mathrm{d}v)^2 \right).$$

5.13. 已知二次微分形式 φ, ψ 如下：

$$\varphi = E(u,v)(\mathrm{d}u)^2 + G(u,v)(\mathrm{d}v)^2, \qquad \psi = \lambda(u,v) \cdot \varphi,$$

其中函数 $E(u,v) > 0$, $G(u,v) > 0$. 若 φ, ψ 能够作为空间 E^3 中一块曲面的第一基本形式和第二基本形式，则函数 $E(u,v)$, $G(u,v)$, $\lambda(u,v)$ 应该满足什么条件？

假定 $E(u,v) = G(u,v)$, 写出满足上述条件的一组函数 $E(u,v)$, $G(u,v)$, $\lambda(u,v)$ 的具体表达式.

5.14. 设有两个二次微分形式

$$\varphi = \cos^2 \theta \mathrm{d}u^2 + \sin^2 \theta \mathrm{d}v^2, \quad \psi = \sin \theta \cos \theta (\mathrm{d}u^2 - \mathrm{d}v^2),$$

其中 θ 是 u, v 的函数，且 $0 < \theta(u,v) < \pi/2$. 证明：在 E^3 中存在正则参数曲面以 φ, ψ 为它的第一基本形式和第二基本形式的充分必要条件是函数 $\theta(u,v)$ 满足微分方程

$$\frac{\partial^2 \theta}{\partial u^2} - \frac{\partial^2 \theta}{\partial v^2} = \frac{1}{2} \sin 2\theta.$$

5.15. 设有两个二次微分形式

$$\varphi = \lambda^2(u,v)(\mathrm{d}u^2 + \mathrm{d}v^2), \quad \psi = \mathrm{d}u^2 - \mathrm{d}v^2,$$

其中 $\lambda(u,v) > 0$. 证明: 在 E^3 中存在正则参数曲面以 φ, ψ 为它的第一基本形式和第二基本形式的充分必要条件是函数 $\lambda(u,v)$ 满足微分方程

$$\lambda\left(\frac{\partial^2\lambda}{\partial u^2} + \frac{\partial^2\lambda}{\partial v^2}\right) = 1 + \left(\frac{\partial\lambda}{\partial u}\right)^2 + \left(\frac{\partial\lambda}{\partial v}\right)^2.$$

若该曲面存在, 请描述它具有哪些特征性质?

5.16. 设有两个二次微分形式

$$\varphi = du^2 + dv^2, \quad \psi = \lambda(u,v)du^2 + \mu(u,v)dv^2,$$

求函数 λ, μ 应该满足的条件, 使 φ, ψ 成为 E^3 中一个曲面的第一基本形式和第二基本形式. 描述这张曲面的形状和类型.

5.17. 证明: 存在常数 a, 使得下面的两个二次微分形式

$$\varphi = \frac{du^2 + dv^2}{(1 + a(u^2 + v^2))^2}, \quad \psi = \frac{a(du^2 + dv^2)}{(1 + a(u^2 + v^2))^2}$$

能够分别作为某个曲面的第一基本形式和第二基本形式.

5.18. 已知曲面 S 的第一基本形式如下, 求它们的 Gauss 曲率 K.

(1) $\mathrm{I} = \dfrac{(du)^2 + (dv)^2}{\left(1 + \frac{c}{4}(u^2 + v^2)\right)^2}$, c 是常数;

(2) $\mathrm{I} = \dfrac{a^2((du)^2 + (dv)^2)}{v^2}$, $v > 0$, $a > 0$ 是常数;

(3) $\mathrm{I} = \dfrac{(du)^2 + (dv)^2}{(u^2 + v^2 + c^2)^2}$, $c > 0$ 是常数;

(4) $\mathrm{I} = (du)^2 + \mathrm{e}^{\frac{2u}{a}}(dv)^2$, a 是非零常数;

(5) $\mathrm{I} = (du)^2 + \cosh^2\dfrac{u}{a}(dv)^2$, a 是非零常数;

(6) $\mathrm{I} = (du)^2 + G(u)(dv)^2$.

5.19. 假定曲面 S 的第一基本形式为

$$\mathrm{I} = (du)^2 + 2\cos\theta dudv + (dv)^2,$$

其中 $\theta = \theta(u, v)$, 证明: 它的 Gauss 曲率是

$$K = -\frac{\theta_{uv}}{\sin \theta}.$$

5.20. 证明在下列曲面之间不存在保长对应:

(1) 球面;   (2) 柱面;   (3) 双曲抛物面: $z = x^2 - y^2$.

5.21. 在以下曲面中, 哪些曲面之间存在保长对应? 哪些曲面之间不可能存在保长对应? 说明理由.

(1) $S_1 : \boldsymbol{r}_1(u, v) = (\cos v - u \sin v, \sin v + u \cos v, u + v)$;

(2) $S_2 : \boldsymbol{r}_2(u, v) = (u + v, u - v, 2uv)$;

(3) $S_3 : \boldsymbol{r}_3(u, v) = \boldsymbol{a}(u) + v\boldsymbol{l}$, 其中 $\boldsymbol{a}(u)$ 是空间挠曲线, $\boldsymbol{l}$ 是常向量.

5.22. 已知曲面 S 和 $\tilde{S}$ 的第一基本形式分别是

$$\mathrm{I} = (\mathrm{d}u)^2 + (1 + u^2)(\mathrm{d}v)^2,$$
$$\tilde{\mathrm{I}} = \frac{\tilde{u}^2}{\tilde{u}^2 - 1} \mathrm{d}\tilde{u}^2 + \tilde{u}^2 \mathrm{d}\tilde{v}^2,$$

试问: 在曲面 S 和 $\tilde{S}$ 之间是否存在保长对应?

5.23. 设曲面 S 和 $\tilde{S}$ 的参数方程分别是

$$\boldsymbol{r} = (u \cos v, u \sin v, \log u),$$
$$\tilde{\boldsymbol{r}} = (\tilde{u} \cos \tilde{v}, \tilde{u} \sin \tilde{v}, \tilde{v}).$$

证明: 在对应 $u = \tilde{u}$, $v = \tilde{v}$ 下, 这两个曲面在对应点有相同的 Gauss 曲率, 但是在曲面 S 和 $\tilde{S}$ 之间不存在保长对应.

5.24. 已知曲面 S 和 $\tilde{S}$ 的第一基本形式分别是

$$\mathrm{I} = \mathrm{e}^{2v}((\mathrm{d}u)^2 + a^2(1 + u^2)(\mathrm{d}v)^2),$$
$$\tilde{\mathrm{I}} = \mathrm{e}^{2\tilde{v}}(\mathrm{d}\tilde{u}^2 + b^2(1 + \tilde{u}^2)\mathrm{d}\tilde{v}^2),$$

其中 $a^2 \neq b^2$. 证明: 在对应 $u = \tilde{u}$, $v = \tilde{v}$ 下, 这两个曲面在对应点有相同的 Gauss 曲率, 但是该对应不是曲面 S 和 $\tilde{S}$ 之间的保长对应.

5.25. 已知曲面 S 和 $\tilde{S}$ 的参数方程分别是

$$\boldsymbol{r} = (u \cos v, u \sin v, v)$$

和

$$\tilde{\boldsymbol{r}} = (\tilde{u} \cos \tilde{v}, \tilde{u} \sin \tilde{v}, \log(\tilde{u} + \sqrt{(\tilde{u})^2 - 1})).$$

判断在这两个曲面之间是否能够建立保长对应? 说明理由.

第六章　　测地曲率和测地线

§6.1　要点和公式

1. Gauss 绝妙定理给出了曲面的 Gauss 曲率 K 用第一基本形式表示的公式，开创了微分几何学的新时代，也就是把给定第一基本形式的抽象曲面作为研究对象的内蕴几何学的时代. 通常，我们把欧氏平面看作是二维平直空间 (Gauss 曲率为零), 而把给定第一基本形式的抽象曲面称为二维弯曲空间. 本章的目标就是研究二维弯曲空间中的几何学.

2. 首先要研究二维弯曲空间中曲线的弯曲性质. 我们采取的方法是先研究落在三维欧氏空间 E^3 中的曲面上的曲线的曲率依赖曲面第一基本形式的部分，这部分曲率称为曲面上曲线的测地曲率，在曲面作保长变换时它是保持不变的. 也就是说曲面上曲线的这部分曲率与曲面在外围空间 E^3 中的具体形状是无关的.

3. 设正则参数曲面 S 的方程是 $\boldsymbol{r} = \boldsymbol{r}(u^1, u^2)$, C 是曲面 S 上的一条曲线，它的方程是 $u^\alpha = u^\alpha(s), \alpha = 1, 2$, 其中 s 是曲线 C 的弧长参数. 那么 C 作为空间 E^3 中的曲线的参数方程是

$$\boldsymbol{r} = \boldsymbol{r}(s) = \boldsymbol{r}(u^1(s), u^2(s)).$$

我们要沿曲线 C 建立一个新的正交标架场 $\{\boldsymbol{r}; \boldsymbol{e}_1, \boldsymbol{e}_2, \boldsymbol{e}_3\}$, 使得它兼顾曲线 C 和曲面 S, 其定义是

$$\boldsymbol{e}_1 = \frac{\mathrm{d}\boldsymbol{r}(s)}{\mathrm{d}s} = \boldsymbol{\alpha}(s), \quad \boldsymbol{e}_3 = \boldsymbol{n}(s), \quad \boldsymbol{e}_2 = \boldsymbol{e}_3 \times \boldsymbol{e}_1 = \boldsymbol{n}(s) \times \boldsymbol{\alpha}(s).$$

在直观上，向量 $\boldsymbol{e}_2$ 是将曲线 C 的切向量 $\boldsymbol{e}_1 = \boldsymbol{\alpha}$ 围绕曲面 S 的单位法向量 $\boldsymbol{n}$ 按正向旋转 $90°$ 得到的. 该标架场沿曲线 C 的运动公式是

$$\frac{\mathrm{d}\boldsymbol{r}(s)}{\mathrm{d}s} = \boldsymbol{e}_1,$$

$$\frac{\mathrm{d}\boldsymbol{e}_1}{\mathrm{d}s} = \qquad\quad \kappa_g \boldsymbol{e}_2 + \kappa_n \boldsymbol{e}_3,$$

$$\frac{\mathrm{d}\boldsymbol{e}_2}{\mathrm{d}s} = -\kappa_g \boldsymbol{e}_1 \qquad\quad + \tau_g \boldsymbol{e}_3,$$

$$\frac{\mathrm{d}\boldsymbol{e}_3}{\mathrm{d}s} = -\kappa_n \boldsymbol{e}_1 - \tau_g \boldsymbol{e}_2,$$

其中 $\kappa_n \boldsymbol{e}_3$ 是曲线 C 的曲率向量在曲面 S 的法向量上的正交投影, 故 κ_n 恰好是曲面 S 上的曲线 C 的法曲率; $\kappa_g \boldsymbol{e}_2$ 是曲线 C 的曲率向量在曲面 S 的切平面上的正交投影. 这里的 κ_g 的计算公式是

$$\kappa_g = \frac{\mathrm{d}^2 \boldsymbol{r}(s)}{\mathrm{d}s^2} \cdot \boldsymbol{e}_2 = \boldsymbol{r}''(s) \cdot (\boldsymbol{n}(s) \times \boldsymbol{r}'(s))$$
$$= (\boldsymbol{n}(s), \boldsymbol{r}'(s), \boldsymbol{r}''(s)),$$

把最后的式子展开得到

$$\kappa_g = \sqrt{g_{11}g_{22} - (g_{12})^2} \begin{vmatrix} \dfrac{\mathrm{d}u^1}{\mathrm{d}s} & \dfrac{\mathrm{d}^2 u^1}{\mathrm{d}s^2} + \Gamma^1_{\alpha\beta}\dfrac{\mathrm{d}u^\alpha}{\mathrm{d}s}\dfrac{\mathrm{d}u^\beta}{\mathrm{d}s} \\[4mm] \dfrac{\mathrm{d}u^2}{\mathrm{d}s} & \dfrac{\mathrm{d}^2 u^2}{\mathrm{d}s^2} + \Gamma^2_{\alpha\beta}\dfrac{\mathrm{d}u^\alpha}{\mathrm{d}s}\dfrac{\mathrm{d}u^\beta}{\mathrm{d}s} \end{vmatrix}.$$

很明显, κ_g 只依赖曲线 C 作为曲面 S 内的曲线的参数方程, 以及曲面 S 的第一基本形式和曲面本身的定向, 与曲面 S 在 E^3 中的具体形状是没有关系的. 我们把 κ_g 称为曲线 C 作为曲面 S 内的曲线的测地曲率. 这个量对于抽象曲面内的曲线照样能够计算, 因此是属于曲面的内蕴几何学的量. 如果 S 是欧氏平面, 则 S 内的曲线 C 的测地曲率就是平面曲线的相对曲率. 当曲面的定向翻转时, 该曲面上的曲线的测地曲率将改变符号.

曲线 C 作为曲面 S 内的曲线的测地曲率 κ_g 和它作为空间曲线的曲率 κ 的关系式是

$$\kappa_g = \kappa \cos\tilde{\varphi}, \quad \kappa^2 = \kappa_g^2 + \kappa_n^2,$$

这里 $\tilde{\varphi}$ 是曲线 C 的次法向量和曲面 S 的单位法向量之间的夹角.

4. 沿曲线 C 的上述正交标架场的运动公式中的 τ_g 不是属于曲面的内蕴几何学的量, 它的计算公式是

$$\tau_g = \frac{1}{\sqrt{g_{11}g_{22} - (g_{12})^2}} \left| \begin{array}{ccc} \left(\dfrac{\mathrm{d}u^2}{\mathrm{d}s}\right)^2 & -\dfrac{\mathrm{d}u^1}{\mathrm{d}s}\dfrac{\mathrm{d}u^2}{\mathrm{d}s} & \left(\dfrac{\mathrm{d}u^1}{\mathrm{d}s}\right)^2 \\ g_{11} & g_{12} & g_{22} \\ b_{11} & b_{12} & b_{22} \end{array} \right|,$$

称为曲线的测地挠率. 实际上, 测地挠率 τ_g 和法曲率 κ_n 的性质相同, 都是曲面 S 在任意一点的切方向的函数, 与曲线 C 本身的弯曲性质无关. 它有一些特殊的几何意义: 曲面上的测地线和渐近曲线作为外围空间 E^3 中的曲线的挠率恰好是测地挠率 (参看例题 6.3). 此外, 曲面上的曲率线恰好是测地挠率 $\tau_g = 0$ 的曲线 (参看第四章 §4.1 第 9 款, 或例题 6.5).

5. 假定曲面 S 上的参数曲线网是正交曲线网, 即曲面 S 的第一基本形式是

$$\mathrm{I} = E(\mathrm{d}u)^2 + G(\mathrm{d}v)^2,$$

曲线 C 的参数方程是 $u = u(s), v = v(s)$, s 是弧长参数, 它与 u-曲线的夹角是 θ, 则曲线 C 的测地曲率的 Liouville 公式是

$$\kappa_g = \frac{\mathrm{d}\theta}{\mathrm{d}s} - \frac{1}{2\sqrt{G}}\frac{\partial \log E}{\partial v}\cos\theta + \frac{1}{2\sqrt{E}}\frac{\partial \log G}{\partial u}\sin\theta.$$

6. 在曲面 S 上测地曲率恒等于零的曲线称为曲面 S 上的测地线. 曲面 S 上的测地线是属于曲面 S 的内蕴几何学的概念.

因为平面曲线的测地曲率就是它的相对曲率, 因此平面上的测地线就是该平面上的直线. 由此可见, 曲面上的测地线的概念是平面上的直线概念的推广.

7. 曲面 S 上的测地线 C 作为 S 的外围空间 E^3 中的曲线的特征是: 或者曲线 C 本身是直线, 或者它的主法向量处处是曲面 S 的法向量. 从运动学观点来看, 测地线 C 的特征是: 如果在曲面 S 上运动

的质点 p 只受到将它约束在曲面 S 上的力的作用 (即作用力的方向垂直于曲面 S), 则点 p 的轨迹 C 是曲面 S 上的测地线.

8. 曲面 S 上的测地线 C 所满足的内在微分方程是

$$\frac{\mathrm{d}^2 u^\gamma}{\mathrm{d}s^2} + \Gamma^\gamma_{\alpha\beta} \frac{\mathrm{d}u^\alpha}{\mathrm{d}s} \frac{\mathrm{d}u^\beta}{\mathrm{d}s} = 0, \quad \gamma = 1, 2.$$

若曲面 S 的第一基本形式是 $\mathrm{I} = E(\mathrm{d}u)^2 + G(\mathrm{d}v)^2$, 则由测地曲率的 Liouville 公式得到测地线 $u = u(s), v = v(s)$ 满足的微分方程是

$$\frac{\mathrm{d}u}{\mathrm{d}s} = \frac{1}{\sqrt{E}} \cos\theta, \qquad \frac{\mathrm{d}v}{\mathrm{d}s} = \frac{1}{\sqrt{G}} \sin\theta,$$

$$\frac{\mathrm{d}\theta}{\mathrm{d}s} = \frac{1}{2\sqrt{G}} \frac{\partial \log E}{\partial v} \cos\theta - \frac{1}{2\sqrt{E}} \frac{\partial \log G}{\partial u} \sin\theta,$$

这里 θ 是测地线与 u-曲线的夹角. 根据常微分方程的理论, 在曲面上任意指定一点和在该点的任意一个切方向, 则在曲面上有唯一的一条测地线经过该点、并与指定的切方向相切.

9. 曲面 S 上的测地线 C 所满足的内在特征是: 对于它在曲面 S 内的任意一个有固定端点的变分 C_t $(-\varepsilon < t < \varepsilon)$ 而言, $C \, (= C_0)$ 的弧长是变分曲线 C_t 的弧长的临界值.

设 $C: u^\alpha = u^\alpha(s), \alpha = 1, 2$ 是曲面 $S: \boldsymbol{r} = \boldsymbol{r}(u^1, u^2)$ 上的一条曲线, 其中 $a \leq s \leq b$, 且 s 是曲线 C 的弧长参数. C 在曲面 S 内的一个变分是指定义在区域 $[a, b] \times (-\varepsilon, \varepsilon)$ 上的可微函数

$$u^\alpha = u^\alpha(s, t) \qquad \alpha = 1, 2,$$

使得 $u^\alpha(s, 0) = u^\alpha(s)$. 对于任意指定的 $t \in (-\varepsilon, \varepsilon)$, 把曲线 $\boldsymbol{r} = \boldsymbol{r}(u^1(s, t), u^2(s, t))$ 记为 C_t, 则 $C = C_0$. 对于有固定端点的变分还要满足条件

$$u^\alpha(a, t) = u^\alpha(a), \qquad u^\alpha(b, t) = u^\alpha(b), \qquad -\varepsilon < t < \varepsilon.$$

设曲面 S 的第一基本形式为 $\mathrm{I} = g_{\alpha\beta}\mathrm{d}u^\alpha \mathrm{d}u^\beta$, 则变分曲线 C_t 的长度是

$$L(C_t) = \int_a^b \sqrt{g_{\alpha\beta}(u^1(s, t), u^2(s, t)) \frac{\partial u^\alpha(s, t)}{\partial s} \frac{\partial u^\beta(s, t)}{\partial s}} \, \mathrm{d}s.$$

那么曲线 C 的有固定端点变分的弧长第一变分公式是

$$\frac{\mathrm{d}}{\mathrm{d}t} L(C_t)\bigg|_{t=0} = -\int_a^b g_{\alpha\beta} v^\alpha \left(\frac{\mathrm{d}^2 u^\beta}{\mathrm{d}s^2} + \Gamma_{\gamma\delta}^\beta \frac{\mathrm{d}u^\gamma}{\mathrm{d}s} \frac{\mathrm{d}u^\delta}{\mathrm{d}s} \right) \mathrm{d}s,$$

其中

$$v^\alpha(s) = \frac{\partial}{\partial t}\bigg|_{t=0} u^\alpha(s,t).$$

因此, 对于曲线 C 在曲面 S 内的任意一个有固定端点变分都满足

$$\frac{\mathrm{d}}{\mathrm{d}t} L(C_t)\bigg|_{t=0} = 0$$

的条件是 C 为曲面 S 上的测地线.

设 p, q 是曲面 S 上的任意两点, 如果曲线 C 是在曲面 S 上连接 p, q 两点的最短线, 则 C 必是曲面 S 上的测地线. 这正好是平面内直线段的性质.

10. 在曲面 S 上任意一点 p 的邻域内必存在参数系 (u, v) 使得 $u(p) = 0, v(p) = 0$, 并且曲面的第一基本形式成为

$$\mathrm{I} = (\mathrm{d}u)^2 + G(u, v)(\mathrm{d}v)^2,$$

其中函数 G 满足条件

$$G(0, v) = 1, \qquad \frac{\partial G}{\partial u}(0, v) = 0.$$

此时, 曲线 $u = 0$ 本身是一条测地线, 而每一条 u-曲线都是与曲线 $u = 0$ 正交的测地线, 并且以 u 为它的弧长参数. 这样的参数系称为曲面在点 p 附近的测地平行坐标系.

11. 在曲面 S 上任意一点 p 都有一个映射 $\exp_p$, 它把切空间在零向量的一个邻域可微同胚地映到曲面 S 在点 p 的一个邻域, 并且它把从点 p 出发的切线映为曲面 S 中从点 p 出发、且与该切线相切的测地线. 这个映射称为曲面 S 在点 p 的指数映射. 于是, 在点 p 的邻域内存

在参数系 (u, v) 使得从点 p 出发的测地线的参数方程为 $u = as, v = bs$, 其中 $a^2 + b^2 = 1$. 这样的参数系 (u, v) 称为曲面 S 在点 p 的法坐标系. 法坐标系的特征是

$$g_{\alpha\beta}(0, 0) = \delta_{\alpha\beta}, \quad \frac{\partial g_{\alpha\beta}}{\partial u^\gamma}(0, 0) = 0.$$

12. 在曲面 S 上任意一点 p 的邻域内除去从点 p 出发的一条测地线外, 存在参数系 (u, v) 使得曲面 S 的第一基本形式成为

$$\mathrm{I} = (\mathrm{d}u)^2 + G(u, v)(\mathrm{d}v)^2,$$

其中函数 G 满足条件

$$\lim_{u \to 0} G(u, v) = 0, \quad \lim_{u \to 0} \frac{\partial \sqrt{G}}{\partial u}(u, v) = 1.$$

这样的参数系称为曲面 S 在 p 点的测地极坐标系. 此时, u-曲线都是从点 p 出发的测地线, 且以 u 为它的弧长参数.

13. Gauss 曲率为常数 K 的曲面的第一基本形式可以表示成

当 $K > 0$ 时, $\quad \mathrm{I} = (\mathrm{d}u)^2 + \cos^2(\sqrt{K}u)(\mathrm{d}v)^2$,

当 $K = 0$ 时, $\quad \mathrm{I} = (\mathrm{d}u)^2 + (\mathrm{d}v)^2$,

当 $K < 0$ 时, $\quad \mathrm{I} = (\mathrm{d}u)^2 + \cosh^2(\sqrt{-K}u)(\mathrm{d}v)^2$.

因此, 有相同常数 Gauss 曲率的曲面彼此都可以建立保长对应.

14. 假定 $\boldsymbol{X}(u^1, u^2)$ 是定义在曲面 S 上的一个切向量场, 它在曲面的自然切标架场 $\{\boldsymbol{r}; \boldsymbol{r}_1, \boldsymbol{r}_2\}$ 下表为 $\boldsymbol{X}(u^1, u^2) = x^\alpha(u^1, u^2)\boldsymbol{r}_\alpha(u^1, u^2)$. 定义

$$\mathrm{D}\boldsymbol{X}(u^1, u^2) = (\mathrm{d}x^\alpha + x^\beta \Gamma^\alpha_{\beta\gamma}\mathrm{d}u^\gamma)\boldsymbol{r}_\alpha, \quad \mathrm{D}x^\alpha = \mathrm{d}x^\alpha + x^\beta \Gamma^\alpha_{\beta\gamma}\mathrm{d}u^\gamma,$$

则称 $\mathrm{D}\boldsymbol{X}(u^1, u^2)$ 为曲面 S 上的切向量场 $\boldsymbol{X}(u^1, u^2)$ 的协变微分, 称 $\mathrm{D}x^\alpha$ 为切向量场 $\boldsymbol{X}$ 的分量 $x^\alpha(u^1, u^2)$ 的协变微分.

协变微分属于曲面内蕴几何学的概念. 它具有通常的微分所具有的运算法则:

(1) $\mathrm{D}(\boldsymbol{X} + \boldsymbol{Y}) = \mathrm{D}\boldsymbol{X} + \mathrm{D}\boldsymbol{Y}$;

(2) $\mathrm{D}(f \cdot \boldsymbol{X}) = \mathrm{d}f \cdot \boldsymbol{X} + f \cdot \mathrm{D}\boldsymbol{X}$;

(3) $\mathrm{d}(\boldsymbol{X} \cdot \boldsymbol{Y}) = \mathrm{D}\boldsymbol{X} \cdot \boldsymbol{Y} + \boldsymbol{X} \cdot \mathrm{D}\boldsymbol{Y}$,

其中 $\boldsymbol{X}$, $\boldsymbol{Y}$ 是曲面 S 上的可微切向量场, f 是定义在曲面 S 上的可微函数.

15. 设 $C : u^\alpha = u^\alpha(t)$ 是曲面 S 上的一条曲线, 假定 $\boldsymbol{X}(t) = x^\alpha(t)\boldsymbol{r}_\alpha(u^1(t), u^2(t))$ 是曲面 S 上沿曲线 C 定义的一个切向量场. 如果

$$\frac{\mathrm{D}\boldsymbol{X}(t)}{\mathrm{d}t} = \left(\frac{\mathrm{d}x^\alpha(t)}{\mathrm{d}t} + \Gamma^\alpha_{\beta\gamma} x^\beta(t) \frac{\mathrm{d}u^\gamma(t)}{\mathrm{d}t} \right) \boldsymbol{r}_\alpha = 0,$$

即

$$\frac{\mathrm{D}x^\alpha(t)}{\mathrm{d}t} = \frac{\mathrm{d}x^\alpha(t)}{\mathrm{d}t} + \Gamma^\alpha_{\beta\gamma} x^\beta(t) \frac{\mathrm{d}u^\gamma(t)}{\mathrm{d}t} = 0,$$

则称在曲面 S 上沿曲线 C 定义的切向量场 $\boldsymbol{X}(t)$ 沿曲线 C 是平行的.

设 C 是在曲面 S 上一条曲线, 在曲线 C 上任意一点 p 指定一个切向量 $\boldsymbol{X}_0$, 则沿曲线 C 便产生了唯一的一个平行切向量场 $\boldsymbol{X}(t)$, 使得它在点 p 恰好是指定的切向量 $\boldsymbol{X}_0$, 即它满足条件 $\dfrac{\mathrm{D}\boldsymbol{X}(t)}{\mathrm{d}t} = 0$, $\boldsymbol{X}(0) = \boldsymbol{X}_0$, 该切向量场称为切向量 $\boldsymbol{X}$ 沿曲线 C 的平行移动. 切向量沿曲线 C 的平行移动保持切向量的长度和夹角不变.

16. Gauss-Bonnet 公式: 假定曲线 C 是有向曲面 S 上的一条由 n 段光滑曲线组成的分段光滑简单闭曲线, 它所包围的区域 D 是曲面 S 的一个单连通区域, 则

$$\oint_C \kappa_g \mathrm{d}s + \iint_D K \mathrm{d}\sigma = 2\pi - \sum_{i=1}^n \alpha_i,$$

其中 κ_g 是曲线 C 的测地曲率, K 是曲面 S 的 Gauss 曲率, α_i 表示曲线 C 在角点 $s = s_i$ 的外角.

17. Gauss-Bonnet 定理: 假定 S 是有界的无边有向闭曲面, 则

$$\iint_D K \mathrm{d}\sigma = 2\pi\chi(S) = 4\pi(1 - \mathfrak{g}),$$

其中 $\chi(S)$ 是曲面 S 的 Euler 示性数, $\mathfrak{g}$ 是曲面 S 的亏格.

18. 利用 Gauss-Bonnet 公式可以证明: 当单位向量 $\boldsymbol{X}$ 围绕落在曲面 S 上的分段光滑简单闭曲线 C 平行移动一周后再回到出发点时与初始单位向量 $\boldsymbol{X}$ 会有一个夹角, 如果曲线 C 所围成的区域 D 是单连通的, 则所转过的角度恰好是曲面 S 的 Gauss 曲率 K 在曲线 C 所围成的单连通区域 D 上的积分. 这个事实说明弯曲空间和平直空间的差异.

§6.2   例题详解

例题 6.1   设 C 是在曲面 S 上的一条正则曲线, 则曲线 C 在点 p 的测地曲率等于把曲线 C 投影到曲面 S 在点 p 的切平面上所得的曲线在该点的相对曲率, 其中切平面的正向由曲面 S 在点 p 的法向量 $\boldsymbol{n}$ 给出.

证明   设曲面 S 在点 p 的切平面是 Π, 从 C 上各点向平面 Π 作垂直的投影线, 这些投影线构成一个柱面, 记为 $\tilde{S}$, 那么曲线 C 是曲面 S 和 $\tilde{S}$ 的交线, 曲面 S 在点 p 的法向量 $\boldsymbol{n}$ 是曲面 $\tilde{S}$ 在点 p 的切向量. 因为曲线 C 是曲面 S 和 $\tilde{S}$ 的交线, 所以曲线 C 的切向量 $\boldsymbol{e}_1$ 既是曲面 S 的切向量, 也是曲面 $\tilde{S}$ 的切向量, 因此

$$\boldsymbol{e}_2 = \boldsymbol{n} \times \boldsymbol{e}_1$$

是曲面 $\tilde{S}$ 的法向量. 设曲线 $\tilde{C}$ 是曲面 $\tilde{S}$ 和平面 Π 的交线, 它正好是曲线 C 在平面 Π 上的投影曲线. 由于 $\boldsymbol{e}_2$ 是曲面 $\tilde{S}$ 的法向量, 故 Π 是曲面 $\tilde{S}$ 的法截面. 于是, 从曲面 $\tilde{S}$ 上来观察, 投影曲线 $\tilde{C}$ 是曲面 $\tilde{S}$ 上与曲线 C 相切的一条法截线, 而且法截面 Π 的正向是由 $\boldsymbol{n}$ 给出的, 即从 $\boldsymbol{e}_1$ 到 $\boldsymbol{e}_2$ 的夹角是 $+90°$.

设曲线 C 的方程是 $\boldsymbol{r} = \boldsymbol{r}(s)$, 则

C 作为曲面 S 上的曲线的测地曲率 κ_g

$$= \frac{\mathrm{d}^2\boldsymbol{r}(s)}{\mathrm{d}s^2} \cdot \boldsymbol{e}_2$$

$= C$ 作为曲面 $\tilde{S}$ 上的曲线的法曲率 $\tilde{\kappa}_n$

$=$ 曲面 $\tilde{S}$ 上与 C 相切的法截线 $\tilde{C}$ 的法曲率

$= \tilde{C}$ 作为平面 Π 上的曲线的相对曲率,

上式的最后一个等号成立的理由参看 §4.1 第 3 款. 证毕.

与本题相对应的关于法曲率的命题参看例题 4.6.

例题 6.2　证明 §6.1 第 5 款关于测地曲率的 Liouville 公式.

证明　设 (u, v) 是曲面 S 的正交参数系, 其第一基本形式是 $\mathrm{I} = E(\mathrm{d}u)^2 + G(\mathrm{d}v)^2$. 设曲线 C 的参数方程是 $u = u(s), v = v(s)$, s 是弧长参数.

把 u-曲线和 v-曲线的单位切向量分别记成 $\boldsymbol{\alpha}_1$ 和 $\boldsymbol{\alpha}_2$, 于是

$$\boldsymbol{\alpha}_1 = \frac{1}{\sqrt{E}}\boldsymbol{r}_u, \qquad \boldsymbol{\alpha}_2 = \frac{1}{\sqrt{G}}\boldsymbol{r}_v,$$

因此曲线 C 的单位切向量能够表示成

$$\begin{aligned}
\frac{\mathrm{d}\boldsymbol{r}(s)}{\mathrm{d}s} &= \boldsymbol{e}_1 = \cos\theta\,\boldsymbol{\alpha}_1 + \sin\theta\,\boldsymbol{\alpha}_2 \\
&= \boldsymbol{r}_u\frac{\mathrm{d}u(s)}{\mathrm{d}s} + \boldsymbol{r}_v\frac{\mathrm{d}v(s)}{\mathrm{d}s} = \sqrt{E}\frac{\mathrm{d}u(s)}{\mathrm{d}s}\boldsymbol{\alpha}_1 + \sqrt{G}\frac{\mathrm{d}v(s)}{\mathrm{d}s}\boldsymbol{\alpha}_2,
\end{aligned}$$

所以

$$\cos\theta = \sqrt{E}\frac{\mathrm{d}u(s)}{\mathrm{d}s}, \qquad \sin\theta = \sqrt{G}\frac{\mathrm{d}v(s)}{\mathrm{d}s},$$

其中 θ 是 $\boldsymbol{r}'(s)$ 与 $\boldsymbol{\alpha}_1$ 的夹角.

因为切向量 $\boldsymbol{e}_2$ 是将切向量 $\boldsymbol{e}_1$ 在切平面内作正向旋转 $90°$ 得到的, 即 $\boldsymbol{e}_2 = \boldsymbol{n} \times \boldsymbol{e}_1$, 所以

$$\boldsymbol{e}_2 = -\sin\theta\,\boldsymbol{\alpha}_1 + \cos\theta\,\boldsymbol{\alpha}_2.$$

但是

$$\frac{\mathrm{d}^2 \boldsymbol{r}(s)}{\mathrm{d}s^2} = \frac{\mathrm{d}}{\mathrm{d}s}(\cos\theta\,\boldsymbol{\alpha}_1 + \sin\theta\,\boldsymbol{\alpha}_2)$$
$$= (-\sin\theta\,\boldsymbol{\alpha}_1 + \cos\theta\,\boldsymbol{\alpha}_2)\frac{\mathrm{d}\theta}{\mathrm{d}s} + \cos\theta\frac{\mathrm{d}\boldsymbol{\alpha}_1}{\mathrm{d}s} + \sin\theta\frac{\mathrm{d}\boldsymbol{\alpha}_2}{\mathrm{d}s},$$

所以

$$\kappa_g = \frac{\mathrm{d}^2 \boldsymbol{r}(s)}{\mathrm{d}s^2}\cdot\boldsymbol{e}_2 = \frac{\mathrm{d}\theta}{\mathrm{d}s} + \cos\theta\frac{\mathrm{d}\boldsymbol{\alpha}_1}{\mathrm{d}s}\cdot\boldsymbol{e}_2 + \sin\theta\frac{\mathrm{d}\boldsymbol{\alpha}_2}{\mathrm{d}s}\cdot\boldsymbol{e}_2.$$

然而

$$\frac{\mathrm{d}\boldsymbol{\alpha}_1}{\mathrm{d}s}\cdot\boldsymbol{\alpha}_1 = \frac{\mathrm{d}\boldsymbol{\alpha}_2}{\mathrm{d}s}\cdot\boldsymbol{\alpha}_2 = 0, \quad \frac{\mathrm{d}\boldsymbol{\alpha}_1}{\mathrm{d}s}\cdot\boldsymbol{\alpha}_2 = -\frac{\mathrm{d}\boldsymbol{\alpha}_2}{\mathrm{d}s}\cdot\boldsymbol{\alpha}_1,$$

因此

$$\kappa_g = \frac{\mathrm{d}\theta}{\mathrm{d}s} + \cos\theta\frac{\mathrm{d}\boldsymbol{\alpha}_1}{\mathrm{d}s}\cdot(-\sin\theta\boldsymbol{\alpha}_1 + \cos\theta\boldsymbol{\alpha}_2)$$
$$+ \sin\theta\frac{\mathrm{d}\boldsymbol{\alpha}_2}{\mathrm{d}s}\cdot(-\sin\theta\boldsymbol{\alpha}_1 + \cos\theta\boldsymbol{\alpha}_2)$$
$$= \frac{\mathrm{d}\theta}{\mathrm{d}s} + \cos^2\theta\frac{\mathrm{d}\boldsymbol{\alpha}_1}{\mathrm{d}s}\cdot\boldsymbol{\alpha}_2 - \sin^2\theta\frac{\mathrm{d}\boldsymbol{\alpha}_2}{\mathrm{d}s}\cdot\boldsymbol{\alpha}_1$$
$$= \frac{\mathrm{d}\theta}{\mathrm{d}s} + \frac{\mathrm{d}\boldsymbol{\alpha}_1}{\mathrm{d}s}\cdot\boldsymbol{\alpha}_2.$$

对 $\boldsymbol{\alpha}_1$ 求导数得到

$$\frac{\mathrm{d}\boldsymbol{\alpha}_1}{\mathrm{d}s} = \frac{\mathrm{d}}{\mathrm{d}s}\left(\frac{1}{\sqrt{E}}\right)\boldsymbol{r}_u + \frac{1}{\sqrt{E}}\left(\boldsymbol{r}_{uu}\frac{\mathrm{d}u}{\mathrm{d}s} + \boldsymbol{r}_{uv}\frac{\mathrm{d}v}{\mathrm{d}s}\right),$$
$$\frac{\mathrm{d}\boldsymbol{\alpha}_1}{\mathrm{d}s}\cdot\boldsymbol{\alpha}_2 = \frac{1}{\sqrt{EG}}\left(\boldsymbol{r}_{uu}\cdot\boldsymbol{r}_v\frac{\mathrm{d}u}{\mathrm{d}s} + \boldsymbol{r}_{uv}\cdot\boldsymbol{r}_v\frac{\mathrm{d}v}{\mathrm{d}s}\right).$$

因为 $\boldsymbol{r}_u$ 和 $\boldsymbol{r}_v$ 是彼此正交的, 容易得知

$$\boldsymbol{r}_{uu}\cdot\boldsymbol{r}_v = (\boldsymbol{r}_u\cdot\boldsymbol{r}_v)_u - \boldsymbol{r}_u\cdot\boldsymbol{r}_{uv} = -\boldsymbol{r}_u\cdot\boldsymbol{r}_{uv}$$
$$= -\frac{1}{2}\frac{\partial}{\partial v}(\boldsymbol{r}_u\cdot\boldsymbol{r}_u) = -\frac{1}{2}\frac{\partial E}{\partial v},$$
$$\boldsymbol{r}_{uv}\cdot\boldsymbol{r}_v = \frac{1}{2}\frac{\partial}{\partial u}(\boldsymbol{r}_v\cdot\boldsymbol{r}_v) = \frac{1}{2}\frac{\partial G}{\partial u}.$$

所以

$$\frac{\mathrm{d}\boldsymbol{\alpha}_1}{\mathrm{d}s} \cdot \boldsymbol{\alpha}_2 = \frac{1}{\sqrt{EG}}\left(-\frac{1}{2\sqrt{E}}\frac{\partial E}{\partial v}\cos\theta + \frac{1}{2\sqrt{G}}\frac{\partial G}{\partial u}\sin\theta\right)$$

$$= -\frac{1}{2\sqrt{G}}\frac{\partial \log E}{\partial v}\cos\theta + \frac{1}{2\sqrt{E}}\frac{\partial \log G}{\partial u}\sin\theta,$$

因此

$$\kappa_g = \frac{\mathrm{d}\theta}{\mathrm{d}s} - \frac{1}{2\sqrt{G}}\frac{\partial \log E}{\partial v}\cos\theta + \frac{1}{2\sqrt{E}}\frac{\partial \log G}{\partial u}\sin\theta.$$

例题 6.3 证明：(1) 曲面 S 上的非直线的测地线的挠率恰好是曲面 S 沿该曲线的切方向上的测地挠率.

(2) 在曲面 S 上非直线的渐近曲线 C 的挠率是曲面 S 沿曲线 C 的切方向的测地挠率.

证明 (1) 按照 §6.1 第 3 款的方式沿曲线 C 取单位正交标架场 $\{\boldsymbol{r}(s); \boldsymbol{e}_1, \boldsymbol{e}_2, \boldsymbol{e}_3\}$. 由于 C 是曲面 S 上的测地线, 故 $\kappa_g = 0$, 于是该标架场的运动公式成为

$$\frac{\mathrm{d}\boldsymbol{r}}{\mathrm{d}s} = \boldsymbol{e}_1,$$

$$\frac{\mathrm{d}\boldsymbol{e}_1}{\mathrm{d}s} = |\kappa_n|(\varepsilon\boldsymbol{e}_3),$$

$$\frac{\mathrm{d}(\varepsilon\boldsymbol{e}_3)}{\mathrm{d}s} = -|\kappa_n|\boldsymbol{e}_1 + \tau_g(-\varepsilon\boldsymbol{e}_2),$$

$$\frac{\mathrm{d}(-\varepsilon\boldsymbol{e}_2)}{\mathrm{d}s} = -\tau_g(\varepsilon\boldsymbol{e}_3),$$

这里 ε 是指法曲率 κ_n 的正负号. 由此可见, $\{\boldsymbol{r}(s); \boldsymbol{e}_1, \varepsilon\boldsymbol{e}_3, -\varepsilon\boldsymbol{e}_2\}$ 是沿曲线 $\boldsymbol{r} = \boldsymbol{r}(s)$ 的 Frenet 标架, 上面的公式恰好是曲线 C 的 Frenet 公式. 所以曲线 C 的曲率是 $|\kappa_n|$, 挠率是 τ_g.

(2) 证明方法与 (1) 相仿. 按照 §6.1 第 3 款的方式沿曲线 C 取单位正交标架场 $\{\boldsymbol{r}(s); \boldsymbol{e}_1, \boldsymbol{e}_2, \boldsymbol{e}_3\}$. 由于曲线 C 是非直线的渐近曲线, 故 $\kappa \neq 0$, 但是 $\kappa_n \equiv 0$, 于是该标架场的运动公式成为

$$\frac{\mathrm{d}\boldsymbol{r}(s)}{\mathrm{d}s} = \boldsymbol{e}_1,$$

$$\frac{\mathrm{d}\boldsymbol{e}_1}{\mathrm{d}s} = \quad\quad\quad |\kappa_g|(\varepsilon\boldsymbol{e}_2),$$

$$\frac{\mathrm{d}(\varepsilon\boldsymbol{e}_2)}{\mathrm{d}s} = -|\kappa_g|\boldsymbol{e}_1 \quad\quad\quad +\tau_g(\varepsilon\boldsymbol{e}_3),$$

$$\frac{\mathrm{d}(\varepsilon\boldsymbol{e}_3)}{\mathrm{d}s} = \quad\quad\quad -\tau_g(\varepsilon\boldsymbol{e}_2).$$

因为

$$\kappa_g^2 = \kappa_g^2 + \kappa_n^2 = \kappa^2 \neq 0,$$

所以 $\{\boldsymbol{r}(s); \boldsymbol{e}_1, \varepsilon\boldsymbol{e}_2, \varepsilon\boldsymbol{e}_3\}$ 恰好是曲线 C 的 Frenet 标架, 其中 ε 是测地曲率 κ_g 的符号. 因此上式说明曲线 C 的曲率是 $|\kappa_g|$, 挠率是 τ_g. 证毕.

本题的技巧是充分利用正交标架场运动公式, 给以适当的解释.

例题 6.4   求椭球面

$$\frac{x^2}{a^2} + \frac{y^2}{b^2} + \frac{z^2}{c^2} = 1$$

上由平面

$$\frac{x}{a} + \frac{y}{b} = 1$$

所截的截线在点 $A = (a, 0, 0)$ 的测地曲率.

解   本题自然可以通过内在的方式进行计算, 即首先求椭球面的第一基本形式, 然后求截线的测地曲率. 但是, 这样做比较麻烦. 本题用外在的方式做比较简单, 也就是先求椭球面上的截线的曲率向量, 然后求它在椭球面的切平面上的正交投影.

对椭球面的方程求微分得到

$$\frac{x}{a^2}\mathrm{d}x + \frac{y}{b^2}\mathrm{d}y + \frac{z}{c^2}\mathrm{d}z = 0,$$

所以椭球面在点 (x, y, z) 的法向量是 $\left(\dfrac{x}{a^2}, \dfrac{y}{b^2}, \dfrac{z}{c^2}\right)$. 于是在点 $A = (a, 0, 0)$ 的单位法向量是 $\boldsymbol{n} = (1, 0, 0)$. 对平面的方程求微分得到

$$\frac{1}{a}\mathrm{d}x + \frac{1}{b}\mathrm{d}y = 0,$$

所以该椭球面被平面所截的截线在点 A 的切方向应该满足上面两个方程在 $(x, y, z) = (a, 0, 0)$ 时给出的方程, 也就是

$$\mathrm{d}x = 0, \quad \mathrm{d}y = 0, \quad \mathrm{d}z \neq 0.$$

因此截线在点 A 的单位切向量是 $\boldsymbol{e}_1 = (0, 0, 1)$. 命

$$\boldsymbol{e}_2 = \boldsymbol{n} \times \boldsymbol{e}_1 = (0, -1, 0).$$

下面求截线的曲率向量. 截线的单位切向量满足的方程是

$$\frac{x}{a^2}\frac{\mathrm{d}x}{\mathrm{d}s} + \frac{y}{b^2}\frac{\mathrm{d}y}{\mathrm{d}s} + \frac{z}{c^2}\frac{\mathrm{d}z}{\mathrm{d}s} = 0, \quad \frac{1}{a}\frac{\mathrm{d}x}{\mathrm{d}s} + \frac{1}{b}\frac{\mathrm{d}y}{\mathrm{d}s} = 0,$$
$$\left(\frac{\mathrm{d}x}{\mathrm{d}s}\right)^2 + \left(\frac{\mathrm{d}y}{\mathrm{d}s}\right)^2 + \left(\frac{\mathrm{d}z}{\mathrm{d}s}\right)^2 = 1.$$

将上面的方程组对 s 再次求导得到

$$\frac{x}{a^2}\frac{\mathrm{d}^2x}{\mathrm{d}s^2} + \frac{y}{b^2}\frac{\mathrm{d}^2y}{\mathrm{d}s^2} + \frac{z}{c^2}\frac{\mathrm{d}^2z}{\mathrm{d}s^2} + \frac{1}{a^2}\left(\frac{\mathrm{d}x}{\mathrm{d}s}\right)^2 + \frac{1}{b^2}\left(\frac{\mathrm{d}y}{\mathrm{d}s}\right)^2 + \frac{1}{c^2}\left(\frac{\mathrm{d}z}{\mathrm{d}s}\right)^2 = 0,$$
$$\frac{1}{a}\frac{\mathrm{d}^2x}{\mathrm{d}s^2} + \frac{1}{b}\frac{\mathrm{d}^2y}{\mathrm{d}s^2} = 0, \quad \frac{\mathrm{d}x}{\mathrm{d}s}\frac{\mathrm{d}^2x}{\mathrm{d}s^2} + \frac{\mathrm{d}y}{\mathrm{d}s}\frac{\mathrm{d}^2y}{\mathrm{d}s^2} + \frac{\mathrm{d}z}{\mathrm{d}s}\frac{\mathrm{d}^2z}{\mathrm{d}s^2} = 0,$$

在点 $A = (a, 0, 0)$ 的单位切向量是 $\boldsymbol{e}_1 = \left(\frac{\mathrm{d}x}{\mathrm{d}s}, \frac{\mathrm{d}y}{\mathrm{d}s}, \frac{\mathrm{d}z}{\mathrm{d}s}\right) = (0, 0, 1)$, 故有

$$\frac{1}{a}\frac{\mathrm{d}^2x}{\mathrm{d}s^2} + \frac{1}{c^2} = 0, \quad \frac{1}{a}\frac{\mathrm{d}^2x}{\mathrm{d}s^2} + \frac{1}{b}\frac{\mathrm{d}^2y}{\mathrm{d}s^2} = 0, \quad \frac{\mathrm{d}^2z}{\mathrm{d}s^2} = 0,$$

因此截线在点 A 的曲率向量是

$$\left(\frac{\mathrm{d}^2x}{\mathrm{d}s^2}, \frac{\mathrm{d}^2y}{\mathrm{d}s^2}, \frac{\mathrm{d}^2z}{\mathrm{d}s^2}\right) = \left(-\frac{a}{c^2}, \frac{b}{c^2}, 0\right).$$

将它在切向量 $\boldsymbol{e}_2 = (0, -1, 0)$ 上作投影得到椭球面上截线的测地曲率

$$\kappa_g = \left(-\frac{a}{c^2}, \frac{b}{c^2}, 0\right) \cdot (0, -1, 0) = -\frac{b}{c^2}.$$

例题 6.5 设 e_1, e_2 是曲面 S 在点 p 的两个彼此正交的主方向,其对应的主曲率是 κ_1, κ_2. 证明:曲面 S 在点 p 与 e_1 成 θ 角的切方向的测地挠率是

$$\tau_g = \frac{1}{2}(\kappa_2 - \kappa_1)\sin 2\theta = \frac{1}{2}\frac{\mathrm{d}\kappa_n(\theta)}{\mathrm{d}\theta}.$$

证明 在点 p 附近取参数系 (u, v), 使得曲面 S 在点 p 的彼此正交的主方向单位向量 e_1, e_2 恰好是参数曲线在点 p 的切向量 (参看例题 4.12). 因此, 曲面 S 的两个基本形式限制在点 p 成为

$$\mathrm{I} = (\mathrm{d}u)^2 + (\mathrm{d}v)^2, \quad \mathrm{II} = \kappa_1(\mathrm{d}u)^2 + \kappa_2(\mathrm{d}v)^2,$$

即在点 p 有 $E = G = 1, F = 0, L = \kappa_1, M = 0, N = \kappa_2$. 曲面 S 在点 p 与 e_1 成 θ 角的单位切向量是 $\left(\dfrac{\mathrm{d}u}{\mathrm{d}s}, \dfrac{\mathrm{d}v}{\mathrm{d}s}\right) = (\cos\theta, \sin\theta)$, 所以沿该切方向的测地挠率是 (参看 §6.1 第 4 款)

$$\tau_g = \frac{1}{\sqrt{EG - F^2}}\begin{vmatrix} \left(\dfrac{\mathrm{d}v}{\mathrm{d}s}\right)^2 & -\dfrac{\mathrm{d}u}{\mathrm{d}s}\dfrac{\mathrm{d}v}{\mathrm{d}s} & \left(\dfrac{\mathrm{d}u}{\mathrm{d}s}\right)^2 \\ E & F & G \\ L & M & N \end{vmatrix}$$

$$= \begin{vmatrix} \sin^2\theta & -\cos\theta\sin\theta & \cos^2\theta \\ 1 & 0 & 1 \\ \kappa_1 & 0 & \kappa_2 \end{vmatrix} = (\kappa_2 - \kappa_1)\cos\theta\sin\theta,$$

即

$$\tau_g = (\kappa_2 - \kappa_1)\cos\theta\sin\theta = \frac{1}{2}\frac{\mathrm{d}\kappa_n(\theta)}{\mathrm{d}\theta}.$$

注记 $\kappa_n(\theta) = \kappa_1\cos^2\theta + \kappa_2\sin^2\theta$ 在 $\theta = 0, \pi/2$ 时分别达到最大值和最小值, 于是在 $\theta = 0, \pi/2$ 时 $\dfrac{\mathrm{d}\kappa_n(\theta)}{\mathrm{d}\theta} = 0$, 即曲面在一点沿主方向的测地挠率 $\tau_g = 0$.

例题 6.6 假定曲面 S 上经过一个双曲点 p 的两条渐近曲线在该点的曲率不为零. 证明:这两条曲线在该点的挠率的绝对值相等、符号相反,并且这两个挠率之积等于曲面 S 在点 p 的 Gauss 曲率 K.

证明 根据例题 6.3(2), 这两条渐近曲线的挠率分别是曲面沿这两条渐近曲线的切方向 (即渐近方向) 的测地挠率. 设 e_1, e_2 是曲面 S 在点 p 的两个彼此正交的主方向单位向量, 其对应的主曲率是 κ_1, κ_2. 在点 p 的两个渐近方向与主方向 e_1 的夹角分别是 θ 和 $-\theta$ (或 $\pi - \theta$), 因此曲面 S 在点 p 沿两个渐近方向的测地挠率分别是 $\tau_{g1} = (\kappa_2 - \kappa_1) \cos \theta \sin \theta$ 和 $\tau_{g2} = (\kappa_2 - \kappa_1) \cos(-\theta) \sin(-\theta) = -(\kappa_2 - \kappa_1) \cos \theta \sin \theta$, 所以经过双曲点 p 的两条渐近曲线在该点的挠率的绝对值相等、符号相反, 并且它们的乘积等于

$$\tau_{g1} \tau_{g2} = -(\kappa_2 - \kappa_1)^2 \cos^2 \theta \sin^2 \theta,$$

其中渐近方向与主方向 e_1 的夹角 θ 满足条件

$$\kappa_1 \cos^2 \theta + \kappa_2 \sin^2 \theta = 0.$$

从最后的式子得到

$$(\kappa_1 - \kappa_2) \cos^2 \theta + \kappa_2 = \kappa_1 + (\kappa_2 - \kappa_1) \sin^2 \theta = 0,$$

因此

$$(\kappa_2 - \kappa_1) \cos^2 \theta = \kappa_2, \quad -(\kappa_2 - \kappa_1) \sin^2 \theta = \kappa_1.$$

将它们代入挠率乘积的右端, 得知经过双曲点 p 的两条渐近曲线在该点的挠率之积是

$$\tau_{g1} \tau_{g2} = \kappa_2 \cdot \kappa_1 = K.$$

证毕.

例题 6.7 试证: 旋转面 S 上的经线是该曲面 S 的测地线.

解 旋转面 S 上的经线是经过旋转轴的平面与曲面 S 的交线, 它是旋转面的母线, 旋转面 S 就是一条经线绕旋转轴旋转一周产生的曲面. 作为平面曲线, 经线的法线就是它的主法线, 并且该法线必定经过 (或平行于) 旋转轴, 因而它和旋转面 S 的平行圆也垂直. 由此

可见, 旋转面 S 上经线的法线 (主法线) 同时是曲面 S 的法线, 根据 §6.1 第 7 款得知经线是旋转面 S 上的测地线. 特别地, 球面上的大圆周都是测地线.

例题 6.8   求旋转面 $S:\ \boldsymbol{r} = (u\cos v, u\sin v, f(u))\ (u > 0)$ 上的测地线.

解   经直接计算得到, 曲面 S 的第一基本形式是

$$\mathrm{I} = (1 + (f'(u))^2)(\mathrm{d}u)^2 + u^2(\mathrm{d}v)^2,$$

因此 (u, v) 是曲面 S 的正交参数系. 根据测地曲率的 Liouville 公式, 曲面 S 上的测地线方程是

$$\frac{\mathrm{d}u}{\mathrm{d}s} = \frac{1}{\sqrt{1 + (f'(u))^2}}\cos\theta,$$
$$\frac{\mathrm{d}v}{\mathrm{d}s} = \frac{1}{u}\sin\theta,$$
$$\frac{\mathrm{d}\theta}{\mathrm{d}s} = -\frac{1}{u\sqrt{1 + (f'(u))^2}}\sin\theta.$$

消去参数 s 得到

$$\frac{\mathrm{d}v}{\mathrm{d}u} = \frac{\sqrt{1 + (f'(u))^2}}{u}\tan\theta, \quad \frac{\mathrm{d}\theta}{\mathrm{d}u} = -\frac{1}{u}\tan\theta.$$

将上式的第二式积分得到

$$u\sin\theta = c,$$

因此

$$\cos\theta = \sqrt{1 - \frac{c^2}{u^2}}, \qquad \tan\theta = \frac{c}{\sqrt{u^2 - c^2}},$$
$$\frac{\mathrm{d}v}{\mathrm{d}u} = \frac{c\sqrt{1 + (f'(u))^2}}{u\sqrt{u^2 - c^2}},$$

所以

$$v = v_0 + \int_{u_0}^{u} \frac{c\sqrt{1 + (f'(u))^2}}{u\sqrt{u^2 - c^2}}\mathrm{d}u$$

即为所求的测地线. 当 $c = 0$ 时, 则得经线是旋转面的测地线.

例题 6.9 (1) 证明: 曲面 S 上的测地线微分方程可以写成

$$\frac{\mathrm{d}^2 v}{\mathrm{d}u^2} = \Gamma_{22}^1 \left(\frac{\mathrm{d}v}{\mathrm{d}u}\right)^3 - (\Gamma_{22}^2 - 2\Gamma_{12}^1)\left(\frac{\mathrm{d}v}{\mathrm{d}u}\right)^2 + (\Gamma_{11}^1 - 2\Gamma_{12}^2)\frac{\mathrm{d}v}{\mathrm{d}u} - \Gamma_{11}^2,$$

这里 (u, v) 是曲面 S 的参数, $\Gamma_{\alpha\beta}^{\gamma}$ 是指把 (u, v) 看作 (u^1, u^2) 时所计算的 Christoffel 记号;

(2) 证明: 曲面 $S : z = f(x, y)$ 上的测地线微分方程是

$$\frac{\mathrm{d}^2 y}{\mathrm{d}x^2}(1 + p^2 + q^2) = \left(r + 2s\frac{\mathrm{d}y}{\mathrm{d}x} + t\left(\frac{\mathrm{d}y}{\mathrm{d}x}\right)^2\right)\left(p\frac{\mathrm{d}y}{\mathrm{d}x} - q\right),$$

其中

$$p = \frac{\partial f}{\partial x}, \quad q = \frac{\partial f}{\partial y}, \quad r = \frac{\partial^2 f}{\partial x^2}, \quad s = \frac{\partial^2 f}{\partial x \partial y}, \quad t = \frac{\partial^2 f}{\partial y^2}.$$

证明 (1) 根据 §6.1 第 8 款, S 上的测地线微分方程是

$$\frac{\mathrm{d}^2 u}{\mathrm{d}s^2} + \Gamma_{11}^1\left(\frac{\mathrm{d}u}{\mathrm{d}s}\right)^2 + 2\Gamma_{12}^1\frac{\mathrm{d}u}{\mathrm{d}s}\frac{\mathrm{d}v}{\mathrm{d}s} + \Gamma_{22}^1\left(\frac{\mathrm{d}v}{\mathrm{d}s}\right)^2 = 0,$$

$$\frac{\mathrm{d}^2 v}{\mathrm{d}s^2} + \Gamma_{11}^2\left(\frac{\mathrm{d}u}{\mathrm{d}s}\right)^2 + 2\Gamma_{12}^2\frac{\mathrm{d}u}{\mathrm{d}s}\frac{\mathrm{d}v}{\mathrm{d}s} + \Gamma_{22}^2\left(\frac{\mathrm{d}v}{\mathrm{d}s}\right)^2 = 0,$$

这里 s 是测地线的弧长参数. 由于

$$\frac{\mathrm{d}v}{\mathrm{d}u} = \frac{\mathrm{d}v}{\mathrm{d}s} \cdot \left(\frac{\mathrm{d}u}{\mathrm{d}s}\right)^{-1},$$

因此

$$\frac{\mathrm{d}^2 v}{\mathrm{d}u^2} = \frac{\mathrm{d}}{\mathrm{d}u}\left(\frac{\mathrm{d}v}{\mathrm{d}u}\right) = \frac{\mathrm{d}}{\mathrm{d}s}\left(\frac{\mathrm{d}v}{\mathrm{d}s} \cdot \left(\frac{\mathrm{d}u}{\mathrm{d}s}\right)^{-1}\right) \cdot \left(\frac{\mathrm{d}u}{\mathrm{d}s}\right)^{-1}$$

$$= \left(\frac{\mathrm{d}^2 v}{\mathrm{d}s^2} \cdot \frac{\mathrm{d}u}{\mathrm{d}s} - \frac{\mathrm{d}v}{\mathrm{d}s} \cdot \frac{\mathrm{d}^2 u}{\mathrm{d}s^2}\right) \cdot \left(\frac{\mathrm{d}u}{\mathrm{d}s}\right)^{-3},$$

用测地线的微分方程代入得到

$$\frac{\mathrm{d}^2 v}{\mathrm{d}s^2} \cdot \frac{\mathrm{d}u}{\mathrm{d}s} - \frac{\mathrm{d}v}{\mathrm{d}s} \cdot \frac{\mathrm{d}^2 u}{\mathrm{d}s^2}$$

$$= -\frac{\mathrm{d}u}{\mathrm{d}s} \left(\Gamma_{11}^2 \left(\frac{\mathrm{d}u}{\mathrm{d}s} \right)^2 + 2\Gamma_{12}^2 \frac{\mathrm{d}u}{\mathrm{d}s} \frac{\mathrm{d}v}{\mathrm{d}s} + \Gamma_{22}^2 \left(\frac{\mathrm{d}v}{\mathrm{d}s} \right)^2 \right)$$

$$+ \frac{\mathrm{d}v}{\mathrm{d}s} \left(\Gamma_{11}^1 \left(\frac{\mathrm{d}u}{\mathrm{d}s} \right)^2 + 2\Gamma_{12}^1 \frac{\mathrm{d}u}{\mathrm{d}s} \frac{\mathrm{d}v}{\mathrm{d}s} + \Gamma_{22}^1 \left(\frac{\mathrm{d}v}{\mathrm{d}s} \right)^2 \right)$$

$$= -\Gamma_{11}^2 \left(\frac{\mathrm{d}u}{\mathrm{d}s} \right)^3 + \left(\Gamma_{11}^1 - 2\Gamma_{12}^2 \right) \left(\frac{\mathrm{d}u}{\mathrm{d}s} \right)^2 \frac{\mathrm{d}v}{\mathrm{d}s}$$

$$+ \left(2\Gamma_{12}^1 - \Gamma_{22}^2 \right) \frac{\mathrm{d}u}{\mathrm{d}s} \left(\frac{\mathrm{d}v}{\mathrm{d}s} \right)^2 + \Gamma_{22}^1 \left(\frac{\mathrm{d}v}{\mathrm{d}s} \right)^3,$$

由此得到

$$\frac{\mathrm{d}^2 v}{\mathrm{d}u^2} = -\Gamma_{11}^2 + \left(\Gamma_{11}^1 - 2\Gamma_{12}^2 \right) \frac{\mathrm{d}v}{\mathrm{d}u} + \left(2\Gamma_{12}^1 - \Gamma_{22}^2 \right) \left(\frac{\mathrm{d}v}{\mathrm{d}u} \right)^2 + \Gamma_{22}^1 \left(\frac{\mathrm{d}v}{\mathrm{d}u} \right)^3.$$

(2) 对于曲面 $z = f(x, y)$, 其参数方程为 $\boldsymbol{r} = (x, y, f(x, y))$, 因此参数 (x, y) 相当于 (u^1, u^2). 对参数方程求偏导数得到

$$\boldsymbol{r}_x = (1, 0, p), \quad \boldsymbol{r}_y = (0, 1, q), \quad \boldsymbol{r}_x \times \boldsymbol{r}_y = (-p, -q, 1),$$

$$\boldsymbol{r}_{xx} = (0, 0, r), \quad \boldsymbol{r}_{xy} = (0, 0, s), \quad \boldsymbol{r}_{yy} = (0, 0, t),$$

其中 $p = f_x$, $q = f_y$, $r = f_{xx}$, $s = f_{xy}$, $t = f_{yy}$. 设

$$\boldsymbol{r}_{xx} = \Gamma_{11}^1 \boldsymbol{r}_x + \Gamma_{11}^2 \boldsymbol{r}_y + b_{11} \boldsymbol{n},$$

$$\boldsymbol{r}_{xy} = \Gamma_{12}^1 \boldsymbol{r}_x + \Gamma_{12}^2 \boldsymbol{r}_y + b_{12} \boldsymbol{n},$$

$$\boldsymbol{r}_{yy} = \Gamma_{22}^1 \boldsymbol{r}_x + \Gamma_{22}^2 \boldsymbol{r}_y + b_{22} \boldsymbol{n},$$

其中 $\boldsymbol{n} = \dfrac{\boldsymbol{r}_x \times \boldsymbol{r}_y}{|\boldsymbol{r}_x \times \boldsymbol{r}_y|} = \dfrac{(-p, -q, 1)}{\sqrt{1 + p^2 + q^2}}$ 是曲面的单位法向量, 则用 $\boldsymbol{r}_x$ 和 $\boldsymbol{r}_y$ 分别与上面的表达式作内积得到

$$pr = \Gamma_{11}^1 (1 + p^2) + \Gamma_{11}^2 pq, \quad qr = \Gamma_{11}^1 pq + \Gamma_{11}^2 (1 + q^2),$$

$$ps = \Gamma_{12}^1(1 + p^2) + \Gamma_{12}^2 pq, \quad qs = \Gamma_{12}^1 pq + \Gamma_{12}^2(1 + q^2),$$
$$pt = \Gamma_{22}^1(1 + p^2) + \Gamma_{22}^2 pq, \quad qt = \Gamma_{22}^1 pq + \Gamma_{22}^2(1 + q^2),$$

解方程组得到

$$\Gamma_{11}^1 = \frac{pr}{1 + p^2 + q^2}, \quad \Gamma_{11}^2 = \frac{qr}{1 + p^2 + q^2}, \quad \Gamma_{12}^1 = \frac{ps}{1 + p^2 + q^2},$$
$$\Gamma_{12}^2 = \frac{qs}{1 + p^2 + q^2}, \quad \Gamma_{22}^1 = \frac{pt}{1 + p^2 + q^2}, \quad \Gamma_{22}^2 = \frac{qt}{1 + p^2 + q^2}.$$

将 $\Gamma_{\alpha\beta}^\gamma$ 的表达式代入 (1) 所给出的测地线微分方程, 则有

$$\begin{aligned}
\frac{\mathrm{d}^2 y}{\mathrm{d}x^2} =& \Gamma_{22}^1 \left(\frac{\mathrm{d}y}{\mathrm{d}x}\right)^3 - (\Gamma_{22}^2 - 2\Gamma_{12}^1)\left(\frac{\mathrm{d}y}{\mathrm{d}x}\right)^2 + (\Gamma_{11}^1 - 2\Gamma_{12}^2)\frac{\mathrm{d}y}{\mathrm{d}x} - \Gamma_{11}^2 \\
=& \frac{pt}{1 + p^2 + q^2}\left(\frac{\mathrm{d}y}{\mathrm{d}x}\right)^3 - \frac{qt - 2ps}{1 + p^2 + q^2}\left(\frac{\mathrm{d}y}{\mathrm{d}x}\right)^2 \\
& + \frac{pr - 2qs}{1 + p^2 + q^2}\frac{\mathrm{d}y}{\mathrm{d}x} - \frac{qr}{1 + p^2 + q^2},
\end{aligned}$$

或者

$$\begin{aligned}
&(1 + p^2 + q^2)\frac{\mathrm{d}^2 y}{\mathrm{d}x^2} \\
=& pt\left(\frac{\mathrm{d}y}{\mathrm{d}x}\right)^3 - (qt - 2ps)\left(\frac{\mathrm{d}y}{\mathrm{d}x}\right)^2 + (pr - 2qs)\frac{\mathrm{d}y}{\mathrm{d}x} - qr \\
=& \left(r + 2s\frac{\mathrm{d}y}{\mathrm{d}x} + t\left(\frac{\mathrm{d}y}{\mathrm{d}x}\right)^2\right)\left(p\frac{\mathrm{d}y}{\mathrm{d}x} - q\right).
\end{aligned}$$

例题 6.10 设曲面 $S = \{(u, v) \in \mathbb{R}^2 : v > 0\}$ 的第一基本形式是

$$\mathrm{I} = v((\mathrm{d}u)^2 + (\mathrm{d}v)^2).$$

(1) 求它的 Gauss 曲率 K;

(2) 证明: 在该曲面 S 上经过点 $(u_0, v_0) = (0, 1)$, 且在该点与 u-曲线的夹角是 $\theta_0 \,(\neq \pi/2)$ 的测地线满足方程:

$$v = \frac{u^2}{4\cos^2\theta_0} + u\tan\theta_0 + 1.$$

解 (1) 由题设得知 $E = G = v$, $F = 0$, 根据 Gauss 曲率用第一基本形式表示的公式得到

$$K = -\frac{1}{\sqrt{EG}}\left(\left(\frac{(\sqrt{G})_u}{\sqrt{E}}\right)_u + \left(\frac{(\sqrt{E})_v}{\sqrt{G}}\right)_v\right)$$
$$= -\frac{1}{v}\cdot(\log\sqrt{v})_{vv} = \frac{1}{2v^3}.$$

(2) 根据测地曲率的 Liouville 公式, 测地线的微分方程是

$$\frac{\mathrm{d}u}{\mathrm{d}s} = \frac{1}{\sqrt{v}}\cos\theta, \quad \frac{\mathrm{d}v}{\mathrm{d}s} = \frac{1}{\sqrt{v}}\sin\theta,$$
$$\frac{\mathrm{d}\theta}{\mathrm{d}s} = \frac{1}{2\sqrt{G}}\frac{\partial\log E}{\partial v}\cos\theta - \frac{1}{2\sqrt{E}}\frac{\partial\log G}{\partial u}\sin\theta = \frac{1}{2\sqrt{v^3}}\cos\theta.$$

将第 2 个方程与第 3 个方程相除得到

$$\frac{\mathrm{d}v}{\mathrm{d}\theta} = 2v\cdot\frac{\sin\theta}{\cos\theta},$$

求积分得到

$$\mathrm{d}\log v = -2\mathrm{d}\log|\cos\theta|, \quad v\cos^2\theta = c.$$

将第 1 个方程与第 3 个方程相除得到

$$\frac{\mathrm{d}u}{\mathrm{d}\theta} = 2v = \frac{2c}{\cos^2\theta},$$

求积分得到

$$\mathrm{d}u = \frac{2c}{\cos^2\theta}\mathrm{d}\theta = 2c\mathrm{d}\tan\theta, \quad u = 2c\tan\theta + c_1.$$

在 $(u, v) = (0, 1)$ 时, $\theta = \theta_0$, 所以 $c = \cos^2\theta_0$, $c_1 = -2\sin\theta_0\cos\theta_0$. 因此得到

$$v = \frac{c}{\cos^2\theta} = c\left(1 + \tan^2\theta\right) = c + \frac{(u-c_1)^2}{4c}$$
$$= \frac{u^2}{4c} - \frac{c_1 u}{2c} + \frac{c_1^2}{4c} + c = \frac{u^2}{4\cos^2\theta_0} + u\tan\theta_0 + 1.$$

例题 6.11 求锥面 $x^2 + y^2 - z^2 = 0 \ (z \neq 0)$ 上的测地线.

解 我们知道锥面是可展曲面, 它与平面可以建立保长对应. 而测地线是属于内蕴几何的概念, 在保长对应下是不变的. 平面上的测地线是直线, 所以锥面上的测地线在保长对应下变成平面上的直线. 很明显, 锥面 $x^2 + y^2 - z^2 = 0 \ (z \neq 0)$ 的参数方程可以写成

$$\boldsymbol{r} = (r\cos\theta, r\sin\theta, r),$$

直接计算得到该曲面的第一基本形式是

$$\mathrm{I} = 2(\mathrm{d}r)^2 + r^2(\mathrm{d}\theta)^2 = (\mathrm{d}\rho)^2 + \rho^2(\mathrm{d}\varphi)^2,$$

其中 $\rho = \sqrt{2}r$, $\sqrt{2}\varphi = \theta$. 后面的式子是平面在极坐标系下的第一基本形式, 而在极坐标系下直线的方程是

$$\rho\cos(\varphi - \varphi_0) = c,$$

所以该锥面上的测地线方程是

$$\sqrt{2}r\cos\left(\frac{\theta - \theta_0}{\sqrt{2}}\right) = c,$$

或者用 $r = z$, $\cos\theta = \dfrac{x}{z}$ 代入得到

$$\sqrt{2}\arccos\left(\frac{c}{\sqrt{2}z}\right) + \theta_0 = \arccos\left(\frac{x}{z}\right).$$

注记 在算出曲面的第一基本形式之后也可以通过解测地线的微分方程求得测地线. 现在的第一基本形式表明参数系 (r, θ) 是正交的, 并且 $E = 2$, $G = r^2$. 若用 φ 表示测地线与 r-曲线的夹角, 则测地线的微分方程是

$$\sqrt{2}\frac{\mathrm{d}r}{\mathrm{d}s} = \cos\varphi, \qquad r\frac{\mathrm{d}\theta}{\mathrm{d}s} = \sin\varphi,$$

$$\frac{\mathrm{d}\varphi}{\mathrm{d}s} = -\frac{1}{\sqrt{2}}\frac{\partial\log r}{\partial r}\sin\varphi = -\frac{1}{\sqrt{2}r}\sin\varphi,$$

其中 s 是测地线的弧长参数. 将第 2 个方程与第 3 个方程相除得到

$$\frac{\mathrm{d}\theta}{\mathrm{d}\varphi} = -\sqrt{2}, \quad \theta = -\sqrt{2}\varphi + \theta_0, \quad \varphi = -\frac{\theta - \theta_0}{\sqrt{2}}.$$

再将第 1 个方程与第 2 个方程相除得到

$$\frac{\sqrt{2}}{r}\frac{\mathrm{d}r}{\mathrm{d}\theta} = \cot\varphi = -\cot\left(\frac{\theta - \theta_0}{\sqrt{2}}\right),$$

解方程得到

$$r \cdot \sin\left(\frac{\theta - \theta_0}{\sqrt{2}}\right) = c.$$

选择适当的常数 θ_0, c, 可以把当前的解化为前面得到的测地线方程.

例题 6.12 证明: 从点 p 出发的测地线与以点 p 为中心的测地圆是彼此正交的. 该结论称为 Gauss 引理.

证明 假定 (u^1, u^2) 是点 p 附近的正交参数系, 并且点 p 对应于坐标 $u^1 = 0, u^2 = 0$. 设曲面 S 的第一基本形式是

$$\mathrm{I} = g_{\alpha\beta}\mathrm{d}u^\alpha\mathrm{d}u^\beta.$$

用 θ 表示在点 p 的切向量与 u^1-曲线的夹角. 将经过点 p、与 u^1-曲线的夹角为 θ 的测地线记为 C_θ, 其参数方程是 $u^\alpha = u^\alpha(s, \theta), \alpha = 1, 2$, 其中 s 是测地线的弧长参数, 并且 $u^\alpha(s, \theta)$ 是 s, θ 的连续可微函数. 设曲线 $C_\theta(\theta = $ 常数$)$ 构成的曲线族记为 Σ, 用曲线族 Σ_1 记所有 $s = $ 常数的曲线. 设曲线 C 是测地线 $\theta = \theta_0$, $0 \le s \le s_0$, 即它的参数方程是 $u^\alpha = u^\alpha(s, \theta_0), 0 \le s \le s_0$, 那么曲线族 Σ 是它的一个变分, 其变分向量场由

$$w^\alpha(s) = \left.\frac{\partial u^\alpha(s, \theta)}{\partial\theta}\right|_{\theta=\theta_0}$$

给出. 由于变分曲线都是从点 p 出发的, 故 $u^\alpha(0, \theta) = 0$, 所以 $w^\alpha(0) = 0, \alpha = 1, 2$. 然而 $w^\alpha(s_0)\boldsymbol{r}_\alpha$ 是测地圆 $u^\alpha = u^\alpha(s_0, \theta)$ 在 $\theta = \theta_0$ 处的切向量, 根据曲线弧长的第一变分公式得到

$$\left.\frac{\mathrm{d}}{\mathrm{d}\theta}\right|_{\theta=\theta_0} L(C_\theta) = g_{\alpha\beta}w^\alpha(s)\left.\frac{\mathrm{d}u^\beta}{\mathrm{d}s}\right|_{s=0}^{s=s_0}$$

$$- \int_0^r g_{\alpha\beta} w^\alpha \left(\frac{\mathrm{d}^2 u^\beta}{\mathrm{d}s^2} + \Gamma_{\gamma\delta}^\beta \frac{\mathrm{d}u^\gamma}{\mathrm{d}s} \frac{\mathrm{d}u^\delta}{\mathrm{d}s} \right) \mathrm{d}s$$
$$= g_{\alpha\beta} w^\alpha (s_0) \left. \frac{\mathrm{d}u^\beta}{\mathrm{d}s} \right|_{s=s_0}.$$

但是, 每一条测地线 $C_\theta : u^\alpha = u^\alpha(s, \theta), 0 \le s \le s_0$ 的长度都是 s_0, 即 $L(C_\theta) = s_0$, 因此上式的最左端为零, 于是

$$g_{\alpha\beta} w^\alpha (s_0) \left. \frac{\mathrm{d}u^\beta}{\mathrm{d}s} \right|_{s=s_0} = 0.$$

这意味着, 测地线 C 与半径为 s_0 的测地圆是彼此正交的. 证毕.

例题 6.13 设曲面 S 的第一基本形式是 $\mathrm{I} = (\mathrm{d}u)^2 + G(u,v)(\mathrm{d}v)^2$, 并且函数 $G(u,v)$ 满足条件 $G(0,v) = 1$, $G_u(0,v) = 0$. 证明:

$$G(u,v) = 1 - u^2 K(0,v) + o(u^2).$$

证明 根据给定的第一基本形式, 曲面的 Gauss 曲率是

$$K = -\frac{1}{\sqrt{G}} \left(\sqrt{G} \right)_{uu},$$

因此

$$\left(\sqrt{G} \right)_{uu} = -K\sqrt{G}.$$

由于 $G = \left(\sqrt{G} \right)^2$, 所以

$$G_u = 2\sqrt{G} \left(\sqrt{G} \right)_u, \quad G_{uu} = 2 \left(\left(\sqrt{G} \right)_u \right)^2 + 2\sqrt{G} \left(\sqrt{G} \right)_{uu}.$$

由此得到

$$G_{uu}(0,v) = 2 \left(\sqrt{G} \right)_{uu} (0,v) = -2K(0,v).$$

将 $G(u,v)$ 作关于 u 的 Taylor 展开得到

$$G(u,v) = G(0,v) + uG_u(0,v) + \frac{u^2}{2!} G_{uu}(0,v) + o(u^2)$$

$$=1 - u^2 K(0, v) + o(u^2).$$

证毕.

例题 6.14　设曲面 S 上以点 p 为中心、以 r 为半径的测地圆的周长是 L_r, 其所围的面积是 A_r. 证明：曲面 S 在点 p 处的 Gauss 曲率是

$$K(p) = \lim_{r \to 0} \frac{3}{\pi} \cdot \frac{2\pi r - L_r}{r^3} = \lim_{r \to 0} \frac{12}{\pi} \cdot \frac{\pi r^2 - A_r}{r^4}.$$

证明　在点 p 附近取测地极坐标系 (r, θ), 使得点 p 对应于 $r = 0$, 并且曲面的第一基本形式成为

$$\mathrm{I} = (\mathrm{d}r)^2 + G(r, \theta)(\mathrm{d}\theta)^2,$$

其中函数 $G(r, \theta)$ 满足条件

$$\lim_{r \to 0} \sqrt{G}(r, \theta) = 0, \quad \lim_{r \to 0} \left(\sqrt{G}\right)_r (r, \theta) = 1.$$

Gauss 曲率是

$$K(r, \theta) = -\frac{1}{\sqrt{G}} \left(\sqrt{G}\right)_{rr},$$

因此

$$\left(\sqrt{G}\right)_{rr} = -K\sqrt{G}, \qquad \lim_{r \to 0} \left(\sqrt{G}\right)_{rr} (r, \theta) = 0,$$

$$\left(\sqrt{G}\right)_{rrr} = -K_r \sqrt{G} - K \left(\sqrt{G}\right)_r, \quad \lim_{r \to 0} \left(\sqrt{G}\right)_{rrr} (r, \theta) = -K(p).$$

将 $\sqrt{G}(r, \theta)$ 作关于 r 的 Taylor 展开得到

$$
\begin{aligned}
\sqrt{G}(r, \theta) &= \lim_{r \to 0} \sqrt{G}(r, \theta) + r \lim_{r \to 0} (\sqrt{G})_r (r, \theta) + \frac{r^2}{2!} \lim_{r \to 0} (\sqrt{G})_{rr}(r, \theta) \\
&\quad + \frac{r^3}{3!} \lim_{r \to 0} (\sqrt{G})_{rrr}(r, \theta) + o(r^3) \\
&= r - \frac{r^3}{6} K(p) + o(r^3).
\end{aligned}
$$

以 r 为半径的测地圆的周长是

$$L_r = \int_0^{2\pi} \sqrt{G}(r,\theta)\mathrm{d}\theta = \int_0^{2\pi} \left(r - \frac{r^3}{6}K(p) + o(r^3) \right)\mathrm{d}\theta$$
$$= 2\pi \left(r - \frac{r^3}{6}K(p) \right) + o(r^3),$$

因此

$$K(p) = \lim_{r \to 0} \frac{3}{\pi} \cdot \frac{2\pi r - L_r}{r^3}.$$

以 r 为半径的测地圆盘的面积是

$$A_r = \int_0^r \int_0^{2\pi} \sqrt{G}(r,\theta)\mathrm{d}\theta\mathrm{d}r = \int_0^r \int_0^{2\pi} \left(r - \frac{r^3}{6}K(p) + o(r^3) \right)\mathrm{d}\theta\mathrm{d}r$$
$$= \int_0^r \left(2\pi r - \frac{\pi r^3}{3}K(p) + o(r^3) \right)\mathrm{d}r = \pi r^2 - \frac{\pi r^4}{12}K(p) + o(r^4),$$

因此

$$K(p) = \lim_{r \to 0} \frac{12}{\pi} \cdot \frac{\pi r^2 - A_r}{r^4}.$$

例题 6.15 证明: Gauss 曲率为正常数 K 的曲面的第一基本形式可以写成

$$\mathrm{I} = (\mathrm{d}u)^2 + \frac{1}{K}\sin^2(\sqrt{K}u)(\mathrm{d}v)^2.$$

如果 $(u(s), v(s))$ 是该曲面上的一条测地线的参数方程, 则存在不全为零的常数 A, B, C, 使得它满足下面的关系式:

$$A\sin(\sqrt{K}u(s))\cos v(s) + B\sin(\sqrt{K}u(s))\sin v(s) + C\cos(\sqrt{K}u(s)) = 0.$$

证明 在曲面上取测地极坐标系因而曲面的第一基本形式成为

$$\mathrm{I} = (\mathrm{d}u)^2 + G(u,v)(\mathrm{d}v)^2,$$

其中函数 $G(u,v)$ 满足条件

$$\lim_{u \to 0} \sqrt{G}(u,v) = 0, \quad \lim_{u \to 0} \left(\sqrt{G} \right)_u (u,v) = 1.$$

曲面的 Gauss 曲率是

$$K = -\frac{1}{\sqrt{G}}\left(\sqrt{G}\right)_{uu},$$

现在 K 是正的常数, 所以 $\sqrt{G}(u,v)$ 关于变量 u 满足常系数二阶常微分方程

$$\left(\sqrt{G}\right)_{uu} + K\sqrt{G} = 0.$$

该方程的通解是

$$\sqrt{G}(u,v) = a(v)\cos(\sqrt{K}u) + b(v)\sin(\sqrt{K}u).$$

让 $u \to 0$, 利用函数 $\sqrt{G}(u,v)$ 所满足的条件得到

$$0 = a(v), \quad \sqrt{G}(u,v) = b(v)\sin(\sqrt{K}u),$$
$$\left(\sqrt{G}\right)_u(u,v) = b(v)\sqrt{K}\cos(\sqrt{K}u).$$

让最后一式中的 $u \to 0$, 得到

$$1 = b(v)\sqrt{K}, \quad \sqrt{G}(u,v) = \frac{1}{\sqrt{K}}\sin(\sqrt{K}u).$$

所以曲面的第一基本形式成为

$$\mathrm{I} = (\mathrm{d}u)^2 + \frac{1}{K}\sin^2(\sqrt{K}u)(\mathrm{d}v)^2.$$

此时测地线的微分方程是

$$\frac{\mathrm{d}u}{\mathrm{d}s} = \cos\theta, \quad \frac{\mathrm{d}v}{\mathrm{d}s} = \frac{\sqrt{K}}{\sin(\sqrt{K}u)}\sin\theta,$$
$$\frac{\mathrm{d}\theta}{\mathrm{d}s} = -\frac{1}{2\sqrt{E}}\frac{\partial\log G}{\partial u}\sin\theta = -\frac{\sqrt{K}\cos(\sqrt{K}u)}{\sin(\sqrt{K}u)}\sin\theta,$$

其中 θ 是测地线和 u-曲线的夹角, s 是测地线的弧长参数. 将第 1 个方程与第 3 个方程相除得到

$$\frac{\mathrm{d}u}{\mathrm{d}\theta} = -\frac{\sin(\sqrt{K}u)}{\sqrt{K}\cos(\sqrt{K}u)}\cdot\frac{\cos\theta}{\sin\theta}.$$

将该方程积分得到

$$\sin(\sqrt{K}u) \cdot \sin\theta = c, \quad \cos(\sqrt{K}u) = \sqrt{1 - \frac{c^2}{\sin^2\theta}} = \frac{\sqrt{\sin^2\theta - c^2}}{\sin\theta}.$$

将第 2 个方程与第 3 个方程相除得到

$$\frac{\mathrm{d}v}{\mathrm{d}\theta} = -\frac{1}{\cos(\sqrt{K}u)} = -\frac{\sin\theta}{\sqrt{\sin^2\theta - c^2}}, \quad \mathrm{d}v = \frac{\mathrm{d}\cos\theta}{\sqrt{1 - c^2 - \cos^2\theta}}.$$

将该方程积分得到

$$v = \arcsin\frac{\cos\theta}{\sqrt{1 - c^2}} + v_0, \quad \sin(v - v_0) = \frac{\cos\theta}{\sqrt{1 - c^2}},$$

于是

$$\begin{aligned}
\cos(v - v_0) &= \sqrt{1 - \sin^2(v - v_0)} = \sqrt{1 - \frac{\cos^2\theta}{1 - c^2}} \\
&= \frac{\sqrt{\sin^2\theta - c^2}}{\sqrt{1 - c^2}} = \frac{1}{\sqrt{1 - c^2}}\sqrt{\frac{c^2}{\sin^2(\sqrt{K}u)} - c^2} \\
&= \frac{c}{\sqrt{1 - c^2}}\frac{\cos(\sqrt{K}u)}{\sin(\sqrt{K}u)}.
\end{aligned}$$

将最后的式子展开得到

$$\sin(\sqrt{K}u)(\cos v_0\cos v + \sin v_0\sin v) = \frac{c}{\sqrt{1 - c^2}}\cos(\sqrt{K}u),$$

取 $A = \cos v_0$, $B = \sin v_0$, $C = -\dfrac{c}{\sqrt{1 - c^2}}$, 则就得到所要的关系式.

注记 本题的后一部分可以更直观地、不采取解微分方程的做法求解. 熟知 Gauss 曲率为正常数的曲面可以实现为球面. 如果半径为 $1/\sqrt{K}$ 的球面取如下的参数表示:

$$\boldsymbol{r} = \left(\frac{1}{\sqrt{K}}\sin(\sqrt{K}u)\cos v, \frac{1}{\sqrt{K}}\sin(\sqrt{K}u)\sin v, \frac{1}{\sqrt{K}}\cos(\sqrt{K}u)\right),$$

则它的第一基本形式恰好是

$$\mathrm{I} = (\mathrm{d}u)^2 + \frac{1}{K}\sin^2(\sqrt{K}u)(\mathrm{d}v)^2.$$

然而球面上的测地线是通过球心的平面和球面的交线, 所以该球面上的测地线 $u = u(s)$, $v = v(s)$ 必定落在某个平面 $Ax + By + Cz = 0$ 上, 其中 A, B, C 不全为零. 现在, 球面上的测地线的外在参数方程是

$$x = \frac{1}{\sqrt{K}} \sin(\sqrt{K}u(s)) \cos v(s), \quad y = \frac{1}{\sqrt{K}} \sin(\sqrt{K}u(s)) \sin v(s),$$

$$z = \frac{1}{\sqrt{K}} \cos(\sqrt{K}u(s)),$$

所以成立关系式

$$A \sin(\sqrt{K}u(s)) \cos v(s) + B \sin(\sqrt{K}u(s)) \sin v(s) + C \cos(\sqrt{K}u(s)) = 0.$$

例题 6.16 所谓的洛伦茨空间 L^3 是指 $\mathbb{R}^3$, 其中的点是 3 个有序的实数 (x, y, z), 但是任意两个向量 $\boldsymbol{a} = (x_1, y_1, z_1)$ 和 $\boldsymbol{b} = (x_2, y_2, z_2)$ 的内积定义为

$$\boldsymbol{a} \bullet \boldsymbol{b} = x_1 x_2 + y_1 y_2 - z_1 z_2,$$

称为洛伦茨内积. 取负常数 K, 考虑 L^3 中的曲面

$$\Sigma = \left\{ (x, y, z) \in L^3 : x^2 + y^2 - z^2 = \frac{1}{K},\ z > 0 \right\}.$$

求洛伦茨内积在曲面 Σ 上诱导的第一基本形式, 并且求该曲面上的测地线.

解 首先建立 Σ 的参数表示, 采用所谓的球极投影: 将曲面 Σ 上的任意一点 (x, y, z) 与点 $(0, 0, -1/\sqrt{-K})$ 连成一条直线, 该直线与 L^3 中的平面 $z = 1/\sqrt{-K}$ 相交于一点, 记为 $(u, v, 1/\sqrt{-K})$, 称该点为曲面 Σ 上的点 (x, y, z) 在球极投影下的像. 经直接计算得到

$$u = \frac{2x}{\sqrt{-K}z + 1}, \qquad v = \frac{2y}{\sqrt{-K}z + 1},$$

或者反过来得到

$$x = \frac{4u}{4 + K(u^2 + v^2)}, \qquad y = \frac{4v}{4 + K(u^2 + v^2)},$$

$$z = \frac{1}{\sqrt{-K}} \cdot \frac{4 - K(u^2 + v^2)}{4 + K(u^2 + v^2)},$$

这就得到曲面 Σ 的参数表示

$$\boldsymbol{r} = \left(\frac{4u}{4 + K(u^2 + v^2)}, \frac{4v}{4 + K(u^2 + v^2)}, \frac{1}{\sqrt{-K}} \frac{4 - K(u^2 + v^2)}{4 + K(u^2 + v^2)} \right).$$

参数 (u, v) 的取值范围正好是区域 $D = \{(u, v) : u^2 + v^2 < -4/K\}$, 而且曲面 Σ 和区域 D 在上述球极投影下是一一对应的. 对曲面 Σ 的参数方程求微分得到

$$\mathrm{d}x = \frac{4(4 + K(-u^2 + v^2))\mathrm{d}u - 8Kuv\mathrm{d}v}{(4 + K(u^2 + v^2))^2},$$

$$\mathrm{d}y = \frac{-8Kuv\mathrm{d}u + 4(4 + K(u^2 - v^2))\mathrm{d}v}{(4 + K(u^2 + v^2))^2},$$

$$\mathrm{d}z = \frac{16\sqrt{-K}(u\mathrm{d}u + v\mathrm{d}v)}{(4 + K(u^2 + v^2))^2}.$$

因此, 洛伦茨空间 L^3 在曲面 Σ 上诱导的第一基本形式是

$$\begin{aligned}
\mathrm{I} &= \mathrm{d}\boldsymbol{r} \bullet \mathrm{d}\boldsymbol{r} = (\mathrm{d}x)^2 + (\mathrm{d}y)^2 - (\mathrm{d}z)^2 \\
&= \frac{16((\mathrm{d}u)^2 + (\mathrm{d}v)^2)}{(4 + K(u^2 + v^2))^2} = \frac{(\mathrm{d}u)^2 + (\mathrm{d}v)^2}{\left(1 + \dfrac{K}{4}(u^2 + v^2)\right)^2}.
\end{aligned}$$

由此可见, 这正好是负常数 Gauss 曲率 K 的第一基本形式, 即洛伦茨空间 L^3 中具有诱导第一基本形式的曲面 Σ 是抽象曲面 Klein 圆 $(D, \mathrm{d}s^2)$ 的模型, 其中

$$\mathrm{d}s^2 = \frac{(\mathrm{d}u)^2 + (\mathrm{d}v)^2}{\left(1 + \dfrac{K}{4}(u^2 + v^2)\right)^2}.$$

注意到洛伦茨内积不是正定的, 但是它在曲面 Σ 上诱导的第一基本形式却是正定的. 如果把洛伦茨空间 L^3 称为伪欧氏空间, 则曲面 Σ 相

当于"伪"球面. 实际上, 若把洛伦茨空间 L^3 中的点 (x, y, z) 仍然记成 r, 则曲面 Σ 满足方程

$$r \bullet r = \frac{1}{K}, \qquad z > 0.$$

上述方程与三维欧氏空间中球面的方程相类似.

对上面的表达式求微分得到 $\mathrm{d}r \bullet r = 0$, 这表明向径 r 与曲面 Σ 在洛伦茨内积意义下正交, 即向径 r 是曲面 Σ 的法向量. 用空间 L^3 中经过原点的平面 Π 与曲面 Σ 相交, 设交线的参数方程是 $r(s)$, 其中 s 是曲线的弧长参数, 那么

$$\frac{\mathrm{d}r(s)}{\mathrm{d}s} \bullet \frac{\mathrm{d}r(s)}{\mathrm{d}s} = 1.$$

求导数得到

$$\frac{\mathrm{d}^2 r(s)}{\mathrm{d}s^2} \bullet \frac{\mathrm{d}r(s)}{\mathrm{d}s} = 0,$$

同时我们有

$$\frac{\mathrm{d}r(s)}{\mathrm{d}s} \bullet r(s) = 0.$$

由于平面 Π 与曲面 Σ 的交线 $r(s)$ 落在平面 Π 内, 所以它的向径 $r(s)$, 切向量 $\dfrac{\mathrm{d}r(s)}{\mathrm{d}s}$ 和曲率向量 $\dfrac{\mathrm{d}^2 r(s)}{\mathrm{d}s^2}$ 都落在同一个平面 Π 内, 并且向量 $\dfrac{\mathrm{d}^2 r(s)}{\mathrm{d}s^2}$ 和非零向量 $r(s)$ 都与非零向量 $\dfrac{\mathrm{d}r(s)}{\mathrm{d}s}$ 在洛伦茨内积意义下正交, 因此曲线 $r(s)$ 的曲率向量 $\dfrac{\mathrm{d}^2 r(s)}{\mathrm{d}s^2}$ 与曲面 Σ 的法向量 $r(s)$ 平行, 换言之, 曲率向量 $\dfrac{\mathrm{d}^2 r(s)}{\mathrm{d}s^2}$ 在曲面 Σ 的切平面上的洛伦茨正交投影为零, 故平面 Π 与曲面 Σ 的交线 $r(s)$ 是曲面 Σ 上的测地线.

这些测地线包含了曲面 Σ 上的全部测地线. 实际上, 经过曲面 Σ 上的任意一点和曲面 Σ 在该点的任意一条切线可以作唯一的一个平面 Π 经过坐标原点, 它与曲面 Σ 的交线是经过该点、并且与已知切线相切的测地线. 根据测地线在已知起点和初始切方向下的唯一性, 可知这条测地线只能是平面 Π 与 Σ 的交线.

在球极投影下, 曲面 Σ 上的测地线成为 uv 平面内与区域 D 的边界曲线 $u^2 + v^2 = -4/K$ 正交的圆弧或直径. 很明显, 在抽象曲面 Klein 圆 $(D, \mathrm{d}s^2)(K < 0)$ 上, 经过"直线"外一点可以作无数条"直线"与已知"直线"不相交, 这正是非欧几何学的平行公理.

例题 6.17 证明: 具有下列度量形式的曲面有常数 Gauss 曲率 -1. 试求它们之间的保长对应.

(1) $\mathrm{d}s^2 = \dfrac{1}{v^2}((\mathrm{d}u)^2 + (\mathrm{d}v)^2)$;

(2) $\mathrm{d}s^2 = (\mathrm{d}u)^2 + \mathrm{e}^{2u}(\mathrm{d}v)^2$;

(3) $\mathrm{d}s^2 = (\mathrm{d}u)^2 + \cosh^2 u (\mathrm{d}v)^2$.

解 利用 Gauss 曲率的内蕴公式直接计算, 得知它们的 Gauss 曲率都是 -1. 这些计算比较简单, 在此省略了, 本题的重点是建立它们之间的保长对应. 有相同常数 Gauss 曲率的曲面能够彼此建立保长对应, 但是在建立保长对应时 Gauss 绝妙定理提供不了什么帮助, 需要用一些技巧, 也就是先把它们化为等温参数的情形, 然后进行观察.

求 (1) 和 (2) 之间的保长对应: 将 (2) 的弧长元素记为 $\mathrm{d}\tilde{s}^2$, 其参数记成 $(\tilde{u}, \tilde{v})$, 并且把它化为

$$\mathrm{d}\tilde{s}^2 = (\mathrm{d}\tilde{u})^2 + \mathrm{e}^{2\tilde{u}}(\mathrm{d}\tilde{v})^2 = \mathrm{e}^{2\tilde{u}}(\mathrm{e}^{-2\tilde{u}}(\mathrm{d}\tilde{u})^2 + (\mathrm{d}\tilde{v})^2).$$

命

$$x = \int \mathrm{e}^{-\tilde{u}}\mathrm{d}\tilde{u} = -\mathrm{e}^{-\tilde{u}}, \quad y = \tilde{v},$$

则有

$$\mathrm{d}\tilde{s}^2 = \frac{1}{x^2}((\mathrm{d}x)^2 + (\mathrm{d}y)^2).$$

命 $u = y$, $v = -x$, 则得 $\mathrm{d}s^2 = \mathrm{d}\tilde{s}^2$. 由此可见, (1) 和 (2) 之间的保长对应是

$$u = \tilde{v}, \quad v = \mathrm{e}^{-\tilde{u}}.$$

求 (1) 和 (3) 之间的保长对应: 将 (3) 的弧长元素记为 $\mathrm{d}\bar{s}^2$, 其参

数记成 $(\bar{u}, \bar{v})$, 并且把它化为

$$\mathrm{d}\bar{s}^2 = (\mathrm{d}\bar{u})^2 + \cosh^2 \bar{u}(\mathrm{d}\bar{v})^2 = \cosh^2 \bar{u} \left(\frac{1}{\cosh^2 \bar{u}}(\mathrm{d}\bar{u})^2 + (\mathrm{d}\bar{v})^2 \right).$$

命

$$x = \int \frac{\mathrm{d}\bar{u}}{\cosh \bar{u}} = \int \frac{2\mathrm{d}\bar{u}}{\mathrm{e}^{\bar{u}} + \mathrm{e}^{-\bar{u}}} = \int \frac{2\mathrm{e}^{\bar{u}}\mathrm{d}\bar{u}}{\mathrm{e}^{2\bar{u}} + 1} = 2\arctan \mathrm{e}^{\bar{u}}, \quad y = \bar{v},$$

则有

$$\mathrm{e}^{\bar{u}} = \tan \frac{x}{2}, \quad \cosh \bar{u} = \frac{1}{2}(\mathrm{e}^{\bar{u}} + \mathrm{e}^{-\bar{u}}) = \frac{1}{\sin x},$$

因此

$$\mathrm{d}\bar{s}^2 = \frac{1}{\sin^2 x}((\mathrm{d}x)^2 + (\mathrm{d}y)^2).$$

注意到 (1) 中度量的定义域是上半平面 $D = \{(u,v) : -\infty < u < +\infty, \ 0 < v < +\infty\}$, 而 (3) 中度量的定义域化为带形 $\bar{D} = \{(x,y) : -\infty < y < +\infty, \ 0 < x < \pi\}$, 所以可以尝试如下的变换:

$$u = f(y)\cos x, \quad v = f(y)\sin x,$$

其中函数 $f(y)$ 待定. 求微分得到

$$\mathrm{d}u = -f(y)\sin x \mathrm{d}x + f'(y)\cos x \mathrm{d}y,$$
$$\mathrm{d}v = f(y)\cos x \mathrm{d}x + f'(y)\sin x \mathrm{d}y,$$

因此

$$\mathrm{d}s^2 = \frac{1}{v^2}((\mathrm{d}u)^2 + (\mathrm{d}v)^2) = \frac{1}{\sin^2 x} \left((\mathrm{d}x)^2 + \frac{f'^2(y)}{f^2(y)}(\mathrm{d}y)^2 \right).$$

由此可见, 只要取 $f'(y) = f(y)$, 即 $f(y) = \mathrm{e}^y$, 就能使得 $\mathrm{d}s^2 = \mathrm{d}\bar{s}^2$. 所以, (1) 和 (3) 之间的保长对应是

$$u = -\mathrm{e}^y \cos x = -\frac{\mathrm{e}^{\bar{v}} \sinh \bar{u}}{\cosh \bar{u}}, \quad v = \mathrm{e}^y \sin x = \frac{\mathrm{e}^{\bar{v}}}{\cosh \bar{u}}.$$

这里在 u 的表达式中取负号的目的是为了保持曲面的定向不变.

求 (1) 和 (3) 之间的保长对应的另一种方法：通过解方程组求保长对应. 对照

$$\mathrm{d}s^2 = \frac{1}{v^2}((\mathrm{d}u)^2 + (\mathrm{d}v)^2) = \frac{1}{\sin^2 x}((\mathrm{d}x)^2 + (\mathrm{d}y)^2) = \mathrm{d}\bar{s}^2$$

得到

$$\left(\frac{\partial u}{\partial x}\right)^2 + \left(\frac{\partial v}{\partial x}\right)^2 = \frac{v^2}{\sin^2 x}, \quad \frac{\partial u}{\partial x}\frac{\partial u}{\partial y} + \frac{\partial v}{\partial x}\frac{\partial v}{\partial y} = 0,$$

$$\left(\frac{\partial u}{\partial y}\right)^2 + \left(\frac{\partial v}{\partial y}\right)^2 = \frac{v^2}{\sin^2 x},$$

于是可以假设

$$\frac{\partial u}{\partial x} = \frac{v}{\sin x}\cos\theta(x,y), \quad \frac{\partial v}{\partial x} = \frac{v}{\sin x}\sin\theta(x,y),$$

$$\frac{\partial u}{\partial y} = -\frac{v}{\sin x}\sin\theta(x,y), \quad \frac{\partial v}{\partial y} = \frac{v}{\sin x}\cos\theta(x,y),$$

其中 $\theta(x,y)$ 是待定的函数. 由于这是可积的微分方程组, 所以它们必须满足可积条件

$$\frac{\partial^2 u}{\partial x\partial y} = \frac{\partial^2 u}{\partial y\partial x}, \quad \frac{\partial^2 v}{\partial x\partial y} = \frac{\partial^2 v}{\partial y\partial x}.$$

直接计算得到

$$\frac{\partial^2 u}{\partial x\partial y} = \frac{\cos\theta}{\sin x}\frac{\partial v}{\partial y} - \frac{v\sin\theta}{\sin x}\frac{\partial\theta}{\partial y} = \frac{v\cos^2\theta}{\sin^2 x} - \frac{v\sin\theta}{\sin x}\frac{\partial\theta}{\partial y},$$

$$\frac{\partial^2 u}{\partial y\partial x} = \frac{v\cos x\sin\theta}{\sin^2 x} - \frac{\sin\theta}{\sin x}\frac{\partial v}{\partial x} - \frac{v\cos\theta}{\sin x}\frac{\partial\theta}{\partial x}$$

$$= \frac{v\cos x\sin\theta}{\sin^2 x} - \frac{v\sin^2\theta}{\sin^2 x} - \frac{v\cos\theta}{\sin x}\frac{\partial\theta}{\partial x},$$

因此

$$\cos\theta\frac{\partial\theta}{\partial x} - \sin\theta\frac{\partial\theta}{\partial y} = \frac{\cos x\sin\theta}{\sin x} - \frac{1}{\sin x}.$$

同理，我们有

$$\frac{\partial^2 v}{\partial x \partial y} = \frac{\sin\theta}{\sin x}\frac{\partial v}{\partial y} + \frac{v\cos\theta}{\sin x}\frac{\partial\theta}{\partial y}$$

$$= \frac{v\sin\theta\cos\theta}{\sin^2 x} + \frac{v\cos\theta}{\sin x}\frac{\partial\theta}{\partial y},$$

$$\frac{\partial^2 v}{\partial y \partial x} = -\frac{v\cos x\cos\theta}{\sin^2 x} + \frac{\cos\theta}{\sin x}\frac{\partial v}{\partial x} - \frac{v\sin\theta}{\sin x}\frac{\partial\theta}{\partial x}$$

$$= -\frac{v\cos x\cos\theta}{\sin^2 x} + \frac{v\sin\theta\cos\theta}{\sin^2 x} - \frac{v\sin\theta}{\sin x}\frac{\partial\theta}{\partial x},$$

因此

$$\sin\theta\frac{\partial\theta}{\partial x} + \cos\theta\frac{\partial\theta}{\partial y} = -\frac{\cos x\cos\theta}{\sin x}.$$

解出关于 $\dfrac{\partial\theta}{\partial x}, \dfrac{\partial\theta}{\partial y}$ 的线性方程组得到

$$\frac{\partial\theta}{\partial x} = -\frac{\cos\theta}{\sin x}, \quad \frac{\partial\theta}{\partial y} = \frac{\sin\theta - \cos x}{\sin x}.$$

很明显，上面的偏微分方程组有解 $\theta = \dfrac{\pi}{2} - x$. 代回原来的假设得到

$$\frac{\partial u}{\partial x} = v, \quad \frac{\partial u}{\partial y} = -\frac{v\cos x}{\sin x}, \quad \frac{\partial v}{\partial x} = \frac{v\cos x}{\sin x}, \quad \frac{\partial v}{\partial y} = v,$$

则从后面两式得到

$$\mathrm{d}v = \frac{v\cos x}{\sin x}\mathrm{d}x + v\mathrm{d}y = v\mathrm{d}(\log\sin x + y), \quad v = c\mathrm{e}^y\sin x,$$

从前面两式、并且用 v 的表达式代入得到

$$\mathrm{d}u = v\mathrm{d}x - \frac{v\cos x}{\sin x}\mathrm{d}y = c(\mathrm{e}^y\sin x\mathrm{d}x - \mathrm{e}^y\cos x\mathrm{d}y) = -c\mathrm{d}(\mathrm{e}^y\cos x),$$

因此

$$u = -c\mathrm{e}^y\cos x + c_1.$$

取 $c = 1$, $c_1 = 0$, 则得 $u = -\mathrm{e}^y\cos x$, $v = \mathrm{e}^y\sin x$. 这组解与前面得到的解是一样的.

在 (2) 和 (3) 之间的保长对应是将 (2) 和 (1) 之间的保长对应与 (1) 和 (3) 之间的保长对应复合的结果. 实际上, 我们有

$$\tilde{u} = -\log v, \quad \tilde{v} = u,$$

以及

$$u = -\frac{\mathrm{e}^{\bar{v}} \sinh \bar{u}}{\cosh \bar{u}}, \quad v = \frac{\mathrm{e}^{\bar{v}}}{\cosh \bar{u}},$$

因此在 (2) 和 (3) 之间的保长对应是

$$\tilde{u} = \log \cosh \bar{u} - \bar{v}, \quad \tilde{v} = -\frac{\mathrm{e}^{\bar{v}} \sinh \bar{u}}{\cosh \bar{u}}.$$

例题 6.18 证明: 曲面 S 上的可微切向量场的协变微分有下列运算法则:

(1) $\mathrm{D}(\boldsymbol{X} + \boldsymbol{Y}) = \mathrm{D}\boldsymbol{X} + \mathrm{D}\boldsymbol{Y}$;

(2) $\mathrm{D}(f \cdot \boldsymbol{X}) = \mathrm{d}f \cdot \boldsymbol{X} + f \cdot \mathrm{D}\boldsymbol{X}$;

(3) $\mathrm{d}(\boldsymbol{X} \cdot \boldsymbol{Y}) = \mathrm{D}\boldsymbol{X} \cdot \boldsymbol{Y} + \boldsymbol{X} \cdot \mathrm{D}\boldsymbol{Y}$,

其中 $\boldsymbol{X}$, $\boldsymbol{Y}$ 是曲面 S 上的可微切向量场, f 是定义在曲面 S 上的可微函数.

证明 设曲面 S 上的可微切向量场 $\boldsymbol{X}$ 和 $\boldsymbol{Y}$ 分别表示为 $\boldsymbol{X} = X^{\alpha} \boldsymbol{r}_{\alpha}$, $\boldsymbol{Y} = Y^{\alpha} \boldsymbol{r}_{\alpha}$, 它们的协变微分是

$$\mathrm{D}\boldsymbol{X} = \mathrm{D}X^{\alpha} \boldsymbol{r}_{\alpha}, \quad \mathrm{D}\boldsymbol{Y} = \mathrm{D}Y^{\alpha} \boldsymbol{r}_{\alpha},$$

其中 $\mathrm{D}X^{\alpha} = \mathrm{d}X^{\alpha} + \Gamma_{\beta\gamma}^{\alpha} X^{\beta} \mathrm{d}u^{\gamma}$, $\mathrm{D}Y^{\alpha} = \mathrm{d}Y^{\alpha} + \Gamma_{\beta\gamma}^{\alpha} Y^{\beta} \mathrm{d}u^{\gamma}$, 这里 (u^1, u^2) 是曲面的参数 (也称为曲面的局部坐标系), $\Gamma_{\beta\gamma}^{\alpha}$ 是曲面关于它的第一基本形式的 Christoffel 记号. 因此

$$
\begin{aligned}
\mathrm{D}(\boldsymbol{X} + \boldsymbol{Y}) &= \mathrm{D}(X^{\alpha} + Y^{\alpha})\boldsymbol{r}_{\alpha} = (\mathrm{d}(X^{\alpha} + Y^{\alpha}) + \Gamma_{\beta\gamma}^{\alpha}(X^{\beta} + Y^{\beta})\mathrm{d}u^{\gamma})\boldsymbol{r}_{\alpha} \\
&= (\mathrm{d}X^{\alpha} + \Gamma_{\beta\gamma}^{\alpha} X^{\beta} \mathrm{d}u^{\gamma})\boldsymbol{r}_{\alpha} + (\mathrm{d}Y^{\alpha} + \Gamma_{\beta\gamma}^{\alpha} Y^{\beta} \mathrm{d}u^{\gamma})\boldsymbol{r}_{\alpha} \\
&= \mathrm{D}\boldsymbol{X} + \mathrm{D}\boldsymbol{Y},
\end{aligned}
$$

$$D(f \cdot \boldsymbol{X}) = D(f \cdot X^\alpha)\boldsymbol{r}_\alpha = (d(f \cdot X^\alpha) + \Gamma^\alpha_{\beta\gamma}(f \cdot X^\beta)du^\gamma)\boldsymbol{r}_\alpha$$
$$= (df \cdot X^\alpha + f(dX^\alpha + \Gamma^\alpha_{\beta\gamma}X^\beta du^\gamma))\boldsymbol{r}_\alpha$$
$$= df \cdot \boldsymbol{X} + f \cdot D\boldsymbol{X}.$$

按照定义 $\boldsymbol{X} \cdot \boldsymbol{Y} = g_{\alpha\beta}X^\alpha Y^\beta$, 并且 $dg_{\alpha\beta} = (g_{\alpha\delta}\Gamma^\delta_{\beta\gamma} + g_{\delta\beta}\Gamma^\delta_{\alpha\gamma})du^\gamma$, 因此我们有

$$d(\boldsymbol{X} \cdot \boldsymbol{Y}) = d(g_{\alpha\beta}X^\alpha Y^\beta)$$
$$= dg_{\alpha\beta}X^\alpha Y^\beta + g_{\alpha\beta}dX^\alpha Y^\beta + g_{\alpha\beta}X^\alpha dY^\beta$$
$$= (g_{\alpha\delta}\Gamma^\delta_{\beta\gamma} + g_{\delta\beta}\Gamma^\delta_{\alpha\gamma})du^\gamma X^\alpha Y^\beta + g_{\alpha\beta}dX^\alpha Y^\beta + g_{\alpha\beta}X^\alpha dY^\beta$$
$$= g_{\alpha\beta}(dX^\alpha + X^\delta\Gamma^\alpha_{\delta\gamma}du^\gamma)Y^\beta + g_{\alpha\beta}X^\alpha(dY^\beta + Y^\delta\Gamma^\beta_{\delta\gamma}du^\gamma)$$
$$= D\boldsymbol{X} \cdot \boldsymbol{Y} + \boldsymbol{X} \cdot D\boldsymbol{Y}.$$

例题 6.19 设 S 是空间 E^3 中的一个单位球面, C 是落在该球面上半径为 $r_0 < 1$ 的圆周. 求球面 S 上的一个切向量沿圆周 C 平行移动一周后再回到原处时与原切向量所夹的角度.

解 本题有多种解法, 在这里叙述两种.

解法一. 设圆周 C 是平面 $z = \sqrt{1 - r_0^2}$ 和单位球面 $S : x^2 + y^2 + z^2 = 1$ 的交线. 假定球面 S 以外法向为正定向, 圆周 C 的正定向是它围成的小球冠区域落在正定向行进者的左侧. 以南极点 $(x, y, z) = (0, 0, -1)$ 为中心作球极投影, 给出球面的局部坐标系 (u, v), 于是

$$u = \frac{x}{1+z}, \quad v = \frac{y}{1+z}, \quad x^2 + y^2 + z^2 = 1,$$
$$x = \frac{2u}{1+u^2+v^2}, \quad y = \frac{2v}{1+u^2+v^2}, \quad z = \frac{1-u^2-v^2}{1+u^2+v^2}.$$

这样, 球面 S 的第一基本形式是

$$ds^2 = \frac{4((du)^2 + (dv)^2)}{(1+u^2+v^2)^2},$$

Christoffel 记号是

$$\Gamma_{11}^1 = \Gamma_{12}^2 = \Gamma_{21}^2 = -\Gamma_{22}^1 = -\frac{2u}{1+u^2+v^2},$$

$$\Gamma_{22}^2 = \Gamma_{12}^1 = \Gamma_{21}^1 = -\Gamma_{11}^2 = -\frac{2v}{1+u^2+v^2}.$$

此时圆周 C 是 $z = \sqrt{1-r_0^2}$, $x^2+y^2 = r_0^2$, 它作为空间曲线的参数方程是

$$\boldsymbol{r}(s) = \left(r_0 \cos \frac{s}{r_0}, r_0 \sin \frac{s}{r_0}, \sqrt{1-r_0^2}\right),$$

s 是弧长参数, 周长是 $2\pi r_0$, 它的单位切向量是

$$\boldsymbol{\alpha}(s) = \left(-\sin \frac{s}{r_0} \frac{\partial \boldsymbol{r}}{\partial x} + \cos \frac{s}{r_0} \frac{\partial \boldsymbol{r}}{\partial y}\right)\Bigg|_{\boldsymbol{r}(s)}.$$

球面上的切向量 $\dfrac{\partial \boldsymbol{r}}{\partial u}, \dfrac{\partial \boldsymbol{r}}{\partial v}$ 用空间 E^3 的笛卡儿直角坐标系表示是

$$\begin{aligned}
\frac{\partial \boldsymbol{r}}{\partial u} =& \frac{2(1-u^2+v^2)}{(1+u^2+v^2)^2} \frac{\partial \boldsymbol{r}}{\partial x} - \frac{4uv}{(1+u^2+v^2)^2} \frac{\partial \boldsymbol{r}}{\partial y} - \frac{4u}{(1+u^2+v^2)^2} \frac{\partial \boldsymbol{r}}{\partial z} \\
=& \left(1 + \sqrt{1-r_0^2} - r_0^2 \cos^2 \frac{s}{r_0}\right) \frac{\partial \boldsymbol{r}}{\partial x} - r_0^2 \sin \frac{s}{r_0} \cos \frac{s}{r_0} \frac{\partial \boldsymbol{r}}{\partial y} \\
& - r_0 \left(1 + \sqrt{1-r_0^2}\right) \cos \frac{s}{r_0} \frac{\partial \boldsymbol{r}}{\partial z},
\end{aligned}$$

$$\begin{aligned}
\frac{\partial \boldsymbol{r}}{\partial v} =& -\frac{4uv}{(1+u^2+v^2)^2} \frac{\partial \boldsymbol{r}}{\partial x} + \frac{2(1+u^2-v^2)}{(1+u^2+v^2)^2} \frac{\partial \boldsymbol{r}}{\partial y} - \frac{4v}{(1+u^2+v^2)^2} \frac{\partial \boldsymbol{r}}{\partial z} \\
=& -r_0^2 \sin \frac{s}{r_0} \cos \frac{s}{r_0} \frac{\partial \boldsymbol{r}}{\partial x} + \left(1 + \sqrt{1-r_0^2} - r_0^2 \sin^2 \frac{s}{r_0}\right) \frac{\partial \boldsymbol{r}}{\partial y} \\
& - r_0 \left(1 + \sqrt{1-r_0^2}\right) \sin \frac{s}{r_0} \frac{\partial \boldsymbol{r}}{\partial z},
\end{aligned}$$

因此

$$\sin \frac{s}{r_0} \frac{\partial \boldsymbol{r}}{\partial u} - \cos \frac{s}{r_0} \frac{\partial \boldsymbol{r}}{\partial v} = \left(1 + \sqrt{1-r_0^2}\right) \left(\sin \frac{s}{r_0} \frac{\partial \boldsymbol{r}}{\partial x} - \cos \frac{s}{r_0} \frac{\partial \boldsymbol{r}}{\partial y}\right),$$

所以圆周 C 的单位切向量用球面的局部坐标系表示是

$$\boldsymbol{\alpha}(s) = \frac{1}{1 + \sqrt{1-r_0^2}} \left(-\sin \frac{s}{r_0} \frac{\partial \boldsymbol{r}}{\partial u} + \cos \frac{s}{r_0} \frac{\partial \boldsymbol{r}}{\partial v}\right).$$

将 Christoffel 记号限制在圆周 C 上得到

$$\Gamma_{11}^1 = \Gamma_{12}^2 = \Gamma_{21}^2 = -\Gamma_{22}^1 = -r_0 \cos \frac{s}{r_0},$$

$$\Gamma_{22}^2 = \Gamma_{12}^1 = \Gamma_{21}^1 = -\Gamma_{11}^2 = -r_0 \sin \frac{s}{r_0}.$$

假定球面 S 上的切向量 $\boldsymbol{X}_0 = \boldsymbol{\alpha}(0) = \dfrac{1}{1 + \sqrt{1 - r_0^2}} \dfrac{\partial \boldsymbol{r}}{\partial v}$ 沿圆周 C

的正定向平行移动所得的切向量是 $\boldsymbol{X}(s) = a(s)\dfrac{\partial \boldsymbol{r}}{\partial u} + b(s)\dfrac{\partial \boldsymbol{r}}{\partial v}$, 则

$$\frac{\mathrm{D}\boldsymbol{X}}{\mathrm{d}s}$$
$$= a'(s)\frac{\partial \boldsymbol{r}}{\partial u} + a(s)\left(\frac{\mathrm{d}u}{\mathrm{d}s}\left(\Gamma_{11}^1 \frac{\partial \boldsymbol{r}}{\partial u} + \Gamma_{11}^2 \frac{\partial \boldsymbol{r}}{\partial v}\right) + \frac{\mathrm{d}v}{\mathrm{d}s}\left(\Gamma_{12}^1 \frac{\partial \boldsymbol{r}}{\partial u} + \Gamma_{12}^2 \frac{\partial \boldsymbol{r}}{\partial v}\right)\right)$$
$$\quad + b'(s)\frac{\partial \boldsymbol{r}}{\partial v} + b(s)\left(\frac{\mathrm{d}u}{\mathrm{d}s}\left(\Gamma_{21}^1 \frac{\partial \boldsymbol{r}}{\partial u} + \Gamma_{21}^2 \frac{\partial \boldsymbol{r}}{\partial v}\right) + \frac{\mathrm{d}v}{\mathrm{d}s}\left(\Gamma_{22}^1 \frac{\partial \boldsymbol{r}}{\partial u} + \Gamma_{22}^2 \frac{\partial \boldsymbol{r}}{\partial v}\right)\right)$$
$$= \left(a'(s) + \frac{r_0}{1 + \sqrt{1 - r_0^2}} b(s)\right)\frac{\partial \boldsymbol{r}}{\partial u} + \left(b'(s) - \frac{r_0}{1 + \sqrt{1 - r_0^2}} a(s)\right)\frac{\partial \boldsymbol{r}}{\partial v}$$
$$= 0,$$

其中

$$\frac{\mathrm{d}u}{\mathrm{d}s} = -\frac{1}{1 + \sqrt{1 - r_0^2}} \sin \frac{s}{r_0}, \quad \frac{\mathrm{d}v}{\mathrm{d}s} = \frac{1}{1 + \sqrt{1 - r_0^2}} \cos \frac{s}{r_0},$$

所以 $a(s), b(s)$ 满足微分方程组

$$a'(s) = -\frac{r_0}{1 + \sqrt{1 - r_0^2}} b(s), \quad b'(s) = \frac{r_0}{1 + \sqrt{1 - r_0^2}} a(s).$$

该方程组的一般解是

$$a(s) = \lambda \cos\left(\frac{r_0}{1 + \sqrt{1 - r_0^2}} s\right) + \mu \sin\left(\frac{r_0}{1 + \sqrt{1 - r_0^2}} s\right),$$

$$b(s) = \lambda \sin\left(\frac{r_0}{1 + \sqrt{1 - r_0^2}} s\right) - \mu \cos\left(\frac{r_0}{1 + \sqrt{1 - r_0^2}} s\right),$$

其中 λ, μ 是任意常数. 当 $s = 0$ 时, $a(0) = 0, b(0) = \dfrac{1}{1 + \sqrt{1 - r_0^2}}$, 所以 $\lambda = 0, \mu = -\dfrac{1}{1 + \sqrt{1 - r_0^2}}$. 所求的沿曲线 C 的平行切向量场是

$$\boldsymbol{X}(s) = \frac{1}{1 + \sqrt{1 - r_0^2}} \left(-\sin \frac{r_0 s}{1 + \sqrt{1 - r_0^2}} \frac{\partial \boldsymbol{r}}{\partial u} + \cos \frac{r_0 s}{1 + \sqrt{1 - r_0^2}} \frac{\partial \boldsymbol{r}}{\partial v} \right).$$

假定从曲线 C 的单位切向量 $\boldsymbol{\alpha}(s)$ 到切向量 $\boldsymbol{X}(s)$ 的有向角是 $\theta(s)$, 则

$$\begin{aligned}
\cos \theta(s) &= \cos \angle (\boldsymbol{\alpha}(s), \boldsymbol{X}(s)) \\
&= \sin \frac{s}{r_0} \sin \frac{r_0 s}{1 + \sqrt{1 - r_0^2}} + \cos \frac{s}{r_0} \cos \frac{r_0 s}{1 + \sqrt{1 - r_0^2}} \\
&= \cos \left(\frac{s}{r_0} - \frac{r_0 s}{1 + \sqrt{1 - r_0^2}} \right) = \cos \left(\frac{\sqrt{1 - r_0^2}}{r_0} s \right),
\end{aligned}$$

故 $\theta(s) = 2k\pi \pm \dfrac{\sqrt{1 - r_0^2}}{r_0} s$. 当 $s = 0$ 时, $\theta(0) = 0$, 故 $k = 0$. 又因为 $\boldsymbol{\alpha}(s)$ 和 $\boldsymbol{X}(s)$ 的系数行列式

$$\begin{vmatrix}
-\sin \dfrac{s}{r_0} & -\sin \dfrac{r_0 s}{1 + \sqrt{1 - r_0^2}} \\[2mm]
\cos \dfrac{s}{r_0} & \cos \dfrac{r_0 s}{1 + \sqrt{1 - r_0^2}}
\end{vmatrix} = -\sin \frac{\sqrt{1 - r_0^2} s}{r_0} < 0,$$

所以从 $\boldsymbol{\alpha}(s)$ 到切向量 $\boldsymbol{X}(s)$ 的旋转方向和从 $\dfrac{\partial \boldsymbol{r}}{\partial u}$ 到 $\dfrac{\partial \boldsymbol{r}}{\partial v}$ 的旋转方向相反, 故 $\theta(s) = -\dfrac{\sqrt{1 - r_0^2}}{r_0} s$. 当 $s_0 = 2\pi r_0$ 时, 从单位切向量 $\boldsymbol{\alpha}(s_0)$ 到切向量 $\boldsymbol{X}(s_0)$ 的有向角是 $\theta(s_0) = -2\pi \sqrt{1 - r_0^2}$. 从单位切向量 $\boldsymbol{\alpha}(0)$ 到单位切向量 $\boldsymbol{\alpha}(s_0)$ 的有向角是 2π, 所以从切向量 $\boldsymbol{X}(0) = \boldsymbol{\alpha}(0)$ 到切向量 $\boldsymbol{X}(s_0)$ 的有向角是 $2\pi(1 - \sqrt{1 - r_0^2})$.

解法二. 设空间 E^3 中两个曲面 S_1 和 S_2 沿曲线 C 相切, 如果这两个曲面沿曲线 C 定义的切向量场 $\boldsymbol{X}(t)$ 作为曲面 S_1 上沿曲线 C 的切向量场是平行的, 则它作为曲面 S_2 上沿曲线 C 的切向量场也是平

行的. 现在设 $\tilde{S}$ 是 E^3 中与球面 S 沿半径为 $r_0(r_0 < 1)$ 的圆周 C 相切的锥面. 因此球面 S 在点 $p \in C$ 的一个切向量 X 作为球面 S 的切向量沿圆周 C 的平行移动与它作为锥面 $\tilde{S}$ 的切向量沿圆周 C 的平行移动的结果是一样的.

现在圆周 C 的半径是 r_0, 则当锥面 $\tilde{S}$ 展开成平面 Π 时, 圆周 C 成为平面 Π 上半径为 $r_0/\sqrt{1-r_0^2}$ 的圆弧 $\tilde{C}$, 它所对的圆心角是 $\alpha = 2\pi\sqrt{1-r_0^2}$. 如果切向量 X 与圆周 C 的夹角是 θ, 对应的切向量 (也就是 X 自身) 与圆弧 $\tilde{C}$ 在始端的夹角也是 θ. 在平面 Π 内圆弧 $\tilde{C}$ 的终端作向量 $\tilde{X}$ 与 X 平行, 它是切向量 X 在平面 Π 内沿圆弧 $\tilde{C}$ 平行移动的结果, 则向量 $\tilde{X}$ 与圆弧 $\tilde{C}$ 的夹角是

$$2\pi + \theta - \alpha = 2\pi + \theta - 2\pi\sqrt{1-r_0^2}.$$

然而, 可展曲面上的切向量沿曲线的平行移动在可展曲面保长地展开成平面时是保持不变的. 因此, 当切向量 X 在球面 S 上沿圆周 C 平行移动一周时所得的切向量 $\tilde{X}$ 与圆周 C 的夹角是

$$2\pi + \theta - \alpha = 2\pi + \theta - 2\pi\sqrt{1-r_0^2},$$

即切向量 $\tilde{X}$ 和切向量 X 的夹角是

$$2\pi - \alpha = 2\pi\left(1 - \sqrt{1-r_0^2}\right).$$

例题 6.20 (1) 考虑偏微分方程组

$$\frac{\partial x^\alpha}{\partial u^\beta} = -\Gamma^\alpha_{\beta\gamma}x^\gamma,$$

其中 $\Gamma^\alpha_{\beta\gamma}$ 是曲面 S 关于它的第一基本形式 $\mathrm{I} = g_{\alpha\beta}\mathrm{d}u^\alpha\mathrm{d}u^\beta$ 的 Christoffel 记号. 证明: 该微分方程组完全可积的充分必要条件是曲面 S 的 Gauss 曲率处处为零.

(2) 假定 $x^\alpha = x^\alpha(u^1, u^2)$, $\alpha = 1, 2$ 是上述微分方程组的非零解, 证明: $f = g_{\alpha\beta}x^\alpha(u^1, u^2)x^\beta(u^1, u^2)$ 是非零常数.

(3) 在 (2) 的条件下, 证明: $\boldsymbol{X}(u^1, u^2) = x^\alpha(u^1, u^2)\boldsymbol{r}_\alpha(u^1, u^2)$ 是曲面 S 上沿任意一条曲线平行的切向量场.

证明 (1) 这个一阶线性齐次偏微分方程组完全可积的充分必要条件是

$$\frac{\partial^2 x^\alpha}{\partial u^\beta \partial u^\gamma} = \frac{\partial^2 x^\alpha}{\partial u^\gamma \partial u^\beta},$$

即

$$\begin{aligned}
\frac{\partial}{\partial u^\gamma}\left(-\Gamma^\alpha_{\beta\delta}x^\delta\right) &= -\frac{\partial \Gamma^\alpha_{\beta\delta}}{\partial u^\gamma}x^\delta - \Gamma^\alpha_{\beta\delta}\frac{\partial x^\delta}{\partial u^\gamma} = \left(-\frac{\partial \Gamma^\alpha_{\beta\delta}}{\partial u^\gamma} + \Gamma^\alpha_{\beta\xi}\Gamma^\xi_{\gamma\delta}\right)x^\delta \\
&= \frac{\partial}{\partial u^\beta}\left(-\Gamma^\alpha_{\gamma\delta}x^\delta\right) = \left(-\frac{\partial \Gamma^\alpha_{\gamma\delta}}{\partial u^\beta} + \Gamma^\alpha_{\gamma\xi}\Gamma^\xi_{\beta\delta}\right)x^\delta,
\end{aligned}$$

经过移项整理得到

$$\left(\frac{\partial \Gamma^\alpha_{\beta\delta}}{\partial u^\gamma} - \frac{\partial \Gamma^\alpha_{\gamma\delta}}{\partial u^\beta} + \Gamma^\alpha_{\gamma\xi}\Gamma^\xi_{\beta\delta} - \Gamma^\alpha_{\beta\xi}\Gamma^\xi_{\gamma\delta}\right)x^\delta = R^\alpha_{\delta\beta\gamma}x^\delta = 0.$$

上式在任意一点对任意的 x^δ 成立, 因此应该有 $R^\alpha_{\delta\beta\gamma} = 0$, 或 $R_{\delta\alpha\beta\gamma} = 0$, 特别地

$$K = \frac{R_{1212}}{g_{11}g_{22} - g_{12}g_{21}} = 0.$$

(2) 求偏微商得到

$$\begin{aligned}
\frac{\partial f}{\partial u^\gamma} &= \frac{\partial}{\partial u^\gamma}\left(g_{\alpha\beta}x^\alpha(u^1, u^2)x^\beta(u^1, u^2)\right) \\
&= \frac{\partial g_{\alpha\beta}}{\partial u^\gamma}x^\alpha x^\beta + g_{\alpha\beta}\frac{\partial x^\alpha}{\partial u^\gamma}x^\beta + g_{\alpha\beta}x^\alpha\frac{\partial x^\beta}{\partial u^\gamma} \\
&= (g_{\alpha\delta}\Gamma^\delta_{\beta\gamma} + g_{\beta\delta}\Gamma^\delta_{\alpha\gamma})x^\alpha x^\beta - g_{\alpha\beta}\Gamma^\alpha_{\gamma\delta}x^\delta x^\beta - g_{\alpha\beta}x^\alpha\Gamma^\beta_{\gamma\delta}x^\delta \\
&= (g_{\alpha\delta}\Gamma^\delta_{\beta\gamma} + g_{\beta\delta}\Gamma^\delta_{\alpha\gamma})x^\alpha x^\beta - g_{\delta\beta}\Gamma^\delta_{\gamma\alpha}x^\alpha x^\beta - g_{\alpha\delta}\Gamma^\delta_{\gamma\beta}x^\alpha x^\beta = 0,
\end{aligned}$$

因此 f 为常数.

(3) 对切向量场 $\boldsymbol{X}$ 求协变微分得到

$$\mathrm{D}\boldsymbol{X} = \mathrm{D}(x^\alpha\boldsymbol{r}_\alpha) = (\mathrm{d}x^\alpha + x^\beta\Gamma^\alpha_{\beta\gamma}\mathrm{d}u^\gamma)\boldsymbol{r}_\alpha$$

$$= \left(\frac{\partial x^\alpha}{\partial u^\gamma} + x^\beta \Gamma^\alpha_{\beta\gamma} \right) \mathrm{d}u^\gamma \boldsymbol{r}_\alpha = 0,$$

因此切向量场 $\boldsymbol{X}$ 在曲面 S 上是大范围平行的, 也就是沿曲面 S 上任意一条曲线是平行的.

例题 6.21 假定曲面 S 上的连续可微的简单闭曲线 C 所包围的区域 D 是单连通的. 证明: 当单位切向量 $\boldsymbol{X}$ 绕曲线 C 平行移动一周后再回到出发点时与初始单位切向量 $\boldsymbol{X}$ 所夹的角度恰好是曲面 S 的 Gauss 曲率 K 在曲线 C 所围成的单连通区域 D 上的积分.

证明 这是 Gauss-Bonnet 公式的一个应用, 说明曲面 S 的 Gauss 曲率在产生这种转角的过程中所起到的本质作用, 以及欧氏平面几何学与曲面上的几何学的本质区别.

为简单起见, 假定曲面 S 上的简单闭曲线 C 所围成的单连通区域 D 被正交参数系 (u,v) 所覆盖, 曲面的第一基本形式为

$$\mathrm{I} = E(\mathrm{d}u)^2 + G(\mathrm{d}v)^2.$$

命

$$\boldsymbol{\alpha}_1 = \frac{1}{\sqrt{E}} \boldsymbol{r}_u, \qquad \boldsymbol{\alpha}_2 = \frac{1}{\sqrt{G}} \boldsymbol{r}_v,$$

则 $\{\boldsymbol{r}; \boldsymbol{\alpha}_1, \boldsymbol{\alpha}_2\}$ 是曲面 S 上在区域 D 内定义好的单位正交切标架场. 设曲线 C 的参数方程是 $u = u(s)$, $v = v(s)$, $0 \le s \le l$ 是弧长参数, 要求沿曲线的正向行进时区域在行进者的左侧. $\boldsymbol{X}(s)$ 是沿曲线 C 平行的单位切向量场, 于是可以设

$$\boldsymbol{X}(s) = \cos\varphi(s) \cdot \boldsymbol{\alpha}_1(u(s), v(s)) + \sin\varphi(s) \cdot \boldsymbol{\alpha}_2(u(s), v(s)),$$

其中 $\varphi(s)$ 是切向量 $\boldsymbol{X}(s)$ 与 u-曲线所成的方向角. 由于向量场 $\boldsymbol{X}(s)$ 沿曲线 C 的平行性, 故有

$$\frac{\mathrm{D}\boldsymbol{X}(s)}{\mathrm{d}s} = \frac{\mathrm{d}\varphi(s)}{\mathrm{d}s}(-\sin\varphi\,\boldsymbol{\alpha}_1 + \cos\varphi\,\boldsymbol{\alpha}_2) + \cos\varphi \frac{\mathrm{D}\boldsymbol{\alpha}_1}{\mathrm{d}s} + \sin\varphi \frac{\mathrm{D}\boldsymbol{\alpha}_2}{\mathrm{d}s} = 0,$$

即

$$\frac{\mathrm{d}\varphi(s)}{\mathrm{d}s}(\sin\varphi\boldsymbol{\alpha}_1 - \cos\varphi\boldsymbol{\alpha}_2) = \cos\varphi\frac{\mathrm{D}\boldsymbol{\alpha}_1}{\mathrm{d}s} + \sin\varphi\frac{\mathrm{D}\boldsymbol{\alpha}_2}{\mathrm{d}s}.$$

将上式两边与 $(\sin\varphi\boldsymbol{\alpha}_1 - \cos\varphi\boldsymbol{\alpha}_2)$ 作内积, 并且根据协变导数的性质 (参看例题 6.18(3)) 有

$$\frac{\mathrm{D}\boldsymbol{\alpha}_1}{\mathrm{d}s}\cdot\boldsymbol{\alpha}_1 = \frac{\mathrm{D}\boldsymbol{\alpha}_2}{\mathrm{d}s}\cdot\boldsymbol{\alpha}_2 = 0, \qquad \frac{\mathrm{D}\boldsymbol{\alpha}_1}{\mathrm{d}s}\cdot\boldsymbol{\alpha}_2 = -\frac{\mathrm{D}\boldsymbol{\alpha}_2}{\mathrm{d}s}\cdot\boldsymbol{\alpha}_1,$$

由此得到

$$\frac{\mathrm{d}\varphi(s)}{\mathrm{d}s} = (\sin\varphi\boldsymbol{\alpha}_1 - \cos\varphi\boldsymbol{\alpha}_2)\cdot\left(\cos\varphi\frac{\mathrm{D}\boldsymbol{\alpha}_1}{\mathrm{d}s} + \sin\varphi\frac{\mathrm{D}\boldsymbol{\alpha}_2}{\mathrm{d}s}\right) = -\frac{\mathrm{D}\boldsymbol{\alpha}_1}{\mathrm{d}s}\cdot\boldsymbol{\alpha}_2.$$

另一方面, 用 e_1 记曲线 C 的单位切向量, 命 $e_2 = n \times e_1$, 即 e_2 是将 e_1 按正向旋转 90° 所得到的单位向量. 用 θ 表示 e_1 与 u-曲线所成的方向角, 于是

$$e_1 = \cos\theta\boldsymbol{\alpha}_1 + \sin\theta\boldsymbol{\alpha}_2, \qquad e_2 = -\sin\theta\boldsymbol{\alpha}_1 + \cos\theta\boldsymbol{\alpha}_2,$$

根据测地曲率的表达式得到

$$\kappa_g = \frac{\mathrm{d}^2\boldsymbol{r}}{\mathrm{d}s^2}\cdot e_2 = \frac{\mathrm{D}e_1}{\mathrm{d}s}\cdot e_2 = \frac{\mathrm{d}\theta}{\mathrm{d}s} + \frac{\mathrm{D}\boldsymbol{\alpha}_1}{\mathrm{d}s}\cdot\boldsymbol{\alpha}_2.$$

比较前面的式子得到

$$\frac{\mathrm{d}\theta}{\mathrm{d}s} - \kappa_g = -\frac{\mathrm{D}\boldsymbol{\alpha}_1}{\mathrm{d}s}\cdot\boldsymbol{\alpha}_2 = \frac{\mathrm{d}\varphi}{\mathrm{d}s}.$$

分别取 $\theta(s)$ 和 $\varphi(s)$ 的连续分支, 将上面的式子在曲线 C 上积分, 则得

$$\varphi(l) - \varphi(0) = \oint_C \mathrm{d}\varphi = \oint_C \mathrm{d}\theta - \oint_C \kappa_g \mathrm{d}s = 2\pi - \oint_C \kappa_g \mathrm{d}s,$$

其中 l 是简单闭曲线 C 的弧长. 利用 Gauss-Bonnet 公式得到

$$\varphi(l) - \varphi(0) = \iint_D K\mathrm{d}\sigma.$$

由此可见, 当单位切向量 $\boldsymbol{X}$ 绕简单闭曲线 C 平行移动一周后再回到出发点时未必与初始单位切向量 $\boldsymbol{X}$ 重合, 所转过的角度恰好是曲面 S 的 Gauss 曲率 K 在曲线 C 所围成的单连通区域 D 上的积分.

当 C 是分段光滑的简单闭曲线时, 则上面的公式仍然成立, 只是必须假定曲线 C 所围成的区域 D 是单连通的.

注记　用本例题的公式可以解例题 6.19. 对于单位球面而言, Gauss 曲率 K 为 1. 因此, 单位切向量 $\boldsymbol{X}$ 绕圆周 C 平行移动一周后再回到出发点时与初始单位切向量 $\boldsymbol{X}$ 所夹的角度恰好是 $\iint_D K \mathrm{d}\sigma =$ 区域 D 的面积 $= 2\pi(1 - \sqrt{1 - r_0^2})$.

§6.3　习题

6.1. 证明: 旋转曲面上的纬线的测地曲率是常数, 该常数的倒数恰好等于过纬线上一点的经线的切线从切点到该切线与旋转轴的交点之间的长度.

6.2. 求椭球面

$$\frac{x^2}{a^2} + \frac{y^2}{b^2} + \frac{z^2}{c^2} = 1$$

上由平面

$$\frac{x}{a} + \frac{y}{b} + \frac{z}{c} = 1$$

所截的截线在点 $C = (0, 0, c)$ 的测地曲率.

6.3. 求椭圆抛物面

$$2z = \frac{x^2}{a^2} + \frac{y^2}{b^2}$$

上由平面

$$\frac{x}{a} + \frac{y}{b} = 2$$

所截的截线在点 $C = (a, b, 1)$ 的测地曲率.

6.4. 求在半径为 R 的球面上半径为 $a(a \le R)$ 的圆周的测地曲率.

6.5. 求在正螺旋面 $\boldsymbol{r} = (u\cos v, u\sin v, av)$ 上圆螺旋线

$$\boldsymbol{r} = (u_0\cos v, u_0\sin v, av)$$

的测地曲率.

6.6. 证明: 在球面 S

$$\boldsymbol{r} = (a\cos u\cos v, a\cos u\sin v, a\sin u), \quad -\frac{\pi}{2} < u < \frac{\pi}{2}, \quad 0 < v < 2\pi$$

上, 曲线 C 的测地曲率可以表示成

$$\kappa_g = \frac{\mathrm{d}\theta(s)}{\mathrm{d}s} - \sin(u(s))\frac{\mathrm{d}v(s)}{\mathrm{d}s},$$

其中 $(u(s), v(s))$ 是球面 S 上的曲线 C 的参数方程, s 是曲线 C 的弧长参数, $\theta(s)$ 是曲线 C 与球面上的经线 (即 u-曲线) 之间的夹角.

6.7. 证明: 在曲面 S 的任意的参数系 (u, v) 下, 曲线 $C: u = u(s), v = v(s)$ 的测地曲率是

$$\kappa_g = \sqrt{g}\left(Bu'(s) - Av'(s) + u'(s)v''(s) - v'(s)u''(s)\right),$$

其中 s 是曲线 C 的弧长参数, $g = EG - F^2$, 并且

$$A = \Gamma_{11}^1(u'(s))^2 + 2\Gamma_{12}^1 u'(s)v'(s) + \Gamma_{22}^1(v'(s))^2,$$
$$B = \Gamma_{11}^2(u'(s))^2 + 2\Gamma_{12}^2 u'(s)v'(s) + \Gamma_{22}^2(v'(s))^2.$$

特别是, 参数曲线的测地曲率是

$$\kappa_{g1} = \sqrt{g}\,\Gamma_{11}^2(u'(s))^3, \qquad \kappa_{g2} = -\sqrt{g}\,\Gamma_{22}^1(v'(s))^3.$$

6.8. 假定 Φ 是曲面 S 上由保长对应构成的一个变换群, 并且它的每一个成员在曲面上的作用, 是把曲面 S 上一条给定的曲线 C 变到它自身. 证明: 如果变换群 Φ 限制在曲线 C 上的作用是传递的, 即对于曲线 C 上的任意两点 p, q, 必有 Φ 中的一个成员 σ, 它限制在 C 上的作用是把点 p 映到点 q, 则曲线 C 的测地曲率是常数.

6.9. 证明：曲面 S 上的曲线 C 的法曲率 κ_n 和测地挠率 τ_g 满足关系式

$$\kappa_n^2 + \tau_g^2 - 2H\kappa_n + K = 0,$$

其中 H 和 K 分别是曲面 S 的平均曲率和 Gauss 曲率.

6.10. 证明：在曲面 S 上的任意一点 p 沿任意两个彼此正交的切方向的测地挠率之和为零.

6.11. 已知 C 是一条空间挠曲线. 求一个包含曲线 C 在内的正则曲面 S, 使得 C 是曲面 S 上的测地线.

6.12. 已知曲面 S 的方程是 $x + y = f(z)$, 其中 $f(z)$ 是光滑函数. 证明：曲面 S 上的测地线必定与空间中的固定方向 $\boldsymbol{l} = (-1, 1, 0)$ 成定角.

6.13. 证明：一般柱面上的测地线与直母线的夹角为常数. 特别地，圆柱面上的测地线或者是直母线，或者是正螺旋线.

6.14. 设曲线 C 是旋转曲面 $\boldsymbol{r}(u, v) = (f(u)\cos v, f(u)\sin v, g(u))$ 上的一条测地线，用 θ 表示曲线 C 与曲面的经线之间的夹角，证明：沿测地线 C 成立恒等式 $f(u)\sin\theta \equiv$ 常数.

6.15. 设在旋转曲面 S 上有一条测地线 C 与经线的夹角 θ 是常数，并且 $\theta \neq 0°, 90°$. 证明：该旋转曲面 S 必定是圆柱面.

6.16. 证明：曲面 $F(x, y, z) = 0$ 上的测地线满足微分方程

$$\begin{vmatrix} F_x & \mathrm{d}x & \mathrm{d}^2 x \\ F_y & \mathrm{d}y & \mathrm{d}^2 y \\ F_z & \mathrm{d}z & \mathrm{d}^2 z \end{vmatrix} = 0.$$

6.17. 设曲面的第一基本形式是 $\mathrm{I} = v((\mathrm{d}u)^2 + (\mathrm{d}v)^2)$, $v > 0$, 求该曲面上的测地线.

6.18. 求正螺旋面 $\boldsymbol{r} = (u\cos v, u\sin v, av)$ 上的测地线.

6.19. 证明：(1) 若曲面 S 上的一条曲线 C 既是测地线，又是渐近曲线，则它必是直线；

(2) 若曲面 S 上的一条曲线 C 既是测地线, 又是曲率线, 则它必是平面曲线;

(3) 若曲面 S 上的一条测地线 C 是非直线的平面曲线, 则它必是曲面 S 上的曲率线.

6.20. 证明: 若曲面 S 上的所有测地线都是平面曲线, 则该曲面 S 必定是全脐点曲面.

6.21. 假定曲面 S 的定义域是 $D = \{(u, v) \in \mathbb{R}^2 : v > 0\}$, 第一基本形式是

$$\mathrm{I} = \frac{1}{v^2}(\mathrm{d}u^2 + \mathrm{d}v^2).$$

证明: 曲面 S 上的测地线或者是 $u = c$, 或者满足方程 $(u - c)^2 + v^2 = a^2$, $v > 0$, 其中 a, c 是常数.

6.22. 假定曲面 S 被一个单参数测地线族 Σ 所覆盖, 并且它的正交轨线都以常数 a 为它们的测地曲率. 证明: 曲面 S 的 Gauss 曲率为 $-a^2$.

6.23. 证明: 如果在曲面 S 上存在两族测地线, 它们彼此相交成定角, 则该曲面 S 必定是可展曲面.

6.24. 假定曲面 S_1 和 S_2 沿曲线 C 相切, 证明: 如果曲线 C 是曲面 S_1 上的测地线, 则 C 也必定是曲面 S_2 上的测地线.

如果曲线 C 是曲面 S_1 上的曲率线, 则有什么结论? 如果曲线 C 是曲面 S_1 上的渐近曲线, 则又有什么结论?

6.25. 设曲面 S 的第一基本形式是 $\mathrm{I} = (\mathrm{d}u)^2 + G(u, v)(\mathrm{d}v)^2$, 求 $\Gamma_{\alpha\beta}^\gamma$ 和 Gauss 曲率 K.

6.26. 试在测地平行坐标系和测地极坐标系下分别写出常曲率曲面的第一基本形式.

6.27. 证明: 在常曲率曲面上, 以任意一点 p 为中心的测地圆上每一点处的测地曲率为常数.

6.28. 已知常曲率曲面的第一基本形式为

$$I = (du)^2 - \frac{1}{K}\sinh^2(\sqrt{-K}u)(dv)^2, \qquad K < 0.$$

证明：若 $(u(s), v(s))$ 是该曲面上的一条测地线的参数方程，则存在不全为零的常数 A, B, C，使得它满足下面的关系式：

$$A\sinh(\sqrt{-K}u(s))\cos v(s) + B\sinh(\sqrt{-K}u(s))\sin v(s)$$
$$+ C\cosh(\sqrt{-K}u(s)) = 0.$$

试把上述关系式和伪球面上的测地线 (参看例题 6.16) 进行对照，想一想：上面的关系式有什么几何意义？

6.29. 证明：洛伦茨空间 L^3 中经过原点的平面与伪球面 Σ (参看例题 6.16) 的交线在球极投影下的像 $(u(s), v(s))$ 满足方程

$$u^2(s) + v^2(s) - 2au(s) - 2bv(s) - \frac{4}{K} = 0,$$

其中 $K < 0$, a, b 是满足不等式 $\sqrt{a^2 + b^2} > \dfrac{2}{\sqrt{-K}}$ 的常数.

6.30. 试求

$$\text{Klein 圆}: u^2 + v^2 < 1, \quad ds^2 = \frac{(du)^2 + (dv)^2}{(1 - (u^2 + v^2))^2}$$

和

$$\text{Poincaré 上半平面}: y > 0, \quad ds^2 = \frac{1}{4y^2}(dx^2 + dy^2)$$

之间的保长对应.

6.31. 证明：在曲面 S 上存在一个非零的、与路径无关的平行切向量场，当且仅当曲面 S 的 Gauss 曲率恒等于零.

6.32. 证明：曲面 S 上的 u^1-曲线的单位切向量沿曲线

$$C: u^\gamma = u^\gamma(t)$$

是平行的充分必要条件是，沿曲线 C 下式成立：

$$\Gamma^2_{1\gamma}(u^1(t), u^2(t))\frac{\mathrm{d}u^\gamma(t)}{\mathrm{d}t} = 0.$$

6.33. 假定 C 是曲面 S 上包围单连通区域 D 的分段光滑简单闭曲线. 证明：当单位切向量 $\boldsymbol{X}$ 绕曲线 C 平行移动一周后再回到出发点时与初始单位切向量 $\boldsymbol{X}$ 所夹的角度恰好是曲面 S 的 Gauss 曲率 K 在曲线 C 所围成的单连通区域 D 上的积分.

第七章　　活动标架和外微分法

§7.1　要点和公式

1. 本章主要是介绍活动标架和外微分法在微分几何中的应用，属于微分几何课"提高"的内容. 除了"微分几何"一书中第七章的内容以外，我们在本书还补充介绍了微分流形的初步概念，目的是使读者理解起来更加容易.

2. 设 V 是 n 维向量空间，$\{e_1, \cdots, e_n\}$ 是它的一个基底，则空间 V 中的任意一个元素 x 都能够唯一地表示为基底向量 $e_1, \cdots, e_n$ 的线性组合，设为

$$x = x^1 e_1 + \cdots + x^n e_n \equiv x^i e_i,$$

在最右端我们采用了 Einstein 的和式约定. 设 $f : V \to \mathbb{R}$ 是向量空间 V 上的函数. 如果对于任意的 $x, y \in V$ 及 $\alpha \in \mathbb{R}$ 总是有

$$f(x + y) = f(x) + f(y), \qquad f(\alpha \cdot x) = \alpha \cdot f(x),$$

则称 f 是向量空间 V 上的线性函数. V 上全体线性函数的集合关于加法和数乘法是封闭的. 因此该集合是一个新的向量空间，记为 V^*，称为原向量空间 V 的对偶空间. 在固定的基底 $\{e_i\}$ 下，取向量 $x \in V$ 在该基底下的第 j 个分量的函数显然是向量空间 V 上的一个线性函数，记为 e^j. 这 n 个线性函数 $e^1, \cdots, e^n$ 恰好构成空间 V^* 的基底，称为与原向量空间 V 的基底 $\{e_i\}$ 对偶的基底. 因此，我们有公式

$$x = e^i(x) e_i.$$

3. 类似地，我们可以考虑向量空间 V 上的多重线性函数. 设

$$f : \underbrace{V \times \cdots \times V}_{r \text{ 个}} \to \mathbb{R}$$

是 V 上的 r 元函数. 如果它对于每一个自变量来说都是线性函数, 则称它是 r 重线性函数. 向量空间 V 上 r 重线性函数的全体所构成的集合关于加法和数乘法自然是封闭的, 因此它本身是一个向量空间, 记为 $\bigotimes^r V^* = \mathcal{L}(\underbrace{V, \cdots, V}_{r}; \mathbb{R})$.

另外, 任意两个多重线性函数能够作张量积, 得到一个新的多重线性函数. 例如, 设 f 是一个 r 重线性函数, g 是一个 s 重线性函数, f 和 g 的张量积 $f \otimes g$ 定义为

$$f \otimes g(x_1, \cdots, x_{r+s}) = f(x_1, \cdots, x_r) \cdot g(x_{r+1}, \cdots, x_{r+s}),$$

其中 $x_1, \cdots, x_{r+s} \in V$. 很明显, $f \otimes g$ 是一个 $r+s$ 重线性函数.

多重线性函数的张量积具有分配律和结合律, 即

分配律: $(f + g) \otimes h = f \otimes h + g \otimes h, \ h \otimes (f + g) = h \otimes f + h \otimes g;$

结合律: $(f \otimes g) \otimes h = f \otimes (g \otimes h) = f \otimes g \otimes h.$

设 $\{e^1, \cdots, e^n\}$ 是对偶向量空间 V^* 的基底, 任意固定 r 个指标 $i_1, \cdots, i_r$, 则我们得到一个 r 重线性函数 $e^{i_1} \otimes \cdots \otimes e^{i_r}$. 这样得到的 n^r 个 r 重线性函数

$$e^{i_1} \otimes \cdots \otimes e^{i_r}, \qquad 1 \le i_1, \cdots, i_r \le n,$$

构成向量空间 $\bigotimes^r V^*$ 的基底. 设 $f \in \bigotimes^r V^*$, 则

$$f = f_{i_1 \cdots i_r} e^{i_1} \otimes \cdots \otimes e^{i_r},$$

其中

$$f_{i_1 \cdots i_r} = f(e_{i_1}, \cdots, e_{i_r}).$$

4. 设 $f \in \bigotimes^r V^*$. 如果在函数 f 的任意两个自变量交换位置时 f 的值只改变它的符号, 则称 f 是一个反对称的 r 重线性函数, 或称 f 是一个 r 次外形式, 简称为 r-形式. 此时, 如果 σ 是 $\{1, \cdots, r\}$ 的任意一个置换, 则有

$$f(x_{\sigma(1)}, \cdots, x_{\sigma(r)}) = \text{sign}(\sigma) \cdot f(x_1, \cdots, x_r),$$

其中 $\text{sign}(\sigma)$ 是置换 σ 的符号, 即

$$\text{sign}(\sigma) = \begin{cases} 1, & \text{若 } \sigma \text{ 是偶置换,} \\ -1, & \text{若 } \sigma \text{ 是奇置换.} \end{cases}$$

反对称化运算是将一个 r 重线性函数变成一个 r 重反对称线性函数的手段. 实际上, r 重线性函数 f 的反对称化 (记为 $A_r(f)$) 就是将它的自变量作所有的置换, 然后取它们的值的交替平均值. 设 f 是 V 上的一个 r 重线性函数, 则

$$(A_r(f))(x_1, \cdots, x_r) = \frac{1}{r!} \sum_{\sigma \in \mathfrak{S}_r} \text{sign}(\sigma) \cdot f(x_{\sigma(1)}, \cdots, x_{\sigma(r)}),$$

其中 $\mathfrak{S}_r$ 是 r 个整数 $\{1, \cdots, r\}$ 的置换群. 如果 f 本身是 r 次外形式, 则 $A_r(f) = f$.

5. 向量空间 V 上的 r 次外形式的全体所构成的集合是一个向量空间, 记为 $\bigwedge^r V^*$. 在任意两个外形式之间还能够定义外积运算, 实质上它是张量积和反对称化运算的复合: 设 $f \in \bigwedge^r V^*$, $g \in \bigwedge^s V^*$, 则 f 和 g 的外积 $f \wedge g$ 是一个 $(r+s)$ 次外形式, 定义为

$$f \wedge g = \frac{(r+s)!}{r!s!} A_{r+s}(f \otimes g).$$

外积运算遵循下列运算法则:

(1) 分配律:　$(f_1 + f_2) \wedge g = f_1 \wedge g + f_2 \wedge g$;

(2) 反交换律: 设 $f \in \bigwedge^r V^*$, $g \in \bigwedge^s V^*$, 则 $f \wedge g = (-1)^{rs} g \wedge f$;

(3) 结合律:　$f \wedge (g \wedge h) = (f \wedge g) \wedge h$.

设 $\{e^1, \cdots, e^n\}$ 是对偶向量空间 V^* 的一个基底, 则 $\{e^{j_1} \wedge \cdots \wedge e^{j_r},\ 1 \le j_1 < \cdots < j_r \le n\}$ 是 r 次外形式空间 $\bigwedge^r V^*$ 的基底. 设 $f \in \bigwedge^r V^*$ 则

$$f = \frac{1}{r!} f_{j_1 \cdots j_r} e^{j_1} \wedge \cdots \wedge e^{j_r}$$

$$= \sum_{1 \le j_1 < \cdots < j_r \le n} f_{j_1 \cdots j_r} e^{j_1} \wedge \cdots \wedge e^{j_r},$$

其中 $f_{j_1 \cdots j_r} = f(e_{j_1}, \cdots, e_{j_r})$. 当 $r > n$ 时, $\bigwedge^r V^* = \{0\}$. 向量空间 V 上的外形式就是以其对偶空间 V^* 的基底向量 $e^1, \cdots, e^n$ 为字母的外多项式, 要求字母之间的乘法是反交换的.

6. 设欧氏空间 E^3 中的正则曲面 S 的参数方程是 $\boldsymbol{r}(u^1, u^2)$, 其中 $(u^1, u^2) \in D \subset E^2$, 则

$$\mathrm{d}\boldsymbol{r} = \boldsymbol{r}_\alpha \mathrm{d}u^\alpha.$$

如果只是在曲面 S 上看, (u^1, u^2) 是 S 上的点 p 的坐标, 称为曲面 S 上的点 p 的曲纹坐标. 而曲面 S 在点 p 的切空间的基底是 $\{\boldsymbol{r}_1, \boldsymbol{r}_2\}$, 而 $(\mathrm{d}u^1, \mathrm{d}u^2)$ 是在点 p 的任意一个切向量 $\mathrm{d}\boldsymbol{r}$ 的分量, 因此 $\mathrm{d}u^1, \mathrm{d}u^2$ 分别是曲面 S 在点 p 的切空间 T_pS 上的线性函数, 它们构成曲面 S 在点 p 的切空间的对偶空间上与自然基底 $\{\boldsymbol{r}_1, \boldsymbol{r}_2\}$ 对偶的基底, 记为 $\{\mathrm{d}u^1, \mathrm{d}u^2\}$. 我们把曲面 S 在点 p 的切空间 T_pS 的对偶空间称为曲面 S 在点 p 的余切空间, 记为 T_p^*S. 余切空间 T_p^*S 中的元素称为曲面 S 在点 p 的余切向量, 也就是曲面 S 在点 p 的切空间 T_pS 上的线性函数.

7. 设 $(x^1, \cdots, x^n)$ 是 n 维欧氏空间 E^n 中的区域 D 上的笛卡儿直角坐标系, $(u^1, \cdots, u^n)$ 是 n 维欧氏空间 E^n 中的另一个区域 U 上的笛卡儿直角坐标系. 如果在区域 U 和 D 之间存在一个一一对应, 它可以表示为从 U 到 D 的映射 $f : U \to D$:

$$x^1 = f^1(u^1, \cdots, u^n), \quad \cdots, \quad x^n = f^n(u^1, \cdots, u^n),$$

以及从 D 到 U 的逆映射 $g : D \to U$:

$$u^1 = g^1(x^1, \cdots, x^n), \quad \cdots, \quad u^n = g^n(x^1, \cdots, x^n),$$

并且假定函数 $f^\alpha(u^1, \cdots, u^n)$, $g^\alpha(x^1, \cdots, x^n)$ 都是连续可微的, 则称 $(u^1, \cdots, u^n)$ 是区域 D 上的曲纹坐标系. D 上的任意两组曲纹坐标系之间显然是互为连续可微函数的关系.

大范围微分几何和大范围分析的课题所考虑的空间不再限于欧氏空间, 也就是说这种空间未必有在整个空间都适用的坐标系, 但是要求这种空间在局部上具有曲纹坐标系, 并且容许曲纹坐标系作连续可微的坐标变换, 这种空间就是现在所称的微分流形. 稍微确切一点说, 所谓的 n 维微分流形是指由 n 维欧氏空间中的一些小块区域一片一片连续可微地拼接起来得到的空间. 在这里, "连续可微地拼接起来" 的意思是当一个小块区域和另一个小块区域拼接时在拼接部分其中一种曲纹坐标可以表示为另一种曲纹坐标的连续可微函数, 反之亦然 (参看例题 3.4).

8. 由于在 n 维微分流形上容许局部的曲纹坐标系, 而局部坐标又可以作连续可微的坐标变换, 因此"直线段"的概念便失去了意义, 在欧氏空间中把向量解释为 "有向线段" 的说法在这里也就不适用了. 但是在微分流形上连续可微函数的概念是有意义的, 它是指在局部坐标系下成为 n 个曲纹坐标的连续可微函数, 这种性质不依赖曲纹坐标的选取. 把 n 维光滑微分流形 M 在点 p 的光滑函数 (它的各种偏导数都存在且连续) 的集合记为 C_p^∞, 那么流形 M 在点 p 的切向量 v 定义为映射 $v : C_p^\infty \to \mathbb{R}$, 要求它满足条件: (1) $v(f + \lambda g) = v(f) + \lambda v(g)$, $\forall f, g \in C_p^\infty$, $\lambda \in \mathbb{R}$; (2) $v(f \cdot g) = v(f) \cdot g(p) + f(p) \cdot v(g)$, $\forall f, g \in C_p^\infty$. M 在点 p 的切向量的全体所构成的集合记为 $T_p M$, 它自然地成为一个向量空间, 称为 M 在点 p 的切空间.

在点 $p \in M$ 的附近取局部坐标系 $(U; u^i)$, 则切空间 $T_p M$ 的自然基底是 $\left\{ \dfrac{\partial}{\partial u^i} : 1 \leq i \leq n \right\}$. 若在点 $p \in M$ 有另一个局部坐标系 $(W; w^i)$, 则有局部坐标变换 $w^i = w^i(u^1, \cdots, u^n)$, $1 \leq i \leq n$, 其中 $w^i(u^1, \cdots, u^n)$ 都是光滑函数. 反过来, 每一个 u^i 都能够表示成 $w^1, \cdots, w^n$ 的光滑函数. 因此, 上述函数的 Jacobi 行列式 $\det\left(\dfrac{\partial w^i}{\partial u^j}\right) \neq 0$. 假定由局部坐标系 $(W; w^i)$ 决定的自然基底是 $\left\{ \dfrac{\partial}{\partial w^i} : 1 \leq i \leq n \right\}$,

则根据复合函数求导的法则, 我们有 $\dfrac{\partial}{\partial u^i} = \displaystyle\sum_{j=1}^{n} \dfrac{\partial w^j}{\partial u^i} \dfrac{\partial}{\partial w^j}, \quad 1 \le i \le n$,

即 Jacobi 矩阵 $\left(\dfrac{\partial w^i}{\partial u^j}\right)$ 恰好是基底

$$\left\{ \frac{\partial}{\partial u^i} : 1 \le i \le n \right\} \quad \text{和} \quad \left\{ \frac{\partial}{\partial w^i} : 1 \le i \le n \right\}$$

之间的变换矩阵.

9. 切向量 $v \in T_p M$ 在自然基底 $\left\{ \dfrac{\partial}{\partial u^i} : 1 \le i \le n \right\}$ 下表示为 $v = \displaystyle\sum_{i=1}^{n} v^i \dfrac{\partial}{\partial u^i}$, 其中 $v^i = v(u^i)$, 这里坐标 u^i 自然是在点 p 附近的光滑函数, 而分量 v^i 恰好是切向量 v 在光滑函数 u^i 上的作用. 对于任意的 $f \in C_p^\infty$, f 在点 p 的微分 $\mathrm{d}f|_p$ 是 $T_p M$ 上的线性函数, 定义为 $\mathrm{d}f|_p(v) = v(f), \forall v \in T_p M$. 特别是, $\mathrm{d}u^i$ 是 $T_p M$ 上的线性函数, 定义为 $\mathrm{d}u^i|_p(v) = v(u^i), \forall v \in T_p M$. 切空间 $T_p M$ 的对偶空间称为在点 p 的余切空间, 记为 $T_p^* M$, 其成员就是 $T_p M$ 上的线性函数, 称为在点 p 的余切向量. $\{\mathrm{d}u^i|_p, 1 \le i \le n\}$ 构成余切空间 $T_p^* M$ 的基底. 这样, 切向量 v 的表达式成为 $v = \displaystyle\sum_{i=1}^{n} \mathrm{d}u^i(v) \dfrac{\partial}{\partial u^i}$, 微分 $\mathrm{d}u^i$ 恰好是取切向量 v 在自然基底 $\left\{ \dfrac{\partial}{\partial u^i} : 1 \le i \le n \right\}$ 下的第 i 个分量 $v^i = v(u^i) = \mathrm{d}u^i(v)$ 的函数. 值得指出的是, 在构造比较复杂的高维光滑流形上, 切向量场的图景往往比较难以想象, 但是余切向量场却比较好理解, 它是光滑流形上的一次微分式, 即在局部坐标系 $(U; u^i)$ 下表示为 $\displaystyle\sum_{i=1}^{n} a_i(u^1, \cdots, u^n)\mathrm{d}u^i$, 其中 $a_i(u^1, \cdots, u^n)$ 是 $u^1, \cdots, u^n$ 的光滑函数.

10. 在光滑流形 M 上的一个 r 次外微分式 ω 是指以光滑的方式在每一点 $p \in M$ 指定了在该点的切空间 $T_p M$ 上的一个 r 次外形式 $\omega(p)$. 设 $(U; u^1, \cdots, u^n)$ 是 M 的一个局部坐标系, 则 $\omega|_U$ 可以表示成

$$\omega|_U = \frac{1}{r!}\omega_{i_1 \cdots i_r}(u^1, \cdots, u^n)\mathrm{d}u^{i_1} \wedge \cdots \wedge \mathrm{d}u^{i_r}$$

$$= \sum_{1 \le i_1 < \cdots < i_r \le n} \omega_{i_1 \cdots i_r}(u^1, \cdots, u^n) \mathrm{d}u^{i_1} \wedge \cdots \wedge \mathrm{d}u^{i_r},$$

其中系数函数 $\omega_{i_1 \cdots i_r}(u^1, \cdots, u^n)$ 是 $u^1, \cdots, u^n$ 的光滑函数, 并且对于下指标 $i_1, \cdots, i_r$ 是反对称的.

流形 M 上的任意两个同次的外微分式能够以逐点计算的方式作加法, 任意两个次数未必相同的外微分式能够以逐点计算的方式作外积运算. 对于外微分式来说, 更重要的一种运算是外微分, 它把 r 次外微分式变为一个 $r+1$ 次外微分式:

$$\begin{aligned}
\mathrm{d}\omega|_U &= \frac{1}{r!}\mathrm{d}\omega_{i_1 \cdots i_r} \wedge \mathrm{d}u^{i_1} \wedge \cdots \wedge \mathrm{d}u^{i_r} \\
&= \frac{1}{r!}\frac{\partial \omega_{i_1 \cdots i_r}}{\partial u^j} \mathrm{d}u^j \wedge \mathrm{d}u^{i_1} \wedge \cdots \wedge \mathrm{d}u^{i_r},
\end{aligned}$$

上面的表达式与局部坐标系的选择无关 (参看例题 7.6). 如果 $f: M \to \mathbb{R}$ 是定义在 M 上的光滑函数 (看作零次外微分式), 则它的外微分 $\mathrm{d}f$ 就是它的普通微分.

外微分运算 d 遵循下面的运算法则: (1) d 是线性算子, 即对于任意的外微分式 φ^1, φ^2 有 $\mathrm{d}(\varphi^1 + \varphi^2) = \mathrm{d}\varphi^1 + \mathrm{d}\varphi^2$, $\mathrm{d}(c \cdot \varphi^1) = c \cdot \mathrm{d}\varphi^1$, $\forall c \in \mathbb{R}$; (2) $\mathrm{d} \circ \mathrm{d} = 0$, 即对于任意一个外微分式 φ, 有 $\mathrm{d}(\mathrm{d}\varphi) = 0$; (3) 若 φ 是 r 次外微分式, 则对于任意一个外微分式 ψ, 有 $\mathrm{d}(\varphi \wedge \psi) = \mathrm{d}\varphi \wedge \psi + (-1)^r \varphi \wedge \mathrm{d}\psi$.

11. 设 M, N 分别是 m, n 维光滑流形, 且有光滑映射 $f: M \to N$, 点 $p \in M$ 的局部坐标系是 $(U; u^i)$, 点 $f(p) \in N$ 的局部坐标系是 $(V; v^\alpha)$, 并且 $f(U) \subset V$, 那么映射 $f|_U: U \to V$ 可以表示为

$$v^\alpha = v^\alpha(u^1, \cdots, u^m), \qquad \alpha = 1, \cdots, n.$$

映射 f 诱导出一个映射 f^*, 它把 N 上的 r 次外微分式 φ 变为 M 上的 r 次外微分式 $f^*\varphi$. 设

$$\varphi|_V = \frac{1}{r!}\varphi_{\alpha_1 \cdots \alpha_r}(v^1, \cdots, v^n) \mathrm{d}v^{\alpha_1} \wedge \cdots \wedge \mathrm{d}v^{\alpha_r},$$

则

$$f^*\varphi|_U = \frac{1}{r!}\varphi_{\alpha_1\cdots\alpha_r}(v^1(u^1,\cdots,u^m),\cdots,v^n(u^1,\cdots,u^m))$$
$$\cdot \frac{\partial v^{\alpha_1}}{\partial u^{i_1}}\cdots\frac{\partial v^{\alpha_r}}{\partial u^{i_r}}\mathrm{d}u^{i_1}\wedge\cdots\wedge\mathrm{d}u^{i_r},$$

其中指标 $\alpha_1,\cdots,\alpha_r$ 的取值范围从 1 到 n, 指标 $i_1,\cdots,i_r$ 的取值范围从 1 到 m, 并且上面两式都使用了 Einstein 和式约定. 很明显, $f^*\varphi$ 是将映射 f 的表达式代入 φ 所得到的结果. 我们把 $f^*\varphi$ 称为 N 上的 r 次外微分式 φ 通过映射 f 拉回到 M 上的外微分式.

设 $f: M \to N$ 是光滑映射, 则对 N 上任意的外微分式 φ, ψ 有下面的等式: (1) $f^*(\varphi+\psi) = f^*\varphi + f^*\psi$; (2) $f^*(\varphi\wedge\psi) = f^*\varphi\wedge f^*\psi$; (3) $f^*(\mathrm{d}\varphi) = \mathrm{d}(f^*\varphi)$.

12. 在 E^3 中取定一个右手单位正交标架 $\{O; \boldsymbol{i}, \boldsymbol{j}, \boldsymbol{k}\}$, 那么在 E^3 中的任意一个右手标架 $\{p; \boldsymbol{e}_1, \boldsymbol{e}_2, \boldsymbol{e}_3\}$ 都可以表示成

$$\begin{pmatrix} \overrightarrow{Op} \\ \boldsymbol{e}_1 \\ \boldsymbol{e}_2 \\ \boldsymbol{e}_3 \end{pmatrix} = \begin{pmatrix} a_1 & a_2 & a_3 \\ a_{11} & a_{12} & a_{13} \\ a_{21} & a_{22} & a_{23} \\ a_{31} & a_{32} & a_{33} \end{pmatrix} \cdot \begin{pmatrix} \boldsymbol{i} \\ \boldsymbol{j} \\ \boldsymbol{k} \end{pmatrix},$$

命

$$A = \begin{pmatrix} a_{11} & a_{12} & a_{13} \\ a_{21} & a_{22} & a_{23} \\ a_{31} & a_{32} & a_{33} \end{pmatrix},$$

则在上面的表达式中还必须满足条件 $\det A > 0$. 因此, E^3 中的右手标架的全体所构成的集合 $\mathfrak{F}$ 是一个十二维的光滑流形, 实际上它是 $\mathbb{R}^{12}$ 中满足上述条件的区域 D, 位于区域 D 中的点的坐标就是 $(a_1, a_2, a_3, a_{11}, a_{12}, \cdots, a_{33})$.

如果 $\{p; \boldsymbol{e}_1, \boldsymbol{e}_2, \boldsymbol{e}_3\}$ 是右手单位正交标架, 则它还要满足方程

$$\boldsymbol{e}_i \cdot \boldsymbol{e}_j = \delta_{ij}, \ 1 \le i, j \le 3, \quad \text{即} \quad A \cdot A^t = E \text{ (单位矩阵)},$$

或者

$$(a_{11})^2 + (a_{12})^2 + (a_{13})^2 = 1,$$
$$(a_{21})^2 + (a_{22})^2 + (a_{23})^2 = 1,$$
$$(a_{31})^2 + (a_{32})^2 + (a_{33})^2 = 1,$$
$$a_{11}a_{21} + a_{12}a_{22} + a_{13}a_{23} = 0,$$
$$a_{11}a_{31} + a_{12}a_{32} + a_{13}a_{33} = 0,$$
$$a_{21}a_{31} + a_{22}a_{32} + a_{23}a_{33} = 0.$$

因此 E^3 中全体右手单位正交标架的集合 $\tilde{\mathfrak{F}}$ 是区域 $D \subset \mathbb{R}^{12}$ 中满足上述方程组的一张六维 (代数) 曲面.

13. 从几何上可以考察标架 $\{p; e_1, e_2, e_3\}$ 的无穷小位移, 也就是标架原点 p 和标架向量 e_1, e_2, e_3 的微分:

$$\begin{pmatrix} \mathrm{d}(\overrightarrow{Op}) \\ \mathrm{d}e_1 \\ \mathrm{d}e_2 \\ \mathrm{d}e_3 \end{pmatrix} = \begin{pmatrix} \mathrm{d}a_1 & \mathrm{d}a_2 & \mathrm{d}a_3 \\ \mathrm{d}a_{11} & \mathrm{d}a_{12} & \mathrm{d}a_{13} \\ \mathrm{d}a_{21} & \mathrm{d}a_{22} & \mathrm{d}a_{23} \\ \mathrm{d}a_{31} & \mathrm{d}a_{32} & \mathrm{d}a_{33} \end{pmatrix} \cdot \begin{pmatrix} i \\ j \\ k \end{pmatrix}.$$

将基底 $\{i, j, k\}$ 用 $\{e_1, e_2, e_3\}$ 来表示, 即

$$\begin{pmatrix} i \\ j \\ k \end{pmatrix} = B \cdot \begin{pmatrix} e_1 \\ e_2 \\ e_3 \end{pmatrix},$$

其中

$$B = A^{-1} = \begin{pmatrix} b_{11} & b_{12} & b_{13} \\ b_{21} & b_{22} & b_{23} \\ b_{31} & b_{32} & b_{33} \end{pmatrix}.$$

代入并展开以后得到

$$\mathrm{d}(\overrightarrow{Op}) = \Omega^1 e_1 + \Omega^2 e_2 + \Omega^3 e_3,$$
$$\mathrm{d}e_i = \Omega_i^1 e_1 + \Omega_i^2 e_2 + \Omega_i^3 e_3,$$

其中

$$\Omega^j = \sum_{k=1}^{3} \mathrm{d}a_k \cdot b_{kj}, \quad \Omega_i^j = \sum_{k=1}^{3} \mathrm{d}a_{ik} \cdot b_{kj}, \qquad 1 \le i, j \le 3.$$

这里的 Ω^j, Ω_i^j 是区域 D 上的 12 个一次微分式，处处是线性无关的，因此它们在区域 D 的每一点构成余切空间的基底，称为欧氏空间 E^3 上的活动标架的相对分量.

上面的讨论对于欧氏空间 E^3 上的单位正交活动标架也是适用的. 对于正交矩阵 A 而言，$B = A^{-1} = A^t$，故欧氏空间 E^3 上的单位正交活动标架的相对分量是

$$\Omega^j = \mathrm{d}(\overrightarrow{Op}) \cdot \boldsymbol{e}_j = \sum_{k=1}^{3} a_{jk} \mathrm{d}a_k, \quad \Omega_i^j = \mathrm{d}\boldsymbol{e}_i \cdot \boldsymbol{e}_j = \sum_{k=1}^{3} a_{jk} \mathrm{d}a_{ik},$$

其中 $1 \le i, j \le 3$. 容易得知

$$\Omega_i^j = -\Omega_j^i, \qquad 1 \le i, j \le 3,$$

因此欧氏空间 E^3 上的单位正交活动标架的相对分量在实质上只有 6 个，它们是

$$\Omega^1, \quad \Omega^2, \quad \Omega^3, \quad \Omega_1^2 = -\Omega_2^1, \quad \Omega_1^3 = -\Omega_3^1, \quad \Omega_2^3 = -\Omega_3^2.$$

它们是定义在 $\mathbb{R}^{12}$ 中的六维曲面 $\tilde{\mathfrak{F}}$ 上处处线性无关的 6 个一次微分式.

对欧氏空间 E^3 上的活动标架的相对分量 Ω^j, Ω_i^j 求外微分立即得到它们满足方程式

$$\mathrm{d}\Omega^j = \sum_{k=1}^{3} \Omega^k \wedge \Omega_k^j, \qquad \mathrm{d}\Omega_i^j = \sum_{k=1}^{3} \Omega_i^k \wedge \Omega_k^j.$$

这组方程极其重要，是推导欧氏空间几何性质的根源，称为欧氏空间 E^3 上的标架空间 $\mathfrak{F}$ 的结构方程.

14. 所谓的欧氏空间 E^3 中依赖 r 个参数的标架族是指从 $\mathbb{R}^r$ 中的一个区域 $\tilde{D}$ 到标架空间 $\mathfrak{F}$ (即 $\mathbb{R}^{12}$ 中的区域 D) 的一个连续可微映射 $\sigma : \tilde{D} \to \mathfrak{F}$, 即有 12 个连续可微函数 $a_i = a_i(u^1, \cdots, u^r)$, $a_{ij} = a_{ij}(u^1, \cdots, u^r)$, $1 \leq i, j \leq 3$, 其中 $\det(a_{ij}(u^\alpha)) > 0$. 相应的标架族就是 $\{\overrightarrow{Op}(u^1, \cdots, u^r); \boldsymbol{e}_i(u^1, \cdots, u^r), 1 \leq i \leq 3\}$, 其中

$$\overrightarrow{Op}(u^1, \cdots, u^r) = a_1(u^1, \cdots, u^r)\boldsymbol{i} + a_2(u^1, \cdots, u^r)\boldsymbol{j} + a_3(u^1, \cdots, u^r)\boldsymbol{k},$$

$$\boldsymbol{e}_i(u^1, \cdots, u^r) = a_{i1}(u^1, \cdots, u^r)\boldsymbol{i} + a_{i2}(u^1, \cdots, u^r)\boldsymbol{j} + a_{i3}(u^1, \cdots, u^r)\boldsymbol{k}.$$

对 $\overrightarrow{Op}(u^1, \cdots, u^r)$ 和 $\boldsymbol{e}_i(u^1, \cdots, u^r)$ 求微分, 由于 $\boldsymbol{e}_j(u^1, \cdots, u^r)$, $j = 1, 2, 3$ 是线性无关的, 故有

$$\mathrm{d}(\overrightarrow{Op}) = \sum_{k=1}^3 \omega^k \boldsymbol{e}_k, \qquad \mathrm{d}\boldsymbol{e}_i = \sum_{k=1}^3 \omega_i^k \boldsymbol{e}_k,$$

很明显,

$$\omega^k = \sigma^* \Omega^k, \qquad \omega_i^k = \sigma^* \Omega_i^k,$$

它们是 r 维区域 $\tilde{D}$ 上的一次微分式, 称为 E^3 中这个依赖 r 个参数 $u^1, \cdots, u^r$ 的标架族的相对分量. 上面的公式称为 E^3 中依赖 r 个参数 $u^1, \cdots, u^r$ 的标架族的运动公式.

如果考虑欧氏空间 E^3 中依赖 r 个参数的单位正交标架族, 则它是从 r 维区域 $\tilde{D}$ 到标架空间 $\tilde{\mathfrak{F}}$ 中的一个连续可微映射 $\sigma : \tilde{D} \to \tilde{\mathfrak{F}}$, 换言之, 这 12 个函数 $a_i(u^1, \cdots, u^r)$, $a_{ij}(u^1, \cdots, u^r)$ 还要满足条件

$$\sum_{k=1}^3 a_{ik}(u^1, \cdots, u^r) a_{jk}(u^1, \cdots, u^r) = \delta_{ij}.$$

相应地, 相对分量 ω^j, ω_i^j 满足关系式 $\omega_i^j + \omega_j^i = 0$.

下面的结果说明结构方程的重要性: 欧氏空间 E^3 中依赖 r 个参数 $u^1, \cdots, u^r$ 的任意一个标架族 $\{p(u^\alpha); \boldsymbol{e}_1(u^\alpha), \boldsymbol{e}_2(u^\alpha), \boldsymbol{e}_3(u^\alpha)\}$ 的相对分量 ω^j, ω_i^j 必定满足结构方程

$$\mathrm{d}\omega^j = \sum_{k=1}^3 \omega^k \wedge \omega_k^j, \qquad \mathrm{d}\omega_i^j = \sum_{k=1}^3 \omega_i^k \wedge \omega_k^j.$$

反过来, 任意给定 12 个依赖自变量 $(u^1, \cdots, u^r) \in \tilde{D} \subset \mathbb{R}^r$ 的一次微分式 ω^j, ω_i^j, $1 \leq i, j \leq 3$, 要求在每一点它们之中总是有 r 个是线性无关的, 如果它们满足结构方程

$$\mathrm{d}\omega^j = \sum_{k=1}^{3} \omega^k \wedge \omega_k^j, \qquad \mathrm{d}\omega_i^j = \sum_{k=1}^{3} \omega_i^k \wedge \omega_k^j,$$

则在欧氏空间 E^3 中有依赖 r 个参数 $u^1, \cdots, u^r$ 的右手标架族 $\{p(u^\alpha);$ $e_1(u^\alpha), e_2(u^\alpha), e_3(u^\alpha)\}$ 以 ω^j, ω_i^j 为它的相对分量. 如果给定了初始标架的度量系数, 则任意两个这样的标架族可以通过空间 E^3 的一个刚体运动彼此重合.

如果任意给定 6 个依赖自变量 $(u^1, \cdots, u^r) \in \tilde{D} \subset \mathbb{R}^r$ 的一次微分式

$$\omega^1, \quad \omega^2, \quad \omega^3, \quad \omega_1^2 = -\omega_2^1, \quad \omega_1^3 = -\omega_3^1, \quad \omega_2^3 = -\omega_3^2,$$

假定它们满足结构方程

$$\mathrm{d}\omega^j = \sum_{k=1}^{3} \omega^k \wedge \omega_k^j, \qquad \mathrm{d}\omega_i^j = \sum_{k=1}^{3} \omega_i^k \wedge \omega_k^j,$$

则在欧氏空间 E^3 中存在依赖 r 个参数 $u^1, \cdots, u^r$ 的右手单位正交标架族 $\{p(u^\alpha); e_1(u^\alpha), e_2(u^\alpha), e_3(u^\alpha)\}$ 以 ω^j, ω_i^j 为它的相对分量, 并且任意两个这样的右手单位正交标架族可以通过空间 E^3 的一个刚体运动彼此重合.

15. 设欧氏空间 E^3 中曲面 S 的参数方程是 $r = r(u^1, u^2)$, 相应的自然标架场是 $\{r; r_1, r_2, n\}$, 其中

$$r_\alpha = \frac{\partial r}{\partial u^\alpha}, \quad \alpha = 1, 2; \qquad n = \frac{r_1 \times r_2}{|r_1 \times r_2|}.$$

因此, 自然标架场 $\{r; r_1, r_2, n\}$ 是空间 E^3 中依赖两个参数 (u^1, u^2) 的标架族.

假定曲面 S 的两个基本形式分别是

$$\mathrm{I} = g_{\alpha\beta}\mathrm{d}u^\alpha \mathrm{d}u^\beta, \qquad \mathrm{II} = b_{\alpha\beta}\mathrm{d}u^\alpha \mathrm{d}u^\beta.$$

由于

$$\mathrm{d}\boldsymbol{r} = \boldsymbol{r}_1\mathrm{d}u^1 + \boldsymbol{r}_2\mathrm{d}u^2,$$

与相对分量 ω^i 的定义式对照得到

$$\omega^1 = \mathrm{d}u^1, \quad \omega^2 = \mathrm{d}u^2, \quad \omega^3 = 0.$$

由曲面论的基本公式 (参看第五章 §5.1 第 4 款) 得到

$$\mathrm{d}\boldsymbol{r}_\alpha = \frac{\partial \boldsymbol{r}_\alpha}{\partial u^\beta}\mathrm{d}u^\beta = \Gamma_{\alpha\beta}^\gamma \mathrm{d}u^\beta \boldsymbol{r}_\gamma + b_{\alpha\beta}\mathrm{d}u^\beta \boldsymbol{n},$$

$$\mathrm{d}\boldsymbol{n} = \frac{\partial \boldsymbol{n}}{\partial u^\beta}\mathrm{d}u^\beta = -b_\beta^\gamma \mathrm{d}u^\beta \boldsymbol{r}_\gamma,$$

其中 $\Gamma_{\alpha\beta}^\gamma$ 是度量矩阵 $(g_{\alpha\beta})$ 的 Christoffel 记号, $b_\beta^\gamma = g^{\gamma\alpha}b_{\alpha\beta}$. 与相对分量 ω_j^i 的定义式对照得到

$$\omega_\alpha^\gamma = \Gamma_{\alpha\beta}^\gamma \mathrm{d}u^\beta, \quad \omega_\alpha^3 = b_{\alpha\beta}\mathrm{d}u^\beta, \quad \omega_3^\gamma = -b_\beta^\gamma \mathrm{d}u^\beta,$$
$$\omega_3^3 = 0, \quad \alpha, \gamma = 1, 2.$$

16. 下面考察该标架族的结构方程. 由于 $\mathrm{d}\omega^\gamma = \mathrm{d}(\mathrm{d}u^\gamma) = 0$, $\mathrm{d}\omega^3 = 0$, 而在另一方面, $\Gamma_{\alpha\beta}^\gamma$ 和 $b_{\alpha\beta}$ 关于下指标 α, β 是对称的, 故有

$$\sum_{k=1}^3 \omega^k \wedge \omega_k^\gamma = \sum_{\alpha,\beta=1}^2 \mathrm{d}u^\alpha \wedge \Gamma_{\alpha\beta}^\gamma \mathrm{d}u^\beta = (\Gamma_{12}^\gamma - \Gamma_{21}^\gamma)\mathrm{d}u^1 \wedge \mathrm{d}u^2 = 0,$$

$$\sum_{k=1}^3 \omega^k \wedge \omega_k^3 = \sum_{\alpha,\beta=1}^2 \mathrm{d}u^\alpha \wedge b_{\alpha\beta}\mathrm{d}u^\beta = (b_{12} - b_{21})\mathrm{d}u^1 \wedge \mathrm{d}u^2 = 0,$$

因此第一组结构方程

$$\mathrm{d}\omega^j = \sum_{k=1}^3 \omega^k \wedge \omega_k^j, \qquad 1 \le j \le 3$$

是自动成立的. 第二组结构方程可以写成

$$\mathrm{d}\omega_\alpha^\gamma = \omega_\alpha^\beta \wedge \omega_\beta^\gamma + \omega_\alpha^3 \wedge \omega_3^\gamma, \qquad \mathrm{d}\omega_\alpha^3 = \omega_\alpha^\beta \wedge \omega_\beta^3,$$
$$\mathrm{d}\omega_3^\gamma = \omega_3^\beta \wedge \omega_\beta^\gamma, \qquad \mathrm{d}\omega_3^3 = \omega_3^\beta \wedge \omega_\beta^3.$$

先看上面的第四式, 因为 $\mathrm{d}\omega_3^3 = 0$, 另外

$$\omega_3^\beta \wedge \omega_\beta^3 = -b_\alpha^\beta \, \mathrm{d}u^\alpha \wedge b_{\beta\gamma}\mathrm{d}u^\gamma = (b_2^\beta \, b_{\beta 1} - b_1^\beta \, b_{\beta 2})\mathrm{d}u^1 \wedge \mathrm{d}u^2 = 0,$$

因此该式自然是成立的. 注意到

$$g_{\alpha\gamma} \, b_\beta^\gamma = b_{\alpha\beta},$$

于是

$$\omega_\alpha^3 = b_{\alpha\beta} \, \mathrm{d}u^\beta = g_{\alpha\gamma} \, b_\beta^\gamma \, \mathrm{d}u^\beta = -g_{\alpha\gamma} \, \omega_3^\gamma,$$
$$\mathrm{d}\omega_\alpha^3 = -\mathrm{d}g_{\alpha\gamma} \wedge \omega_3^\gamma - g_{\alpha\gamma} \, \mathrm{d}\omega_3^\gamma,$$

所以

$$\begin{aligned}
\mathrm{d}\omega_\alpha^3 - \omega_\alpha^\beta \wedge \omega_\beta^3 &= -\mathrm{d}g_{\alpha\gamma} \wedge \omega_3^\gamma - g_{\alpha\gamma} \, \mathrm{d}\omega_3^\gamma - \omega_\alpha^\beta \wedge \omega_\beta^3 \\
&= -(g_{\alpha\delta} \, \omega_\gamma^\delta + g_{\gamma\delta} \, \omega_\alpha^\delta) \wedge \omega_3^\gamma - \omega_\alpha^\beta \wedge \omega_\beta^3 - g_{\alpha\gamma} \, \mathrm{d}\omega_3^\gamma \\
&= -g_{\alpha\gamma}(\mathrm{d}\omega_3^\gamma + \omega_\delta^\gamma \wedge \omega_3^\delta) = -g_{\alpha\gamma}(\mathrm{d}\omega_3^\gamma - \omega_3^\delta \wedge \omega_\delta^\gamma).
\end{aligned}$$

由此可见, 前面的第二式和第三式是等价的, 因此我们只需要考察第一式和第二式.

首先考察第一式. 经直接计算得到

$$\mathrm{d}\omega_\alpha^\gamma = \frac{\partial \Gamma_{\alpha\beta}^\gamma}{\partial u^\delta}\mathrm{d}u^\delta \wedge \mathrm{d}u^\beta = \left(\frac{\partial \Gamma_{\alpha 2}^\gamma}{\partial u^1} - \frac{\partial \Gamma_{\alpha 1}^\gamma}{\partial u^2}\right)\mathrm{d}u^1 \wedge \mathrm{d}u^2,$$
$$\omega_\alpha^\beta \wedge \omega_\beta^\gamma = \left(\Gamma_{\alpha\xi}^\beta \mathrm{d}u^\xi\right) \wedge \left(\Gamma_{\beta\eta}^\gamma \mathrm{d}u^\eta\right) = \left(\Gamma_{\alpha 1}^\beta \Gamma_{\beta 2}^\gamma - \Gamma_{\alpha 2}^\beta \Gamma_{\beta 1}^\gamma\right)\mathrm{d}u^1 \wedge \mathrm{d}u^2,$$

所以

$$\begin{aligned}
\mathrm{d}\omega_\alpha^\gamma - \omega_\alpha^\beta \wedge \omega_\beta^\gamma &= \left(\frac{\partial \Gamma_{\alpha 2}^\gamma}{\partial u^1} - \frac{\partial \Gamma_{\alpha 1}^\gamma}{\partial u^2} - \Gamma_{\alpha 1}^\beta \Gamma_{\beta 2}^\gamma + \Gamma_{\alpha 2}^\beta \Gamma_{\beta 1}^\gamma\right)\mathrm{d}u^1 \wedge \mathrm{d}u^2 \\
&= R_{\alpha 21}^\gamma \mathrm{d}u^1 \wedge \mathrm{d}u^2 = -R_{\alpha 12}^\gamma \mathrm{d}u^1 \wedge \mathrm{d}u^2.
\end{aligned}$$

另一方面,

$$\omega_\alpha^3 \wedge \omega_3^\gamma = \left(b_{\alpha\xi}\mathrm{d}u^\xi\right) \wedge \left(-b_\eta^\gamma \mathrm{d}u^\eta\right) = (b_{\alpha 2}b_1^\gamma - b_{\alpha 1}b_2^\gamma)\mathrm{d}u^1 \wedge \mathrm{d}u^2,$$

因此

$$\begin{aligned}
\mathrm{d}\omega_\alpha^\gamma &- \omega_\alpha^\beta \wedge \omega_\beta^\gamma - \omega_\alpha^3 \wedge \omega_3^\gamma \\
&= -\left(R_{\alpha 12}^\gamma + (b_{\alpha 2} b_1^\gamma - b_{\alpha 1} b_2^\gamma)\right) \mathrm{d}u^1 \wedge \mathrm{d}u^2 \\
&= -g^{\gamma\beta}\left(R_{\alpha\beta 12} - b_{\alpha 1} b_{\beta 2} + b_{\alpha 2} b_{\beta 1}\right) \mathrm{d}u^1 \wedge \mathrm{d}u^2.
\end{aligned}$$

这意味着，结构方程的第一式就是 Gauss 方程

$$R_{1212} = b_{11}b_{22} - b_{12}b_{21}.$$

对 ω_α^3 求外微分得到

$$\mathrm{d}\omega_\alpha^3 = \frac{\partial b_{\alpha\beta}}{\partial u^\gamma} \mathrm{d}u^\gamma \wedge \mathrm{d}u^\beta = \left(\frac{\partial b_{\alpha 2}}{\partial u^1} - \frac{\partial b_{\alpha 1}}{\partial u^2}\right) \mathrm{d}u^1 \wedge \mathrm{d}u^2,$$

另外

$$\omega_\alpha^\beta \wedge \omega_\beta^3 = \left(\Gamma_{\alpha\gamma}^\beta \mathrm{d}u^\gamma\right) \wedge \left(b_{\beta\delta} \mathrm{d}u^\delta\right) = \left(\Gamma_{\alpha 1}^\beta b_{\beta 2} - \Gamma_{\alpha 2}^\beta b_{\beta 1}\right) \mathrm{d}u^1 \wedge \mathrm{d}u^2,$$

因此

$$\mathrm{d}\omega_\alpha^3 - \omega_\alpha^\beta \wedge \omega_\beta^3 = \left(\frac{\partial b_{\alpha 2}}{\partial u^1} - \frac{\partial b_{\alpha 1}}{\partial u^2} - \Gamma_{\alpha 1}^\beta b_{\beta 2} + \Gamma_{\alpha 2}^\beta b_{\beta 1}\right) \mathrm{d}u^1 \wedge \mathrm{d}u^2.$$

这就说明，结构方程的第二式就是 Codazzi 方程

$$\frac{\partial b_{\alpha 2}}{\partial u^1} - \frac{\partial b_{\alpha 1}}{\partial u^2} = \Gamma_{\alpha 1}^\beta b_{\beta 2} - \Gamma_{\alpha 2}^\beta b_{\beta 1}, \qquad \alpha = 1, 2.$$

总起来说，在曲面 S 上取自然标架场 $\{r; r_1, r_2, n\}$，则它的相对分量 ω^j, ω_i^j 所满足的结构方程恰好是曲面 S 的第一类基本量和第二类基本量所满足的 Gauss-Codazzi 方程. 由此可见，如果已知两个二次微分形式

$$\varphi = g_{\alpha\beta}\mathrm{d}u^\alpha \mathrm{d}u^\beta, \qquad \psi = b_{\alpha\beta}\mathrm{d}u^\alpha \mathrm{d}u^\beta,$$

其中 φ 是正定的, 要验证它们是否满足 Gauss-Codazzi 方程, 只要命

$$\omega^\alpha = \mathrm{d}u^\alpha, \quad \omega^3 = 0,$$

$$\omega^\gamma_\alpha = \Gamma^\gamma_{\alpha\beta}\mathrm{d}u^\beta, \quad \omega^3_\alpha = b_{\alpha\beta}\mathrm{d}u^\beta, \quad \omega^\gamma_3 = -b^\gamma_\beta \mathrm{d}u^\beta,$$

$$\omega^3_3 = 0, \quad \alpha, \gamma = 1, 2,$$

然后验证它们是否满足结构方程就行了. 结构方程比 Gauss-Codazzi 方程容易记忆, 所以验证结构方程显然是比较方便的.

17. 在曲面上采用活动标架场的方便之处在于它不必与曲面的参数系紧密地联系在一起, 特别是可以采用单位正交标架场. 如果曲面 S 上的单位正交标架场 $\{\boldsymbol{r}; \boldsymbol{e}_1, \boldsymbol{e}_2, \boldsymbol{e}_3\}$ 中的成员 $\boldsymbol{e}_1, \boldsymbol{e}_2$ 是曲面 S 的切向量场, 则称这样的标架场为曲面 S 的一阶标架场. 对于曲面 S 的任意一个一阶标架场 $\{\boldsymbol{r}; \boldsymbol{e}_1, \boldsymbol{e}_2, \boldsymbol{e}_3\}$ 必定有

$$\mathrm{d}\boldsymbol{r} = \omega^1 \boldsymbol{e}_1 + \omega^2 \boldsymbol{e}_2,$$

因此 $\omega^3 = 0$, 并且

$$\mathrm{I} = \mathrm{d}\boldsymbol{r} \cdot \mathrm{d}\boldsymbol{r} = (\omega^1 \boldsymbol{e}_1 + \omega^2 \boldsymbol{e}_2)^2 = (\omega^1)^2 + (\omega^2)^2.$$

反过来, 只要将曲面 S 的第一基本形式写成两个一次微分式的平方和, 例如

$$\mathrm{I} = g_{\alpha\beta}\mathrm{d}u^\alpha \mathrm{d}u^\beta = (\lambda^1_1 \mathrm{d}u^1 + \lambda^1_2 \mathrm{d}u^2)^2 + (\lambda^2_1 \mathrm{d}u^1 + \lambda^2_2 \mathrm{d}u^2)^2,$$

记

$$\omega^1 = \lambda^1_1 \mathrm{d}u^1 + \lambda^1_2 \mathrm{d}u^2, \quad \omega^2 = \lambda^2_1 \mathrm{d}u^1 + \lambda^2_2 \mathrm{d}u^2, \quad \omega^3 = 0,$$

则我们便得到曲面 S 上某个一阶标架场的相对分量, 并且由此可以得到曲面 S 的一阶标架场关于自然标架场的表达式. 实际上, 此时一阶标架场 $\{\boldsymbol{r}; \boldsymbol{e}_1, \boldsymbol{e}_2, \boldsymbol{e}_3\}$ 适合 $\mathrm{d}\boldsymbol{r} = \boldsymbol{r}_1 \mathrm{d}u^1 + \boldsymbol{r}_2 \mathrm{d}u^2 = \omega^1 \boldsymbol{e}_1 + \omega^2 \boldsymbol{e}_2$, 用 ω^1, ω^2 的表达式代入并比较得到

$$\begin{pmatrix} \boldsymbol{r}_1 \\ \boldsymbol{r}_2 \end{pmatrix} = \begin{pmatrix} \lambda^1_1 & \lambda^2_1 \\ \lambda^1_2 & \lambda^2_2 \end{pmatrix} \cdot \begin{pmatrix} \boldsymbol{e}_1 \\ \boldsymbol{e}_2 \end{pmatrix},$$

即

$$\begin{pmatrix} \boldsymbol{e}_1 \\ \boldsymbol{e}_2 \end{pmatrix} = \frac{1}{\lambda_1^1 \lambda_2^2 - \lambda_1^2 \lambda_2^1} \begin{pmatrix} \lambda_2^2 & -\lambda_1^2 \\ -\lambda_2^1 & \lambda_1^1 \end{pmatrix} \cdot \begin{pmatrix} \boldsymbol{r}_1 \\ \boldsymbol{r}_2 \end{pmatrix}.$$

这个看法为在曲面 S 上选用一阶标架场带来方便, 在实践中是十分有用的.

下面我们来求曲面 S 的一阶标架场相对分量的其他成员. 首先我们断言: 一次微分式 $\omega_1^2 = -\omega_2^1$ 是由 ω^1, ω^2 根据结构方程唯一确定的. 确切地说, 假定 ω^1, ω^2 是依赖自变量 u^1, u^2 的两个处处线性无关的一次微分式, 则存在唯一的一个一次微分式 $\omega_1^2 = -\omega_2^1$ 满足条件

$$\mathrm{d}\omega^1 = \omega^2 \wedge \omega_2^1, \qquad \mathrm{d}\omega^2 = \omega^1 \wedge \omega_1^2.$$

实际上,

$$\omega_1^2 = -\omega_2^1 = p\omega^1 + q\omega^2,$$

其中

$$p = \frac{\mathrm{d}\omega^1}{\omega^1 \wedge \omega^2}, \qquad q = \frac{\mathrm{d}\omega^2}{\omega^1 \wedge \omega^2}.$$

相对分量 $\omega_1^3 = -\omega_3^1$ 和 $\omega_2^3 = -\omega_3^2$ 与曲面 S 的第二基本形式有关. 根据结构方程

$$0 = \mathrm{d}\omega^3 = \omega^1 \wedge \omega_1^3 + \omega^2 \wedge \omega_2^3,$$

以及 ω^1, ω^2 的线性无关性, 由 Cartan 引理 (参看例题 7.4) 得知

$$(\omega_1^3, \omega_2^3) = (\omega^1, \omega^2) \cdot \begin{pmatrix} a & b \\ b & c \end{pmatrix}.$$

根据曲面 S 的第二基本形式的定义,

$$\begin{aligned} \mathrm{I\!I} &= -\,\mathrm{d}\boldsymbol{r} \cdot \mathrm{d}\boldsymbol{e}_3 = -(\omega^1 \boldsymbol{e}_1 + \omega^2 \boldsymbol{e}_2) \cdot (\omega_3^1 \boldsymbol{e}_1 + \omega_3^2 \boldsymbol{e}_2) \\ &= -\,(\omega^1 \omega_3^1 + \omega^2 \omega_3^2) = \omega^1 \omega_1^3 + \omega^2 \omega_2^3 \\ &= a(\omega^1)^2 + 2b\omega^1 \omega^2 + c(\omega^2)^2 \end{aligned}$$

$$=b_{11}(\mathrm{d}u^1)^2 + 2b_{12}\mathrm{d}u^1\mathrm{d}u^2 + b_{22}(\mathrm{d}u^2)^2,$$

如果将 ω^1, ω^2 关于 $\mathrm{d}u^1, \mathrm{d}u^2$ 的表达式代入并进行比较, 就能够得到上面的待定系数 a, b, c.

将前面的讨论综合起来, 我们有下面的结论: 如果给定曲面 S 的第一基本形式 I 和第二基本形式 II, 首先将 I 作任意的配平方, 写成两个一次微分式 ω^1, ω^2 的平方和, 那么 $\omega^1, \omega^2, \omega^3 (\equiv 0)$ 一定是曲面 S 的某个一阶标架场的相对分量. 相对分量 $\omega_1^2 = -\omega_2^1$ 由 ω^1, ω^2 借助于结构方程 $\mathrm{d}\omega^1 = \omega^2 \wedge \omega_2^1$, $\mathrm{d}\omega^2 = \omega^1 \wedge \omega_1^2$ 唯一地确定, $\omega_1^3 = -\omega_3^1$ 和 $\omega_2^3 = -\omega_3^2$ 由曲面 S 的第二基本形式 II 借助于结构方程 $\mathrm{d}\omega^3 = \omega^1 \wedge \omega_1^3 + \omega^2 \wedge \omega_2^3 = 0$ 唯一地确定. 至此, 关于曲面 S 的尚未涉及的另一组结构方程 $\mathrm{d}\omega_i^j = \omega_i^k \wedge \omega_k^j$ 恰好是曲面 S 的 Gauss-Codazzi 方程.

18. 曲面的一阶标架场的选取有相当大的随意性. 让曲面 S 的一阶标架场 $\{r; e_1, e_2, e_3\}$ 在每一点绕法向量 e_3 转过一个角度 θ 得到的仍然是曲面 S 的一阶标架场. 换言之, 曲面 S 的一阶标架场容许作如下的变换:

$$\tilde{e}_1 = \cos\theta e_1 + \sin\theta e_2,$$
$$\tilde{e}_2 = -\sin\theta e_1 + \cos\theta e_2,$$

其中 θ 是曲面 S 上的连续可微函数. 正是因为曲面 S 的一阶标架场的选取享有这种自由度, 使得它与曲面 S 的参数系的关系比较松弛, 从而为处理曲面的问题带来很多便利, 这就是所谓的活动标架的优越性. 当然, 曲面的几何量在用一阶标架场的相对分量表示时应该与一阶标架场的上述容许变换无关.

容易得知, 若曲面 S 上的一阶标架场 $\{r; e_1, e_2, e_3\}$ 经受如上的变换, 则对应的相对分量按下列规律进行变换:

$$(\tilde{\omega}^1, \tilde{\omega}^2) = (\omega^1, \omega^2) \cdot \begin{pmatrix} \cos\theta & -\sin\theta \\ \sin\theta & \cos\theta \end{pmatrix}, \quad \tilde{\omega}^3 = \omega^3 = 0,$$

$$(\tilde{\omega}_1^3, \tilde{\omega}_2^3) = (\omega_1^3, \omega_2^3) \cdot \begin{pmatrix} \cos\theta & -\sin\theta \\ \sin\theta & \cos\theta \end{pmatrix}, \quad \tilde{\omega}_1^2 = \omega_1^2 + \mathrm{d}\theta.$$

于是二次微分形式 $(\omega^1)^2 + (\omega^2)^2$, $\omega^1\omega_1^3 + \omega^2\omega_2^3$, $(\omega_1^3)^2 + (\omega_2^3)^2$ 显然与曲面 S 的一阶标架场的选取无关, 它们恰好是曲面 S 的第一基本形式、第二基本形式和第三基本形式. 二次外微分式 $\omega^1 \wedge \omega^2$ 与曲面 S 的一阶标架场的选取无关, 它恰好是曲面 S 的面积元素. $\mathrm{d}\omega_1^2$, $\omega_1^3 \wedge \omega_2^3$, $\omega^1 \wedge \omega_2^3 - \omega^2 \wedge \omega_1^3$ 也是曲面 S 上与一阶标架场的选取无关的二次外微分式. 经直接计算得到

$$\omega_1^3 \wedge \omega_2^3 = (a\omega^1 + b\omega^2) \wedge (b\omega^1 + c\omega^2) = (ac - b^2)\omega^1 \wedge \omega^2,$$

$$\omega^1 \wedge \omega_2^3 - \omega^2 \wedge \omega_1^3 = \omega^1 \wedge (b\omega^1 + c\omega^2) - \omega^2 \wedge (a\omega^1 + b\omega^2)$$

$$= (a + c)\omega^1 \wedge \omega^2.$$

因此 $ac - b^2, a + c$ 都是与曲面 S 上一阶标架场的选取无关的不变量, 其中 $K = ac - b^2$ 是曲面 S 的 Gauss 曲率, $H = \dfrac{1}{2}(a + c)$ 是曲面 S 的平均曲率. 结构方程中的 Gauss 方程成为

$$\mathrm{d}\omega_1^2 = \omega_1^3 \wedge \omega_3^2 = -K\omega^1 \wedge \omega^2,$$

于是

$$K = -\frac{\mathrm{d}\omega_1^2}{\omega^1 \wedge \omega^2}.$$

由于 $\omega_1^2, \omega^1, \omega^2$ 都只依赖曲面 S 的第一基本形式, 上式再一次证明了 Gauss 绝妙定理 (第五章 §5.1 第 10 款).

§7.2 例题详解

例题 7.1 设 f, g 是向量空间 V 上的两个一次形式, 求它们的外积的求值公式.

解 根据定义, $f \wedge g = 2A_2(f \otimes g)$, 因此, 对于任意的 $x, y \in V$ 有

$$f \wedge g(x, y) = 2A_2(f \otimes g)(x, y) = f \otimes g(x, y) - f \otimes g(y, x)$$

$$= f(x)g(y) - f(y)g(x) = \begin{vmatrix} f(x) & f(y) \\ g(x) & g(y) \end{vmatrix}.$$

例题 7.2 设 f, g, h 是向量空间 V 上的一次形式, 求它们的外积的求值公式.

解 根据定义,

$$f \wedge (g \wedge h) = \frac{3!}{1!2!} A_3(f \otimes (g \wedge h)) = \frac{3!}{2!} \cdot \frac{2!}{1!1!} A_3(f \otimes A_2(g \otimes h))$$
$$= 6A_3(f \otimes g \otimes h),$$

因此, 对于任意的 $x, y, z \in V$ 有

$$f \wedge (g \wedge h)(x, y, z) = 6A_3(f \otimes g \otimes h)(x, y, z)$$
$$= f \otimes g \otimes h(x, y, z) - f \otimes g \otimes h(y, x, z) + f \otimes g \otimes h(y, z, x)$$
$$- f \otimes g \otimes h(z, y, x) + f \otimes g \otimes h(z, x, y) - f \otimes g \otimes h(x, z, y)$$
$$= f(x)g(y)h(z) - f(y)g(x)h(z) + f(y)g(z)h(x)$$
$$- f(z)g(y)h(x) + f(z)g(x)h(y) - f(x)g(z)h(y)$$
$$= \begin{vmatrix} f(x) & f(y) & f(z) \\ g(x) & g(y) & g(z) \\ h(x) & h(y) & h(z) \end{vmatrix}.$$

例题 7.3 设在三维向量空间 V 中有基底变换 $f_i = a_i^j e_j$, $1 \leq i \leq 3$, $\det(a_i^j) \neq 0$, $\{e^1, e^2, e^3\}$ 和 $\{f^1, f^2, f^3\}$ 是对应的对偶基底, 求 $e^1 \wedge e^2 \wedge e^3$ 和 $f^1 \wedge f^2 \wedge f^3$ 之间的关系.

解 先求 f^i 和 e^i 之间的关系. e^i 作为一次形式可以用基底向量 $\{f^1, f^2, f^3\}$ 线性表示, 故有

$$e^i = e^i(f_j)f^j = e^i(a_j^k e_k)f^j = a_j^k e^i(e_k)f^j = a_j^k \delta_k^i f^j = a_j^i f^j.$$

因此

$$e^1 \wedge e^2 \wedge e^3 = a_{j_1}^1 a_{j_2}^2 a_{j_3}^3 f^{j_1} \wedge f^{j_2} \wedge f^{j_3}$$
$$= a_{j_1}^1 a_{j_2}^2 a_{j_3}^3 \delta_{1\ 2\ 3}^{j_1 j_2 j_3} f^1 \wedge f^2 \wedge f^3 = \det(a_i^j) f^1 \wedge f^2 \wedge f^3.$$

例题 7.4 (Cartan 引理) 设 $\omega^1, \cdots, \omega^r, \theta_1, \cdots, \theta_r$ 是 n 维向量空间 V 上的 $2r$ 个一次形式, 其中 $\omega^1, \cdots, \omega^r$ 是线性无关的. 如果恒等

式

$$\sum_{\alpha=1}^{r} \omega^{\alpha} \wedge \theta_{\alpha} = 0$$

成立，则每一个 θ_{α} 必定是 $\omega^1, \cdots, \omega^r$ 的线性组合，即

$$\theta_{\alpha} = \sum_{\beta=1}^{r} a_{\alpha\beta}\omega^{\beta},$$

并且系数 $a_{\alpha\beta}$ 是对称的，即 $a_{\alpha\beta} = a_{\beta\alpha}$.

证明 因为 $\omega^1, \cdots, \omega^r$ 是线性无关的，所以可以把它们扩充成为对偶空间 V^* 的一个基底 $\omega^1, \cdots, \omega^r, \omega^{r+1}, \cdots, \omega^n$，因此每一个一次形式 θ_{α} 可以用该基底表示，命

$$\theta_{\alpha} = \sum_{i=1}^{n} a_{\alpha i}\omega^{i}.$$

已知空间 $\bigwedge^2 V^*$ 的基底是 $\{\omega^i \wedge \omega^j,\ 1 \le i < j \le n\}$，将上式代入题设恒等式得到

$$0 = \sum_{\alpha=1}^{r} \omega^{\alpha} \wedge \theta_{\alpha} = \sum_{\alpha=1}^{r}\sum_{i=1}^{n} a_{\alpha i}\omega^{\alpha} \wedge \omega^{i}$$

$$= \sum_{\alpha=1}^{r}\sum_{\beta=1}^{r} a_{\alpha\beta}\omega^{\alpha} \wedge \omega^{\beta} + \sum_{\alpha=1}^{r}\sum_{\xi=r+1}^{n} a_{\alpha\xi}\omega^{\alpha} \wedge \omega^{\xi}$$

$$= \sum_{1 \le \alpha < \beta \le r} (a_{\alpha\beta} - a_{\beta\alpha})\omega^{\alpha} \wedge \omega^{\beta} + \sum_{\alpha=1}^{r}\sum_{\xi=r+1}^{n} a_{\alpha\xi}\omega^{\alpha} \wedge \omega^{\xi}.$$

上面最后一式中的 $\omega^{\alpha} \wedge \omega^{\beta}$, $\omega^{\alpha} \wedge \omega^3$ 属于 $\bigwedge^2 V^*$ 的基底，于是所有的系数必须为零，即

$$a_{\alpha\beta} - a_{\beta\alpha} = 0, \qquad \forall\, 1 \le \alpha < \beta \le r,$$

$$a_{\alpha\xi} = 0, \qquad \forall\, 1 \le \alpha \le r < \xi \le n,$$

因此得到

$$\theta_{\alpha} = \sum_{\beta=1}^{r} a_{\alpha\beta}\omega^{\beta}, \quad 并且 \quad a_{\alpha\beta} = a_{\beta\alpha}.$$

例题 7.5 设 S 是三维欧氏空间 E^3 中的一个有向的正则曲面 (参看例题 3.4), 在定向一致的参数表示下它的第一基本形式是

$$I = g_{\alpha\beta} du^\alpha du^\beta.$$

命

$$d\sigma = \sqrt{g_{11}g_{22} - (g_{12})^2} \, du^1 \wedge du^2,$$

则 $d\sigma$ 是在整个有向正则曲面 S 上定义好的一个二次外微分式.

证明 所谓的有向正则曲面是指它具有由参数曲面片构成的开覆盖, 而且当两个参数曲面片有重叠部分时, 在重叠的区域上必有保持定向的容许参数变换. 所以, 只要证明上面所定义的二次外微分式 $d\sigma$ 在曲面 S 的保持定向的容许参数变换下保持不变就行了. 实际上, 如果 $(\tilde{u}^1, \tilde{u}^2)$ 是曲面 S 的另一个定向一致的参数系, 于是 $\tilde{u}^\alpha = \tilde{u}^\alpha(u^1, u^2)$ 是 u^1, u^2 的至少三次以上连续可微的函数, 并且

$$\frac{\partial(\tilde{u}^1, \tilde{u}^2)}{\partial(u^1, u^2)} > 0.$$

假定曲面 S 的第一基本形式用新参数 $(\tilde{u}^1, \tilde{u}^2)$ 的表达式是

$$I = \tilde{g}_{\alpha\beta} \, d\tilde{u}^\alpha d\tilde{u}^\beta,$$

则在第一类基本量 $\tilde{g}_{\alpha\beta}$ 和 $g_{\alpha\beta}$ 之间有关系式 (参看第三章 §3.1 第 4 款)

$$\begin{pmatrix} g_{11} & g_{12} \\ g_{21} & g_{22} \end{pmatrix} = J \cdot \begin{pmatrix} \tilde{g}_{11} & \tilde{g}_{12} \\ \tilde{g}_{21} & \tilde{g}_{22} \end{pmatrix} \cdot J^{\mathrm{T}},$$

其中

$$J = \begin{pmatrix} \dfrac{\partial \tilde{u}^1}{\partial u^1} & \dfrac{\partial \tilde{u}^2}{\partial u^1} \\ \dfrac{\partial \tilde{u}^1}{\partial u^2} & \dfrac{\partial \tilde{u}^2}{\partial u^2} \end{pmatrix}.$$

在前式两边取行列式得到

$$g_{11}g_{22} - (g_{12})^2 = (\det J)^2 (\tilde{g}_{11}\tilde{g}_{22} - (\tilde{g}_{12})^2),$$

因此

$$\sqrt{g_{11}g_{22} - (g_{12})^2} = |\det J| \cdot \sqrt{\tilde{g}_{11}\tilde{g}_{22} - (\tilde{g}_{12})^2}.$$

但是参数变换保持定向是指

$$\det J = \frac{\partial(\tilde{u}^1, \tilde{u}^2)}{\partial(u^1, u^2)} > 0,$$

所以

$$\sqrt{g_{11}g_{22} - (g_{12})^2} = \det J \cdot \sqrt{\tilde{g}_{11}\tilde{g}_{22} - (\tilde{g}_{12})^2}.$$

在另一方面，对函数 $\tilde{u}^\alpha(u^1, u^2)$ 求微分得到

$$d\tilde{u}^\alpha = \frac{\partial \tilde{u}^\alpha}{\partial u^1} du^1 + \frac{\partial \tilde{u}^\alpha}{\partial u^2} du^2, \qquad \alpha = 1, 2,$$

因此

$$\begin{aligned}
d\tilde{u}^1 \wedge d\tilde{u}^2 &= \left(\frac{\partial \tilde{u}^1}{\partial u^1} du^1 + \frac{\partial \tilde{u}^1}{\partial u^2} du^2 \right) \wedge \left(\frac{\partial \tilde{u}^2}{\partial u^1} du^1 + \frac{\partial \tilde{u}^2}{\partial u^2} du^2 \right) \\
&= \frac{\partial(\tilde{u}^1, \tilde{u}^2)}{\partial(u^1, u^2)} du^1 \wedge du^2.
\end{aligned}$$

结合上面各式得到

$$\begin{aligned}
\sqrt{\tilde{g}_{11}\tilde{g}_{22} - (\tilde{g}_{12})^2} \, d\tilde{u}^1 \wedge d\tilde{u}^2 &= \sqrt{\tilde{g}_{11}\tilde{g}_{22} - (\tilde{g}_{12})^2} \frac{\partial(\tilde{u}^1, \tilde{u}^2)}{\partial(u^1, u^2)} du^1 \wedge du^2 \\
&= \sqrt{g_{11}g_{22} - (g_{12})^2} \, du^1 \wedge du^2,
\end{aligned}$$

这就证明了二次外微分式 $d\sigma$ 在曲面 S 的保持定向的容许参数变换下是保持不变的，因此它是在整个曲面 S 上定义好的二次外微分式.

例题 7.6 设 φ 是定义在 n 维区域 D 上的一个 r 次外微分式，它在曲纹坐标系 $(u^1, \cdots, u^n)$ 下的表示式是

$$\varphi = \frac{1}{r!} \varphi_{i_1 \cdots i_r}(u^1, \cdots, u^n) du^{i_1} \wedge \cdots \wedge du^{i_r},$$

在另一个曲纹坐标系 $(\tilde{u}^1, \cdots, \tilde{u}^n)$ 下的表示式是

$$\varphi = \frac{1}{r!}\tilde{\varphi}_{i_1\cdots i_r}(\tilde{u}^1, \cdots, \tilde{u}^n)\mathrm{d}\tilde{u}^{i_1} \wedge \cdots \wedge \mathrm{d}\tilde{u}^{i_r},$$

其中假定系数函数 $\varphi_{i_1\cdots i_r}$ 和 $\tilde{\varphi}_{i_1\cdots i_r}$ 对于下指标都是反对称的, 则有

$$\mathrm{d}\varphi_{i_1\cdots i_r} \wedge \mathrm{d}u^{i_1} \wedge \cdots \wedge \mathrm{d}u^{i_r} = \mathrm{d}\tilde{\varphi}_{i_1\cdots i_r} \wedge \mathrm{d}\tilde{u}^{i_1} \wedge \cdots \wedge \mathrm{d}\tilde{u}^{i_r}.$$

证明　由于不同的曲纹坐标系之间有容许的坐标变换, 设为

$$\tilde{u}^i = \tilde{u}^i(u^1, \cdots, u^n), \qquad 1 \leq i \leq n,$$

故

$$\mathrm{d}\tilde{u}^i = \frac{\partial \tilde{u}^i}{\partial u^j} \cdot \mathrm{d}u^j.$$

因此

$$\begin{aligned}
&\varphi_{i_1\cdots i_r}(u^1, \cdots, u^n)\mathrm{d}u^{i_1} \wedge \cdots \wedge \mathrm{d}u^{i_r}\\
&= \tilde{\varphi}_{j_1\cdots j_r}(\tilde{u}^1, \cdots, \tilde{u}^n)\mathrm{d}\tilde{u}^{j_1} \wedge \cdots \wedge \mathrm{d}\tilde{u}^{j_r}\\
&= \tilde{\varphi}_{j_1\cdots j_r}(\tilde{u}^1, \cdots, \tilde{u}^n)\frac{\partial \tilde{u}^{j_1}}{\partial u^{i_1}} \cdots \frac{\partial \tilde{u}^{j_r}}{\partial u^{i_r}}\mathrm{d}u^{i_1} \wedge \cdots \wedge \mathrm{d}u^{i_r}.
\end{aligned}$$

很明显, $\tilde{\varphi}_{j_1\cdots j_r}\dfrac{\partial \tilde{u}^{j_1}}{\partial u^{i_1}} \cdots \dfrac{\partial \tilde{u}^{j_r}}{\partial u^{i_r}}$ 对于下指标 $i_1, \cdots, i_r$ 仍然是反对称的, 因此比较上式的前后两端的系数得到

$$\varphi_{i_1\cdots i_r} = \tilde{\varphi}_{j_1\cdots j_r}\frac{\partial \tilde{u}^{j_1}}{\partial u^{i_1}} \cdots \frac{\partial \tilde{u}^{j_r}}{\partial u^{i_r}}.$$

对此式求微分得到

$$\begin{aligned}
\mathrm{d}\varphi_{i_1\cdots i_r} &= \frac{\partial}{\partial u^k}\left(\tilde{\varphi}_{j_1\cdots j_r}\frac{\partial \tilde{u}^{j_1}}{\partial u^{i_1}} \cdots \frac{\partial \tilde{u}^{j_r}}{\partial u^{i_r}}\right)\mathrm{d}u^k\\
&= \left(\frac{\partial \tilde{\varphi}_{j_1\cdots j_r}}{\partial \tilde{u}^l}\frac{\partial \tilde{u}^l}{\partial u^k}\frac{\partial \tilde{u}^{j_1}}{\partial u^{i_1}} \cdots \frac{\partial \tilde{u}^{j_r}}{\partial u^{i_r}} + \tilde{\varphi}_{j_1\cdots j_r}\frac{\partial^2 \tilde{u}^{j_1}}{\partial u^k \partial u^{i_1}} \cdots \frac{\partial \tilde{u}^{j_r}}{\partial u^{i_r}}\right.\\
&\quad \left. + \cdots + \tilde{\varphi}_{j_1\cdots j_r}\frac{\partial \tilde{u}^{j_1}}{\partial u^{i_1}} \cdots \frac{\partial^2 \tilde{u}^{j_r}}{\partial u^k \partial u^{i_r}}\right)\mathrm{d}u^k,
\end{aligned}$$

所以

$$
\mathrm{d}\varphi_{i_1\cdots i_r} \wedge \mathrm{d}u^{i_1} \wedge \cdots \wedge \mathrm{d}u^{i_r}
$$
$$
= \left(\frac{\partial \tilde{\varphi}_{j_1\cdots j_r}}{\partial \tilde{u}^l} \frac{\partial \tilde{u}^l}{\partial u^k} \frac{\partial \tilde{u}^{j_1}}{\partial u^{i_1}} \cdots \frac{\partial \tilde{u}^{j_r}}{\partial u^{i_r}} + \tilde{\varphi}_{j_1\cdots j_r} \frac{\partial^2 \tilde{u}^{j_1}}{\partial u^k \partial u^{i_1}} \cdots \frac{\partial \tilde{u}^{j_r}}{\partial u^{i_r}} \right.
$$
$$
\left. + \cdots + \tilde{\varphi}_{j_1\cdots j_r} \frac{\partial \tilde{u}^{j_1}}{\partial u^{i_1}} \cdots \frac{\partial^2 \tilde{u}^{j_r}}{\partial u^k \partial u^{i_r}} \right) \mathrm{d}u^k \wedge \mathrm{d}u^{i_1} \wedge \cdots \wedge \mathrm{d}u^{i_r}
$$
$$
= \frac{\partial \tilde{\varphi}_{j_1\cdots j_r}}{\partial \tilde{u}^l} \frac{\partial \tilde{u}^l}{\partial u^k} \frac{\partial \tilde{u}^{j_1}}{\partial u^{i_1}} \cdots \frac{\partial \tilde{u}^{j_r}}{\partial u^{i_r}} \mathrm{d}u^k \wedge \mathrm{d}u^{i_1} \wedge \cdots \wedge \mathrm{d}u^{i_r}
$$
$$
= \frac{\partial \tilde{\varphi}_{j_1\cdots j_r}}{\partial \tilde{u}^l} \mathrm{d}\tilde{u}^l \wedge \mathrm{d}\tilde{u}^{j_1} \wedge \cdots \wedge \mathrm{d}\tilde{u}^{j_r} = \mathrm{d}\tilde{\varphi}_{j_1\cdots j_r} \wedge \mathrm{d}\tilde{u}^{j_1} \wedge \cdots \wedge \mathrm{d}\tilde{u}^{j_r}.
$$

在这里, 第二个等号成立的理由是除了第 1 项以外, 其余各项全部为零, 例如

$$
\frac{\partial^2 \tilde{u}^{j_1}}{\partial u^k \partial u^{i_1}} \cdots \frac{\partial \tilde{u}^{j_r}}{\partial u^{i_r}} \mathrm{d}u^k \wedge \mathrm{d}u^{i_1} \wedge \cdots \wedge \mathrm{d}u^{i_r}
$$
$$
= \frac{1}{2} \left(\frac{\partial^2 \tilde{u}^{j_1}}{\partial u^k \partial u^{i_1}} - \frac{\partial^2 \tilde{u}^{j_1}}{\partial u^{i_1} \partial u^k} \right) \cdots \frac{\partial \tilde{u}^{j_r}}{\partial u^{i_r}} \mathrm{d}u^k \wedge \mathrm{d}u^{i_1} \wedge \cdots \wedge \mathrm{d}u^{i_r}
$$
$$
= 0.
$$

注记 如果考虑整个的正则曲面 S, 则外微分实际上是定义在整个曲面 S 上的算子, 或者更一般地, 外微分是定义在微分流形上的算子. 因为在这种空间中在每一点的邻域内有曲纹坐标系, 而在不同的曲纹坐标系之间有容许的坐标变换, 但是上面的例题说明外微分运算与曲纹坐标系的选取是无关的, 所以它是在整个空间上定义好的. 这就是说, 尽管在不同的曲纹坐标系下, 外微分式有不同的表达式, 但是它们在各自曲纹坐标系下所做的外微分仍旧是同一个外微分式在相应的曲纹坐标系下的表达式. 这个性质通常称为 "外微分的形式不变性". 因此, 外微分运算把定义在整个空间上的一个 r 次外微分式变成定义在整个空间上的一个确定的 $r+1$ 次外微分式.

例题 7.7 设 (u, v, w) 是欧氏空间 E^3 中的曲纹坐标系, 命

$$
\omega = \alpha(u, v, w)\mathrm{d}u + \beta(u, v, w)\mathrm{d}v + \gamma(u, v, w)\mathrm{d}w,
$$
$$
\eta = P(u, v, w)\mathrm{d}v \wedge \mathrm{d}w + Q(u, v, w)\mathrm{d}w \wedge \mathrm{d}u + R(u, v, w)\mathrm{d}u \wedge \mathrm{d}v,
$$

其中 $\alpha, \beta, \gamma, P, Q, R$ 都是 u, v, w 的连续可微函数, 求它们的外微分.

解 根据外微分的定义, 我们有

$$
\begin{aligned}
\mathrm{d}\omega &= \mathrm{d}\alpha \wedge \mathrm{d}u + \mathrm{d}\beta \wedge \mathrm{d}v + \mathrm{d}\gamma \wedge \mathrm{d}w \\
&= \left(\frac{\partial \gamma}{\partial v} - \frac{\partial \beta}{\partial w}\right) \mathrm{d}v \wedge \mathrm{d}w + \left(\frac{\partial \alpha}{\partial w} - \frac{\partial \gamma}{\partial u}\right) \mathrm{d}w \wedge \mathrm{d}u \\
&\quad + \left(\frac{\partial \beta}{\partial u} - \frac{\partial \alpha}{\partial v}\right) \mathrm{d}u \wedge \mathrm{d}v, \\
\mathrm{d}\eta &= \mathrm{d}P \wedge \mathrm{d}v \wedge \mathrm{d}w + \mathrm{d}Q \wedge \mathrm{d}w \wedge \mathrm{d}u + \mathrm{d}R \wedge \mathrm{d}u \wedge \mathrm{d}v \\
&= \left(\frac{\partial P}{\partial u} + \frac{\partial Q}{\partial v} + \frac{\partial R}{\partial w}\right) \mathrm{d}u \wedge \mathrm{d}v \wedge \mathrm{d}w.
\end{aligned}
$$

例题 7.8 在欧氏空间 E^3 中的笛卡儿直角坐标系下, 试将向量场的场论公式和外微分式的两次外微分为零的性质相对照.

解 设 (u, v, w) 是欧氏空间 E^3 中的笛卡儿直角坐标系, $\boldsymbol{\omega} = (\alpha, \beta, \gamma)$ 和 $\boldsymbol{\eta} = (P, Q, R)$ 是定义在区域 D 上的连续可微的向量场, 那么

$$
\begin{aligned}
\mathrm{rot}(\alpha, \beta, \gamma) &= \left(\frac{\partial \gamma}{\partial v} - \frac{\partial \beta}{\partial w}, \frac{\partial \alpha}{\partial w} - \frac{\partial \gamma}{\partial u}, \frac{\partial \beta}{\partial u} - \frac{\partial \alpha}{\partial v}\right), \\
\mathrm{div}(P, Q, R) &= \frac{\partial P}{\partial u} + \frac{\partial Q}{\partial v} + \frac{\partial R}{\partial w}.
\end{aligned}
$$

场论中有著名的公式

$$
\mathrm{div} \circ \mathrm{rot} = 0,
$$

用到向量场 $\boldsymbol{\omega} = (\alpha, \beta, \gamma)$ 上则是

$$
\begin{aligned}
&\mathrm{div}(\mathrm{rot}(\alpha, \beta, \gamma)) \\
={}&\mathrm{div}\left(\frac{\partial \gamma}{\partial v} - \frac{\partial \beta}{\partial w}, \frac{\partial \alpha}{\partial w} - \frac{\partial \gamma}{\partial u}, \frac{\partial \beta}{\partial u} - \frac{\partial \alpha}{\partial v}\right) \\
={}&\frac{\partial}{\partial u}\left(\frac{\partial \gamma}{\partial v} - \frac{\partial \beta}{\partial w}\right) + \frac{\partial}{\partial v}\left(\frac{\partial \alpha}{\partial w} - \frac{\partial \gamma}{\partial u}\right) + \frac{\partial}{\partial w}\left(\frac{\partial \beta}{\partial u} - \frac{\partial \alpha}{\partial v}\right) = 0.
\end{aligned}
$$

把 $\boldsymbol{\omega} = (\alpha, \beta, \gamma)$ 对应于一次外微分式

$$
\tilde{\omega} = \alpha \mathrm{d}u + \beta \mathrm{d}v + \gamma \mathrm{d}w,
$$

把 $\boldsymbol{\eta} = (P, Q, R)$ 对应于二次外微分式

$$\tilde{\eta} = P\mathrm{d}v \wedge \mathrm{d}w + Q\mathrm{d}w \wedge \mathrm{d}u + R\mathrm{d}u \wedge \mathrm{d}v,$$

那么向量场 $\boldsymbol{\omega} = (\alpha, \beta, \gamma)$ 的旋量对应于一次外微分式 $\tilde{\omega}$ 的外微分:

$$\mathrm{d}\tilde{\omega} = \left(\frac{\partial\gamma}{\partial v} - \frac{\partial\beta}{\partial w}\right)\mathrm{d}v \wedge \mathrm{d}w + \left(\frac{\partial\alpha}{\partial w} - \frac{\partial\gamma}{\partial u}\right)\mathrm{d}w \wedge \mathrm{d}u$$
$$+ \left(\frac{\partial\beta}{\partial u} - \frac{\partial\alpha}{\partial v}\right)\mathrm{d}u \wedge \mathrm{d}v,$$

同时, $\boldsymbol{\eta} = (P, Q, R)$ 的散度对应于二次外微分式 $\tilde{\eta}$ 的外微分:

$$\mathrm{d}\tilde{\eta} = \left(\frac{\partial P}{\partial u} + \frac{\partial Q}{\partial v} + \frac{\partial R}{\partial w}\right)\mathrm{d}u \wedge \mathrm{d}v \wedge \mathrm{d}w.$$

由此可见, 场论公式 $\mathrm{div} \circ \mathrm{rot}\,\boldsymbol{\omega} = 0$ 对应于 $\mathrm{d}(\mathrm{d}\tilde{\omega}) = 0$, 即

$$\mathrm{d}(\mathrm{d}\tilde{\omega}) = \left(\frac{\partial}{\partial u}\left(\frac{\partial\gamma}{\partial v} - \frac{\partial\beta}{\partial w}\right) + \frac{\partial}{\partial v}\left(\frac{\partial\alpha}{\partial w} - \frac{\partial\gamma}{\partial u}\right)\right.$$
$$\left. + \frac{\partial}{\partial w}\left(\frac{\partial\beta}{\partial u} - \frac{\partial\alpha}{\partial v}\right)\right)\mathrm{d}u \wedge \mathrm{d}v \wedge \mathrm{d}w = 0.$$

但是, 对于上面关于外微分的公式而言, 并不需要假定 (u, v, w) 是欧氏空间 E^3 中的笛卡儿直角坐标系, 只要假定 (u, v, w) 是欧氏空间 E^3 中的任意的曲纹坐标系就行了, 而且该公式对于任意维数的空间内任意次外微分式都成立, 因此有更广泛的意义.

例题 7.9 已知三维光滑流形 M 的局部坐标系 $(U; x, y, z)$ 上的一次微分式 $\alpha = y\mathrm{d}x + z\mathrm{d}y + x\mathrm{d}z$, $\beta = yz\mathrm{d}x + xz\mathrm{d}y + xy\mathrm{d}z$, 求 $\mathrm{d}(\alpha \wedge \beta)$.

解 注意到 β 是全微分, 即

$$\beta = yz\mathrm{d}x + xz\mathrm{d}y + xy\mathrm{d}z = \mathrm{d}(xyz),$$

因此 $\mathrm{d}\beta = \mathrm{d}(\mathrm{d}(xyz)) = 0$. 所以

$$\mathrm{d}(\alpha \wedge \beta) = \mathrm{d}\alpha \wedge \beta - \alpha \wedge \mathrm{d}\beta = \mathrm{d}\alpha \wedge \beta$$

$$=(\mathrm{d}y \wedge \mathrm{d}x + \mathrm{d}z \wedge \mathrm{d}y + \mathrm{d}x \wedge \mathrm{d}z) \wedge (yz\mathrm{d}x + xz\mathrm{d}y + xy\mathrm{d}z)$$
$$= - (xy + yz + xz)\mathrm{d}x \wedge \mathrm{d}y \wedge \mathrm{d}z.$$

例题 7.10　设

$$\varphi = \frac{1}{r!}\varphi_{i_1\cdots i_r}\mathrm{d}u^{i_1} \wedge \cdots \wedge \mathrm{d}u^{i_r},$$
$$\mathrm{d}\varphi = \frac{1}{(r+1)!}\alpha_{i_1\cdots i_{r+1}}\mathrm{d}u^{i_1} \wedge \cdots \wedge \mathrm{d}u^{i_{r+1}},$$

其中系数函数 $\varphi_{i_1\cdots i_r}$, $\alpha_{i_1\cdots i_{r+1}}$ 关于下指标都是反对称的. 证明:

$$\alpha_{i_1\cdots i_{r+1}} = \sum_{\beta=1}^{r+1}(-1)^{\beta+1}\frac{\partial\varphi_{i_1\cdots\hat{i}_\beta\cdots i_{r+1}}}{\partial u^{i_\beta}}.$$

在这里, 记号 "^" 表示去掉在它下方的指标字母.

证明　根据外微分的定义,

$$\mathrm{d}\varphi = \frac{1}{r!}\mathrm{d}\varphi_{i_1\cdots i_r} \wedge \mathrm{d}u^{i_1} \wedge \cdots \wedge \mathrm{d}u^{i_r}$$
$$= \frac{1}{r!}\frac{\partial\varphi_{i_1\cdots i_r}}{\partial u^i}\mathrm{d}u^i \wedge \mathrm{d}u^{i_1} \wedge \cdots \wedge \mathrm{d}u^{i_r}$$
$$= \frac{1}{(r+1)!}\frac{1}{r!}\frac{\partial\varphi_{i_1\cdots i_r}}{\partial u^i}\delta^{i\ i_1\cdots i_r}_{j_1\cdots j_{r+1}}\mathrm{d}u^{j_1} \wedge \cdots \wedge \mathrm{d}u^{j_{r+1}}.$$

然而根据广义的 Kronecker δ-记号的性质, 以及 $\varphi_{i_1\cdots i_r}$ 关于下指标的反对称性, 我们有

$$\frac{1}{r!}\frac{\partial\varphi_{i_1\cdots i_r}}{\partial u^i}\delta^{i\ i_1\cdots i_r}_{j_1\cdots j_{r+1}} = \frac{1}{r!}\sum_{\beta=1}^{r+1}(-1)^{\beta+1}\frac{\partial\varphi_{i_1\cdots i_r}}{\partial u^{j_\beta}}\delta^{i_1\cdots\cdots\cdots i_r}_{j_1\cdots\hat{j}_\beta\cdots j_{r+1}}$$
$$= \sum_{\beta=1}^{r+1}(-1)^{\beta+1}\frac{\partial\varphi_{j_1\cdots\hat{j}_\beta\cdots j_{r+1}}}{\partial u^{j_\beta}} \equiv \alpha_{j_1\cdots j_{r+1}}.$$

例题 7.11　设 (ρ,φ,θ) 是 E^3 中的球坐标系, 即

$$x = \rho\cos\theta\cos\varphi, \quad y = \rho\cos\theta\sin\varphi, \quad z = \rho\sin\theta.$$

(1) 求相应的自然标架场；

(2) 将 $\mathrm{d}x \wedge \mathrm{d}y + \mathrm{d}y \wedge \mathrm{d}z + \mathrm{d}z \wedge \mathrm{d}x,\ \mathrm{d}x \wedge \mathrm{d}y \wedge \mathrm{d}z$ 用球坐标系表示出来.

解 (1) 用向量表示，则 E^3 中的点的向径是

$$\boldsymbol{r} = (\rho\cos\theta\cos\varphi, \rho\cos\theta\sin\varphi, \rho\sin\theta),$$

因此所求的自然标架场是 $\{\boldsymbol{r}; \boldsymbol{r}_\rho, \boldsymbol{r}_\varphi, \boldsymbol{r}_\theta\}$，其中

$$\boldsymbol{r}_\rho = (\cos\theta\cos\varphi, \cos\theta\sin\varphi, \sin\theta),$$
$$\boldsymbol{r}_\varphi = (-\rho\cos\theta\sin\varphi, \rho\cos\theta\cos\varphi, 0),$$
$$\boldsymbol{r}_\theta = (-\rho\sin\theta\cos\varphi, -\rho\sin\theta\sin\varphi, \rho\cos\theta).$$

(2) 从上面的公式，或者是直接微分得到

$$(\mathrm{d}x, \mathrm{d}y, \mathrm{d}z) = (\mathrm{d}\rho, \mathrm{d}\varphi, \mathrm{d}\theta) \cdot \begin{pmatrix} \cos\theta\cos\varphi & \cos\theta\sin\varphi & \sin\theta \\ -\rho\cos\theta\sin\varphi & \rho\cos\theta\cos\varphi & 0 \\ -\rho\sin\theta\cos\varphi & -\rho\sin\theta\sin\varphi & \rho\cos\theta \end{pmatrix},$$

因此

$$
\begin{aligned}
&\mathrm{d}x \wedge \mathrm{d}y + \mathrm{d}y \wedge \mathrm{d}z + \mathrm{d}z \wedge \mathrm{d}x \\
&= (\cos\theta\cos\varphi\mathrm{d}\rho - \rho\cos\theta\sin\varphi\mathrm{d}\varphi - \rho\sin\theta\cos\varphi\mathrm{d}\theta) \\
&\quad \wedge (\cos\theta\sin\varphi\mathrm{d}\rho + \rho\cos\theta\cos\varphi\mathrm{d}\varphi - \rho\sin\theta\sin\varphi\mathrm{d}\theta) \\
&\quad + (\cos\theta\sin\varphi\mathrm{d}\rho + \rho\cos\theta\cos\varphi\mathrm{d}\varphi - \rho\sin\theta\sin\varphi\mathrm{d}\theta) \\
&\quad \wedge (\sin\theta\mathrm{d}\rho + \rho\cos\theta\mathrm{d}\theta) + (\sin\theta\mathrm{d}\rho + \rho\cos\theta\mathrm{d}\theta) \\
&\quad \wedge (\cos\theta\cos\varphi\mathrm{d}\rho - \rho\cos\theta\sin\varphi\mathrm{d}\varphi - \rho\sin\theta\cos\varphi\mathrm{d}\theta) \\
&= \rho\cos\theta(\cos\theta - \sin\theta\cos\varphi - \sin\theta\sin\varphi)\mathrm{d}\rho \wedge \mathrm{d}\varphi \\
&\quad + \rho^2\cos\theta(\sin\theta + \cos\theta\cos\varphi + \cos\theta\sin\varphi)\mathrm{d}\varphi \wedge \mathrm{d}\theta \\
&\quad + \rho(\cos\varphi - \sin\varphi)\mathrm{d}\theta \wedge \mathrm{d}\rho,
\end{aligned}
$$

$$\mathrm{d}x \wedge \mathrm{d}y \wedge \mathrm{d}z$$

$$=(\cos\theta\cos\varphi\mathrm{d}\rho - \rho\cos\theta\sin\varphi\mathrm{d}\varphi - \rho\sin\theta\cos\varphi\mathrm{d}\theta)$$

$$\wedge (\cos\theta\sin\varphi\mathrm{d}\rho + \rho\cos\theta\cos\varphi\mathrm{d}\varphi - \rho\sin\theta\sin\varphi\mathrm{d}\theta)$$

$$\wedge (\sin\theta\mathrm{d}\rho + \rho\cos\theta\mathrm{d}\theta)$$

$$=\rho^2\cos\theta\mathrm{d}\rho \wedge \mathrm{d}\varphi \wedge \mathrm{d}\theta.$$

例题 7.12　在 E^3 中取定一个右手单位正交标架 $\{O; \boldsymbol{i}, \boldsymbol{j}, \boldsymbol{k}\}$，那么在 E^3 中的任意一个右手标架 $\{p; \boldsymbol{e}_1, \boldsymbol{e}_2, \boldsymbol{e}_3\}$ 都可以表示成

$$\begin{pmatrix} \overrightarrow{Op} \\ \boldsymbol{e}_1 \\ \boldsymbol{e}_2 \\ \boldsymbol{e}_3 \end{pmatrix} = \begin{pmatrix} a_1 & a_2 & a_3 \\ a_{11} & a_{12} & a_{13} \\ a_{21} & a_{22} & a_{23} \\ a_{31} & a_{32} & a_{33} \end{pmatrix} \cdot \begin{pmatrix} \boldsymbol{i} \\ \boldsymbol{j} \\ \boldsymbol{k} \end{pmatrix},$$

设 p 是 E^3 中的一个固定点，以 p 为原点的全体右手标架构成依赖 9 个参数的标架族，它在拓扑上等价于行列式为正的 3×3 矩阵的全体构成的集合 $\mathrm{GL}^+(3)$. 由此可见，E^3 中的一个固定点相当于标架空间 $\mathfrak{F}$ 中的一个九维曲面. 试写出该标架族的相对分量.

解　上述标架族满足的条件是

$$a_i = 常数, \qquad 1 \le i \le 3,$$

因此 $\mathrm{d}(\overrightarrow{Op}) = 0$, 故

$$\omega^1 = \omega^2 = \omega^3 = 0.$$

另外，

$$\begin{pmatrix} \mathrm{d}\boldsymbol{e}_1 \\ \mathrm{d}\boldsymbol{e}_2 \\ \mathrm{d}\boldsymbol{e}_3 \end{pmatrix} = \begin{pmatrix} \mathrm{d}a_{11} & \mathrm{d}a_{12} & \mathrm{d}a_{13} \\ \mathrm{d}a_{21} & \mathrm{d}a_{22} & \mathrm{d}a_{23} \\ \mathrm{d}a_{31} & \mathrm{d}a_{32} & \mathrm{d}a_{33} \end{pmatrix} \cdot \begin{pmatrix} \boldsymbol{i} \\ \boldsymbol{j} \\ \boldsymbol{k} \end{pmatrix}$$

$$= \begin{pmatrix} \mathrm{d}a_{11} & \mathrm{d}a_{12} & \mathrm{d}a_{13} \\ \mathrm{d}a_{21} & \mathrm{d}a_{22} & \mathrm{d}a_{23} \\ \mathrm{d}a_{31} & \mathrm{d}a_{32} & \mathrm{d}a_{33} \end{pmatrix} \cdot \begin{pmatrix} b_{11} & b_{12} & b_{13} \\ b_{21} & b_{22} & b_{23} \\ b_{31} & b_{32} & b_{33} \end{pmatrix} \cdot \begin{pmatrix} \boldsymbol{e}_1 \\ \boldsymbol{e}_2 \\ \boldsymbol{e}_3 \end{pmatrix},$$

其中 (b_{ij}) 是 (a_{ij}) 的逆矩阵, 因此 $\omega_i^j = \sum\limits_{k=1}^{3} b_{kj} \mathrm{d}a_{ik}$, $1 \leq i, j \leq 3$.

如果在右手单位正交标架空间 $\tilde{\mathfrak{F}}$ 中看, E^3 中的一个固定点相当于 $\tilde{\mathfrak{F}}$ 中的一个三维曲面, 在拓扑上等价于行列式为 1 的正交矩阵的集合 SO(3), 它的相对分量是

$$\omega^1 = \omega^2 = \omega^3 = 0, \qquad \omega_i^j = \mathrm{d}\boldsymbol{e}_i \cdot \boldsymbol{e}_j = \sum_{k=1}^{3} a_{jk} \mathrm{d}a_{ik},$$

其中 a_{ij} 满足条件 $\sum\limits_{k=1}^{3} a_{ik} a_{jk} = \delta_{ij}$ 和 $\det(a_{ij}) = 1$.

例题 7.13 设 C 是欧氏空间 E^3 中一条挠率不为零的曲线, 其参数方程是

$$\boldsymbol{r} = \boldsymbol{r}(s),$$

其中 s 是弧长参数, 曲率是 $\kappa(s)$, 挠率是 $\tau(s)$. 那么曲线 C 的 Frenet 标架场 $\{\boldsymbol{r}(s); \boldsymbol{\alpha}(s), \boldsymbol{\beta}(s), \boldsymbol{\gamma}(s)\}$ 是 E^3 中的单参数正交标架族, 因而是空间 $\tilde{\mathfrak{F}}$ 中的一条曲线. 试写出该标架族的相对分量.

解 根据 Frenet 公式,

$$\mathrm{d}\boldsymbol{r}(s) = \frac{\mathrm{d}\boldsymbol{r}(s)}{\mathrm{d}s}\mathrm{d}s = \boldsymbol{\alpha}(s)\mathrm{d}s,$$

$$\mathrm{d}\boldsymbol{\alpha}(s) = \frac{\mathrm{d}\boldsymbol{\alpha}(s)}{\mathrm{d}s}\mathrm{d}s = \kappa(s)\boldsymbol{\beta}(s)\mathrm{d}s,$$

$$\mathrm{d}\boldsymbol{\beta}(s) = \frac{\mathrm{d}\boldsymbol{\beta}(s)}{\mathrm{d}s}\mathrm{d}s = -\kappa(s)\boldsymbol{\alpha}(s)\mathrm{d}s + \tau(s)\boldsymbol{\gamma}(s)\mathrm{d}s,$$

$$\mathrm{d}\boldsymbol{\gamma}(s) = \frac{\mathrm{d}\boldsymbol{\gamma}(s)}{\mathrm{d}s}\mathrm{d}s = -\tau(s)\boldsymbol{\beta}(s)\mathrm{d}s,$$

因此该标架族的相对分量是

$$\omega^1 = \mathrm{d}s, \quad \omega^2 = \omega^3 = 0,$$

$$\omega_1^1 = \omega_2^2 = \omega_3^3 = 0, \quad \omega_1^2 = -\omega_2^1 = \kappa(s)\mathrm{d}s,$$

$$\omega_1^3 = -\omega_3^1 = 0, \quad \omega_2^3 = -\omega_3^2 = \tau(s)\mathrm{d}s.$$

反过来, 如果给定两个连续可微函数 $\kappa = \kappa(s) > 0, \tau = \tau(s)$, 则可以按照上面的公式构造一次微分式 $\omega^j, \omega_i^j, 1 \le i, j \le 3$. 因为它们只依赖一个自变量, 所以它们的外积和外微分都自动为零, 因此结构方程成立, 于是在 E^3 中存在一个单参数正交标架族以 $\omega^j, \omega_i^j, 1 \le i, j \le 3$ 为它的相对分量 (参看 §7.1 第 14 款). 从该标架族的运动公式不难知道, 该标架族的原点的轨迹是欧氏空间 E^3 中一条正则参数曲线, 它以 s 为弧长参数, 以 $\kappa(s)$ 为曲率, 以 $\tau(s)$ 为挠率, 而且该曲线至多除在空间 E^3 中的位置不同以外是唯一确定的. 这正好是曲线论基本定理.

例题 7.14 考虑在空间 E^3 中沿挠率不为零的曲线 C 的所有单位正交标架 $\{r(s); e_1, e_2, e_3\}$ 的集合, 要求其中的 e_1 是曲线 $C: r = r(s)$ 的单位切向量, 则这是依赖两个参数的标架族. 试写出该标架族的相对分量.

解 设曲线 C 的 Frenet 标架场是 $\{r(s); \boldsymbol{\alpha}(s), \boldsymbol{\beta}(s), \boldsymbol{\gamma}(s)\}$. 由于 $e_1 = \boldsymbol{\alpha}(s)$, 因此向量 $\{e_2, e_3\}$ 和 $\{\boldsymbol{\beta}(s), \boldsymbol{\gamma}(s)\}$ 可以差一个转动, 设

$$
\begin{aligned}
e_2 &= \cos\theta\boldsymbol{\beta}(s) + \sin\theta\boldsymbol{\gamma}(s), \\
e_3 &= -\sin\theta\boldsymbol{\beta}(s) + \cos\theta\boldsymbol{\gamma}(s).
\end{aligned}
$$

由此可见, 这是空间 E^3 中依赖两个参数 s, θ 的单位正交标架族, 它的相对分量是

$$
\begin{aligned}
\omega^1 &= \mathrm{d}r(s) \cdot e_1 = \mathrm{d}s, \\
\omega^2 &= \mathrm{d}r(s) \cdot e_2 = 0, \quad \omega^3 = \mathrm{d}r(s) \cdot e_3 = 0, \\
\omega_1^1 &= \omega_2^2 = \omega_3^3 = 0, \\
\omega_1^2 &= -\omega_2^1 = \mathrm{d}e_1 \cdot e_2 \\
&= \kappa(s)\boldsymbol{\beta}(s)\mathrm{d}s \cdot (\cos\theta\boldsymbol{\beta}(s) + \sin\theta\boldsymbol{\gamma}(s)) = \kappa(s)\cos\theta\mathrm{d}s, \\
\omega_1^3 &= -\omega_3^1 = \mathrm{d}e_1 \cdot e_3 \\
&= \kappa(s)\boldsymbol{\beta}(s)\mathrm{d}s \cdot (-\sin\theta\boldsymbol{\beta}(s) + \cos\theta\boldsymbol{\gamma}(s)) = -\kappa(s)\sin\theta\mathrm{d}s,
\end{aligned}
$$

$$\omega_2^3 = -\omega_3^2 = \mathrm{d}\boldsymbol{e}_2 \cdot \boldsymbol{e}_3$$
$$= (\boldsymbol{e}_3(\mathrm{d}\theta + \tau(s)\mathrm{d}s) - \cos\theta\kappa\boldsymbol{\alpha}(s)\mathrm{d}s) \cdot \boldsymbol{e}_3 = \mathrm{d}\theta + \tau(s)\mathrm{d}s.$$

注记 如果 $\{\boldsymbol{r}(s); \boldsymbol{e}_1(s), \boldsymbol{e}_2(s), \boldsymbol{e}_3(s)\}$ 是空间 E^3 中沿曲线 C 的一个单参数单位正交标架族, 使得其中 $\boldsymbol{e}_1(s)$ 是曲线 C 的单位切向量, 则称这样的标架族为沿曲线 C 的一个一阶标架族. 这样的标架族是在本题所说的依赖两个参数的单位正交标架族中取定函数 $\theta = \theta(s)$ 得到的. 若取另一个函数 $\theta = \tilde{\theta}(s)$, 则得到沿曲线 C 的另一个一阶标架族. 从本题的结果得到, 由 $\theta = \theta(s)$ 确定的沿曲线 C 的一阶标架族的相对分量是

$$\omega^1 = \mathrm{d}s, \quad \omega^2 = \omega^3 = 0,$$
$$\omega_1^1 = \omega_2^2 = \omega_3^3 = 0, \quad \omega_1^2 = -\omega_2^1 = \kappa(s)\cos\theta(s)\mathrm{d}s,$$
$$\omega_1^3 = -\omega_3^1 = -\kappa(s)\sin\theta(s)\mathrm{d}s, \quad \omega_2^3 = -\omega_3^2 = (\theta'(s) + \tau(s))\mathrm{d}s.$$

由此得知,

$$(\omega_1^2)^2 + (\omega_1^3)^2 = (\kappa(s)\mathrm{d}s)^2,$$

它与沿曲线 C 的一阶标架族的选取无关, 所以曲线 C 的曲率可以用曲线 C 的一阶标架族的相对分量定义为

$$\kappa = \frac{\sqrt{(\omega_1^2)^2 + (\omega_1^3)^2}}{\mathrm{d}s}.$$

沿曲线 C 的 Frenet 标架通常称为沿曲线 C 的二阶标架族, 它对应于在一阶标架族中取 $\theta \equiv 0$.

例题 7.15 求 E^3 中由球坐标系给出的自然标架场所对应的单位正交标架场, 并且求它们的相对分量.

解 设 (x, y, z) 是 E^3 中的笛卡儿直角坐标系, 命

$$x = \rho\cos\theta\cos\varphi, \qquad y = \rho\cos\theta\sin\varphi, \qquad z = \rho\sin\theta,$$

则 (ρ, φ, θ) 是 E^3 中的球坐标系. 它给出的自然标架场是 $\left\{ \boldsymbol{r}; \dfrac{\partial \boldsymbol{r}}{\partial \rho}, \dfrac{\partial \boldsymbol{r}}{\partial \varphi}, \right.$ $\left. \dfrac{\partial \boldsymbol{r}}{\partial \theta} \right\}$, 其中

$$\frac{\partial \boldsymbol{r}}{\partial \rho} = (\cos\theta\cos\varphi, \cos\theta\sin\varphi, \sin\theta),$$
$$\frac{\partial \boldsymbol{r}}{\partial \varphi} = (-\rho\cos\theta\sin\varphi, \rho\cos\theta\cos\varphi, 0),$$
$$\frac{\partial \boldsymbol{r}}{\partial \theta} = (-\rho\sin\theta\cos\varphi, -\rho\sin\theta\sin\varphi, \rho\cos\theta).$$

经直接验证知道, $\left\{ \dfrac{\partial \boldsymbol{r}}{\partial \rho}, \dfrac{\partial \boldsymbol{r}}{\partial \varphi}, \dfrac{\partial \boldsymbol{r}}{\partial \theta} \right\}$ 是彼此正交的, 并且构成右手系. 要得到单位正交标架场只要将它们单位化就可以了. 命

$$\boldsymbol{e}_1 = \frac{\partial \boldsymbol{r}}{\partial \rho} = (\cos\theta\cos\varphi, \cos\theta\sin\varphi, \sin\theta),$$
$$\boldsymbol{e}_2 = \frac{\boldsymbol{r}_\varphi}{|\boldsymbol{r}_\varphi|} = \frac{1}{\rho\cos\theta}\frac{\partial \boldsymbol{r}}{\partial \varphi} = (-\sin\varphi, \cos\varphi, 0),$$
$$\boldsymbol{e}_3 = \frac{\boldsymbol{r}_\theta}{|\boldsymbol{r}_\theta|} = \frac{1}{\rho}\frac{\partial \boldsymbol{r}}{\partial \theta} = (-\sin\theta\cos\varphi, -\sin\theta\sin\varphi, \cos\theta),$$

则 $\{\boldsymbol{r}; \boldsymbol{e}_1, \boldsymbol{e}_2, \boldsymbol{e}_3\}$ 是对应的单位正交标架场.

对向径 $\boldsymbol{r}$ 微分得到

$$\mathrm{d}\boldsymbol{r} = \frac{\partial \boldsymbol{r}}{\partial \rho}\mathrm{d}\rho + \frac{\partial \boldsymbol{r}}{\partial \varphi}\mathrm{d}\varphi + \frac{\partial \boldsymbol{r}}{\partial \theta}\mathrm{d}\theta = \mathrm{d}\rho\,\boldsymbol{e}_1 + \rho\cos\theta\mathrm{d}\varphi\,\boldsymbol{e}_2 + \rho\mathrm{d}\theta\,\boldsymbol{e}_3,$$

因此

$$\omega^1 = \mathrm{d}\boldsymbol{r} \cdot \boldsymbol{e}_1 = \mathrm{d}\rho,$$
$$\omega^2 = \mathrm{d}\boldsymbol{r} \cdot \boldsymbol{e}_2 = \rho\cos\theta\mathrm{d}\varphi,$$
$$\omega^3 = \mathrm{d}\boldsymbol{r} \cdot \boldsymbol{e}_3 = \rho\mathrm{d}\theta.$$

同理可得

$$\omega_1^2 = -\omega_2^1 = \mathrm{d}\boldsymbol{e}_1 \cdot \boldsymbol{e}_2 = \cos\theta\mathrm{d}\varphi,$$

$$\omega_1^3 = -\omega_3^1 = \mathrm{d}\boldsymbol{e}_1 \cdot \boldsymbol{e}_3 = \mathrm{d}\theta,$$

$$\omega_2^3 = -\omega_3^2 = \mathrm{d}\boldsymbol{e}_2 \cdot \boldsymbol{e}_3 = \sin\theta\mathrm{d}\varphi.$$

例题 7.16 已知曲面 S 的第一基本形式和第二基本形式分别是

$$\mathrm{I} = E(\mathrm{d}u)^2 + 2F\mathrm{d}u\mathrm{d}v + G(\mathrm{d}v)^2, \quad \mathrm{II} = L(\mathrm{d}u)^2 + 2M\mathrm{d}u\mathrm{d}v + N(\mathrm{d}v)^2,$$

求曲面 S 上的一个一阶标架场, 以及它的相对分量.

解 将曲面 S 的第一基本形式配平方得到

$$\begin{aligned}
\mathrm{I} &= E\left(\mathrm{d}u + \frac{F}{E}\mathrm{d}v\right)^2 + \frac{EG - F^2}{E}(\mathrm{d}v)^2 \\
&= \left(\sqrt{E}\mathrm{d}u + \frac{F}{\sqrt{E}}\mathrm{d}v\right)^2 + \left(\frac{\sqrt{g}}{\sqrt{E}}\mathrm{d}v\right)^2,
\end{aligned}$$

其中 $g = EG - F^2$. 因此

$$\omega^1 = \sqrt{E}\mathrm{d}u + \frac{F}{\sqrt{E}}\mathrm{d}v, \quad \omega^2 = \frac{\sqrt{g}}{\sqrt{E}}\mathrm{d}v,$$

即

$$(\omega^1, \omega^2) = (\mathrm{d}u, \mathrm{d}v) \cdot \begin{pmatrix} \sqrt{E} & 0 \\ \dfrac{F}{\sqrt{E}} & \dfrac{\sqrt{g}}{\sqrt{E}} \end{pmatrix}.$$

对应地,

$$\begin{pmatrix} \boldsymbol{r}_u \\ \boldsymbol{r}_v \end{pmatrix} = \begin{pmatrix} \sqrt{E} & 0 \\ \dfrac{F}{\sqrt{E}} & \dfrac{\sqrt{g}}{\sqrt{E}} \end{pmatrix} \cdot \begin{pmatrix} \boldsymbol{e}_1 \\ \boldsymbol{e}_2 \end{pmatrix},$$

即

$$\frac{\partial\boldsymbol{r}}{\partial u} = \sqrt{E}\boldsymbol{e}_1, \quad \frac{\partial\boldsymbol{r}}{\partial v} = \frac{F}{\sqrt{E}}\boldsymbol{e}_1 + \frac{\sqrt{g}}{\sqrt{E}}\boldsymbol{e}_2,$$

故一阶标架场 $\{\boldsymbol{r}(u,v); \boldsymbol{e}_1, \boldsymbol{e}_2, \boldsymbol{e}_3\}$ 是

$$\boldsymbol{e}_1 = \frac{1}{\sqrt{E}}\frac{\partial\boldsymbol{r}}{\partial u}, \quad \boldsymbol{e}_2 = -\frac{F}{\sqrt{Eg}}\frac{\partial\boldsymbol{r}}{\partial u} + \frac{\sqrt{E}}{\sqrt{g}}\frac{\partial\boldsymbol{r}}{\partial v},$$

$$e_3 = e_1 \times e_2 = \frac{1}{\sqrt{g}} \cdot \frac{\partial \boldsymbol{r}}{\partial u} \times \frac{\partial \boldsymbol{r}}{\partial v}.$$

设 $\omega_1^2 = -\omega_2^1 = p\mathrm{d}u + q\mathrm{d}v$, 它应该满足结构方程 $\mathrm{d}\omega^1 = \omega^2 \wedge \omega_2^1$, $\mathrm{d}\omega^2 = \omega^1 \wedge \omega_1^2$, 用上面给出的 ω^1, ω^2 的表达式代入得到

$$\mathrm{d}\omega^1 = \left(-(\sqrt{E})_v + \left(\frac{F}{\sqrt{E}} \right)_u \right) \mathrm{d}u \wedge \mathrm{d}v = \omega^2 \wedge \omega_2^1 = p\frac{\sqrt{g}}{\sqrt{E}}\mathrm{d}u \wedge \mathrm{d}v,$$

$$\mathrm{d}\omega^2 = \left(\frac{\sqrt{g}}{\sqrt{E}} \right)_u \mathrm{d}u \wedge \mathrm{d}v = \omega^1 \wedge \omega_1^2 = \left(q\sqrt{E} - p\frac{F}{\sqrt{E}} \right) \mathrm{d}u \wedge \mathrm{d}v,$$

因此

$$p = \frac{\sqrt{E}}{\sqrt{g}} \left(-(\sqrt{E})_v + \left(\frac{F}{\sqrt{E}} \right)_u \right),$$

$$q = \frac{1}{\sqrt{E}} \left(\left(\frac{\sqrt{g}}{\sqrt{E}} \right)_u + \frac{F}{\sqrt{g}} \left(-(\sqrt{E})_v + \left(\frac{F}{\sqrt{E}} \right)_u \right) \right).$$

我们知道, 在一阶标架场 $\{\boldsymbol{r}(u,v); e_1, e_2, e_3\}$ 下, 相对分量 ω_1^3, ω_2^3 可以设为

$$\omega_1^3 = -\omega_3^1 = a\omega^1 + b\omega^2, \quad \omega_2^3 = -\omega_3^2 = b\omega^1 + c\omega^2,$$

并且

$$\begin{aligned} \mathbb{II} &= L(\mathrm{d}u)^2 + 2M\mathrm{d}u\mathrm{d}v + N(\mathrm{d}v)^2 \\ &= \omega^1\omega_1^3 + \omega^2\omega_2^3 = a(\omega^1)^2 + 2b\omega^1\omega^2 + c(\omega^2)^2 \\ &= a\left(\sqrt{E}\mathrm{d}u + \frac{F}{\sqrt{E}}\mathrm{d}v \right)^2 + 2b\left(\sqrt{E}\mathrm{d}u + \frac{F}{\sqrt{E}}\mathrm{d}v \right) \cdot \frac{\sqrt{g}}{\sqrt{E}}\mathrm{d}v \\ &\quad + c \cdot \frac{g}{E}(\mathrm{d}v)^2, \end{aligned}$$

将最后一式展开, 然后比较系数得到

$$aE = L, \quad aF + b\sqrt{g} = M, \quad aF^2 + 2bF\sqrt{g} + cg = EN,$$

因此

$$a = \frac{L}{E}, \quad b = \frac{EM - FL}{E\sqrt{g}}, \quad c = \frac{E^2N - 2EFM + F^2L}{Eg},$$

即

$$\omega_1^3 = -\omega_3^1 = \frac{Ldu + Mdv}{\sqrt{E}},$$
$$\omega_2^3 = -\omega_3^2 = \frac{(EM - FL)du + (EN - FM)dv}{\sqrt{Eg}}.$$

特别地，如果 (u, v) 是曲面 S 上的正交参数系，即 $F = 0$, 则有

$$\omega^1 = \sqrt{E}du, \quad \omega^2 = \sqrt{G}dv, \quad \omega^3 = 0,$$
$$\omega_1^2 = -\omega_2^1 = -\frac{(\sqrt{E})_v}{\sqrt{G}}du + \frac{(\sqrt{G})_u}{\sqrt{E}}dv, \quad \omega_1^1 = \omega_2^2 = \omega_3^3 = 0,$$
$$\omega_1^3 = -\omega_3^1 = \frac{Ldu + Mdv}{\sqrt{E}}, \quad \omega_2^3 = -\omega_3^2 = \frac{Mdu + Ndv}{\sqrt{G}}.$$

例题 7.17 已知曲面 S 的第一基本形式 I 和第二基本形式 II 分别是

$$\mathrm{I} = (1 + u^2)(du)^2 + u^2(dv)^2, \quad \mathrm{II} = \frac{1}{\sqrt{1 + u^2}}(du)^2 + \frac{u^2}{\sqrt{1 + u^2}}(dv)^2.$$

求曲面 S 上的一个一阶标架场的相对分量，并且验证 Gauss-Codazzi 方程成立.

解 因为曲面 S 的第一基本形式 I 能够容易地配成平方和

$$\mathrm{I} = (\sqrt{1 + u^2}du)^2 + (udv)^2,$$

所以

$$\omega^1 = \sqrt{1 + u^2}du, \quad \omega^2 = udv, \quad \omega^3 = 0.$$

求它们的外微分得到

$$d\omega^1 = 0, \quad d\omega^2 = du \wedge dv,$$

并且
$$\omega^1 \wedge \omega^2 = u\sqrt{1+u^2}\mathrm{d}u \wedge \mathrm{d}v.$$

假定
$$\omega_1^2 = -\omega_2^1 = p\mathrm{d}u + q\mathrm{d}v,$$

那么
$$\omega^2 \wedge \omega_2^1 = \omega_1^2 \wedge \omega^2 = pu\mathrm{d}u \wedge \mathrm{d}v, \quad \omega^1 \wedge \omega_1^2 = q\sqrt{1+u^2}\mathrm{d}u \wedge \mathrm{d}v.$$

根据结构方程 $\mathrm{d}\omega^1 = \omega^2 \wedge \omega_2^1$, $\mathrm{d}\omega^2 = \omega^1 \wedge \omega_1^2$, 比较两边的系数得到
$$pu = 0, \qquad q\sqrt{1+u^2} = 1,$$

因此
$$p = 0, \quad q = \frac{1}{\sqrt{1+u^2}}, \quad \omega_1^2 = -\omega_2^1 = p\mathrm{d}u + q\mathrm{d}v = \frac{1}{\sqrt{1+u^2}}\mathrm{d}v.$$

假定
$$\omega_1^3 = a\omega^1 + b\omega^2 = a\sqrt{1+u^2}\mathrm{d}u + bu\mathrm{d}v,$$
$$\omega_2^3 = b\omega^1 + c\omega^2 = b\sqrt{1+u^2}\mathrm{d}u + cu\mathrm{d}v,$$

故
$$\mathrm{II} = \frac{1}{\sqrt{1+u^2}}(\mathrm{d}u)^2 + \frac{u^2}{\sqrt{1+u^2}}(\mathrm{d}v)^2 = \omega^1\omega_1^3 + \omega^2\omega_2^3$$
$$= a(1+u^2)(\mathrm{d}u)^2 + 2bu\sqrt{1+u^2}\mathrm{d}u\mathrm{d}v + cu^2(\mathrm{d}v)^2.$$

比较上式系数得到
$$a(1+u^2) = \frac{1}{\sqrt{1+u^2}}, \quad 2bu = 0, \quad cu^2 = \frac{u^2}{\sqrt{1+u^2}},$$

因此
$$a = \frac{1}{(\sqrt{1+u^2})^3}, \qquad b = 0, \qquad c = \frac{1}{\sqrt{1+u^2}},$$

$$\omega_1^3 = -\omega_3^1 = a\sqrt{1+u^2}\mathrm{d}u + bu\mathrm{d}v = \frac{1}{1+u^2}\mathrm{d}u,$$

$$\omega_2^3 = -\omega_3^2 = b\sqrt{1+u^2}\mathrm{d}u + cu\mathrm{d}v = \frac{u}{\sqrt{1+u^2}}\mathrm{d}v.$$

求外微分得到

$$\mathrm{d}\omega_1^2 = -\frac{u}{(\sqrt{1+u^2})^3}\mathrm{d}u \wedge \mathrm{d}v, \quad \mathrm{d}\omega_1^3 = 0, \quad \mathrm{d}\omega_2^3 = \frac{1}{(\sqrt{1+u^2})^3}\mathrm{d}u \wedge \mathrm{d}v,$$

此外，

$$\omega_1^3 \wedge \omega_3^2 = -\left(\frac{1}{1+u^2}\mathrm{d}u\right) \wedge \left(\frac{u}{\sqrt{1+u^2}}\mathrm{d}v\right) = -\frac{u}{(\sqrt{1+u^2})^3}\mathrm{d}u \wedge \mathrm{d}v,$$

$$\omega_1^2 \wedge \omega_2^3 = \left(\frac{1}{\sqrt{1+u^2}}\mathrm{d}v\right) \wedge \left(\frac{u}{\sqrt{1+u^2}}\mathrm{d}v\right) = 0,$$

$$\omega_2^1 \wedge \omega_1^3 = -\left(\frac{1}{\sqrt{1+u^2}}\mathrm{d}v\right) \wedge \left(\frac{1}{1+u^2}\mathrm{d}u\right) = \frac{1}{(\sqrt{1+u^2})^3}\mathrm{d}u \wedge \mathrm{d}v,$$

因此 Gauss-Codazzi 方程，即结构方程

$$\mathrm{d}\omega_1^2 = \omega_1^3 \wedge \omega_3^2, \quad \mathrm{d}\omega_1^3 = \omega_1^2 \wedge \omega_2^3, \quad \mathrm{d}\omega_2^3 = \omega_2^1 \wedge \omega_1^3$$

成立.

例题 7.18 设曲面 S 的第一基本形式为 $\mathrm{I} = E(\mathrm{d}u)^2 + G(\mathrm{d}v)^2$, 证明：曲面 S 的 Gauss 曲率是

$$K = -\frac{1}{\sqrt{EG}}\left(\left(\frac{(\sqrt{E})_v}{\sqrt{G}}\right)_v + \left(\frac{(\sqrt{G})_u}{\sqrt{E}}\right)_u\right).$$

证明 将曲面 S 的第一基本形式写成

$$\mathrm{I} = (\sqrt{E}\mathrm{d}u)^2 + (\sqrt{G}\mathrm{d}v)^2,$$

于是得到曲面 S 上的一阶标架场的相对分量

$$\omega^1 = \sqrt{E}\mathrm{d}u, \qquad \omega^2 = \sqrt{G}\mathrm{d}v.$$

根据 §7.1 第 17 款, 一次微分式 $\omega_1^2 = -\omega_2^1$ 是由 ω^1, ω^2 借助于结构方程 $\mathrm{d}\omega^1 = \omega^2 \wedge \omega_2^1$, $\mathrm{d}\omega^2 = \omega^1 \wedge \omega_1^2$ 唯一地确定的. 由例题 7.16 的计算得知

$$\omega_1^2 = -\frac{(\sqrt{E})_v}{\sqrt{G}}\mathrm{d}u + \frac{(\sqrt{G})_u}{\sqrt{E}}\mathrm{d}v.$$

经直接计算得到

$$\mathrm{d}\omega_1^2 = \left(\left(\frac{(\sqrt{E})_v}{\sqrt{G}}\right)_v + \left(\frac{(\sqrt{G})_u}{\sqrt{E}}\right)_u\right)\mathrm{d}u \wedge \mathrm{d}v, \quad \omega^1 \wedge \omega^2 = \sqrt{EG}\mathrm{d}u \wedge \mathrm{d}v,$$

因此由结构方程 $\mathrm{d}\omega_1^2 = -K\omega^1 \wedge \omega^2$ (Gauss 方程, 参看 §7.1 第 18 款) 得到

$$K = -\frac{1}{\sqrt{EG}}\left(\left(\frac{(\sqrt{E})_v}{\sqrt{G}}\right)_v + \left(\frac{(\sqrt{G})_u}{\sqrt{E}}\right)_u\right).$$

例题 7.19　用曲面 S 上一阶标架场的相对分量表示曲面 S 上曲线的测地曲率、法曲率和测地挠率.

解　假定在曲面 S : $\boldsymbol{r} = \boldsymbol{r}(u^1, u^2)$, $(u^1, u^2) \in D \subset \mathbb{R}^2$ 上取定一个一阶标架场 $\{\boldsymbol{r}; \boldsymbol{\alpha}_1, \boldsymbol{\alpha}_2, \boldsymbol{\alpha}_3\}$, 其中 $\boldsymbol{\alpha}_3 = \boldsymbol{n}$. 设它的相对分量是 $\omega^1, \omega^2, \omega^3 = 0$ 以及 $\omega_i^j = -\omega_j^i$, 它们都是参数 u^1, u^2 的一次微分式.

设 C 是曲面 S 上的一条连续可微曲线, 其参数方程为 $u^\alpha = u^\alpha(s), \alpha = 1, 2, s$ 为弧长参数. 因此, 曲线 C 的单位切向量是

$$\boldsymbol{e}_1 = \frac{\mathrm{d}\boldsymbol{r}(s)}{\mathrm{d}s} = \frac{\omega^1}{\mathrm{d}s}\boldsymbol{\alpha}_1 + \frac{\omega^2}{\mathrm{d}s}\boldsymbol{\alpha}_2,$$

这里的 ω^1, ω^2 是曲面 S 的相对分量 ω^1, ω^2 在曲线 C 上的限制. 设 θ 是 $\boldsymbol{e}_1$ 与 $\boldsymbol{\alpha}_1$ 所构成的方向角, 即

$$\boldsymbol{e}_1 = \cos\theta\,\boldsymbol{\alpha}_1 + \sin\theta\,\boldsymbol{\alpha}_2,$$

故沿曲线 C 有

$$\frac{\omega^1}{\mathrm{d}s} = \cos\theta, \qquad \frac{\omega^2}{\mathrm{d}s} = \sin\theta.$$

命

$$e_2 = n \times e_1 = \alpha_3 \times (\cos\theta\ \alpha_1 + \sin\theta\ \alpha_2)$$
$$= -\sin\theta\ \alpha_1 + \cos\theta\ \alpha_2 = -\frac{\omega^2}{\mathrm{d}s}\alpha_1 + \frac{\omega^1}{\mathrm{d}s}\alpha_2,$$
$$e_3 = \alpha_3 = n.$$

于是 $\{r; e_1, e_2, e_3\}$ 是沿曲面 S 上曲线 C 定义的标架场, 它是曲面 S 的一阶标架场 $\{r; \alpha_1, \alpha_2, \alpha_3\}$ 在曲线 C 上的限制、并在每一点转过一个角度 θ 得到的. 根据定义, 曲线 C 的曲率向量是

$$\frac{\mathrm{d}e_1}{\mathrm{d}s} = (-\sin\theta\ \alpha_1 + \cos\theta\ \alpha_2)\frac{\mathrm{d}\theta}{\mathrm{d}s} + \cos\theta\frac{\mathrm{d}\alpha_1}{\mathrm{d}s} + \sin\theta\frac{\mathrm{d}\alpha_2}{\mathrm{d}s}$$
$$= e_2\frac{\mathrm{d}\theta}{\mathrm{d}s} + \cos\theta\left(\frac{\omega_1^2}{\mathrm{d}s}\alpha_2 + \frac{\omega_1^3}{\mathrm{d}s}\alpha_3\right) + \sin\theta\left(\frac{\omega_2^1}{\mathrm{d}s}\alpha_1 + \frac{\omega_2^3}{\mathrm{d}s}\alpha_3\right)$$
$$= \left(\frac{\mathrm{d}\theta}{\mathrm{d}s} + \frac{\omega_1^2}{\mathrm{d}s}\right)e_2 + \frac{\omega^1\omega_1^3 + \omega^2\omega_2^3}{\mathrm{d}s^2}e_3.$$

所以它在切空间上的投影是

$$\frac{\mathrm{D}e_1}{\mathrm{d}s} = \left(\frac{\mathrm{d}e_1}{\mathrm{d}s}\right)^\top = \left(\frac{\mathrm{d}\theta}{\mathrm{d}s} + \frac{\omega_1^2}{\mathrm{d}s}\right)e_2.$$

故曲面 S 上的曲线 C 的测地曲率是

$$\kappa_g = \frac{\mathrm{d}e_1}{\mathrm{d}s}\cdot e_2 = \frac{\mathrm{D}e_1}{\mathrm{d}s}\cdot e_2 = \frac{\mathrm{d}\theta}{\mathrm{d}s} + \frac{\omega_1^2}{\mathrm{d}s},$$

法曲率是 $\kappa_n = \dfrac{\mathrm{d}e_1}{\mathrm{d}s}\cdot n$, 即

$$\kappa_n = \frac{\omega^1\omega_1^3 + \omega^2\omega_2^3}{\mathrm{d}s^2} = a\cos^2\theta + 2b\sin\theta\cos\theta + c\sin^2\theta,$$

其中 a, b, c 是相对分量 ω_1^3, ω_2^3 用 ω^1, ω^2 线性表示时的系数. 为要求得沿曲线 C 的单位正交标架场 $\{r; \mathrm{e}_1, \mathrm{e}_2, \mathrm{e}_3\}$ 的运动公式, 还需要作如下计算:

$$\frac{\mathrm{d}e_2}{\mathrm{d}s} = -(\cos\theta\ \alpha_1 + \sin\theta\ \alpha_2)\frac{\mathrm{d}\theta}{\mathrm{d}s} - \sin\theta\frac{\mathrm{d}\alpha_1}{\mathrm{d}s} + \cos\theta\frac{\mathrm{d}\alpha_2}{\mathrm{d}s}$$

$$= -\left(\frac{\mathrm{d}\theta}{\mathrm{d}s} + \frac{\omega_1^2}{\mathrm{d}s}\right)\boldsymbol{e}_1 + \frac{\omega^1\omega_2^3 - \omega^2\omega_1^3}{\mathrm{d}s^2}\boldsymbol{e}_3,$$

所以曲面 S 上的曲线 C 的测地挠率是

$$\tau_g = \frac{\mathrm{d}\boldsymbol{e}_2}{\mathrm{d}s}\cdot\boldsymbol{e}_3 = \frac{\omega^1\omega_2^3 - \omega^2\omega_1^3}{\mathrm{d}s^2}$$
$$= b\cos^2\theta + (c-a)\cos\theta\sin\theta - b\sin^2\theta.$$

注意到 $\omega^1\omega_2^3 - \omega^2\omega_1^3$ 是与曲面的一阶标架场选取无关的二次微分式, 它在曲线 C 上的限制与 $\mathrm{d}s^2$ 之比是曲面 S 上的曲线 C 的测地挠率, 因此曲面 S 上曲线 C 的测地挠率和法曲率一样实际上是曲面 S 在任意一点沿任意一个切方向的函数, 反映的是曲面 S 的性质, 不是曲线 C 的性质.

例题 7.20   探求曲面 S 在任意一点的法曲率作为切方向的方向角 θ 的函数的极值性质.

解   在曲面 $S: \boldsymbol{r} = \boldsymbol{r}(u^1, u^2)$ 上的一阶标架场 $\{\boldsymbol{r}; \boldsymbol{\alpha}_1, \boldsymbol{\alpha}_2, \boldsymbol{\alpha}_3\}$ 下法曲率 κ_n 是

$$\kappa_n = \frac{\omega^1\omega_1^3 + \omega^2\omega_2^3}{\mathrm{d}s^2} = a\cos^2\theta + 2b\sin\theta\cos\theta + c\sin^2\theta,$$

其中 $\omega_1^3 = a\omega^1 + b\omega^2$, $\omega_2^3 = b\omega^1 + c\omega^2$ 是一阶标架场的相对分量, θ 是切方向与 $\boldsymbol{\alpha}_1$ 所夹的有向角. 利用三角函数的倍角公式得到

$$\kappa_n = a\cdot\frac{1+\cos 2\theta}{2} + b\sin 2\theta + c\cdot\frac{1-\cos 2\theta}{2}$$
$$= \frac{a+c}{2} + \frac{a-c}{2}\cos 2\theta + b\sin 2\theta.$$

如果 $(a-c)/2, b$ 同时为零, 则 $\kappa_n = (a+c)/2$ 与方向角 θ 无关, 即曲面 S 在该点沿各个切方向的法曲率都相同, 因此该点是曲面 S 的脐点. 假定 $(a-c)/2, b$ 不同时为零, 则可取 θ_0, 使得

$$\cos 2\theta_0 = \frac{a-c}{\sqrt{(a-c)^2 + 4b^2}}, \qquad \sin 2\theta_0 = \frac{2b}{\sqrt{(a-c)^2 + 4b^2}},$$

于是曲面 S 的法曲率 κ_n 可以写成

$$\kappa_n = \frac{a+c}{2} + \sqrt{\left(\frac{a-c}{2}\right)^2 + b^2} \cdot \cos 2(\theta - \theta_0).$$

由此可见, 曲面 S 在一点的法曲率 κ_n 在 $\theta = \theta_0, \theta_0 + \pi$ 时达到最大值

$$\kappa_1 = \frac{a+c}{2} + \sqrt{\left(\frac{a-c}{2}\right)^2 + b^2},$$

在 $\theta = \theta_0 + \dfrac{\pi}{2}, \theta_0 + \dfrac{3\pi}{2}$ 时达到最小值

$$\kappa_2 = \frac{a+c}{2} - \sqrt{\left(\frac{a-c}{2}\right)^2 + b^2}.$$

换句话说, κ_1, κ_2 是曲面 S 在一点的主曲率, $\theta_0 + \dfrac{k\pi}{2}$ (k 是整数) 是曲面 S 在该点的主方向, 而且对应于不同主曲率的主方向必定是彼此正交的. 上面的公式还能够进一步写成

$$\kappa_n = \frac{a+c}{2} + \sqrt{\left(\frac{a-c}{2}\right)^2 + b^2} \cdot (\cos^2(\theta - \theta_0) - \sin^2(\theta - \theta_0))$$

$$= \left(\frac{a+c}{2} + \sqrt{\left(\frac{a-c}{2}\right)^2 + b^2}\right) \cos^2(\theta - \theta_0)$$

$$+ \left(\frac{a+c}{2} - \sqrt{\left(\frac{a-c}{2}\right)^2 + b^2}\right) \sin^2(\theta - \theta_0)$$

$$= \kappa_1 \cos^2(\theta - \theta_0) + \kappa_2 \sin^2(\theta - \theta_0).$$

这是 Euler 公式的一般情形. 如果取曲面 S 的一阶标架场 $\{r; \boldsymbol{\alpha}_1, \boldsymbol{\alpha}_2, \boldsymbol{\alpha}_3\}$ 使得 $\boldsymbol{\alpha}_1, \boldsymbol{\alpha}_2$ 是曲面 S 的主方向, 则这样的标架场称为曲面 S 的二阶标架场. 对于曲面 S 的二阶标架场 $\{r; \boldsymbol{\alpha}_1, \boldsymbol{\alpha}_2, \boldsymbol{\alpha}_3\}$, 显然有 $\theta_0 = 0$, 因此上式成为

$$\kappa_n = \kappa_1 \cos^2 \theta + \kappa_2 \sin^2 \theta,$$

这就是关于曲面 S 的法曲率的标准的 Euler 公式.

例题 7.21   求曲面 S 的平行曲面的主曲率、平均曲率和 Gauss 曲率.

解   设 S 是一个正则参数曲面, 它的平均曲率是 H, Gauss 曲率是 K, 主曲率是 κ_1, κ_2. 沿曲面 S 在每一点的法线截取长度为 a (常数) 的线段, 其终端描出一个新的曲面, 记为 S_a, 称它为与曲面 S 平行的曲面. 我们要计算曲面 S_a 的平均曲率、 Gauss 曲率和主曲率.

在曲面 S 上取二阶标架场 $\{r; e_1, e_2, e_3\}$, 设相对分量是 ω^1, ω^2, $\omega^3 = 0$, $\omega_1^3 = \kappa_1 \omega^1$, $\omega_2^3 = \kappa_2 \omega^2$, 于是曲面 S 的第一基本形式是

$$\mathrm{I} = (\omega^1)^2 + (\omega^2)^2,$$

第二基本形式是

$$\mathrm{II} = \kappa_1(\omega^1)^2 + \kappa_2(\omega^2)^2.$$

根据平行曲面 S_a 的定义, 它的向径是

$$\tilde{r} = r + a e_3.$$

对它求微分得到

$$\mathrm{d}\tilde{r} = \mathrm{d}r + a\mathrm{d}e_3 = (\omega^1 + a\omega_3^1)e_1 + (\omega^2 + a\omega_3^2)e_2.$$

因此沿曲面 S_a 可以取一阶标架场 $\{\tilde{r}; \tilde{e}_1, \tilde{e}_2, \tilde{e}_3\}$, 其中

$$\tilde{e}_1 = e_1, \qquad \tilde{e}_2 = e_2, \qquad \tilde{e}_3 = e_3,$$

由此得到

$$\tilde{\omega}^1 = \omega^1 + a\omega_3^1 = (1 - a\kappa_1)\omega^1,$$
$$\tilde{\omega}^2 = \omega^2 + a\omega_3^2 = (1 - a\kappa_2)\omega^2, \quad \tilde{\omega}^3 = 0.$$

很明显, 如果要平行曲面 S_a 是正则的, 则必须假定 $a \neq \dfrac{1}{\kappa_1}, \dfrac{1}{\kappa_2}$. 在此假定下, 曲面 S_a 的第一基本形式是

$$\tilde{\mathrm{I}} = (\tilde{\omega}^1)^2 + (\tilde{\omega}^2)^2 = (1 - a\kappa_1)^2(\omega^1)^2 + (1 - a\kappa_2)^2(\omega^2)^2,$$

面积元素是

$$\mathrm{d}\tilde{\sigma} = \tilde{\omega}^1 \wedge \tilde{\omega}^2 = (1 - a\kappa_1)(1 - a\kappa_2)\omega^1 \wedge \omega^2$$
$$= (1 - 2aH + a^2 K)\omega^1 \wedge \omega^2.$$

对 $\tilde{e}_3 = e_3$ 求微分得到

$$\mathrm{d}\tilde{e}_3 = \tilde{\omega}_3^1 \tilde{e}_1 + \tilde{\omega}_3^2 \tilde{e}_2 = \tilde{\omega}_3^1 e_1 + \tilde{\omega}_3^2 e_2$$
$$= \mathrm{d}e_3 = \omega_3^1 e_1 + \omega_3^2 e_2,$$

因此

$$\tilde{\omega}_3^1 = \omega_3^1 = -\kappa_1 \omega^1 = -\frac{\kappa_1}{1 - a\kappa_1}\tilde{\omega}^1,$$
$$\tilde{\omega}_3^2 = \omega_3^2 = -\kappa_2 \omega^2 = -\frac{\kappa_2}{1 - a\kappa_2}\tilde{\omega}^2,$$

所以 $\{\tilde{r}; \tilde{e}_1, \tilde{e}_2, \tilde{e}_3\}$ 是曲面 S_a 的二阶标架场,并且该曲面的主曲率是

$$\tilde{\kappa}_1 = \frac{\kappa_1}{1 - a\kappa_1}, \qquad \tilde{\kappa}_2 = \frac{\kappa_2}{1 - a\kappa_2},$$

平均曲率是

$$\tilde{H} = \frac{1}{2}(\tilde{\kappa}_1 + \tilde{\kappa}_2) = \frac{1}{2} \cdot \frac{\kappa_1(1 - a\kappa_2) + \kappa_2(1 - a\kappa_1)}{(1 - a\kappa_1)(1 - a\kappa_2)}$$
$$= \frac{H - aK}{1 - 2aH + a^2 K},$$

Gauss 曲率是

$$\tilde{K} = \tilde{\kappa}_1 \tilde{\kappa}_2 = \frac{\kappa_1 \kappa_2}{(1 - a\kappa_1)(1 - a\kappa_2)} = \frac{K}{1 - 2aH + a^2 K}.$$

例题 7.22 在曲面 S 的正交参数系下 $\mathrm{I} = E(\mathrm{d}u)^2 + G(\mathrm{d}v)^2$,证明曲线 C 的测地曲率 κ_g 的 Liouville 公式:

$$\kappa_g = \frac{\mathrm{d}\theta}{\mathrm{d}s} - \frac{1}{2\sqrt{G}}\frac{\partial \log E}{\partial v}\cos\theta + \frac{1}{2\sqrt{E}}\frac{\partial \log G}{\partial u}\sin\theta,$$

其中 s 是曲线 C 的弧长参数, θ 是曲线 C 与曲面 S 的 u-曲线的夹角.

证明 假定 (u, v) 是曲面 S 上的正交参数系, 曲面 S 的第一基本形式是

$$\mathrm{I} = E(\mathrm{d}u)^2 + G(\mathrm{d}v)^2,$$

曲线 C 的参数方程是 $u = u(s), v = v(s)$, 其中 s 是曲线 C 的弧长参数. 设曲线 C 与曲面 S 的 u-曲线的夹角是 θ. 那么在曲面 S 上有一阶标架场, 使得它的相对分量是

$$\omega^1 = \sqrt{E}\mathrm{d}u, \qquad \omega^2 = \sqrt{G}\mathrm{d}v.$$

根据 §7.1 第 17 款 (或例题 7.16),

$$\omega_1^2 = -\frac{(\sqrt{E})_v}{\sqrt{G}}\mathrm{d}u + \frac{(\sqrt{G})_u}{\sqrt{E}}\mathrm{d}v,$$

并且

$$\cos\theta = \frac{\omega^1}{\mathrm{d}s} = \sqrt{E}\frac{\mathrm{d}u(s)}{\mathrm{d}s}, \qquad \sin\theta = \frac{\omega^2}{\mathrm{d}s} = \sqrt{G}\frac{\mathrm{d}v(s)}{\mathrm{d}s}.$$

根据例题 7.19, 曲线 C 的测地曲率 κ_g 是

$$
\begin{aligned}
\kappa_g &= \frac{\mathrm{d}\theta}{\mathrm{d}s} + \frac{\omega_1^2}{\mathrm{d}s} \\
&= \frac{\mathrm{d}\theta}{\mathrm{d}s} - \frac{(\sqrt{E})_v}{\sqrt{G}}\frac{\mathrm{d}u}{\mathrm{d}s} + \frac{(\sqrt{G})_u}{\sqrt{E}}\frac{\mathrm{d}v}{\mathrm{d}s} \\
&= \frac{\mathrm{d}\theta}{\mathrm{d}s} - \frac{(\sqrt{E})_v}{\sqrt{EG}}\cos\theta + \frac{(\sqrt{G})_u}{\sqrt{EG}}\sin\theta \\
&= \frac{\mathrm{d}\theta}{\mathrm{d}s} - \frac{1}{2\sqrt{G}}\frac{\partial \log E}{\partial v}\cos\theta + \frac{1}{2\sqrt{E}}\frac{\partial \log G}{\partial u}\sin\theta,
\end{aligned}
$$

这就是曲线 C 的测地曲率 κ_g 的 Liouville 公式.

例题 7.23 设曲面 S 的第一基本形式为

$$\mathrm{I} = (\mathrm{d}u)^2 + (u^2 + a^2)(\mathrm{d}v)^2.$$

求曲线 C：$u + v = 0$ 的测地曲率.

解 本例可以用 Liouville 公式来进行计算，但是计算夹角函数 θ 自然是困难的. 但是公式 $\kappa_g = \dfrac{\mathrm{d}\theta}{\mathrm{d}s} + \dfrac{\omega_1^2}{\mathrm{d}s}$ 却为我们提供了计算测地曲率的一条途径：设 C 是曲面 S 上的一条曲线，设法在曲面 S 上取一个适当的保持曲面定向的一阶标架场 $\{r; \boldsymbol{\alpha}_1, \boldsymbol{\alpha}_2, \boldsymbol{\alpha}_3\}$，使得它限制在曲线 C 上时，$\boldsymbol{\alpha}_1$ 恰好是曲线 C 的单位切向量. 这样的标架场在曲线 C 的邻域内是容易取到的. 设这个一阶标架场的相对分量是 ω^1, ω^2，然后按照结构方程 $\mathrm{d}\omega^1 = \omega^2 \wedge \omega_2^1$, $\mathrm{d}\omega^2 = \omega^1 \wedge \omega_1^2$, $\omega_1^2 = -\omega_2^1$ 求出 ω_1^2. 根据该一阶标架场的取法，方向角函数 $\theta = 0$，所以 $\kappa_g = \dfrac{\omega_1^2}{\mathrm{d}s}\bigg|_{\omega^2=0}$.

首先在曲面 S 上引进新参数系 (ξ, η)，使得曲线 C 对应于该参数系下的参数曲线 $\eta = 0$. 为此，只要考虑保持曲面定向的参数变换

$$\xi = \frac{1}{2}(u - v), \qquad \eta = \frac{1}{2}(u + v),$$

故

$$u = \xi + \eta, \qquad v = -\xi + \eta.$$

曲面 S 的第一基本形式成为

$$
\begin{aligned}
\mathrm{I} &= (\mathrm{d}\xi + \mathrm{d}\eta)^2 + ((\xi + \eta)^2 + a^2)(-\mathrm{d}\xi + \mathrm{d}\eta)^2 \\
&= (1 + a^2 + (\xi + \eta)^2)\mathrm{d}\xi^2 + 2(1 - a^2 - (\xi + \eta)^2)\mathrm{d}\xi\mathrm{d}\eta \\
&\quad + (1 + a^2 + (\xi + \eta)^2)\mathrm{d}\eta^2 \\
&= (1 + a^2 + (\xi + \eta)^2) \cdot \left(\mathrm{d}\xi + \frac{1 - a^2 - (\xi + \eta)^2}{1 + a^2 + (\xi + \eta)^2}\mathrm{d}\eta \right)^2 \\
&\quad + \left(-\frac{(1 - a^2 - (\xi + \eta)^2)^2}{1 + a^2 + (\xi + \eta)^2} + 1 + a^2 + (\xi + \eta)^2 \right) \mathrm{d}\eta^2 \\
&= \left(\sqrt{1 + a^2 + (\xi + \eta)^2}\mathrm{d}\xi + \frac{1 - a^2 - (\xi + \eta)^2}{\sqrt{1 + a^2 + (\xi + \eta)^2}}\mathrm{d}\eta \right)^2 \\
&\quad + \left(\frac{2\sqrt{a^2 + (\xi + \eta)^2}}{\sqrt{1 + a^2 + (\xi + \eta)^2}}\mathrm{d}\eta \right)^2,
\end{aligned}
$$

令

$$\omega^1 = \sqrt{1 + a^2 + (\xi + \eta)^2} \mathrm{d}\xi + \frac{1 - a^2 - (\xi + \eta)^2}{\sqrt{1 + a^2 + (\xi + \eta)^2}} \mathrm{d}\eta,$$

$$\omega^2 = \frac{2\sqrt{a^2 + (\xi + \eta)^2}}{\sqrt{1 + a^2 + (\xi + \eta)^2}} \mathrm{d}\eta.$$

由此可见，ξ-曲线的方程是 $\eta =$ 常数，它们满足微分方程 $\omega^2 = 0$. 因此，对应的一阶标架场 $\{\boldsymbol{r}; \boldsymbol{\alpha}_1, \boldsymbol{\alpha}_2, \boldsymbol{\alpha}_3\}$ 中的向量 $\boldsymbol{\alpha}_1$ 是 ξ-曲线的切向量. 特别是，当该标架场限制在曲线 C 上时，$\boldsymbol{\alpha}_1$ 是曲线 $C : \eta = 0$ 的切向量. 所以，要求的曲线 C 的测地曲率是

$$\kappa_g = \left. \frac{\omega_1^2}{\mathrm{d}s} \right|_{\eta=0}.$$

如果假设 $\omega_1^2 = p\mathrm{d}\xi + q\mathrm{d}\eta$, 则

$$\kappa_g = p \cdot \left. \frac{\mathrm{d}\xi}{\mathrm{d}s} \right|_{\eta=0},$$

因此我们只要求出 $p|_{\eta=0}$ 和 $\left. \dfrac{\mathrm{d}\xi}{\mathrm{d}s} \right|_{\eta=0}$ 即可.

对 ω^1 求外微分得到

$$
\begin{aligned}
\mathrm{d}\omega^1 &= \frac{\xi + \eta}{\sqrt{1 + a^2 + (\xi + \eta)^2}} \mathrm{d}(\xi + \eta) \wedge \mathrm{d}\xi + \left(\frac{-2(\xi + \eta)}{\sqrt{1 + a^2 + (\xi + \eta)^2}} \right. \\
&\quad \left. - \frac{(1 - a^2 - (\xi + \eta)^2)(\xi + \eta)}{(\sqrt{1 + a^2 + (\xi + \eta)^2})^3} \right) \mathrm{d}(\xi + \eta) \wedge \mathrm{d}\eta \\
&= \left(\frac{-3(\xi + \eta)}{\sqrt{1 + a^2 + (\xi + \eta)^2}} - \frac{(1 - a^2 - (\xi + \eta)^2)(\xi + \eta)}{(\sqrt{1 + a^2 + (\xi + \eta)^2})^3} \right) \mathrm{d}\xi \wedge \mathrm{d}\eta.
\end{aligned}
$$

另外，

$$\omega^2 \wedge \omega_2^1 = \omega_1^2 \wedge \omega^2 = p \cdot \frac{2\sqrt{a^2 + (\xi + \eta)^2}}{\sqrt{1 + a^2 + (\xi + \eta)^2}} \mathrm{d}\xi \wedge \mathrm{d}\eta,$$

故由结构方程 $\mathrm{d}\omega^1 = \omega^2 \wedge \omega_2^1$ 得到

$$p|_{\eta=0} = \frac{\sqrt{1+a^2+\xi^2}}{2\sqrt{a^2+\xi^2}} \cdot \left(\frac{-3\xi}{\sqrt{1+a^2+\xi^2}} - \frac{(1-a^2-\xi^2)\xi}{(\sqrt{1+a^2+\xi^2})^3} \right)$$
$$= \frac{-\xi(2+a^2+\xi^2)}{\sqrt{a^2+\xi^2}(1+a^2+\xi^2)}.$$

曲线 $C: \eta = 0$ 的弧长元素是

$$(\mathrm{d}s)^2 = (\omega^1)^2 + (\omega^2)^2 = (1+a^2+\xi^2)(\mathrm{d}\xi)^2,$$

因此

$$\frac{\mathrm{d}\xi}{\mathrm{d}s}\bigg|_{\eta=0} = \frac{1}{\sqrt{1+a^2+\xi^2}},$$

由此得到曲线 $C: \eta = 0$ 的测地曲率是

$$\kappa_g = \frac{-\xi(2+a^2+\xi^2)}{\sqrt{a^2+\xi^2}\sqrt{(1+a^2+\xi^2)^3}}$$
$$= -\frac{2(u-v)(8+4a^2+(u-v)^2)}{\sqrt{4a^2+(u-v)^2}\sqrt{(4+4a^2+(u-v)^2)^3}}$$
$$= -\frac{u(2+a^2+u^2)}{\sqrt{a^2+u^2}\sqrt{(1+a^2+u^2)^3}},$$

在最后的等号中用到了 $2\eta = u + v = 0$, 即 $-v = u$ 的事实.

例题 7.24 用活动标架和外微分法证明 Gauss-Bonnet 公式: 假定 C 是有向曲面 S 上一条连续可微的简单闭曲线, 它在曲面 S 上围成一个单连通区域 D, 并且具有从区域 D 诱导的定向. K 是曲面 S 的 Gauss 曲率, κ_g 是曲线 C 的测地曲率, s 是曲线 C 的弧长参数, $0 \le s \le L$, 则

$$\oint_C \kappa_g \mathrm{d}s + \iint_D K\omega^1 \wedge \omega^2 = 2\pi.$$

证明 设 e_1, e_2 是区域 D 上的两个单位正交的切向量场, 构成区域 D 上的一阶标架场 (对于有边的单连通区域, 这样的标架场总是

存在的), 设 ω^1, ω^2 是该标架场的相对分量, $\quad \omega_1^2 = -\omega_2^1$ 是根据结构方程 $\mathrm{d}\omega^1 = \omega^2 \wedge \omega_2^1$, $\mathrm{d}\omega^2 = \omega^1 \wedge \omega_1^2$ 确定的联络形式, θ 是曲线 C 的单位切向量 $\boldsymbol{\alpha}$ 与标架向量 $\boldsymbol{e}_1$ 的夹角, 则

$$\kappa_g = \frac{\mathrm{d}\theta}{\mathrm{d}s} + \frac{\omega_1^2}{\mathrm{d}s},$$

故

$$\mathrm{d}\theta = \kappa_g \mathrm{d}s - \omega_1^2.$$

因为一阶标架场 $\{e_1, e_2\}$ 和曲线 C 的连续可微性, 方向角函数 θ 在每一点的邻域内是可微的. 又因为曲线 C 的紧致性, 于是可以取出方向角函数的一个连续分支 $\theta(s)$. 这样, $\quad \theta = \theta(s), 0 \le s \le L$ 是一个连续可微函数. 对上式两边取积分得到

$$\oint_C \mathrm{d}\theta = \theta(L) - \theta(0) = \oint_C \kappa_g \mathrm{d}s - \oint_C \omega_1^2$$
$$= \oint_C \kappa_g \mathrm{d}s - \iint_D \mathrm{d}\omega_1^2 = \oint_C \kappa_g \mathrm{d}s + \iint_D K\omega^1 \wedge \omega^2,$$

其中第三个等号用了 Stokes 公式, 最后一个等号用了公式 $\mathrm{d}\omega_1^2 = -K\omega^1 \wedge \omega^2$. 注意到 $\theta(L) - \theta(0)$ 必定是 2π 的整数倍, 所以我们需要证明的是该整数为 1.

为此, 在区域 D 的内部取一点 p, 以 p 为中心作半径为 ε 的测地圆周 C_ε, 它围成的区域记为 $D_\varepsilon \subset D$. 假定 C_ε 具有从区域 D_ε 诱导的定向, 那么 $\partial(D \setminus D_\varepsilon) = C - C_\varepsilon$ (其中 $-C_\varepsilon$ 是指该圆周与圆周 C_ε 有相反的定向). 于是将前面的式子两边在边界曲线 $\partial(D \setminus D_\varepsilon) = C - C_\varepsilon$ 上积分得到

$$\int_{C-C_\varepsilon} \mathrm{d}\theta = \int_{C-C_\varepsilon} \kappa_g \mathrm{d}s - \int_{C-C_\varepsilon} \omega_1^2$$
$$= \int_{C-C_\varepsilon} \kappa_g \mathrm{d}s - \iint_{D \setminus D_\varepsilon} \mathrm{d}\omega_1^2$$
$$= \int_{C-C_\varepsilon} \kappa_g \mathrm{d}s + \iint_{D \setminus D_\varepsilon} K\omega^1 \wedge \omega^2.$$

但是，终端的两个积分明显地与区域 $D \setminus D_\varepsilon$ 内的一阶标架场的取法无关. 设法在区域 $D \setminus D_\varepsilon$ 内取一阶标架场 $\{\boldsymbol{\alpha}_1, \boldsymbol{\alpha}_2\}$，使得标架向量 $\boldsymbol{\alpha}_1$ 限制在曲线 C 和 C_ε 上时分别是曲线的切向量. 这样的标架场是可以取得的. 实际上，曲线 C 能够连续地形变为曲线 C_ε，因此可以设想有一个单参数曲线族覆盖了区域 $D \setminus D_\varepsilon$，它是从曲线 C 到 C_ε 的变分. 把其中的变分曲线的切向量记为 $\boldsymbol{\alpha}_1$，再将它按正定向旋转 $90°$ 得到 $\boldsymbol{\alpha}_2$，这样便得到我们所要的定义在区域 $D \setminus D_\varepsilon$ 上的一阶标架场 $\{\boldsymbol{\alpha}_1, \boldsymbol{\alpha}_2\}$. 此时 $\theta \equiv 0$，而所得的公式仍旧成立，因此只能有

$$\int_{C-C_\varepsilon} \kappa_g \mathrm{d}s + \iint_{D \setminus D_\varepsilon} K \omega^1 \wedge \omega^2 = 0.$$

将上面的式子代入前式得到

$$\oint_C \mathrm{d}\theta = \oint_{C_\varepsilon} \mathrm{d}\theta,$$

其中 $\{e_1, e_2\}$ 是定义在区域 D 上的任意一个一阶标架场. 对于测地圆周 C_ε 来说，在绕行它一周时其切向量方向角的总变差和它的法向量方向角的总变差是一样的，所以从直观上不难知道，上式的右端的积分是 2π. 证毕.

例题 7.25 试证 Bäcklund 定理: 设 $S, \tilde{S}$ 是欧氏空间 E^3 中的两张正则曲面. 如果存在一个一一对应 $\sigma: S \to \tilde{S}$，使得连接曲面 S 上的每一点 p 和它的对应点 $\tilde{p} = \sigma(p)$ 的直线段是曲面 S 和 $\tilde{S}$ 的长度为常数的公切线，并且曲面 S 和 $\tilde{S}$ 在点 p 和对应点 $\tilde{p} = \sigma(p)$ 的法线的夹角也是常数，则 $S, \tilde{S}$ 必定是具有相同负常曲率的曲面.

上述这种在曲面 S 和 $\tilde{S}$ 之间的一一对应 $\sigma: S \to \tilde{S}$ 所产生的依赖两个参数的直线族称为伪球线汇，曲面 S 和 $\tilde{S}$ 恰好是该线汇的包络面.

证明 设伪球线汇中公切线的长度是 l，曲面 S 和 $\tilde{S}$ 在对应点的法线的夹角是 τ. 在曲面 S 上取一阶标架场 $\{r; e_1, e_2, e_3\}$，使得 r 是

曲面 S 的向径, e_1 是连接点 p 和它的对应点 $\tilde{p} = \sigma(p)$ 的公切线的方向向量, 那么曲面 $\tilde{S}$ 的向径是

$$\tilde{r} = r + le_1,$$

单位法向量是

$$\tilde{e}_3 = \sin\tau e_2 + \cos\tau e_3.$$

对 $\tilde{S}$ 的向径求微分得到

$$\begin{aligned}
\mathrm{d}\tilde{r} &= \mathrm{d}r + l\mathrm{d}e_1 = \omega^1 e_1 + \omega^2 e_2 + l(\omega_1^2 e_2 + \omega_1^3 e_3) \\
&= \omega^1 e_1 + (\omega^2 + l\omega_1^2)e_2 + l\omega_1^3 e_3.
\end{aligned}$$

因为 $\mathrm{d}\tilde{r} \cdot \tilde{e}_3 = 0$, 从上面两式得到

$$\sin\tau(\omega^2 + l\omega_1^2) + l\cos\tau\omega_1^3 = 0,$$

因此

$$\omega_1^2 = -\frac{1}{l}\omega^2 - \cot\tau\omega_1^3.$$

求上式的外微分, 并且利用一阶标架场的结构方程得到

$$\begin{aligned}
\mathrm{d}\omega_1^2 &= -K\omega^1 \wedge \omega^2 = -\frac{1}{l}\omega^1 \wedge \omega_1^2 - \cot\tau\omega_1^2 \wedge \omega_2^3 \\
&= \left(-\frac{1}{l}\omega^1 + \cot\tau\omega_2^3\right) \wedge \omega_1^2 \\
&= -\left(-\frac{1}{l}\omega^1 + \cot\tau\omega_2^3\right) \wedge \left(\frac{1}{l}\omega^2 + \cot\tau\omega_1^3\right) \\
&= \frac{1}{l^2}\omega^1 \wedge \omega^2 + \cot^2\tau\omega_1^3 \wedge \omega_2^3 + \frac{\cot\tau}{l}(\omega^1 \wedge \omega_1^3 + \omega^2 \wedge \omega_2^3) \\
&= \left(\frac{1}{l^2} + \cot^2\tau \cdot K\right)\omega^1 \wedge \omega^2,
\end{aligned}$$

上面最后一个等号成立的理由是 $\omega^1 \wedge \omega_1^3 + \omega^2 \wedge \omega_2^3 = \mathrm{d}\omega^3 = 0$. 比较上式两端 $\omega^1 \wedge \omega^2$ 前面的系数得到

$$-K = \frac{1}{l^2} + \cot^2\tau \cdot K, \qquad K \cdot \frac{1}{\sin^2\tau} = -\frac{1}{l^2},$$

因此

$$K = -\frac{\sin^2 \tau}{l^2}.$$

因为曲面 S 和 $\tilde{S}$ 的地位是对称的, 因此曲面 $\tilde{S}$ 的 Gauss 曲率同样是 $\tilde{K} = -\dfrac{\sin^2 \tau}{l^2}$. 证毕.

例题 7.26 试证: 在负常 Gauss 曲率 $K = -k^2 \ (k > 0)$ 的曲面的每一点的邻域内总是存在参数系 (u, v), 使得该曲面的两个基本形式可以表示成

$$\mathrm{I} = \frac{1}{k^2} \left(\cos^2 \frac{\varphi}{2} (\mathrm{d}u)^2 + \sin^2 \frac{\varphi}{2} (\mathrm{d}v)^2 \right),$$
$$\mathrm{II} = \frac{1}{k} \cos \frac{\varphi}{2} \sin \frac{\varphi}{2} ((\mathrm{d}u)^2 - (\mathrm{d}v)^2),$$

其中 φ 是曲面 S 在每一点的两个不同的渐近方向之间的夹角, 并且它满足方程

$$\varphi_{uu} - \varphi_{vv} = \sin \varphi.$$

上述微分方程就是在可积系统理论中著名的 Sine-Gordon 方程.

证明 设 S 是欧氏空间 E^3 中 Gauss 曲率 K 是负常数的曲面. 很明显, 在曲面 S 上处处没有脐点. 在曲面 S 上取正交的曲率线网作为参数曲线网, 因此它的两个基本形式能够写成

$$\mathrm{I} = A^2 (\mathrm{d}u)^2 + B^2 (\mathrm{d}v)^2, \qquad \mathrm{II} = \kappa_1 A^2 (\mathrm{d}u)^2 + \kappa_2 B^2 (\mathrm{d}v)^2,$$

其中 κ_1, κ_2 是曲面 S 的主曲率. 在曲面 S 上取二阶标架场 $\{\boldsymbol{r}; \boldsymbol{e}_1, \boldsymbol{e}_2, \boldsymbol{e}_3\}$, 它的相对分量是

$$\omega^1 = A\mathrm{d}u, \quad \omega^2 = B\mathrm{d}v, \quad \omega_1^3 = \kappa_1 A\mathrm{d}u, \quad \omega_2^3 = \kappa_2 B\mathrm{d}v.$$

设联络形式是

$$\omega_1^2 = -\omega_2^1 = p\mathrm{d}u + q\mathrm{d}v,$$

将上式代入结构方程 $\mathrm{d}\omega^1 = \omega^2 \wedge \omega_2^1, \ \mathrm{d}\omega^2 = \omega^1 \wedge \omega_1^2$ 得到

$$\mathrm{d}\omega^1 = -A_v \mathrm{d}u \wedge \mathrm{d}v = \omega^2 \wedge \omega_2^1 = pB\mathrm{d}u \wedge \mathrm{d}v,$$

$$\mathrm{d}\omega^2 = B_u \mathrm{d}u \wedge \mathrm{d}v = \omega^1 \wedge \omega_1^2 = qA\mathrm{d}u \wedge \mathrm{d}v,$$

因此

$$p = -\frac{A_v}{B}, \qquad q = \frac{B_u}{A}, \qquad \omega_1^2 = -\frac{A_v}{B}\mathrm{d}u + \frac{B_u}{A}\mathrm{d}v.$$

对前面的 ω_1^3, ω_2^3 的表达式求外微分, 并且用结构方程得到

$$\mathrm{d}\omega_1^3 = -(\kappa_1 A)_v \mathrm{d}u \wedge \mathrm{d}v = \omega_1^2 \wedge \omega_2^3 = -\kappa_2 A_v \mathrm{d}u \wedge \mathrm{d}v,$$

$$\mathrm{d}\omega_2^3 = (\kappa_2 B)_u \mathrm{d}u \wedge \mathrm{d}v = \omega_2^1 \wedge \omega_1^3 = \kappa_1 B_u \mathrm{d}u \wedge \mathrm{d}v,$$

因此 Codazzi 方程是

$$(\kappa_1 - \kappa_2)A_v + (\kappa_1)_v A = 0, \qquad (\kappa_2 - \kappa_1)B_u + (\kappa_2)_u B = 0.$$

设 $K = \kappa_1 \kappa_2 = -k^2,\ k = $ 常数 > 0, 则可以假定

$$\kappa_1 = k \tan \frac{\varphi}{2}, \qquad \kappa_2 = -k \cot \frac{\varphi}{2},$$

那么

$$\kappa_1 - \kappa_2 = k \left(\tan \frac{\varphi}{2} + \cot \frac{\varphi}{2} \right) = \frac{k}{\sin \frac{\varphi}{2} \cos \frac{\varphi}{2}}.$$

将上式代入 Codazzi 方程得到

$$(\log A)_v = \left(\log \cos \frac{\varphi}{2} \right)_v, \qquad (\log B)_u = \left(\log \sin \frac{\varphi}{2} \right)_u,$$

因此

$$A = \cos \frac{\varphi}{2} \cdot a(u), \qquad B = \sin \frac{\varphi}{2} \cdot b(v).$$

作参数变换

$$\tilde{u} = k \int a(u)\mathrm{d}u, \qquad \tilde{v} = k \int b(v)\mathrm{d}v,$$

并且把新自变量 $\tilde{u}, \tilde{v}$ 仍旧记成 u, v, 则曲面 S 的两个基本形式成为

$$\mathrm{I} = \frac{1}{k^2} \left(\cos^2 \frac{\varphi}{2} (\mathrm{d}u)^2 + \sin^2 \frac{\varphi}{2} (\mathrm{d}v)^2 \right),$$

$$\text{II} = \frac{1}{k} \cos\frac{\varphi}{2}\sin\frac{\varphi}{2}((\mathrm{d}u)^2 - (\mathrm{d}v)^2),$$

其中 φ 是 u, v 的函数. 记

$$\tilde{A}^2 = \frac{1}{k^2}\cos^2\frac{\varphi}{2}, \quad \tilde{B}^2 = \frac{1}{k^2}\sin^2\frac{\varphi}{2}.$$

此时, 曲面的渐近方向是 $\mathrm{d}u = \pm\mathrm{d}v$, 即 $(\mathrm{d}u, \mathrm{d}v) = (1, 1)$ 和 $(\delta u, \delta v) = (1, -1)$. 假设它们之间的夹角是 ψ, 则

$$\cos\psi = \frac{\tilde{A}^2 \mathrm{d}u\delta u + \tilde{B}^2 \mathrm{d}v\delta v}{\sqrt{\tilde{A}^2(\mathrm{d}u)^2 + \tilde{B}^2(\mathrm{d}v)^2}\sqrt{\tilde{A}^2(\delta u)^2 + \tilde{B}^2(\delta v)^2}}$$
$$= \cos^2\frac{\varphi}{2} - \sin^2\frac{\varphi}{2} = \cos\varphi,$$

故函数 φ 恰好是曲面 S 在每一点的两个不同的渐近方向的夹角. 此时联络形式是

$$\omega_1^2 = -\omega_2^1 = \frac{1}{2}(\varphi_v \mathrm{d}u + \varphi_u \mathrm{d}v),$$

同时

$$\omega_1^3 = \sin\frac{\varphi}{2}\mathrm{d}u, \qquad \omega_2^3 = -\cos\frac{\varphi}{2}\mathrm{d}v.$$

容易验证, 在曲面 S 的上述参数系下, Codazzi 方程是自动成立的, 而 Gauss 方程成为

$$\mathrm{d}\omega_1^2 = \frac{1}{2}(\varphi_{uu} - \varphi_{vv})\mathrm{d}u\wedge\mathrm{d}v = \omega_1^3\wedge\omega_3^2 = \sin\frac{\varphi}{2}\cos\frac{\varphi}{2}\mathrm{d}u\wedge\mathrm{d}v,$$

即

$$\varphi_{uu} - \varphi_{vv} = \sin\varphi.$$

证毕.

§7.3 习题

7.1. 写出二阶协变张量空间 $\mathcal{L}(V, V; \mathbb{R}) = V^* \otimes V^*$ 的基底, 以及其中的成员 $f \in \mathcal{L}(V, V; \mathbb{R})$ 的坐标变换规律.

7.2. 写出一阶反协变、一阶协变张量空间 $\mathcal{L}(V^*, V; \mathbb{R}) = V \otimes V^*$ 的基底, 以及其中的成员 $f \in \mathcal{L}(V^*, V; \mathbb{R})$ 的坐标变换规律.

7.3. 设 V 是 n 维向量空间. 证明: $\mathcal{L}(V; V)$ (从 V 到 V 的线性映射的全体所构成的集合) 是一个向量空间, 并且它与一阶反协变、一阶协变张量的空间 $\mathcal{L}(V^*, V; \mathbb{R})$ 是线性同构的.

7.4. 设 V 是 n 维向量空间. 证明: $\mathcal{L}(V, V; V)$ (从 $V \times V$ 到 V 的二重线性映射的全体所构成的集合) 是一个向量空间, 并且它与一阶反协变、二阶协变张量的空间 $\mathcal{L}(V^*, V, V; \mathbb{R}) = V \otimes V^* \otimes V^*$ 是线性同构的.

7.5. 设 $\{e^i\}$ 是向量空间 V^* 的一个基底, 证明: $e^{i_1} \otimes \cdots \otimes e^{i_r}$, $1 \leq i_1, \cdots, i_r \leq n$ 是线性无关的.

7.6. 假定 f 是向量空间 V 上的三重线性函数, 根据反对称化算子 A_3 的定义写出 $(A_3(f))(x_1, x_2, x_3)$ 的表达式, 其中 $x_1, x_2, x_3 \in V$.

7.7. 假定 $f \in \bigwedge^2 V^*$, $g \in V^*$, 写出 $(A_3(f \otimes g))(x_1, x_2, x_3)$ 的表达式, 其中 $x_1, x_2, x_3 \in V$.

7.8. 设 $f \in \bigwedge^r V^*$, $g \in \bigwedge^s V^*$, $h \in \bigwedge^t V^*$, 证明:

$$(f \wedge g) \wedge h = f \wedge (g \wedge h) = \frac{(r+s+t)!}{r!s!t!} A_{r+s+t}(f \otimes g \otimes h).$$

7.9. 设 $f, g, h \in V^*$, 用张量积表示三次外形式 $f \wedge g \wedge h$.

7.10. 设 $\{e^i\}$ 是向量空间 V^* 的一个基底, 证明: $e^{i_1} \wedge \cdots \wedge e^{i_r}$, $1 \leq i_1 < \cdots < i_r \leq n$ 是线性无关的.

7.11. 假定 e^1, e^2, e^3 是向量空间 V 的对偶向量空间 V^* 中的元素. 化简下面的表达式:

$(1)(2e^1 - e^2 + 3e^3) \wedge (e^2 \wedge e^3 + e^3 \wedge e^1 + e^1 \wedge e^2)$;

$(2)(5e^1 - 3e^2 + 2e^3) \wedge (-e^1 + 2e^2 + 3e^3) \wedge (4e^1 - e^2 + 5e^3)$.

7.12. 假定 $\wedge$ 是字母之间的外积运算, 化简下列外多项式:

$(1)(3x_1 + 5x_2) \wedge (-2x_1 + 3x_2 - 4x_3)$;

$(2)(2x_1 + 3x_2 - x_3) \wedge (-x_1 - 3x_2 + 5x_3) \wedge (x_1 + 4x_3)$.

7.13. 设 $\{e_1, e_2, e_3\}$ 是向量空间 $V = \mathbb{R}^3$ 的基底，$\{e^1, e^2, e^3\}$ 是对偶向量空间 V^* 中的对偶基底.

(1) 设有基底变换 $f_i = a_i^j e_j$, $1 \le i \le 3$, $\det(a_i^j) \ne 0$, $\{f^1, f^2, f^3\}$ 是对应的对偶基底，求 $e^1 \wedge e^2 \wedge e^3$ 和 $f^1 \wedge f^2 \wedge f^3$ 之间的关系；

(2) 证明：$e^1 \wedge e^2 \wedge e^3 = e^1 \otimes (e^2 \wedge e^3) + e^2 \otimes (e^3 \wedge e^1) + e^3 \otimes (e^1 \wedge e^2)$.

7.14. 设 $\{e^1, e^2, e^3\}$ 是三维向量空间 V^* 的基底，若有

$$y^i = \sum_{j=1}^{3} a_j^i e^j, \qquad 1 \le i \le 3,$$

证明：

$$y^1 \wedge y^2 \wedge y^3 = \begin{vmatrix} a_1^1 & a_1^2 & a_1^3 \\ a_2^1 & a_2^2 & a_2^3 \\ a_3^1 & a_3^2 & a_3^3 \end{vmatrix} e^1 \wedge e^2 \wedge e^3.$$

7.15. 设 $\{e^i\}$ 是 n 维向量空间 V^* 的基底，若有

$$y^i = \sum_{j=1}^{n} a_j^i e^j, \qquad 1 \le i \le n,$$

证明：

$$y^1 \wedge \cdots \wedge y^n = \det(a_j^i) e^1 \wedge \cdots \wedge e^n.$$

7.16. 设 $f = a\, e^2 \wedge e^3 + b\, e^3 \wedge e^1 + c\, e^1 \wedge e^2$, 其中 a, b, c 是不全为零的实数，试把二次外形式 f 表示成两个一次形式的外积.

7.17. 设 M 是三维光滑流形，(U, φ) 是 M 的一个坐标卡，相应的局部坐标系是 $(U; x, y, z)$. 假定 $\gamma: (-\pi, \pi) \to U$ 是 U 中的一条光滑曲线，其坐标表达式是

$$\gamma(t) = (3t, \cos t, t^2 - 1).$$

求切向量 $\gamma'(t)$ 用 U 上的自然基底向量 $\dfrac{\partial}{\partial x}, \dfrac{\partial}{\partial y}, \dfrac{\partial}{\partial z}$ 线性表示的表达式.

7.18. 设三维光滑流形 M 在坐标卡 (U, φ) 给出的局部坐标系 $(U; u^i)$ 下有光滑曲线 γ 的参数方程

$$\begin{aligned}
\varphi(\gamma(t)) &= (u^1(t), u^2(t), u^3(t)) \\
&= (t^2 - 1, \sqrt{2}\sin t, \sin^2 t), \quad -\pi < t < \pi.
\end{aligned}$$

设 $f, g \in C^\infty(M)$ 在 U 上的限制分别是

$$f \circ \varphi^{-1} = (u^1)^2 + (u^2)^2 + (u^3)^2, \quad g \circ \varphi^{-1} = u^1 u^2 u^3.$$

求 $(\gamma'(0))f$, $(\gamma'(\pi/6))f$, $(\gamma'(0))g$, $(\gamma'(\pi/3))g$ 和 $(\gamma'(0))(f \cdot g)$.

7.19. 已知坐标邻域 $(U; x, y, z)$ 上的一次微分式 $\alpha = y\mathrm{d}x + z\mathrm{d}y + x\mathrm{d}z$, $\beta = yz\mathrm{d}x + xz\mathrm{d}y + xy\mathrm{d}z$, 求 $\mathrm{d}(\alpha \wedge \beta)$.

7.20. 设 $\varphi = yz\mathrm{d}x + \mathrm{d}z$, $\psi = \sin z\mathrm{d}x + \cos z\mathrm{d}y$, $\eta = \mathrm{d}y + z\mathrm{d}z$, 计算

(1) $\varphi \wedge \psi$, $\psi \wedge \eta$, $\eta \wedge \varphi$;   (2) $\mathrm{d}\varphi$, $\mathrm{d}\psi$, $\mathrm{d}\eta$.

7.21. 已知

$$\omega = \frac{1}{2} \sum_{i,j=1}^{n} a_{ij} \mathrm{d}x^i \wedge \mathrm{d}x^j, \quad a_{ij} + a_{ji} = 0,$$

求证:

$$\mathrm{d}\omega = \frac{1}{6} \sum_{i,j,k=1}^{n} \left(\frac{\partial a_{ij}}{\partial x^k} + \frac{\partial a_{jk}}{\partial x^i} + \frac{\partial a_{ki}}{\partial x^j} \right) \mathrm{d}x^i \wedge \mathrm{d}x^j \wedge \mathrm{d}x^k.$$

7.22. 设 f, g 是两个光滑函数, 利用外微分的运算法则将下列各式化简:

(1) $\mathrm{d}(f\mathrm{d}g + g\mathrm{d}f)$;   (2) $\mathrm{d}((f - g)(\mathrm{d}f + \mathrm{d}g))$;   (3) $\mathrm{d}((f\mathrm{d}g) \wedge (g\mathrm{d}f))$;

(4) $\mathrm{d}(g\mathrm{d}f) - \mathrm{d}(f\mathrm{d}g)$;   (5) $\mathrm{d}((f + g)(\mathrm{d}f + \mathrm{d}g))$.

7.23. 假定 x, y, z 是 u, v, w 的光滑函数, 证明:

$$\mathrm{d}x \wedge \mathrm{d}y \wedge \mathrm{d}z = \frac{\partial(x, y, z)}{\partial(u, v, w)} \mathrm{d}u \wedge \mathrm{d}v \wedge \mathrm{d}w.$$

7.24. 求 $n-1$ 次外微分式 φ, 使得 $\mathrm{d}\varphi = \mathrm{d}x^1 \wedge \mathrm{d}x^2 \wedge \cdots \wedge \mathrm{d}x^n$.

7.25. 设 (ρ, θ, t) 是 $\mathbb{R}^3$ 中的柱坐标系, 即

$$x = \rho \cos\theta, \qquad y = \rho \sin\theta, \qquad z = t.$$

(1) 求相应的自然标架场;

(2) 将 $\mathrm{d}x \wedge \mathrm{d}y + \mathrm{d}y \wedge \mathrm{d}z + \mathrm{d}z \wedge \mathrm{d}x$, $\mathrm{d}x \wedge \mathrm{d}y \wedge \mathrm{d}z$ 用柱坐标系表示出来;

(3) 求通过柱坐标系在 $\mathbb{R}^3 \setminus \{(0, 0, t) : t \in \mathbb{R}\}$ 中建立的单位正交标架场, 并且求它的相对分量.

7.26. 设 D 是 uv 平面, 命映射 $\sigma : D \to \mathbb{R}^3$ 定义如下:

$$x = \frac{2u}{1 + u^2 + v^2}, \qquad y = \frac{2v}{1 + u^2 + v^2}, \qquad z = \frac{1 - u^2 - v^2}{1 + u^2 + v^2}.$$

假定

$$\omega = x\mathrm{d}x + y\mathrm{d}y + z\mathrm{d}z,$$
$$\xi = x\mathrm{d}y \wedge \mathrm{d}z + y\mathrm{d}z \wedge \mathrm{d}x + z\mathrm{d}x \wedge \mathrm{d}y,$$

求: (1) $\sigma^*\omega$; (2) $\sigma^*\xi$; (3) $\sigma^*(\omega \wedge \xi)$; (4) $\sigma^*(\mathrm{d}\omega)$; (5) $\sigma^*(\mathrm{d}\xi)$.

7.27. 设 C 是 Oxy 平面上以 O 为圆心、以 R 为半径的圆周, 在 $\mathbb{R}^3$ 中以 C 为底的直圆柱面以外的点集 $U = \{(x, y, z) \in \mathbb{R}^3 : x^2 + y^2 > R^2\}$ 上引进如下的参数系 (ρ, θ, ψ), 使得

$$x = (R + \rho\cos\psi)\cos\theta,$$
$$y = (R + \rho\cos\psi)\sin\theta,$$
$$z = \rho\sin\psi, \qquad \rho > 0, \ -\frac{\pi}{2} < \psi < \frac{\pi}{2}, \ -\pi < \theta < \pi.$$

证明: 参数系 (ρ, θ, ψ) 给出的参数曲线网是正交曲线网. 在 U 上建立单位正交标架场 $\{r; e_1, e_2, e_3\}$, 使得 e_1, e_2, e_3 分别是 ρ-曲线、 θ-曲线、 ψ-曲线的切向量, 求这个标架场的相对分量.

7.28. 设 f 是定义在 $\mathbb{R}^3$ 上的连续可微函数, 命

$$e_1 = \frac{\sqrt{2}}{2}(\sin f, 1, -\cos f),$$

$$e_2 = \frac{\sqrt{2}}{2}(\sin f, -1, -\cos f),$$

$$e_3 = (-\cos f, 0, -\sin f).$$

验证 $\{r; e_1, e_2, e_3\}$ 是 $\mathbb{R}^3$ 中的单位正交标架场, 并且求它的相对分量.

7.29. 设 $\{r(u^1, u^2); r_1, r_2, n\}$ 是曲面 S 上的自然标架场, 命 $r_\alpha \cdot r_\beta = g_{\alpha\beta}$, $(g^{\alpha\beta})$ 是度量矩阵 $(g_{\alpha\beta})$ 的逆矩阵, 满足条件 $g_{\alpha\gamma}g^{\gamma\beta} = \delta_\alpha^\beta$. 设

$$\omega^1 = \mathrm{d}u^1, \quad \omega^2 = \mathrm{d}u^2, \quad \omega^3 = 0,$$

$$\omega_\alpha^\gamma = \Gamma_{\alpha\beta}^\gamma \mathrm{d}u^\beta, \quad \alpha, \gamma = 1, 2,$$

其中 $\Gamma_{\alpha\beta}^\gamma$ 是关于度量矩阵 $(g_{\alpha\beta})$ 的 Christoffel 记号. 证明:

(1) $\mathrm{d}g_{\alpha\beta} = g_{\alpha\gamma}\omega_\beta^\gamma + g_{\gamma\beta}\omega_\alpha^\gamma$;

(2) 命 $\omega_{\alpha\beta} = \omega_\alpha^\gamma g_{\gamma\beta}$, $R_{\alpha\beta\gamma\delta} = g_{\beta\eta}R_{\alpha\gamma\delta}^\eta$, 则

$$\mathrm{d}\omega_{\alpha\beta} + \omega_\alpha^\gamma \wedge \omega_{\beta\gamma} = -\frac{1}{2}R_{\alpha\beta\gamma\delta}\mathrm{d}u^\gamma \wedge \mathrm{d}u^\delta;$$

(3) $\mathrm{d}g^{\alpha\beta} = -g^{\alpha\gamma}\omega_\gamma^\beta - g^{\gamma\beta}\omega_\gamma^\alpha$.

7.30. 设曲面的第一基本形式给定如下, 求该曲面上关于一个一阶标架场的相对分量 $\omega^1, \omega^2, \omega_1^2$ 和 Gauss 曲率 K:

(1) $\mathrm{I} = \frac{1}{v^2}((\mathrm{d}u)^2 + (\mathrm{d}v)^2)$, $v > 0$;

(2) $\mathrm{I} = \frac{(\mathrm{d}u)^2 - 4v\mathrm{d}u\mathrm{d}v + 4u(\mathrm{d}v)^2}{4(u - v^2)}$, $u > v^2$;

(3) $\mathrm{I} = (\mathrm{d}u)^2 + 2\cos\psi\,\mathrm{d}u\mathrm{d}v + (\mathrm{d}v)^2$，其中 ψ 是 u,v 的连续可微函数；

(4) $\mathrm{I} = (F(u) + G(v))((\mathrm{d}u)^2 + (\mathrm{d}v)^2)$.

7.31. 在旋转曲面

$$\boldsymbol{r}(u,v) = (u\cos v, u\sin v, g(u))$$

上建立一阶标架场，并计算它的相对分量 ω^j, ω_i^j.

7.32. 已知曲面 S 的两个基本形式分别为

$$\mathrm{I} = (a^2 + 2v^2)(\mathrm{d}u)^2 + 4uv\,\mathrm{d}u\mathrm{d}v + (a^2 + 2u^2)(\mathrm{d}v)^2,$$
$$\mathrm{II} = -\frac{2a}{\sqrt{a^2 + 2(u^2 + v^2)}}\,\mathrm{d}u\mathrm{d}v.$$

求该曲面上一个一阶标架场的相对分量 ω^j, ω_i^j，并且验证它们适合第二组结构方程.

7.33. 设曲面 S 的第一基本形式是

$$\mathrm{I} = (\mathrm{d}u)^2 + 2\cos\psi\,\mathrm{d}u\mathrm{d}v + (\mathrm{d}v)^2,$$

其中 ψ 是 u-曲线和 v-曲线的夹角. 试求：

(1) u-曲线和 v-曲线的测地曲率；

(2) u-曲线和 v-曲线的二等分角轨线的测地曲率.

7.34. 设曲面 S 的第一基本形式是

$$\mathrm{I} = \frac{a^2}{v^2}((\mathrm{d}u)^2 + (\mathrm{d}v)^2),$$

求曲线 $u = kv + b$ (k, b 是常数) 的测地曲率.

7.35. 设曲线 C 是欧氏空间 E^3 中的一条曲线，其曲率处处不是零. 以曲线 C 上每一点为中心在曲线的法平面内作半径为 a 的圆周，这些圆周生成一个曲面，成为围绕曲线 C 的管状曲面，记为 S_a. 试在

管状曲面 S_a 上建立一个一阶标架场,写出曲面 S_a 的第一基本形式和第二基本形式,并且求管状曲面 S_a 的主方向和主曲率.

7.36 . 假定 φ 是 Sine-Gordon 方程 $\varphi_{uu} - \varphi_{vv} = \sin\varphi$ 的一个解,并且 k 是一个任意给定的正常数. 证明:在欧氏空间 $\mathbb{R}^3$ 中必定有一个负常 Gauss 曲率 $K = -k^2$ 的曲面,使得 φ 是该曲面在每一点的渐近方向的夹角.

习题答案或提示

第二章

2.1. $\boldsymbol{r} = (r\theta - a\sin\theta, r - a\cos\theta)$.

2.2. $\boldsymbol{r} = \left(-\dfrac{ac\cos t}{bt - c}, -\dfrac{ac\sin t}{bt - c}\right)$，或用平面极坐标系 (r, θ) 表示为 $r = \pm\dfrac{ac}{b\theta - a}$.

2.3. $\boldsymbol{X} = \left(2, \dfrac{\pi}{2} + \lambda, -\lambda\right)$, λ 是切线上的参数.

2.4. 把点 p 的向径记为 $\boldsymbol{r}_0$, 则 $\rho^2(t) = (\boldsymbol{r} - \boldsymbol{r}_0)^2$. 函数 $\rho(t)$ 在 $t_0 \in (a, b)$ 处达到极值的必要条件是 $\rho'(t_0) = 0$.

2.5. 不妨设 p 为坐标原点，直线 l 为 x-轴，曲线 C 在上半平面. 若记曲线 C 的方程是 $\boldsymbol{r} = (x(t), y(t))$, 则题设假定是 $y(t) \geq 0$, 并且等号只在 $t = t_0$ 时成立.

2.6. 题设条件是 $\boldsymbol{r}'(t) \cdot \boldsymbol{a} = 0$.

2.7. $(1)\sqrt{2}(\mathrm{e} - \mathrm{e}^{-1})$; $(2)\log\dfrac{1 + \sin t_0}{1 - \sin t_0}$; $(3)\sqrt{2}\left(t_0 - \dfrac{a^2}{t_0}\right)$;

$\quad (4)-\log\cos t$; $(5)x_0 + \dfrac{x_0^3}{6a^2}$.

2.8. $(1)\boldsymbol{\alpha} = \left(-\dfrac{3}{5}\cos t, \dfrac{3}{5}\sin t, -\dfrac{4}{5}\right)$;

$\quad (2)\boldsymbol{\alpha} = \left(\dfrac{1}{1 + 2t^2}, \dfrac{2t}{1 + 2t^2}, \dfrac{2t^2}{1 + 2t^2}\right)$.

2.9. $t = -1$ 或 $t = -2$.

2.10. $(1)\sqrt{a^2 + b^2}\sinh\dfrac{z_0}{a}$, $(2)\kappa = \dfrac{a^3}{(a^2 + b^2)x^2}, \tau = \dfrac{a^2 b}{(a^2 + b^2)x^2}$.

2.11. $\boldsymbol{r} = \left(\dfrac{t^3}{3} + 1, \dfrac{t^2}{2}, \mathrm{e}^t - 6\right)$.

2.12. 曲线的单位切向量是 $\boldsymbol{\alpha} = \dfrac{1}{2 + 3t^2}\left(2, 2\sqrt{3}t, 3t^2\right)$, 直线的单位切向量是 $\dfrac{\sqrt{2}}{2}(1, 0, 1)$. 它们的内积是 $\dfrac{\sqrt{2}}{2}$.

2.13. $(1)\kappa = \tau = \dfrac{\sqrt{2}t^2}{a(t^2+1)^2}$;

$\quad\quad$ $(2)\kappa = \dfrac{a\sqrt{b^2+a^2(1-\cos t)^2}}{\sqrt{(b^2+2a^2(1-\cos t)^2)^3}}$, $\tau = -\dfrac{b}{b^2+a^2(1-\cos t)^2}$;

$\quad\quad$ $(3)\kappa = \dfrac{6}{25\sin 2t}$, $\tau = -\dfrac{8}{25\sin 2t}$.

2.14. $(1)(b\sin t)x - (b\cos t)y + az = abt$; $\quad (2)bx - ay + abz = 2ab$.

2.15. $\kappa = \dfrac{\sqrt{6}}{9}$, $\tau = \dfrac{1}{2}$.

2.16. $\kappa = \dfrac{\sqrt{2}}{3}$, $\tau = -\dfrac{1}{3}$, $4x + y - z = 9$.

2.17. $\boldsymbol{r} = (\cos\varphi, \sin\varphi, \sqrt{4-\cos^2\varphi})$, $\kappa = \dfrac{2\sqrt{3}}{3}$, $\tau = 0$.

2.18. $\boldsymbol{r} = (a(\cos 2v + 1), a\sin 2v, bv)$, $\kappa = \dfrac{4a}{4a^2+b^2}$, $\tau = \dfrac{2b}{4a^2+b^2}$.

2.19. 直接计算该曲线的单位切向量 $\boldsymbol{\alpha}$ 和次法向量 $\boldsymbol{\gamma}$, 并且求它们的和.

2.20. 此题说明曲率不为零是 Frenet 标架场存在的必要条件.

2.21. 设曲线的参数方程是 $\boldsymbol{r} = \boldsymbol{r}(s)$, 于是曲线的法平面方程是 $(\boldsymbol{X} - \boldsymbol{r}(s)) \cdot \boldsymbol{r}'(s) = 0$. 假定法平面经过的点是坐标原点, 则处处有 $\boldsymbol{r}(s) \cdot \boldsymbol{r}'(s) = 0$.

2.22. 设圆螺旋线的旋转轴是 z-轴, 于是圆螺旋线的方程是 $\boldsymbol{r} = (a\cos t, a\sin t, bt)$. 设固定平面是 Oxy 平面, 则所求轨迹是 $x = a(\cos t + t\sin t)$, $y = a(\sin t - t\cos t)$.

2.23. $\tilde{\kappa} = |\tau|$, $\tilde{\tau} = -\dfrac{\tau^2}{\kappa}$.

2.24. $\tilde{\kappa} = \kappa$, $\tilde{\tau} = \dfrac{\kappa^2}{\tau}$.

2.25. 设曲线的参数方程是 $\boldsymbol{r} = \boldsymbol{r}(s)$, 于是曲线的密切平面方程是 $(\boldsymbol{X} - \boldsymbol{r}(s)) \cdot \boldsymbol{\gamma}(s) = 0$. 假定密切平面经过的点是坐标原点, 则处处有 $\boldsymbol{r}(s) \cdot \boldsymbol{\gamma}(s) = 0$. 对它求导.

2.26. 题设条件是 $\boldsymbol{\alpha} \cdot \boldsymbol{b} = 0$, 求导得到 $\kappa\boldsymbol{\beta} \cdot \boldsymbol{b} = 0$. 假定处处有 $\kappa \neq 0$, 故 $\boldsymbol{\beta} \cdot \boldsymbol{b} = 0$. 再求导得到 $(-\kappa\boldsymbol{\alpha} + \tau\boldsymbol{\gamma}) \cdot \boldsymbol{b} = 0$, 因此必须有 $\tau \equiv 0$.

2.27. 假定 $\rho(s) = a\alpha(s) + b\beta(s) + c\gamma(s)$, 然后按条件决定各个系数 a, b, c. 所求结果是 $\rho = \tau\alpha + \kappa\gamma$.

2.28. $\kappa = \tau = \dfrac{\sqrt{2}}{4\sqrt{1-t^2}}$. $\alpha = \left(\dfrac{\sqrt{1+t}}{2}, -\dfrac{\sqrt{1-t}}{2}, \dfrac{\sqrt{2}}{2} \right)$,

$\beta = \left(\dfrac{\sqrt{2}\sqrt{1-t}}{2}, \dfrac{\sqrt{2}\sqrt{1+t}}{2}, 0 \right)$, $\gamma = \left(-\dfrac{\sqrt{1+t}}{2}, \dfrac{\sqrt{1-t}}{2}, \dfrac{\sqrt{2}}{2} \right)$.

2.29. 注意到 t 未必是弧长参数, 所以要用一般参数 t 下 Frenet 标架的求导公式.

2.30. $\tilde{\alpha} = \gamma$, $\tilde{\beta} = -\beta$, $\tilde{\gamma} = \alpha$.

2.31. $\tilde{\kappa} = \kappa$, $\tilde{\tau} = \dfrac{\kappa^2}{\tau}$, $\tilde{\alpha} = \gamma$, $\tilde{\beta} = -\beta$, $\tilde{\gamma} = \alpha$.

2.32. $r = (\sin t \cos t, \sin^2 t, \cos t)$.

$$\kappa = \frac{\sqrt{5 + 3\sin^2 t}}{\sqrt{(1 + \sin^2 t)^3}}, \quad \tau = \frac{-6\sin t}{5 + 3\sin^2 t}.$$

2.33. 对 $e_i \cdot e_j$ 求导.

2.34. 若有常向量 a 使 $\alpha \cdot a =$ 常数, 则 a 可以表示成 $a = \lambda\alpha + \mu\gamma$, 其中 λ, μ 是常数. 对 $\beta \cdot a$ 求导. 反过来, 若 $\kappa : \tau = c$ 是常数, 证明 $a = \alpha + c\gamma$ 是常向量.

2.35. 题设条件是 $\beta \cdot a = 0$, 其中 a 是固定平面的法向量.

2.36. $b' = \tau'\alpha + \kappa'\gamma$, 而 b 有固定方向的条件是 $b \times b' = 0$, 由此得到 $\tau'\kappa - \tau\kappa' = 0$.

2.37. 设 $t = \displaystyle\int_{s_0}^{s} \kappa(s)\mathrm{d}s$, 则 Frenet 公式成为

$$\frac{\mathrm{d}\alpha}{\mathrm{d}t} = \beta, \quad \frac{\mathrm{d}\beta}{\mathrm{d}t} = -\alpha + \lambda\gamma, \quad \frac{\mathrm{d}\gamma}{\mathrm{d}t} = -\lambda\beta,$$

其中 $\lambda = \dfrac{\tau}{\kappa}$ 是常数. 取初始标架向量为

$$\alpha_0 = \left(\frac{\lambda}{\sqrt{1+\lambda^2}}, 0, \frac{1}{\sqrt{1+\lambda^2}} \right), \quad \beta_0 = (0, -1, 0),$$

$$\boldsymbol{\gamma}_0 = \left(\frac{1}{\sqrt{1+\lambda^2}}, 0, -\frac{\lambda}{\sqrt{1+\lambda^2}} \right),$$

解上面的微分方程组，得到

$$\boldsymbol{\alpha}(t) = \left(\frac{\lambda}{\sqrt{1+\lambda^2}}, -\frac{\sin(\sqrt{1+\lambda^2}t)}{\sqrt{1+\lambda^2}}, \frac{\cos(\sqrt{1+\lambda^2}t)}{\sqrt{1+\lambda^2}} \right).$$

所求的曲线方程是

$$\boldsymbol{r}(s) = \int_{s_0}^{s} \boldsymbol{\alpha} \left(\int_{s_0}^{s} \kappa(s)\mathrm{d}s \right) \mathrm{d}s.$$

2.38. $(1)\kappa = \tau = \dfrac{1}{3a(1+t^2)^2}$;

$(2)\kappa = \tau = \dfrac{4a^3}{(t^2+2a^2)^3}$;

$(3)\kappa = \tau = \dfrac{at^2}{2(a^2+t^2)}.$

2.39. 分别求 $\boldsymbol{r}(t)$ 和 $\boldsymbol{r}_1(u)$ 的曲率和挠率，发现它们的曲率和挠率分别是相同的常数. 实际上，所经历的刚体运动的矩阵是

$$\begin{pmatrix} 0 & 1 & 0 \\ \dfrac{\sqrt{3}}{2} & 0 & -\dfrac{1}{2} \\ -\dfrac{1}{2} & 0 & -\dfrac{\sqrt{3}}{2} \end{pmatrix} \cdot \begin{pmatrix} t + \sqrt{3}\sin t \\ 2\cos t \\ \sqrt{3}t - \sin t \end{pmatrix} = \begin{pmatrix} 2\cos t \\ 2\sin t \\ -2t \end{pmatrix}.$$

参数的对应是 $u = 2t$.

2.40.

$$\begin{pmatrix} \dfrac{\sqrt{2}}{2} & \dfrac{\sqrt{2}}{2} & 0 \\ -\dfrac{\sqrt{2}}{2} & \dfrac{\sqrt{2}}{2} & 0 \\ 0 & 0 & 1 \end{pmatrix} \cdot \begin{pmatrix} \dfrac{\mathrm{e}^{-u}}{\sqrt{2}} \\ \dfrac{\mathrm{e}^{u}}{\sqrt{2}} \\ u+1 \end{pmatrix} - \begin{pmatrix} 0 \\ 0 \\ 1 \end{pmatrix} = \begin{pmatrix} \cosh u \\ \sinh u \\ u \end{pmatrix},$$

参数的对应是 $u = t$.

2.41. $\varphi(t) = \cos t$.

2.42. 假定对称平面为 Oxy 平面, 则可设曲线 C 的参数方程为 $\boldsymbol{r} = (x(s), y(s), z(s))$, 曲线 C^* 的参数方程为 $\boldsymbol{r}^* = (x(s), y(s), -z(s))$.

2.43. $\boldsymbol{r}^{(n+1)}(s) = (a_n'(s) - \kappa b_n(s))\boldsymbol{\alpha}(s) + (b_n'(s) + \kappa a_n(s) - \tau c_n(s))\boldsymbol{\beta}(s) + (c_n'(s) + \tau b_n(s))\boldsymbol{\gamma}(s)$.

2.44. 设
$$\boldsymbol{r}(s) + \frac{1}{\kappa}\boldsymbol{\beta}(s) + \frac{1}{\tau}\left(\frac{1}{\kappa}\right)'\boldsymbol{\gamma}(s) = \boldsymbol{r}_0,$$
证明 $\left(\dfrac{1}{\kappa}\right)^2 + \left(\dfrac{1}{\tau}\left(\dfrac{1}{\kappa}\right)'\right)^2$ 是常数.

2.45. 假定 $a(s) = \dfrac{\tau}{\kappa} + \left(\dfrac{1}{\tau}\left(\dfrac{1}{\kappa}\right)'\right)'$, 则 $\tilde{\kappa} = \left|\dfrac{\tau}{a}\right|$, $\tilde{\tau} = \dfrac{\kappa}{a}$.

2.46. $\cos\angle(\boldsymbol{\gamma}, \tilde{\boldsymbol{\gamma}}) = \dfrac{\kappa\sqrt{1 + c^2\tau^2}}{\sqrt{\kappa^2(1 + c^2\tau^2) + c^2\tau^4}}$.

2.47. $\tilde{\kappa} = \dfrac{\sqrt{c^4\kappa^4\tau^2 + c^2\kappa^2\tau^2 + (\kappa + c\kappa' + c^2\kappa^3)^2}}{\sqrt{(1 + c^2\kappa^2)^3}}$.

2.48. $\tilde{\kappa} = \dfrac{\sqrt{c^4\tau^6 + c^2\tau^4 + (\kappa - c\tau' + c^2\kappa\tau^2)^2}}{\sqrt{(1 + c^2\tau^2)^3}}$.

2.49. 设 $\tilde{\boldsymbol{r}}(s) = \boldsymbol{r}(s) + \lambda\boldsymbol{\beta}$, 且 $\boldsymbol{\beta} /\!/ \tilde{\boldsymbol{\gamma}}$, 此时 s 未必是 $\tilde{\boldsymbol{r}}$ 的弧长. 求 $\tilde{\boldsymbol{\alpha}}$, 并将 $\tilde{\boldsymbol{\alpha}}$ 与 $\tilde{\boldsymbol{\gamma}}$ 作内积, 然后对 $\tilde{\boldsymbol{\alpha}}$ 求导, 再与 $\tilde{\boldsymbol{\gamma}}$ 作内积.

2.50. 设曲线 C_1 的参数方程是 $\boldsymbol{r}_1(s)$, s 是弧长参数; 设曲线 C_2 的参数方程是 $\boldsymbol{r}_2(s)$, 曲线 C_1, C_2 上有相同参数 s 的点是对应点, 因此 s 未必是曲线 C_2 的弧长参数. (1) 求 $\boldsymbol{\alpha}_1(s) \cdot \boldsymbol{\alpha}_2(s)$ 关于 s 的导数, 再利用条件 $\boldsymbol{\beta}_1(s) = \varepsilon\boldsymbol{\beta}_2(s)$, 此处 $\varepsilon = \pm 1$. (2) 设 $\boldsymbol{\alpha}_1(s), \boldsymbol{\alpha}_2(s)$ 所夹定角为 θ, 则可设 $\boldsymbol{\alpha}_2(s) = \cos\theta\boldsymbol{\alpha}_1(s) + \sin\theta\boldsymbol{\gamma}_1(s)$, 故 $\boldsymbol{\gamma}_2(s) = \boldsymbol{\alpha}_2(s) \times \boldsymbol{\beta}_2(s) = \varepsilon(-\sin\theta\boldsymbol{\alpha}_1(s) + \cos\theta\boldsymbol{\gamma}_1(s))$.

2.51. 求 $\tilde{\boldsymbol{\alpha}}$, $\tilde{\boldsymbol{\beta}}$, $\tilde{\boldsymbol{\gamma}}$, 以及 $\dfrac{\mathrm{d}\tilde{s}}{\mathrm{d}s}$, 然后对 $\tilde{\boldsymbol{\gamma}}$ 求导.

2.52. 取 $\lambda = 1/\kappa, \mu = 0$, 则 $\lambda\kappa + \mu\tau = 1$, 故已知曲线 $C : \boldsymbol{r} = \boldsymbol{r}(s)$ 是 Bertrand 曲线, 其中 s 是弧长参数. 它的曲率中心构成的曲线是

$\tilde{C} : \tilde{\boldsymbol{r}}(s) = \boldsymbol{r}(s) + \dfrac{1}{\kappa}\boldsymbol{\beta}(s)$, 注意 s 未必是 $\tilde{C}$ 的弧长. 计算 $\tilde{C}$ 的曲率和挠率.

2.53. 求 $\tilde{\boldsymbol{r}}(s)$ 的曲率和挠率得到 $\tilde{\kappa} = \dfrac{\kappa\tau}{a\tau + b\kappa}, \tilde{\tau} = \dfrac{\tau^2}{a\tau + b\kappa}$. 取 $\tilde{\lambda} = \dfrac{b}{\tau}, \tilde{\mu} = \dfrac{a}{\tau}$, 则有 $\tilde{\lambda}\tilde{\kappa} + \tilde{\mu}\tilde{\tau} = 1$, 故 $\tilde{\boldsymbol{r}}(s)$ 是 Bertrand 曲线.

2.54. $\tilde{\kappa} = \sqrt{1 + \dfrac{(\kappa'\tau - \kappa\tau')^2}{(\kappa^2 + \tau^2)^3}}$,

$$\tilde{\tau} = \dfrac{1}{\sqrt{\kappa^2 + \tau^2}}\left(\arctan\dfrac{\kappa'\tau - \kappa\tau'}{\sqrt{(\kappa^2 + \tau^2)^3}}\right)'.$$

2.55. $\tilde{\kappa} = \sqrt{1 + \left(\dfrac{\kappa}{\tau}\right)^2}$, $\tilde{\tau} = \dfrac{1}{\tau}\left(\arctan\dfrac{\kappa}{\tau}\right)'$.

2.56. (1) $\boldsymbol{r}(t) = \displaystyle\int_{t_0}^{t} c(t)\boldsymbol{\alpha}(t)\mathrm{d}t$, 这里 $c(t)$ 是任意的连续可微函数.

(2) 设 $\boldsymbol{\alpha} = \left(r\cos\dfrac{t}{r}, r\sin\dfrac{t}{r}, \sqrt{1 - r^2}\right)$, 取 $c(t) = 1$, $t_0 = 0$, 则 $\boldsymbol{r}(t) = \left(r^2\sin\dfrac{t}{r}, -r^2\left(\cos\dfrac{t}{r} - 1\right), \sqrt{1 - r^2}t\right)$. 若取 $c(t) = \cos\dfrac{t}{r}$, 请读者自己写出 $\boldsymbol{r}(t)$.

2.57. (1) $\boldsymbol{r}(t) = \displaystyle\int_{t_0}^{t} c(t)(\boldsymbol{\gamma}(t) \times \boldsymbol{\gamma}'(t))\mathrm{d}t$, 这里 $c(t)$ 是任意的连续可微函数. (2) 参考习题 2.56(2) 的提示.

2.58. 设圆螺旋线的轴是 z-轴, 它的方程是

$$\boldsymbol{r}(s) = \left(a\cos\dfrac{s}{\sqrt{a^2 + b^2}}, a\sin\dfrac{s}{\sqrt{a^2 + b^2}}, \dfrac{bs}{\sqrt{a^2 + b^2}}\right).$$

其渐伸线是

$$\tilde{\boldsymbol{r}}(s) = \left(a\cos\dfrac{s}{\sqrt{a^2 + b^2}} - \dfrac{a(c - s)}{\sqrt{a^2 + b^2}}\sin\dfrac{s}{\sqrt{a^2 + b^2}},\right.$$
$$\left. a\sin\dfrac{s}{\sqrt{a^2 + b^2}} + \dfrac{a(c - s)}{\sqrt{a^2 + b^2}}\cos\dfrac{s}{\sqrt{a^2 + b^2}}, \dfrac{cb}{\sqrt{a^2 + b^2}}\right).$$

圆螺旋线在平面 $z = \dfrac{cb}{\sqrt{a^2 + b^2}}$ 上的投影是圆周

$$\left(a\cos\frac{s}{\sqrt{a^2 + b^2}}, a\sin\frac{s}{\sqrt{a^2 + b^2}}, \frac{cb}{\sqrt{a^2 + b^2}} \right),$$

值得注意的是，此时 s 不是弧长参数. 求这条投影曲线的渐伸线.

2.59. $(1)\kappa_r = \dfrac{ab}{\sqrt{(a^2\sin^2 t + b^2\cos^2 t)^3}}$,

$\left(\dfrac{a^2 - b^2}{a}\cos^3 t, -\dfrac{a^2 - b^2}{b}\sin^3 t \right)$;

$(2)\kappa_r = -\dfrac{ab}{\sqrt{(a^2\sinh^2 t + b^2\cosh^2 t)^3}}$,

$\left(\dfrac{a^2 + b^2}{a}\cosh^3 t, -\dfrac{a^2 + b^2}{b}\sinh^3 t \right)$;

$(3)\kappa_r = \dfrac{2a}{\sqrt{(1 + 4a^2 t^2)^3}}$, $\left(-4a^2 t^3, \dfrac{1 + 6a^2 t^2}{2a} \right)$;

$(4)\kappa_r = -\dfrac{1}{2\sqrt{2}a\sqrt{1 - \cos t}}$, $(a(t + \sin t), -a(1 - \cos t))$;

$(5)\kappa_r = \dfrac{1}{\cosh^2 t}$, $(t - \sinh t\cosh t, 2\cosh t)$

$(6)\kappa_r = -\dfrac{1}{a\tan t}$, $(a\sec t, a\log(\sec t + \tan t))$.

2.60. $\kappa_r(x) < 0, \ \forall x \in (a, x_0); \ \kappa_r(x) > 0, \ \forall x \in (x_0, b)$.

2.61. $\kappa_r = \dfrac{PQ(Q_x + P_y) - Q^2 P_x - P^2 Q_y}{\sqrt{(P^2 + Q^2)^3}}$.

2.62. $\kappa_r = -\dfrac{\Phi_y^2 \Phi_{xx} - 2\Phi_x \Phi_y \Phi_{xy} + \Phi_x^2 \Phi_{yy}}{\sqrt{(\Phi_x^2 + \Phi_y^2)^3}}$.

2.63. $(1)(\log(s + \sqrt{1 + s^2}), \sqrt{1 + s^2})$;

$(2)\left(\dfrac{1 + s}{2}(\cos\log(1 + s) + \sin\log(1 + s)), \right.$

$\left. \dfrac{1 + s}{2}(\sin\log(1 + s) - \cos\log(1 + s)) \right)$;

$(3)\left(\dfrac{1}{2}(s\sqrt{1 - s^2} + \arcsin s), \dfrac{s^2}{2} \right)$.

2.64. (1) $\left(a\cos\dfrac{t}{a} - (c-t)\sin\dfrac{t}{a}, a\sin\dfrac{t}{a} + (c-t)\cos\dfrac{t}{a} \right)$;

(2) $\left(a(t+\sin t) + c\sin\dfrac{t}{2}, a(3+\cos t) + c\cos\dfrac{t}{2} \right)$;

(3) $\left(x + \dfrac{c-\sinh x}{\cosh x}, \dfrac{c\sinh x + 1}{\cosh x} \right)$.

第三章

3.1. 半径为 k 的球面，u-曲线和 v-曲线都是圆周，u-曲线是经线，v-曲线是纬线.

3.2. (1) 平面，u-曲线和 v-曲线都是直线；

(2) 圆柱面，u-曲线是圆周，v-曲线是与 z-轴平行的直线；

(3) 圆柱面，u-曲线是圆螺旋线，v-曲线是与 z-轴平行的直线；

(4) 柱面，u-曲线是平面曲线，落在与 z-轴垂直的平面内，v-曲线是与 z-轴平行的直线；

(5) 正螺旋面，u-曲线是与 z-轴垂直的直线，v-曲线是圆螺旋线；

(6) 双曲抛物面，u-曲线和 v-曲线都是直线；

(7) 球面，u-曲线和 v-曲线都是圆周；

(8) 椭球面，u-曲线和 v-曲线都是椭圆.

3.3. 设圆螺旋线为 $r = (a\cos t, a\sin t, bt)$, 则所求的曲面是 $r(t,v) = ((a+v)\cos t, (a+v)\sin t, bt)$, 这是一个正螺旋面.

3.4. $r = \left(\dfrac{a}{2\lambda}, \dfrac{b}{2\lambda}, 0 \right) + z(a\lambda, -b\lambda, 1)$.

3.5. 设点 p_i 的位置向量是 $r_i, 1 \le i \le 4$, 则所求的曲面是

$$r(\lambda,\mu) = r_1 + \lambda(r_2 - r_1) + \mu(r_3 - r_1) + \lambda\mu(r_1 + r_4 - r_2 - r_3).$$

3.6. $\boldsymbol{r} = (a(1 + \cos 2v), a\sin 2v, bv)$, $\kappa = \dfrac{4a}{4a^2 + b^2}$, $\tau = \dfrac{2b}{4a^2 + b^2}$.

3.7. $\boldsymbol{r} = \left(1 + \cos u, a\sin u, 2\sin\dfrac{u}{2}\right)$, $\kappa = \dfrac{\sqrt{5 + 3\cos^2\frac{u}{2}}}{2\sqrt{(1 + \cos^2\frac{u}{2})^3}}$, $\tau = \dfrac{3\cos\frac{u}{2}}{5 + 3\cos^2\frac{u}{2}}$.

3.8. (1) 螺旋面，$z = f\left(\arctan\dfrac{y}{x}\right)$;

　　(2) $\boldsymbol{r} = (u\cos v + t\sin v f'(v), u\sin v - t\cos v f'(v), f(v) + tu)$, 其中 v 是任意指定的常数，曲面的参数是 u, t.

3.9. (1) 旋转面，$z = f(\sqrt{x^2 + y^2})$;

　　(2) $z = \cot\alpha \cdot \sqrt{x^2 + y^2}$.

3.10. 充分性. 假定正则参数曲面 S 的切平面都经过点 p. 在曲面 S 上任意取定一点 $q(\neq p)$, 由点 p 和曲面 S 在点 q 的法线张成的平面 Π 与曲面 S 相交成曲线 C. 需要证明：曲线 C 上任意一点 $\tilde{q}$ 和点 p 的连线是曲线 C 在点 $\tilde{q}$ 的切线. 根据例题 2.8, 得知曲线 C 是经过点 p 的直线, 故曲面 S 是由经过点 p 的一些直线组成的.

3.11. 经过曲面上点 $\left(u, v, \dfrac{a^3}{uv}\right)$ 的切平面与三根轴的交点分别是 $(3u, 0, 0), (0, 3v, 0)$ 和 $\left(0, 0, \dfrac{3a^3}{uv}\right)$. 该四面体的体积是 $\dfrac{9a^3}{2}$.

3.12. 该切平面经过点 $\left(-\dfrac{1}{2}, 2, -1\right)$, 切平面的方程是 $4x - y + 2z = -6$.

3.13. (1)$\sqrt{2}\boldsymbol{r}_u + \mathrm{e}^t\boldsymbol{r}_v$;

　　(2) 经计算得知 $E = v^2$, $F = 0$, $G = 2$, 曲线 C 的切向量可以表示成 $\sqrt{2}\mathrm{e}^t\left(\dfrac{\boldsymbol{r}_u}{|\boldsymbol{r}_u|} + \dfrac{\boldsymbol{r}_v}{|\boldsymbol{r}_v|}\right)$.

3.14. $x = k(3 - \cos u)$, $y = 2k\tan\dfrac{u}{2}\sin^2\dfrac{u}{2}$.

3.15. (1)$(\mathrm{d}u)^2 + (u^2 + f'^2(v))(\mathrm{d}v)^2$;

　　(2)$(1 + f'^2(u))(\mathrm{d}u)^2 + 2af'(u)\mathrm{d}u\mathrm{d}v + (u^2 + a^2)(\mathrm{d}v)^2$;

　　(3)$E = p^2\cos^2 v + q^2\sin^2 v + 4u^2(p\cos^2 v + q\sin^2 v)^2$, $F =$

$u(q-p)\sin v\cos v((q+p)+4u^2(p\cos^2 v+q\sin^2 v))$, $G=u^2(p^2\sin^2 v+q^2\cos^2 v+4(q-p)^2u^2\sin^2 v\cos^2 v)$.

3.16. $\dfrac{4((\mathrm{d}u)^2+(\mathrm{d}v)^2)}{(1+u^2+v^2)^2}$.

3.17. $\mathrm{I}=(\mathrm{d}r)^2+r^2(\mathrm{d}\theta)^2$, $L=\displaystyle\int_0^\theta\sqrt{r'^2(\theta)+r^2(\theta)}\mathrm{d}\theta$, $\cos\varphi=\dfrac{r'(\theta_0)}{\sqrt{r'^2(\theta_0)+r^2(\theta_0)}}$.

3.18. $\dfrac{1}{2}\left(\sqrt{1+k^2}t\sqrt{1+(1+k^2)t^2}+\log\left(\sqrt{1+k^2}t+\sqrt{1+(1+k^2)t^2}\right)\right)$.

3.19. 假设 $P\neq 0$, 则这两个切方向是 $\mathrm{d}u:\mathrm{d}v=\dfrac{-Q+\sqrt{Q^2-PR}}{P}$, $\delta u:\delta v=\dfrac{-Q-\sqrt{Q^2-PR}}{P}$.

3.20. $\cos\theta_1=\dfrac{1}{\sqrt{1+\cos^2 v_0}}$, $\cos\theta_2=\dfrac{\cos u_0}{\sqrt{1+\cos^2 u_0}}$.

3.21. (1) 在点 $(u,v)=(0,0)$ 的两个切方向是 $(\mathrm{d}u,\mathrm{d}v)=(1,-1)$, $(\delta u,\delta v)=(1,1)$, 夹角余弦是 $\dfrac{1-a^2}{1+a^2}$;

　　　 (2) 在顶点 $(u,v)=(0,0)$ 的两边的切方向是 $(\mathrm{d}u,\mathrm{d}v)=(0,1)$, $(\delta u,\delta v)=(0,1)$, 所夹内角余弦是 $\cos\theta_1=1$; 在顶点 $(u,v)=(a,1)$ 的两边的切方向是 $(\mathrm{d}u,\mathrm{d}v)=(-2a,-1)$, $(\delta u,\delta v)=(-1,0)$, 所夹内角余弦是 $\cos\theta_2=\dfrac{\sqrt{6}}{3}$; 在顶点 $(u,v)=(-a,1)$ 的两边的切方向是 $(\mathrm{d}u,\mathrm{d}v)=(2a,-1)$, $(\delta u,\delta v)=(1,0)$, 所夹内角余弦是 $\cos\theta_3=\dfrac{\sqrt{6}}{3}$. 三条边长是 $a\displaystyle\int_0^1\sqrt{v^4+4v^2+1}\mathrm{d}v$, $a\displaystyle\int_0^1\sqrt{v^4+4v^2+1}\mathrm{d}v$, $2a$.

　　　 (3) $a^2\left(\dfrac{2}{3}-\dfrac{\sqrt{2}}{3}+\log(1+\sqrt{2})\right)$.

3.22. 曲线 $u=v$ 从 $u=0$ 到 u 的弧长是 $\sinh u$.

3.23. $\boldsymbol{r}(s,v)=\boldsymbol{r}(s)+(v-s)\boldsymbol{r}'(s)$, $\mathrm{I}=(v-s)^2\kappa^2(\mathrm{d}s)^2+(\mathrm{d}v)^2$.

3.24. $E\mathrm{d}u+F\mathrm{d}v=0$, $F\mathrm{d}u+G\mathrm{d}v=0$.

3.25. 与 u-曲线正交的曲线 $v = v_0 + \sqrt{2}\tan(\sqrt{2}(u - u_0))$，与 v-曲线正交的曲线 $v = v_0 + k(u - u_0)$.

3.26. 直接计算得到 $\mathrm{I} = (\mathrm{d}u)^2 + (u^2 + k^2)(\mathrm{d}v)^2$.

3.27. $(FP - EQ)\mathrm{d}u + (GP - FQ)\mathrm{d}v = 0$.

3.28. $v = v_0 + \tan u$.

3.29. $\lambda = \dfrac{p}{3}$.

3.30. $(1)u = u_0 \pm \log\tan\dfrac{v}{2}$;　　$(2)v = v_0 \pm \sqrt{2}\log(u + \sqrt{u^2 + 1})$.

3.31. 先求这两个曲面的第一基本形式，将它们化为等温参数下的形式，然后求曲面之间的保长对应 $u = \theta$, $v = a\sinh t$.

3.32. 先对已知曲面作参数变换 $t = \dfrac{u + v}{2}$, $\theta = \dfrac{u - v}{2}$, 求它的第一基本形式. 再设旋转面的参数方程为 $(f(\theta)\cos t, f(\theta)\sin t, g(\theta))$, 将它们的第一基本形式相对照，得到 $f(\theta) = 2\sqrt{a^2\cos^2\theta + b^2}$, $g(\theta) = 2b\log(\sqrt{a^2\cos^2\theta + b^2} - a\cos\theta)$.

3.33. 设平面的第一基本形式为 $\mathrm{I} = (\mathrm{d}u)^2 + (\mathrm{d}v)^2$, 并且假定有变换 $u = u(s,t), v = v(s,t)$ 使得 $(\mathrm{d}u)^2 + (\mathrm{d}v)^2 = (\mathrm{d}s)^2 + (\mathrm{d}t)^2$. 展开后得到

$$\left(\frac{\partial u}{\partial s}\right)^2 + \left(\frac{\partial v}{\partial s}\right)^2 = 1, \quad \left(\frac{\partial u}{\partial t}\right)^2 + \left(\frac{\partial v}{\partial t}\right)^2 = 1,$$

$$\frac{\partial u}{\partial s}\frac{\partial u}{\partial t} + \frac{\partial v}{\partial s}\frac{\partial v}{\partial t} = 0.$$

于是可以假设

$$\begin{pmatrix} \dfrac{\partial u}{\partial s} & \dfrac{\partial v}{\partial s} \\ \dfrac{\partial u}{\partial t} & \dfrac{\partial v}{\partial t} \end{pmatrix} = \begin{pmatrix} \cos\theta(s,t) & \sin\theta(s,t) \\ -\lambda\sin\theta(s,t) & \lambda\cos\theta(s,t) \end{pmatrix},$$

其中 $\lambda = \pm 1$. 再利用可积条件证明 $\theta(s,t) = $ 常数.

3.34. $\tilde{u} = \displaystyle\int \frac{\sqrt{f'^2(u) + g'^2(u)}}{f(u)}\mathrm{d}u$, $\tilde{v} = v$.

3.35. 取曲面的参数方程为 $r = \left(u\cos v, u\sin v, \dfrac{u^2}{2} \right)$. 所求变换为 $\tilde{u} = \sqrt{1+u^2} + \log \dfrac{u}{\sqrt{1+u^2}+1}$.

3.36. 设正螺旋面的方程是 $r = (u\cos v, u\sin v, bv)$, 其第一基本形式是 $\mathrm{I} = (\mathrm{d}u)^2 + (u^2+b^2)(\mathrm{d}v)^2$. 单位法向量是

$$n = \left(\frac{b}{\sqrt{u^2+b^2}}\sin v, \frac{b}{\sqrt{u^2+b^2}}\cos v, \frac{u}{\sqrt{u^2+b^2}} \right),$$

所诱导的球面第一基本形式为 $\tilde{\mathrm{I}} = \dfrac{b^2}{(u^2+b^2)^2}(\mathrm{d}u)^2 + \dfrac{b^2}{u^2+b^2}(\mathrm{d}v)^2$.

3.37. (1) 是;   (2) 是;   (3) 不是;   (4) 不是.

3.38. (1) 证明它不含有任何直线;   (2) 是, 锥面.

3.39. 曲面的参数方程可以写成

$$r = (v, uv - u^3, u^4 v - 2u^6) = (0, -u^3, -2u^6) + v(1, u, u^4).$$

3.40. $r_{uv} = 0$ 表示 r_u 与 v 无关, 故可设 $r_u = a(u)$. 又 $0 = r_{uu} = a'(u)$, 因此 $a(u) = a_0$ (常向量), $r = ua_0 + b(v)$.

3.41. 用可展曲面判别条件, 证明曲面 $r(s) + \lambda\beta(s)$, $r(s) + \lambda\gamma(s)$ 都不是可展曲面.

3.42. 设所求曲面为

$$r = r(s) + \lambda(\cos\theta(s)\beta(s) + \sin\theta(s)\gamma(s)),$$

确定函数 $\theta(s)$ 使曲面成为可展曲面.

3.43. 直母线方向向量是 $\cos(c-s)\beta(s) + \sin(c-s)\gamma(s)$

3.44. 设曲线 C 的参数方程是 $r(s)$, s 是弧长参数, 直纹面 S 的直母线方向向量是 $l(s)$, 并且 $l(s) \perp r'(s)$, $|l(s)| = 1$. 命 $\tilde{l}(s) = l(s) \times r'(s)$ 是曲面 S 沿曲线 C 的法向量, 证明: $(r'(s), l(s), l'(s)) = (r'(s), \tilde{l}(s), \tilde{l}'(s))$.

3.45. 单参数平面族的特征线是直线, 若它有包络面 S, 则 S 与族中平面必定沿特征线相切. 换言之, 直纹面 S 沿直母线的切平面不变.

3.46. $(y-1)^2 = 2xz$, 或 $\boldsymbol{r} = (2\lambda, 1-2a\lambda, a^2\lambda)$.

3.47. $\boldsymbol{r} = (u+v, u^2+2uv, u^3+3u^2v)$.

3.48. $5x^2 + (2y-z)^2 = 5$.

3.49. 该单参数平面族是 $a^2x + ay - z - a^3 = 0$. 包络面是 $\boldsymbol{r} = (2u+v, -u^2-2uv, -u^2v)$.

3.50. 假定曲线 C 的参数方程是 $\boldsymbol{r}(s)$, s 为弧长参数, 可展曲面 S 的直母线方向向量是 $\boldsymbol{l}(s)$, 并且 $\boldsymbol{l}(s) \perp \boldsymbol{r}'(s)$, $|\boldsymbol{l}(s)| = 1$. 于是, $\{\boldsymbol{r}'(s), \boldsymbol{l}(s), \boldsymbol{r}'(s) \times \boldsymbol{l}(s)\}$ 构成沿曲线 C 的单位正交标架场. 可展曲面 $\tilde{S}$ 的直母线方向向量 $\tilde{\boldsymbol{l}}(s)$ 可以表示成

$$\tilde{\boldsymbol{l}}(s) = \cos\theta(s)\boldsymbol{l}(s) + \sin\theta(s)\boldsymbol{r}'(s) \times \boldsymbol{l}(s).$$

利用可展曲面的判别条件证明 $\theta(s) = $ 常数.

第四章

4.1. (1) $\mathrm{II} = \dfrac{ab}{\sqrt{a^2\cos^2\varphi + b^2\sin^2\varphi}}((\mathrm{d}\varphi)^2 + \cos^2\varphi(\mathrm{d}\theta)^2)$;

(2) $\mathrm{II} = \dfrac{1}{\sqrt{1+u^2+v^2}}(\mathrm{d}u)^2 + \dfrac{1}{\sqrt{1+u^2+v^2}}(\mathrm{d}v)^2$;

(3) $\mathrm{II} = -\dfrac{4a}{\sqrt{2u^2+2v^2+a^2}}\mathrm{d}u\mathrm{d}v$;

(4) $\mathrm{II} = \dfrac{f''(u)g'(u) - f'(u)g''(u)}{\sqrt{f'^2(u)+g'^2(u)}}(\mathrm{d}u)^2$;

(5) $\mathrm{II} = -\dfrac{2f'(v)}{\sqrt{u^2+f'^2(v)}}\mathrm{d}u\mathrm{d}v + \dfrac{uf''(v)}{\sqrt{u^2+f'^2(v)}}(\mathrm{d}v)^2$;

(6) $\mathrm{II} = \dfrac{2kv\cos^3\frac{u}{2}(3-2\cos^2\frac{u}{2})}{\sqrt{5+3\cos^2\frac{u}{2}}}(\mathrm{d}u)^2$ (v 是切线上点的参数);

(7) $\text{II} = -\dfrac{v^2 + 2k^2}{\sqrt{2v^2 + 4k^2}}(\mathrm{d}u)^2 + \dfrac{4k}{\sqrt{2v^2 + 4k^2}}\mathrm{d}u\mathrm{d}v.$

4.2. $\text{I} = (1 + f_x^2)(\mathrm{d}x)^2 + 2f_x f_y \mathrm{d}x\mathrm{d}y + (1 + f_y^2)(\mathrm{d}y)^2;$

$\qquad \text{II} = \dfrac{1}{\sqrt{1 + f_x^2 + f_y^2}}\left(f_{xx}(\mathrm{d}x)^2 + 2f_{xy}\mathrm{d}x\mathrm{d}y + f_{yy}(\mathrm{d}y)^2\right).$

4.3. (1)$\text{II} = -\dfrac{4}{\sqrt{u^2 + 4\cos^2 2v}}(\cos 2v\,\mathrm{d}u\mathrm{d}v - u\sin 2v(\mathrm{d}v)^2)$, 其中 $x = u\cos v, \ y = u\sin v;$

$\qquad$(2)$\text{II} = u\cos\alpha(\mathrm{d}v)^2$, 其中 $x = u\cos v, \ y = u\sin v;$

$\qquad$(3)$\text{II} = \dfrac{2k^3}{\sqrt{k^6(x^2 + y^2) + x^4 y^4}}\left(\dfrac{y}{x}(\mathrm{d}x)^2 + \mathrm{d}x\mathrm{d}y + \dfrac{x}{y}(\mathrm{d}y)^2\right).$

4.4. 切线面方程是 $\boldsymbol{r} = \boldsymbol{r}(s) + t\boldsymbol{r}'(s)$, $\text{II} = -t\kappa\tau(\mathrm{d}s)^2$, 其中 κ, τ 是曲线 $\boldsymbol{r}(s)$ 的曲率和挠率; $H = -\dfrac{\tau}{2t\kappa}.$

4.5. 直接验证. 把曲面的第一基本形式和第二基本形式写成矩阵相乘的形状比较方便.

4.6. $\text{I} = (\mathrm{d}u)^2 + (u^2 + a^2)(\mathrm{d}v)^2$, $\text{II} = -\dfrac{a}{u^2 + a^2}(\mathrm{d}u)^2 + a(\mathrm{d}v)^2.$ $\kappa_n = \dfrac{a^2 - 4}{a(a^2 + 4)}.$

4.7. $\kappa_n = \dfrac{2}{\alpha^2}.$

4.8. (1)$\kappa_n = \dfrac{1}{a};$ (2)$\kappa_n = -\dfrac{(\boldsymbol{r}'(u), \boldsymbol{r}''(u), \boldsymbol{r}'''(u))}{|c - u||\boldsymbol{r}''(u)|^2};$

$\qquad$(3)$\kappa_n = \dfrac{2kv}{(1 + 4v^2 + 9k^2 v^4)\sqrt{1 + k^2 v^2 + k^2 v^4}}.$

4.9. (1)$u = u_0$ 及 $v = v_0$;   (2)$u = u_0$ 及 $v = v_0$;   (3)$v = v_0 + \log u;$

$\qquad$(4)$\sqrt{3}(x^2 - y^2) \pm 2xy = c$;   (5)$v = v_0$ 及 $u^2\sin 3v = c;$

$\qquad$(6)$v = v_0$ 及 $u = \dfrac{\sqrt{\cosh v} + c\sqrt{\sinh v}}{\sqrt{\cosh v} - c\sqrt{\sinh v}};$

$\qquad$(7)$v = v_0$ 及 $u = \dfrac{\sqrt{\cos v} + c\sqrt{\sin v}}{\sqrt{\cos v} - c\sqrt{\sin v}};$ (8)$u \pm v = c;$

$\qquad$(9)$y = c_1$ 及 $x^2 y = c_2$;   (10)$\dfrac{x}{y} = c_1$ 及 $\dfrac{1}{x^2} - \dfrac{1}{y^2} = c_2.$

4.10. 这是双曲抛物面, 上面有两族直线, 它们就是该曲面上的渐近曲线, 所以它们的挠率都是零.

4.11. $\dfrac{\tau}{\sqrt{1+t^2\tau^2}}$.

4.12. 用关于法曲率的 Euler 公式.

4.13. 利用上一题的结果.

4.14. 设该曲率线是 $C : \boldsymbol{r} = \boldsymbol{r}(s)$, s 是弧长参数. 曲面 S 沿曲线 C 的单位法向量是 $\boldsymbol{n}(s) = -\sin\theta\boldsymbol{\beta}(s) + \cos\theta\boldsymbol{\gamma}(s)$, 这里 $\theta = \theta_0 \neq 0, \pi$ 是曲线 C 的密切平面与曲面 S 的切平面的夹角. 利用曲率线特征 $\boldsymbol{n}'(s)//\boldsymbol{\alpha}(s)$, 对 $\boldsymbol{n}(s) \cdot \boldsymbol{\gamma}(s) = \cos\theta_0$ 求导数.

4.15. 用关于法曲率的 Euler 公式.

4.16. $(1 \pm \sqrt{2})\dfrac{k}{z^2}$.

4.17. 主曲率为 $\kappa_1 = 1, \kappa_2 = -1$, 主方向为 $\mathrm{d}x : \mathrm{d}y = 1, \mathrm{d}x : \mathrm{d}y = -1$.

4.18. $(1)\boldsymbol{r} = (\cosh u \cos v, \cosh u \sin v, \sinh u)$,

$$\mathrm{I} = (2\sinh^2 u + 1)(\mathrm{d}u)^2 + \cosh^2 u(\mathrm{d}v)^2,$$

$$\mathrm{II} = \frac{1}{\sqrt{2\sinh^2 u + 1}}(-(\mathrm{d}u)^2 + \cosh^2 u(\mathrm{d}v)^2);$$

$$(2)\kappa_1 = -\frac{1}{\sqrt{(2\sinh^2 u + 1)^3}}, \quad \kappa_2 = \frac{1}{\sqrt{2\sinh^2 u + 1}}.$$

4.19. $\dfrac{z + \sqrt{x^2 + y^2 + z^2 + 4}}{z - \sqrt{x^2 + y^2 + z^2 + 4}}$.

4.20. $K = -\dfrac{1}{(2u^2 + 1)^2}$, $H = \dfrac{u^2 + 1}{\sqrt{(2u^2 + 1)^3}}$,

$$\kappa_1, \kappa_2 = \frac{u^2 + 1 \pm \sqrt{u^4 + 4u^2 + 2}}{\sqrt{(2u^2 + 1)^3}}.$$

4.21. $H = \dfrac{1}{2}\left(-f'g'' + f''g' + \dfrac{f'}{g}\right)$, $K = \dfrac{f'(-f'g'' + f''g')}{g}$.

4.22. 曲面的参数方程写成 $\boldsymbol{r} = (u\cos v, u\sin v, \log\sin u)$,

$$K = -\frac{\cos u \sin u}{u}.$$

4.23. (1) $H = \frac{2k(1 + 2k^2 u^2)}{\sqrt{(1 + 4k^2 u^2)^3}}, \quad K = \frac{4k^2}{(1 + 4k^2 u^2)^2};$

(2) 曲面的参数方程写成 $\boldsymbol{r} = (u^2 \cos v, u^2 \sin v, ku)$,

$$H = \frac{k(k^2 + 2u^2)}{2u^2 \sqrt{(k^2 + 4u^2)^3}}, \quad K = -\frac{2k^2}{(k^2 + 4u^2)^2};$$

(3) $H = -\frac{1}{k}\cot 2v, \quad K = -\frac{1}{k^2};$

(4) $H = 0, \quad K = -\frac{k^2(1 + \tan^2 kx)(1 + \tan^2 ky)}{(1 + \tan^2 kx + \tan^2 ky)^2};$

(5) $H = \frac{-\kappa + t\tau' - t^2\kappa\tau^2}{2\sqrt{(1 + t^2\tau^2)^3}}, \quad K = -\frac{\tau^2}{(1 + t^2\tau^2)^2}$, 其中 κ, τ 是
曲线的曲率和挠率;

(6) $H = \frac{xy(1 + x^2 y^4 + x^4 y^2)}{\sqrt{(x^2 + y^2 + x^4 y^4)^3}}, \quad K = \frac{3x^4 y^4}{(x^2 + y^2 + x^4 y^4)^2}.$

4.24. $H = \frac{1 - 2\lambda\kappa\cos\theta}{2\lambda(1 - \lambda\kappa\cos\theta)}, \quad K = -\frac{\kappa\cos\theta}{\lambda(1 - \lambda\kappa\cos\theta)},$

$$\kappa_1 = \frac{1}{\lambda}, \quad \kappa_2 = \frac{-\kappa\cos\theta}{1 - \lambda\kappa\cos\theta}.$$

曲线 $\theta = \pi/2$ 和 $\theta = 3\pi/2$ 是抛物点的轨迹; 椭圆点集合是 $\{(s,\theta) : \pi/2 < \theta < 3\pi/2\}$, 双曲点集合是 $\{(s,\theta) : -\pi/2 < \theta < \pi/2\}$.

4.25. 所求微分方程是

$$\left((1 + f_x^2)f_{xy} - f_x f_y f_{xx}\right)(\mathrm{d}x)^2 + \left((1 + f_x^2)f_{yy} - (1 + f_y^2)f_{xx}\right)\mathrm{d}x\mathrm{d}y$$
$$+ \left(-(1 + f_y^2)f_{xy} + f_x f_y f_{yy}\right)(\mathrm{d}y)^2 = 0.$$

4.26. 令 $x = u\cos v, \ y = u\sin v$, 则曲率线是 $u = \pm\sinh(v - v_0)$. 主曲率是 $\kappa_1, \kappa_2 = \pm\frac{1}{1 + u^2}$.

4.27. $\log|ax + \sqrt{1 + a^2 x^2}| \pm \log|ay + \sqrt{1 + a^2 y^2}| = c.$

4.28. 记曲面为 $\boldsymbol{r} = (x, y, ax^2 + by^2)$, 则

$$K = \frac{4ab}{(1 + 4a^2 x^2 + 4b^2 y^2)^2},$$

$$H = \frac{a + b + 4ab(ax^2 + by^2)}{\sqrt{(1 + 4a^2x^2 + 4b^2y^2))^3}}.$$

曲面在点 $(x, y) = \left(\dfrac{1}{a}, \dfrac{1}{b}\right)$ 的主方向为

$$\mathrm{d}x : \mathrm{d}y = (-5(a - b) \pm \sqrt{25(a - b)^2 + 64ab}) : 8a.$$

4.29. $H = \dfrac{2uv}{\sqrt{(4 + 2u^2 + 2v^2)^3}}$, $K = -\dfrac{1}{(2 + u^2 + v^2)^2}$, 曲率线为 $u\sqrt{2 + v^2} \pm v\sqrt{2 + u^2} = c$, 其中 c 是任意常数.

4.30. 设曲面 S_i 沿曲线 C 的单位法向量为 $\boldsymbol{n}_i(s)$, $i = 1, 2$, 则题设假定为 $\boldsymbol{n}_1(s) \cdot \boldsymbol{n}_2(s) =$const. 曲线 C 的单位切向量为 $\boldsymbol{\alpha}(s) // \boldsymbol{n}_1(s) \times \boldsymbol{n}_2(s)$. 对 $\boldsymbol{n}_1(s) \cdot \boldsymbol{n}_2(s)$ 求导, 利用 C 是曲面 S_1 上的曲率线的特征, 以及 $\boldsymbol{n}_2'(s) \cdot \boldsymbol{n}_2(s) = 0$, 证明 $\boldsymbol{n}_2'(s) // \boldsymbol{n}_1(s) \times \boldsymbol{n}_2(s)$.

4.31. (1)$\boldsymbol{X} = \boldsymbol{r}(s) + t\boldsymbol{n}(s)$, 其中 $\boldsymbol{r}(s) = \boldsymbol{r}(u(s), v(s))$, $\boldsymbol{n}(s) = \boldsymbol{n}(u(s), v(s))$ 为曲面 S 沿曲线 C 的单位法向量;

(2) 利用可展曲面的判别条件和曲率线的特征;

(3) 先证明 $\boldsymbol{n}'(s) \neq 0$, 然后作准线变换 $\tilde{\boldsymbol{r}}(s) = \boldsymbol{r}(s) + \lambda(s)\boldsymbol{n}(s)$, 使 $\tilde{\boldsymbol{r}}'(s) // \boldsymbol{n}(s)$, 求 $\lambda(s)$. 这里要利用曲率线的特征, $\boldsymbol{n}'(s) = -\kappa_n \boldsymbol{r}'(s)$.

4.32. (1)$\left(0, \pm\dfrac{\beta}{2}\sqrt{\alpha^2 - \beta^2}, \dfrac{1}{4}(\alpha^2 - \beta^2)\right)$;

(2) 有 4 个脐点, 它们是 $\left(0, \pm\beta\sqrt{\dfrac{\alpha^2 - \beta^2}{\beta^2 + \gamma^2}}, \pm\gamma\sqrt{\dfrac{\alpha^2 + \gamma^2}{\beta^2 + \gamma^2}}\right)$;

(3) 有 4 个脐点, 它们是 $(x, y, z) = (1, 1, 1)$, $(1, -1, -1)$, $(-1, 1, -1)$, $(-1, -1, 1)$.

4.33. 题中的曲面是由隐式方程给出的, 直接可以写成函数图像的形式, $z = \pm\sqrt{(2x + 1)(2x - y^2)}$. 但是, 此时所考虑的曲线 $z = 0, 2x = y^2$ 恰好不在图像所覆盖的区域内, 因此需要把曲面表示成另一种函数图像的形式. 解出 x 得到 $x = \dfrac{1}{4}(y^2 - 1) + \dfrac{1}{4}\sqrt{(y^2 + 1)^2 - 4z^2}$. 令右端的函数为 $f(y, z)$, 用例题 4.17 的结果, 验证 $z = 0$ 的点是曲面 $x = f(y, z)$ 的脐点.

4.34. (1) 将右端的矩阵化为左端的矩阵. 例如,

$$
\begin{aligned}
-\boldsymbol{n}_u \cdot (\boldsymbol{r}_v \times \boldsymbol{n}) &= \frac{-\boldsymbol{n}_u}{|\boldsymbol{r}_u \times \boldsymbol{r}_v|} \cdot (\boldsymbol{r}_v \times (\boldsymbol{r}_u \times \boldsymbol{r}_v)) \\
&= \frac{-\boldsymbol{n}_u}{|\boldsymbol{r}_u \times \boldsymbol{r}_v|} \cdot ((\boldsymbol{r}_v \cdot \boldsymbol{r}_v)\boldsymbol{r}_u - (\boldsymbol{r}_v \cdot \boldsymbol{r}_u)\boldsymbol{r}_v) = \frac{GL - FM}{\sqrt{EG - F^2}}.
\end{aligned}
$$

同理有

$$
\begin{aligned}
-\boldsymbol{n}_v \cdot (\boldsymbol{r}_v \times \boldsymbol{n}) &= \frac{GM - FN}{\sqrt{EG - F^2}}, \\
\boldsymbol{n}_u \cdot (\boldsymbol{r}_u \times \boldsymbol{n}) &= \frac{-FL + EM}{\sqrt{EG - F^2}}, \\
\boldsymbol{n}_v \cdot (\boldsymbol{r}_v \times \boldsymbol{n}) &= \frac{-FM + EN}{\sqrt{EG - F^2}}.
\end{aligned}
$$

(2) 把右端矩阵写成

$$
\begin{pmatrix} e & f \\ f & g \end{pmatrix} = \begin{pmatrix} \boldsymbol{n}_u \\ \boldsymbol{n}_v \end{pmatrix} \cdot (\boldsymbol{n}_u, \boldsymbol{n}_v),
$$

然后把矩阵 $(\boldsymbol{n}_u, \boldsymbol{n}_v)^{\mathrm{T}}$ 用 $(\boldsymbol{r}_u, \boldsymbol{r}_v)^{\mathrm{T}}$ 表示的表达式代入 (参看 §4.1 第 10 款).

4.35. 如果把旋转面的方程写成 $\boldsymbol{r} = (f(u)\cos v, f(u)\sin v, g(u))$, 则经线切向量与旋转轴垂直的点 (u, v) 满足条件 $g'(u) = 0$.

4.36. 抛物点轨迹是曲线 $u = 0$, 或曲线 $v = 0$. 椭圆点集合是 $\{(u, v) : uv > 0\}$, 双曲点集合是 $\{(u, v) : uv < 0\}$.

4.37. $v > 0$ 的点是椭圆点, $v = 0$ 的点是抛物点, $v < 0$ 的点是双曲点.

4.38. 抛物点的轨迹是曲线 $u = 0$ 和曲线 $v = 0$.

4.39. (1) 设渐近方向与对应于主曲率 κ_1 的主方向的夹角是 θ, 则成立 $\kappa_1 \cos^2 \theta + \kappa_2 \sin^2 \theta = 0$, 故 $\tan^2 \theta = -\dfrac{\kappa_1}{\kappa_2}$, 假定 $\kappa_1 < 0, \kappa_2 > 0$. 两个渐近方向的夹角是 $\varphi = 2\theta$, 用倍角公式 $\tan \varphi = \dfrac{2\tan\theta}{1 - \tan^2\theta}$.

(2) $\cos\varphi = \pm \dfrac{1}{\sqrt{1+\tan^2\varphi}}$，再把 H, K 的表达式代入．

4.40. 用上一题的结果．

4.41. (1)$z = x^2 + y^2$;　(2)$z = \dfrac{1}{2}(-x^2 + y^2)$;　(3)$z = (x+3y)^2$．

4.42. $K = \dfrac{(1-x^2+y^2)\mathrm{e}^{2A}}{1+(x^2+y^2)\mathrm{e}^{2A}}$，其中 $A = -\dfrac{x^2+y^2}{2}$．在点 $(0,0,1)$ 的近似曲面为 $z = 1 - \dfrac{x^2+y^2}{2}$，这是一个开口向下的旋转椭圆抛物面．椭圆点的集合是 $\{(x,y): x^2+y^2 < 1\}$，双曲点的集合是 $\{(x,y): x^2+y^2 > 1\}$．

4.43. 曲面的参数方程是 $\boldsymbol{r} = (x, y, f(x,y))$．计算它的第一和第二基本形式，并且计算它的平均曲率．

4.44. 计算它的平均曲率；$K = -\dfrac{c^2}{(c^2+x^2+y^2)^2}$，主曲率是 $\kappa_1 = \dfrac{c}{c^2+x^2+y^2}$，$\kappa_2 = -\dfrac{c}{c^2+x^2+y^2}$．

4.45. (1) 计算它的平均曲率；

(2) 根据极小曲面的条件，$f(x), g(y)$ 应满足方程 $f''(x)(1+g'^2(y)) + g''(y)(1+f'^2(x)) = 0$，即
$$\frac{f''(x)}{1+f'^2(x)} = -\frac{g''(y)}{1+g'^2(y)} = c.$$

4.46. (1) 计算它的平均曲率；

(2) u-曲线和 v-曲线都是该曲面的曲率线，u-曲线所在的平面是 $y - vz = 3v + 2v^3$（v 是常数)，v-曲线所在的平面是 $x + uz = 3u + 2u^3$（u 是常数)．

4.47. (1) 计算它的平均曲率；

(2) 根据极小曲面的条件，函数 $f(t)$ 应满足的方程是
$$\frac{f''(t)}{f'(t)} = -\frac{2t}{1+t^2}, \quad f'(t) = \frac{c}{1+t^2}.$$

4.48. 曲面的三个基本形式的关系是 $\mathrm{III} - 2H\mathrm{II} + K\mathrm{I} = 0$．曲面的 Gauss 映射是保角对应的条件是 $\mathrm{III} = c\mathrm{I}$．当 Gauss 映射是保角对应

时，$(c + K)\mathrm{I} = 2H\mathrm{II}$. 若 $H = 0$, 曲面是极小曲面；若 $H \neq 0$, 则 $\mathrm{II} = \dfrac{c + K}{2H}\mathrm{I}$, 该曲面是球面.

4.49. (1) 设旋转面 S 的旋转轴是 z-轴，它的参数方程是

$$\boldsymbol{r} = (u\cos v, u\sin v, f(u)),$$

则与曲面 S 沿旋转轴平移得到的单参数曲面族垂直相交的共轴旋转曲面 S^* 的方程是 $\boldsymbol{r} = (u\cos v, u\sin v, g(u))$, 其中

$$g(u) = -\int_{u_0}^{u} \frac{1}{f'(u)}\mathrm{d}u.$$

(2) 旋转面 S 的 Gauss 曲率是 $K = \dfrac{f'(u)f''(u)}{u(1 + f'^2(u))^2}$. 旋转面 S^* 的 Gauss 曲率是 $K^* = \dfrac{g'(u)g''(u)}{u(1 + g'^2(u))^2}$, 并且

$$g'(u) = -\frac{1}{f'(u)}, \qquad g''(u) = \frac{f''(u)}{f'^2(u)}.$$

4.50. 把曲面的参数方程记成 $\boldsymbol{r} = (x, y, f(x) - f(y))$, 它的第一基本形式是

$$\mathrm{I} = (1 + f'^2(x))(\mathrm{d}x)^2 - 2f'(x)f'(y)\mathrm{d}x\mathrm{d}y + (1 + f'^2(y))(\mathrm{d}y)^2.$$

渐近方向满足条件

$$f''(x)(\mathrm{d}x)^2 - f''(y)(\mathrm{d}y)^2 = 0,$$

两个渐近方向彼此正交的条件是 $f''(x)(1 + f'^2(y)) - f''(y)(1 + f'^2(x)) = 0$, 故

$$f(x) = \frac{1}{c}\log\cos cx + c_1.$$

4.51. 曲面 S 的切空间的基底向量是 $\boldsymbol{r}_u = (1, 0, v)$ 和 $\boldsymbol{r}_v = (0, 1, u)$. 所求的直母线方向向量是 $\boldsymbol{l} = (u'(t), v'(t), u'(t)v(t) + u(t)v'(t))$, 或者是 $\boldsymbol{l} = (u'(t), -v'(t), u'(t)v(t) - u(t)v'(t))$.

第五章

5.1. 将平均曲率 H 的表达式化成用张量记号表达的形式, 或者在张量记号下写出 Weingarten 变换的矩阵, 然后取变换矩阵的迹. 要证明 H 在参数变换下的不变性, 利用第二基本形式系数矩阵和第一基本形式系数矩阵的逆矩阵在参数变换下的变换公式.

5.2. (1) 用例题 5.3 中 Christoffel 记号在参数变换下的变换公式.

　　(2) 用 (1) 中的变换公式以及 $R_{\gamma\delta\alpha\beta}$ 关于下指标的对称性质.

5.3. (1) 可以从右端化到左端;

　　(3) 利用行列式求导的公式.

5.4. 直接计算.

5.5. 将正交曲率线网作为参数曲线网下的 Codazzi 方程变形.

5.6. 在等温参数系下, Christoffel 记号为

$$\Gamma_{11}^1 = \frac{\partial \log \lambda}{\partial u}, \quad \Gamma_{12}^1 = \Gamma_{21}^1 = \frac{\partial \log \lambda}{\partial v}, \quad \Gamma_{22}^1 = -\frac{\partial \log \lambda}{\partial u},$$

$$\Gamma_{11}^2 = -\frac{\partial \log \lambda}{\partial v}, \quad \Gamma_{12}^2 = \Gamma_{21}^2 = \frac{\partial \log \lambda}{\partial u}, \quad \Gamma_{22}^2 = \frac{\partial \log \lambda}{\partial v}.$$

再利用曲面论基本公式.

5.7. 利用 Codazzi 方程.

5.8. 在曲面上取正交曲率线网作为参数曲线网, 则 $\mathrm{I} = E(\mathrm{d}u)^2 + G(\mathrm{d}v)^2$, $\mathrm{II} = \kappa_1 E(\mathrm{d}u)^2 + \kappa_2 G(\mathrm{d}v)^2$. 根据第 5.5 题的 Codazzi 公式得到 $E_v = 0$, $G_u = 0$. 由此得到 $K = 0$, 而 κ_1, κ_2 中有一个为零, 作参数变换将曲面的两个基本形式写成最简单的形式, 然后用曲面论基本定理的唯一性部分, 证明该曲面是圆柱面. 也可以解曲面的微分方程组.

5.9. 利用 Gauss-Codazzi 方程.

5.10. 利用 Gauss-Codazzi 方程.

5.11. 利用 Gauss 方程求 $\sqrt{G}$ 所满足的微分方程. $G = (c_1 \cos u + c_2 \sin u)^2$. 当 $G(0) = 1$, $G'(0) = 0$ 时, $G(u) = \cos^2 u$, 该曲面的参数方程是 $\boldsymbol{r} = (\cos u \cos v, -\cos u \sin v, \sin u)$.

5.12. (1) Gauss 方程不成立;

　　(2) Codazzi 方程不成立;

　　(3) Codazzi 方程不成立;

　　(4) Gauss-Codazzi 方程成立, 给定的 φ, ψ 能够作为三维欧氏空间中一张曲面的第一基本形式和第二基本形式.

5.13. λ 是常数, 并且 $E(u,v)$, $G(u,v)$ 满足条件

$$\left(\frac{(\sqrt{E})_v}{\sqrt{G}}\right)_v + \left(\frac{(\sqrt{G})_u}{\sqrt{E}}\right)_u = -\lambda^2 \sqrt{EG}.$$

当 $E(u,v) = G(u,v)$ 时, $\sqrt{E}$ 满足方程

$$(\log \sqrt{E})_{uu} + (\log \sqrt{E})_{vv} = -\lambda^2 E,$$

它的一个解是

$$E(u,v) = G(u,v) = \frac{4}{\lambda^2(1+u^2+v^2)^2},$$

其中 λ 是任意正的常数.

5.14. φ, ψ 自动满足 Codazzi 方程, θ 所满足的微分方程恰好是 Gauss 方程.

5.15. φ, ψ 自动满足 Codazzi 方程, θ 所满足的微分方程恰好是 Gauss 方程. 如果这样的曲面存在, 它的平均曲率 H 必恒等于零, 即它是极小曲面.

5.16. $\lambda(u,v)$ 只依赖变量 u, $\mu(u,v)$ 只依赖变量 v, 并且在 λ, μ 之中至少有一个为零. 该曲面为一张柱面.

5.17. $a = 4$.

5.18. (1) $K = c$; 　(2) $K = -\dfrac{1}{a^2}$; 　(3) $K = 4c^2$;

　　(4) $K = -\dfrac{1}{a^2}$; 　(5) $K = -\dfrac{1}{a^2}$; 　(6) $K = -\dfrac{(\sqrt{G(u)})_{uu}}{\sqrt{G(u)}}$.

5.19. 利用例题 5.12 的公式.

5.20. 球面有正常数 Gauss 曲率, 柱面的 Gauss 曲率为零, 双曲抛物面的 Gauss 曲率是负的, 根据 Gauss 绝妙定理, 它们之间不能有保长对应.

5.21. 在 S_1 和 S_3 之间有保长对应, 它们不能和 S_2 建立保长对应.

5.22. 有保长对应: $\tilde{u} = \sqrt{1 + u^2}$, $\tilde{v} = v$.

5.23. 计算它们的第一基本形式和 Gauss 曲率, 如果它们之间有保长对应, 则必有 $\tilde{u} = u$. 代入保长对应的条件, 再利用容许的参数变换的条件, 得到矛盾.

5.24. 计算它们的 Gauss 曲率. 在对应 $\tilde{u} = u$, $\tilde{v} = v$ 下, 保长对应的条件 $\mathrm{I} = \tilde{\mathrm{I}}$ 必导致 $a^2 = b^2$, 这与假设相矛盾.

5.25. 存在保长对应 $\tilde{u} = \sqrt{1 + u^2}$, $\tilde{v} = v$.

第六章

6.1. 设旋转曲面的参数方程是 $\boldsymbol{r} = (u\cos v, u\sin v, f(u))$, 则纬线 (即平行圆) $u = u_0$ 的测地曲率是 $\kappa_g = \dfrac{1}{u_0\sqrt{1 + f'^2(u_0)}}$, 它与纬线上点的参数 v 无关. 考虑经过纬线 $u = u_0$ 上的点 $v = 0$ 的经线 $\boldsymbol{r}(u, 0) = (u, 0, f(u))$, 它在点 $(u_0, 0, f(u_0))$ 的切线的方程是

$$\boldsymbol{X} = (u_0, 0, f(u_0)) + \lambda(1, 0, f'(u_0)) = (u_0 + \lambda, 0, f(u_0) + \lambda f'(u_0)),$$

该切线与旋转轴的交点坐标是 $(0, 0, f(u_0) - u_0 f'(u_0))$. 该切线从切点到切线与旋转轴的交点之间的长度是 $u_0\sqrt{1 + f'^2(u_0)}$.

6.2. 截线在点 C 的曲率向量是

$$\left(\frac{\mathrm{d}^2 x}{\mathrm{d}s^2}, \frac{\mathrm{d}^2 y}{\mathrm{d}s^2}, \frac{\mathrm{d}^2 z}{\mathrm{d}s^2}\right) = \left(\frac{2ab^2}{(a^2 + b^2)^2}, \frac{2a^2 b}{(a^2 + b^2)^2}, -\frac{2c}{a^2 + b^2}\right),$$

测地曲率是 $\kappa_g = \dfrac{2ab}{\sqrt{(a^2 + b^2)^3}}$.

6.3. 截线在点 C 的曲率向量是

$$\left(\frac{\mathrm{d}^2 x}{\mathrm{d}s^2}, \frac{\mathrm{d}^2 y}{\mathrm{d}s^2}, \frac{\mathrm{d}^2 z}{\mathrm{d}s^2}\right) = \left(0, 0, \frac{2}{a^2 + b^2}\right),$$

测地曲率是 $\kappa_g = -\dfrac{2}{\sqrt{a^2 + b^2}\sqrt{a^2 + b^2 + a^2 b^2}}$.

6.4. $\kappa_g = \dfrac{\sqrt{R^2 - a^2}}{Ra}$.

6.5. $\kappa_g = \dfrac{u_0}{u_0^2 + a^2}$.

6.6. 该球面的第一基本形式是 $\mathrm{I} = a^2 (\mathrm{d}u)^2 + a^2 \cos^2 u (\mathrm{d}v)^2$, 由 Liouville 公式得到

$$\kappa_g = \frac{\mathrm{d}\theta}{\mathrm{d}s} - \frac{\sin u}{a \cos u} \sin\theta,$$

又有

$$\left(\sqrt{E}\frac{\mathrm{d}u}{\mathrm{d}s}, \sqrt{G}\frac{\mathrm{d}v}{\mathrm{d}s}\right) = (\cos\theta, \sin\theta),$$

即 $\sin\theta = \sqrt{G}\dfrac{\mathrm{d}v}{\mathrm{d}s} = a\cos u \dfrac{\mathrm{d}v}{\mathrm{d}s}$.

6.7. 根据测地曲率的公式

$$\kappa_g = \sqrt{g} \left| \begin{array}{cc} \dfrac{\mathrm{d}u}{\mathrm{d}s} & \dfrac{\mathrm{d}^2 u}{\mathrm{d}s^2} + \Gamma_{11}^1 \left(\dfrac{\mathrm{d}u}{\mathrm{d}s}\right)^2 + 2\Gamma_{12}^1 \dfrac{\mathrm{d}u}{\mathrm{d}s}\dfrac{\mathrm{d}v}{\mathrm{d}s} + \Gamma_{22}^1 \left(\dfrac{\mathrm{d}v}{\mathrm{d}s}\right)^2 \\ \dfrac{\mathrm{d}v}{\mathrm{d}s} & \dfrac{\mathrm{d}^2 v}{\mathrm{d}s^2} + \Gamma_{11}^2 \left(\dfrac{\mathrm{d}u}{\mathrm{d}s}\right)^2 + 2\Gamma_{12}^2 \dfrac{\mathrm{d}u}{\mathrm{d}s}\dfrac{\mathrm{d}v}{\mathrm{d}s} + \Gamma_{22}^2 \left(\dfrac{\mathrm{d}v}{\mathrm{d}s}\right)^2 \end{array} \right|.$$

6.8. 保长变换 σ 保持曲线 C 的测地曲率不变, 即曲线 C 的测地曲率与曲线 $\sigma(C)$ 的测地曲率相等. 因为变换群 Φ 限制到曲线 C 上的作用是传递的, 即对于曲线 C 上任意两点 p, q, 必有 Φ 中一个成员 σ 使得 $q = \sigma(p)$, 且 $\sigma(C) = C$. 于是曲线 C 在 p 处的测地曲率等于曲线 C 在 q 处的测地曲率, 即曲线 C 的测地曲率是常数.

6.9. 法曲率 κ_n 和测地挠率 τ_g 都是曲面上的切方向的函数. 不妨设曲面 S 在曲线 C 上一点 p 的两个主曲率是 κ_1, κ_2, 对应的主方向单位

向量是 e_1, e_2. 假定曲线 C 与主方向 e_1 的夹角是 θ, 则曲线的法曲率是 $\kappa_n(\theta) = \kappa_1 \cos^2 \theta + \kappa_2 \sin^2 \theta$, 测地挠率是 $\tau_g(\theta) = (\kappa_2 - \kappa_1) \cos \theta \sin \theta$. 另外, 曲面的平均曲率是 $H = \dfrac{1}{2}(\kappa_1 + \kappa_2)$, Gauss 曲率是 $K = \kappa_1 \kappa_2$.

6.10. 设曲面 S 在点 p 的切方向与主方向 e_1 的夹角是 θ, 另一个切方向与主方向 e_1 的夹角是 $\theta + \pi/2$. 相应的测地挠率是

$$\tau_g(\theta) = (\kappa_2 - \kappa_1) \cos \theta \sin \theta, \quad \tau_g(\theta + \frac{\pi}{2}) = (\kappa_2 - \kappa_1) \cos(\theta + \frac{\pi}{2}) \sin(\theta + \frac{\pi}{2}).$$

6.11. 设曲线 C 的参数方程是 $r = r(s)$, s 是弧长参数, 其 Frenet 标架是 $\{r(s); \alpha(s), \beta(s), \gamma(s)\}$. 所求的曲面是 $r(s,t) = r(s) + t\gamma(s)$.

6.12. 已知曲面 S 的单位法向量是 $n = (1, 1, -f'(z))/\sqrt{2 + f'^2(z)}$. 设曲面 S 上的曲线 C 的参数方程是 $r(s) = (x(s), y(s), z(s))$, 因而它满足条件 $x(s) + y(s) - f(z(s)) = 0$. 曲线 C 是测地线的充分必要条件是它的曲率向量 $\left(\dfrac{\mathrm{d}^2 x(s)}{\mathrm{d}s^2}, \dfrac{\mathrm{d}^2 y(s)}{\mathrm{d}s^2}, \dfrac{\mathrm{d}^2 z(s)}{\mathrm{d}s^2}\right)$ 与曲面 S 沿曲线 C 的单位法向量 n 共线. 现在要证明

$$\left(\frac{\mathrm{d}^2 x(s)}{\mathrm{d}s^2}, \frac{\mathrm{d}^2 y(s)}{\mathrm{d}s^2}, \frac{\mathrm{d}^2 z(s)}{\mathrm{d}s^2}\right) \cdot l = -\frac{\mathrm{d}^2 x(s)}{\mathrm{d}s^2} + \frac{\mathrm{d}^2 y(s)}{\mathrm{d}s^2}$$

是常数.

6.13. 一般柱面与平面能够建立保长对应. 在保长对应下, 直母线成为平行直线族, 而测地线成为直线, 它与直母线相交成定角.

6.14. 求旋转曲面的第一基本形式 $\mathrm{I} = (f'^2(u) + g'^2(u))(\mathrm{d}u)^2 + f^2(u)(\mathrm{d}v)^2$. 测地线 C 满足微分方程

$$\frac{\mathrm{d}\theta}{\mathrm{d}s} = -\frac{f'(u)}{f(u)\sqrt{f'^2(u) + g'^2(u)}} \sin \theta,$$

$$\frac{\mathrm{d}u}{\mathrm{d}s} = \frac{\cos \theta}{\sqrt{f'^2(u) + g'^2(u)}}, \quad f(u)\frac{\mathrm{d}v}{\mathrm{d}s} = \sin \theta.$$

从前面两式得到

$$\frac{\cos \theta}{\sin \theta}\mathrm{d}\theta = -\frac{f'(u)}{f(u)}\mathrm{d}u.$$

6.15. 利用上题的结果.

6.16. 该曲面上的曲线是测地线的条件是它的曲率向量

$$\left(\frac{\mathrm{d}^2 x(s)}{\mathrm{d}s^2}, \frac{\mathrm{d}^2 y(s)}{\mathrm{d}s^2}, \frac{\mathrm{d}^2 z(s)}{\mathrm{d}s^2}\right)$$

与曲面的法向量是 (F_x, F_y, F_z) 平行.

6.17. $(u - c_1)^2 = 4c^2(v - c^2)$, 其中 c, c_1 是任意常数.

6.18. $v = v_0 + c \displaystyle\int_{u_0}^{u} \frac{\mathrm{d}u}{\sqrt{u^2 + a^2 - c^2}\sqrt{u^2 + a^2}}$.

6.19. (1)$\kappa^2 = \kappa_g^2 + \kappa_n^2 = 0$;

(2) 曲率线的特征是 $\tau_g = 0$, 而测地线的测地挠率 τ_g 就是它的挠率 τ;

(3) 非直线的平面曲线满足 $\kappa \neq 0$, $\tau = 0$, 而对于测地线来说, 则有 $\tau_g = \tau$.

6.20. 利用 6.19 (3) 的结论, 以及通过任意一点都存在测地线与在该点的任意一个切方向相切, 可见曲面在任意一点的主方向是不确定的.

6.21. 测地线的微分方程是

$$\frac{\mathrm{d}\theta}{\mathrm{d}s} = -\cos\theta, \qquad \frac{1}{v}\frac{\mathrm{d}u}{\mathrm{d}s} = \cos\theta, \qquad \frac{1}{v}\frac{\mathrm{d}v}{\mathrm{d}s} = \sin\theta.$$

首先解出 v 作为 θ 的函数, 然后解出 u 作为 θ 的函数.

6.22. 取测地平行坐标系 (u, v), 使 u-曲线是已知的测地线族, 而 v-曲线是它的正交轨线. 此时, 曲面的第一基本形式是 $\mathrm{I} = (\mathrm{d}u)^2 + G(\mathrm{d}v)^2$. v-曲线的测地曲率是

$$\kappa_{g2} = \frac{1}{2}\frac{\partial \log G}{\partial u} = \frac{(\sqrt{G})_u}{\sqrt{G}} = a,$$

故曲面的 Gauss 曲率是

$$K = -\frac{(\sqrt{G})_{uu}}{\sqrt{G}} = -a^2.$$

6.23. 以其中一族测地线为 u-曲线作测地平行坐标系 (u, v), 于是可设曲面的第一基本形式是 $\mathrm{I} = (\mathrm{d}u)^2 + G(\mathrm{d}v)^2$. 在任意一个固定点 (u_0, v_0) 有一条测地线与 u-曲线作成定角 $\theta \neq 0$, 它在该点 (u_0, v_0) 的测地曲率是 $0 = \dfrac{1}{2} \dfrac{\partial \log G}{\partial u} \cos\theta$, 即 $\dfrac{\partial G}{\partial u} = 0$, $G = G(v)$.

6.24. C 作为曲面 S_1 上的测地线, 它的曲率向量是曲面 S_1 的法向量; 但是曲面 S_1 和曲面 S_2 沿曲线 C 相切, 故它的曲率向量同时也是曲面 S_2 的法向量.

曲面 S_1 上的曲率线 C 也是沿曲线 C 相切的曲面 S_2 上的曲率线; 曲面 S_1 上的渐近曲线 C 也是沿曲线 C 相切的曲面 S_2 上的渐近曲线.

6.25. $\Gamma_{11}^1 = \Gamma_{12}^1 = \Gamma_{11}^2 = 0$, $\Gamma_{22}^1 = -\dfrac{1}{2} \dfrac{\partial G}{\partial u}$, $\Gamma_{12}^2 = \dfrac{\partial \log \sqrt{G}}{\partial u}$, $\Gamma_{22}^2 = \dfrac{\partial \log \sqrt{G}}{\partial v}$. $K = -\dfrac{(\sqrt{G})_{uu}}{\sqrt{G}}$.

6.26. 在测地平行坐标系下, $\mathrm{I} = (\mathrm{d}u)^2 + C(u)(\mathrm{d}v)^2$, 在测地极坐标系下, $\mathrm{I} = (\mathrm{d}u)^2 + S(u)(\mathrm{d}v)^2$, 其中

$$
C(u) = \begin{cases} \cos^2(\sqrt{K}u), & K > 0, \\ 1, & K = 0, \\ \cosh^2(\sqrt{-K}u), & K < 0, \end{cases}
$$

$$
S(u) = \begin{cases} \dfrac{1}{K} \sin^2(\sqrt{K}u), & K > 0, \\ u^2, & K = 0, \\ -\dfrac{1}{K} \sinh^2(\sqrt{-K}u), & K < 0. \end{cases}
$$

6.27. 用测地极坐标系, $\mathrm{I} = (\mathrm{d}u)^2 + S(u)(\mathrm{d}v)^2$ (见习题 6.26). 测地圆 $u = u_0$ 的测地曲率是

$$
\kappa_g = \begin{cases} \dfrac{\sqrt{K} \cos(\sqrt{K}u_0)}{\sin(\sqrt{K}u_0)}, & K > 0, \\ \dfrac{1}{u_0}, & K = 0, \\ \dfrac{\sqrt{-K} \cosh(\sqrt{K}u_0)}{\sinh(\sqrt{K}u_0)}, & K < 0. \end{cases}
$$

6.28. 参看例题 6.15 的证明.

6.29. 直接验证. 该方程表明，$(u(s), v(s))$ 落在平面上与圆周 $x^2 + y^2 = -\frac{4}{K}$ 正交的圆弧上.

6.30. 在 Klein 圆和 Poincaré 上半平面上分别引进复坐标，然后求把圆映为上半平面的分式线性变换，验证该分式线性变换保持相应的第一基本形式不变. 例如取

$$z = -i \cdot \frac{w+1}{w-1}, \quad w = \frac{z-i}{z+i},$$

即

$$x = -\frac{2v}{(u-1)^2 + v^2}, \quad y = \frac{1 - u^2 - v^2}{(u-1)^2 + v^2}.$$

6.31. 在曲面 S 上取参数 (u^1, u^2)，则曲面 S 上与路径无关的平行切向量场 $\boldsymbol{X} = X^1 \boldsymbol{r}_1 + X^2 \boldsymbol{r}_2$ 满足偏微分方程组

$$\frac{\partial X^\alpha}{\partial u^\beta} + X^\gamma \Gamma^\alpha_{\gamma\beta} = 0.$$

该方程组完全可积的充分必要条件恰好是 Gauss 曲率恒等于零.

此题也可以作为习题 6.33 的推论.

6.32. 沿曲线 C 平行的切向量 $\boldsymbol{X}(t) = X^\alpha(t) \boldsymbol{r}_\alpha$ 满足微分方程组

$$\frac{\mathrm{d}X^\alpha(t)}{\mathrm{d}t} + X^\gamma(t) \Gamma^\alpha_{\gamma\beta} \frac{\mathrm{d}u^\beta(t)}{\mathrm{d}t} = 0.$$

易知 u^1-曲线的单位切向量是 $\boldsymbol{X} = \frac{1}{\sqrt{g_{11}}} \boldsymbol{r}_1$，即 $X^1 = \frac{1}{\sqrt{g_{11}}}$，$X^2 = 0$. 它沿曲线 C 平行的充分必要条件是

$$\frac{\mathrm{d}X^1(t)}{\mathrm{d}t} + X^1(t) \Gamma^1_{1\beta} \frac{\mathrm{d}u^\beta(t)}{\mathrm{d}t} = 0, \quad X^1(t) \Gamma^2_{1\beta} \frac{\mathrm{d}u^\beta(t)}{\mathrm{d}t} = 0.$$

直接验证知道，第一个方程对于 $X^1 = \frac{1}{\sqrt{g_{11}}}$ 是自动成立的.

6.33. 利用 Gauss-Bonnet 公式.

第七章

7.1. 设 V 的基底是 $\{e_i\}$, V^* 的基底是 $\{e^i\}$, 则 $\mathcal{L}(V,V;\mathbb{R})$ 的基底是 $\{e^i \otimes e^j : 1 \le i,j \le n\}$. 设 $f \in \mathcal{L}(V,V;\mathbb{R})$, 则 $f = f_{ij}e^i \otimes e^j$, 其中分量 $f_{ij} = f(e_i,e_j)$. 假定 f 在另一个基底 $\{\tilde{e}_i\}$ 下的分量是 $\tilde{f}_{ij}$, 其中 $\tilde{e}_i = a_i^j e_j$, 则 $\tilde{f}_{ij} = f_{kl}a_i^k a_j^l$.

7.2. 设 V 的基底是 $\{e_i\}$, V^* 的基底是 $\{e^i\}$, 则 $\mathcal{L}(V^*,V;\mathbb{R})$ 的基底是 $\{e_i \otimes e^j : 1 \le i,j \le n\}$. 设 $f \in \mathcal{L}(V^*,V;\mathbb{R})$, 则 $f = f_j^i e_i \otimes e^j$. 假定 f 在另一个基底 $\{\tilde{e}_i\}$ 下的分量是 $\tilde{f}_j^i$, 其中 $\tilde{e}_i = a_i^j e_j$, 则 $\tilde{f}_i^k a_k^j = f_k^i a_i^k$, 或 $\tilde{f}_i^j = f_k^l a_i^k b_l^j$, 其中 (b_i^j) 是 (a_i^j) 的逆矩阵.

7.3. 将 $f \in \mathcal{L}(V;V)$ 对应于 $\tilde{f} \in \mathcal{L}(V^*,V;\mathbb{R})$, 其中 $\tilde{f}(\alpha,v) = \alpha(f(v))$, $\forall \alpha \in V^*$, $v \in V$. 这是一一对应. 实际上, 对于 $\tilde{f} \in \mathcal{L}(V^*,V;\mathbb{R})$ 作 $f(v) = \tilde{f}(e^i,v)e_i$, $\forall v \in V$, 其中 $\{e_i\}$ 和 $\{e^i\}$ 分别是 V 和 V^* 中互为对偶的基底, 则 $\alpha(f(v)) = \tilde{f}(\alpha,v)$, $\forall \alpha \in V^*$, $v \in V$.

7.4. 将 $f \in \mathcal{L}(V,V;V)$ 对应于 $\tilde{f} \in \mathcal{L}(V^*,V,V;\mathbb{R})$, 其中 $\tilde{f}(\alpha,u,v) = \alpha(f(u,v))$, $\forall \alpha \in V^*$, $u,v \in V$. 这是一一对应.

7.5. 设有一组实数 $a_{i_1 \cdots i_r}$ 使得 $a_{i_1 \cdots i_r}e^{i_1} \otimes \cdots \otimes e^{i_r} = 0$, 将它在任意一组基底向量 $e_{j_i}, \cdots, e_{j_r}(1 \le j_1, \cdots, j_r \le n)$ 上求值, 则得所有的系数 $a_{j_1 \cdots j_r} = 0$.

7.6. 对于任意的 $x_1, x_2, x_3 \in V$ 有

$$(A_3(f))(x_1,x_2,x_3) = \frac{1}{6}(f(x_1,x_2,x_3) - f(x_2,x_1,x_3) + f(x_2,x_3,x_1)$$
$$- f(x_3,x_2,x_1) + f(x_3,x_1,x_2) - f(x_1,x_3,x_2)).$$

7.7. $(A_3(f \otimes g))(x_1,x_2,x_3) = \frac{1}{3}(f(x_1,x_2)g(x_3) + f(x_2,x_3)g(x_1) + f(x_3,x_1)g(x_2))$.

7.9. $f \wedge g \wedge h = f \otimes g \otimes h - g \otimes f \otimes h + g \otimes h \otimes f - h \otimes g \otimes f + h \otimes f \otimes g - f \otimes h \otimes g$.

7.10. 设有一组实数 $a_{i_1 \cdots i_r}$, $1 \le i_1 < \cdots < i_r \le n$ 使得

$$\sum_{1 \le i_1 < \cdots < i_r \le n} a_{i_1 \cdots i_r} e^{i_1} \otimes \cdots \otimes e^{i_r} = 0,$$

将它在任意一组基底向量 $e_{j_i}, \cdots, e_{j_r} (1 \le j_1 < \cdots < j_r \le n)$ 上求值, 则得所有的系数 $a_{j_1 \cdots j_r} = 0$, $1 \le j_1 < \cdots < j_r \le n$.

7.11. (1) $4e^1 \wedge e^2 \wedge e^3$;　　(2) 0.

7.12. (1) $-20x_2 \wedge x_3 + 12x_3 \wedge x_1 + 19x_1 \wedge x_2$;　　(2) 0.

7.13. (1) $e^1 \wedge e^2 \wedge e^3 = \det(a_j^i) f^1 \wedge f^2 \wedge f^3$.

7.15. $y^1 \wedge \cdots \wedge y^n = a_{i_1}^1 \cdots a_{i_n}^n e^{i_1} \wedge \cdots \wedge e^{i_n} = a_{i_1}^1 \cdots a_{i_n}^n \delta_{1 \cdots n}^{i_1 \cdots i_n} e^1 \wedge \cdots \wedge e^n = \det(a_j^i) e^1 \wedge \cdots \wedge e^n$.

7.16. 若有 $ae^2 \wedge e^3 + be^3 \wedge e^1 + ce^1 \wedge e^2 = (x_1 e^1 + x_2 e^2 + x_3 e^3) \wedge (y_1 e^1 + y_2 e^2 + y_3 e^3)$, 则 $x_2 y_3 - x_3 y_2 = a$, $x_3 y_1 - x_1 y_3 = b$, $x_1 y_2 - x_2 y_1 = c$. 换言之, (x_1, x_2, x_3) 和 (y_1, y_2, y_3) 满足方程 $a\lambda_1 + b\lambda_2 + c\lambda_3 = 0$. 不妨设 $a \ne 0$, 则上面的方程有两个线性无关解

$$(x_1, x_2, x_3) = \left(-\frac{b}{a}, 1, 0\right), \quad (y_1, y_2, y_3) = \left(-\frac{c}{a}, 0, 1\right).$$

于是,

$$\left(-\frac{b}{a} e^1 + e^2\right) \wedge \left(-\frac{c}{a} e^1 + e^3\right) = -\frac{b}{a} e^1 \wedge e^3 - \frac{c}{a} e^2 \wedge e^1 + e^2 \wedge e^3$$
$$= \frac{1}{a}(ae^2 \wedge e^3 + be^3 \wedge e^1 + ce^1 \wedge e^2).$$

7.17. 在任意一点 $t \in (-\pi, \pi)$ 有

$$\gamma'(t) = 3 \left.\frac{\partial}{\partial x}\right|_{\gamma(t)} - \sin t \left.\frac{\partial}{\partial y}\right|_{\gamma(t)} + 2t \left.\frac{\partial}{\partial z}\right|_{\gamma(t)},$$

特别地, $\gamma'(0) = 3 \left.\dfrac{\partial}{\partial x}\right|_{\gamma(0)}$.

7.18.

$$(\gamma'(0))f = \frac{\mathrm{d}}{\mathrm{d}t}\Big|_{t=0}((t^2-1)^2 + 2\sin^2 t + \sin^4 t) = 0,$$

$$\left(\gamma'\left(\frac{\pi}{6}\right)\right)f = \frac{\mathrm{d}}{\mathrm{d}t}\Big|_{t=\pi/6}((t^2-1)^2 + 2\sin^2 t + \sin^4 t)$$

$$=\frac{2\pi}{3}\left(\frac{\pi^3}{36}-1\right)+\frac{5\sqrt{3}}{4},$$

$$(\gamma'(0))g = \frac{\mathrm{d}}{\mathrm{d}t}\Big|_{t=0}\sqrt{2}(t^2-1)\sin^3 t = 0,$$

$$\left(\gamma'\left(\frac{\pi}{3}\right)\right)g = \frac{\mathrm{d}}{\mathrm{d}t}\Big|_{t=\pi/3}\sqrt{2}(t^2-1)\sin^3 t = \frac{\sqrt{2}\pi^2}{8}+\frac{\sqrt{6}\pi}{4}-\frac{9\sqrt{2}}{8},$$

$$(\gamma'(0))(f\cdot g) = f(0)(\gamma'(0))g + g(0)(\gamma'(0))f = 0.$$

7.19. 因为 $\beta = \mathrm{d}(xyz)$, 故 $\mathrm{d}\beta = 0$. 因此

$$\mathrm{d}(\alpha \wedge \beta) = \mathrm{d}\alpha \wedge \beta - \alpha \wedge \mathrm{d}\beta$$
$$= \mathrm{d}\alpha \wedge \beta = -(xy+yz+zx)\mathrm{d}x \wedge \mathrm{d}y \wedge \mathrm{d}z.$$

7.20. $(1)\varphi \wedge \psi = -\cos z\mathrm{d}y \wedge \mathrm{d}z + \sin z\mathrm{d}z \wedge \mathrm{d}x + yz\cos z\mathrm{d}x \wedge \mathrm{d}y,$

$\psi \wedge \eta = z\cos z\mathrm{d}y \wedge \mathrm{d}z - z\sin z\mathrm{d}z \wedge \mathrm{d}x + \sin z\mathrm{d}x \wedge \mathrm{d}y,$

$\eta \wedge \varphi = \mathrm{d}y \wedge \mathrm{d}z - yz^2\mathrm{d}z \wedge \mathrm{d}x - yz\mathrm{d}x \wedge \mathrm{d}y.$

$(2)\mathrm{d}\varphi = y\mathrm{d}z \wedge \mathrm{d}x - z\mathrm{d}x \wedge \mathrm{d}y,$

$\mathrm{d}\psi = \sin z\mathrm{d}y \wedge \mathrm{d}z + \cos z\mathrm{d}z \wedge \mathrm{d}x, \quad \mathrm{d}\eta = 0.$

7.22. (1) 0, (2) $2\mathrm{d}f \wedge \mathrm{d}g$, (3) 0, (4) $2\mathrm{d}g \wedge \mathrm{d}f$, (5) 0.

7.23. 显见

$$\mathrm{d}x = \frac{\partial x}{\partial u}\mathrm{d}u + \frac{\partial x}{\partial v}\mathrm{d}v + \frac{\partial x}{\partial w}\mathrm{d}w,$$
$$\mathrm{d}y = \frac{\partial y}{\partial u}\mathrm{d}u + \frac{\partial y}{\partial v}\mathrm{d}v + \frac{\partial y}{\partial w}\mathrm{d}w,$$
$$\mathrm{d}z = \frac{\partial z}{\partial u}\mathrm{d}u + \frac{\partial z}{\partial v}\mathrm{d}v + \frac{\partial z}{\partial w}\mathrm{d}w,$$

然后用 7.14 题的结果.

7.24. 解的一般形式是 $\varphi = \sum_{i=1}^{n} a_i \mathrm{d}x^1 \wedge \cdots \wedge \mathrm{d}x^{i-1} \wedge \mathrm{d}x^{i+1} \wedge \cdots \wedge \mathrm{d}x^n$, 其中系数函数 a_i 满足条件 $\sum_{i=1}^{n} \dfrac{\partial a_i}{\partial x^i} = 1$.

7.25. (1) $\{r; r_\rho, r_\theta, r_t\}$, 其中

$$r = (\rho\cos\theta, \rho\sin\theta, t), \qquad r_\rho = (\cos\theta, \sin\theta, 0),$$
$$r_\theta = (-\rho\sin\theta, \rho\cos\theta, 0), \quad r_t = (0, 0, 1).$$

(2) $\mathrm{d}x \wedge \mathrm{d}y + \mathrm{d}y \wedge \mathrm{d}z + \mathrm{d}z \wedge \mathrm{d}x$

$$= \rho\mathrm{d}\rho \wedge \mathrm{d}\theta + (\sin\theta - \cos\theta)\mathrm{d}\rho \wedge \mathrm{d}t + \rho(\cos\theta + \sin\theta)\mathrm{d}\theta \wedge \mathrm{d}t,$$

$\mathrm{d}x \wedge \mathrm{d}y \wedge \mathrm{d}z = \rho\mathrm{d}\rho \wedge \mathrm{d}\theta \wedge \mathrm{d}t$.

(3) 相应的单位正交标架场是 $\{r; e_1, e_2, e_3\}$, 其中

$$e_1 = (\cos\theta, \sin\theta, 0), \ e_2 = (-\sin\theta, \cos\theta, 0), \ e_3 = (0, 0, 1).$$

相对分量是 $\omega^1 = \mathrm{d}\rho, \ \omega^2 = \rho\mathrm{d}\theta, \ \omega^3 = \mathrm{d}t, \ \omega_1^2 = -\omega_2^1 = \mathrm{d}\theta, \ \omega_1^3 = -\omega_3^1 = 0, \ \omega_2^3 = -\omega_3^2 = 0$.

7.26. $\sigma^*\omega = 0, \ \sigma^*\xi = \dfrac{4}{(1+u^2+v^2)^2}\mathrm{d}u \wedge \mathrm{d}v, \ \sigma^*(\omega \wedge \xi) = 0$, $\sigma^*(\mathrm{d}\omega) = 0, \ \sigma^*(\mathrm{d}\xi) = 0$.

7.27. 由假设得知

$$r = ((R + \rho\cos\psi)\cos\theta, (R + \rho\cos\psi)\sin\theta, \rho\sin\psi),$$
$$r_\rho = (\cos\psi\cos\theta, \cos\psi\sin\theta, \sin\psi),$$
$$r_\theta = (-(R + \rho\cos\psi)\sin\theta, (R + \rho\cos\psi)\cos\theta, 0),$$
$$r_\psi = (-\rho\sin\psi\cos\theta, -\rho\sin\psi\sin\theta, \rho\cos\psi),$$

显然 r_ρ, r_θ, r_ψ 彼此正交. 相应的单位正交标架场是 $\{r; e_1, e_2, e_3\}$, 其中 $e_1 = (\cos\psi\cos\theta, \cos\psi\sin\theta, \sin\psi)$, $e_2 = (-\sin\theta, \cos\theta, 0)$, $e_3 = (-\sin\psi\cos\theta, -\sin\psi\sin\theta, \cos\psi)$, 相对分量是 $\omega^1 = \mathrm{d}\rho, \ \omega^2 = (R +$

$\rho\cos\psi)\mathrm{d}\theta,\ \omega^3=\rho\mathrm{d}\psi,\ \omega_1^2=-\omega_2^1=\cos\psi\mathrm{d}\theta,\ \omega_1^3=\omega_3^1=\mathrm{d}\psi,\ \omega_2^3=-\omega_3^2=\sin\psi\mathrm{d}\theta.$

7.28. $\omega^1=\dfrac{\sqrt{2}}{2}(\sin f\mathrm{d}x+\mathrm{d}y-\cos f\mathrm{d}z),$

$\omega^2=\dfrac{\sqrt{2}}{2}(\sin f\mathrm{d}x-\mathrm{d}y-\cos f\mathrm{d}z),$

$\omega^3=-\cos f\mathrm{d}x-\sin f\mathrm{d}z,\quad \omega_1^2=-\omega_2^1=0,$

$\omega_3^1=-\omega_1^3=\omega_3^2=-\omega_2^3=\dfrac{\sqrt{2}}{2}\left(\dfrac{\partial f}{\partial x}\mathrm{d}x+\dfrac{\partial f}{\partial y}\mathrm{d}y+\dfrac{\partial f}{\partial z}\mathrm{d}z\right).$

7.29. (1)$\mathrm{d}g_{\alpha\beta}=\mathrm{d}(\boldsymbol{r}_\alpha\cdot\boldsymbol{r}_\beta)=\mathrm{d}\boldsymbol{r}_\alpha\cdot\boldsymbol{r}_\beta+\boldsymbol{r}_\alpha\cdot\mathrm{d}\boldsymbol{r}_\beta$

$=\mathrm{d}u^\delta(\Gamma_{\alpha\delta}^\gamma\boldsymbol{r}_\gamma+b_{\alpha\delta}\boldsymbol{n})\cdot\boldsymbol{r}_\beta+\boldsymbol{r}_\alpha\cdot(\Gamma_{\beta\delta}^\gamma\boldsymbol{r}_\gamma+b_{\beta\delta}\boldsymbol{n})\mathrm{d}u^\delta.$

(2) 利用已知公式 $\mathrm{d}\omega_\alpha^\beta-\omega_\alpha^\gamma\wedge\omega_\gamma^\beta=-\dfrac{1}{2}R_{\alpha\gamma\delta}^\beta\omega^\gamma\wedge\omega^\delta$ 及结果 (1).

(3) $0=\mathrm{d}(g^{\alpha\beta}g_{\beta\gamma})=\mathrm{d}g^{\alpha\beta}\cdot g_{\beta\gamma}+g^{\alpha\beta}\cdot\mathrm{d}g_{\beta\gamma}$, 再用 (1) 的结果.

7.30. (1)$\omega^1=\dfrac{1}{v}\mathrm{d}u,\ \omega^2=\dfrac{1}{v}\mathrm{d}v,\ \omega_1^2=\dfrac{1}{v}\mathrm{d}u,\ K=-1.$

(2)$\omega^1=\dfrac{\mathrm{d}(u-v^2)}{2\sqrt{u-v^2}},\ \omega^2=\mathrm{d}v,\ \omega_1^2=0,\ K=0.$

(3)$\omega^1=\mathrm{d}u+\cos\psi\mathrm{d}v,\ \omega^2=\sin\psi\mathrm{d}v,\ \omega_1^2=-\psi_u\mathrm{d}u,\ K=-\dfrac{\psi_{uv}}{\sin\psi}.$

(4)$\omega^1=\sqrt{F(u)+G(v)}\mathrm{d}u,\ \omega^2=\sqrt{F(u)+G(v)}\mathrm{d}v,$

$\omega_1^2=-\omega_2^1=\dfrac{F'(u)\mathrm{d}v-G'(v)\mathrm{d}u}{2(F(u)+G(v))},$

$K=\dfrac{(F'(u))^2+(G'(v))^2-(F''(u)+G''(v))(F(u)+G(v))}{2(F(u)+G(v))^3}.$

7.31. 单位正交标架场是 $\{\boldsymbol{r};\boldsymbol{e}_1,\boldsymbol{e}_2,\boldsymbol{e}_3\}$, 其中

$\boldsymbol{e}_1=\dfrac{1}{\sqrt{1+g'^2(u)}}(\cos v,\sin v,g'(u)),$

$\boldsymbol{e}_2=(-\sin v,\cos v,0),$

$\boldsymbol{e}_3=\dfrac{1}{\sqrt{1+g'^2(u)}}(-g'(u)\cos v,-g'(u)\sin v,1).$

相对分量是 $\omega^1=\sqrt{1+g'^2(u)}\mathrm{d}u,\ \omega^2=u\mathrm{d}v,\ \omega^3=0,$

$\omega_1^2=-\omega_2^1=\dfrac{1}{\sqrt{1+g'^2(u)}}\mathrm{d}v,\ \omega_1^3=-\omega_3^1=\dfrac{g''(u)}{1+g'^2(u)}\mathrm{d}u,$

$$\omega_2^3 = -\omega_3^2 = \frac{g'(u)}{\sqrt{1+g'^2(u)}}\mathrm{d}v.$$

7.32. $\omega^1 = \sqrt{a^2+2v^2}\mathrm{d}u + \dfrac{2uv}{\sqrt{a^2+2v^2}}\mathrm{d}v,$

$\omega^2 = \dfrac{a\sqrt{a^2+2(u^2+v^2)}}{\sqrt{a^2+2v^2}}\mathrm{d}v,\ \omega_1^2 = \dfrac{2au}{(a^2+2v^2)\sqrt{a^2+2(u^2+v^2)}}\mathrm{d}v,$

$\omega_1^3 = -\dfrac{a}{\sqrt{a^2+2v^2}\sqrt{a^2+2(u^2+v^2)}}\mathrm{d}v,$

$\omega_2^3 = -\dfrac{\sqrt{a^2+2v^2}}{a^2+2(u^2+v^2)}\mathrm{d}u + \dfrac{2uv}{\sqrt{a^2+2v^2}(a^2+2(u^2+v^2))}\mathrm{d}v.$

7.33. (1) u-曲线的测地曲率是 $\kappa_g = -\psi_u$, v-曲线的测地曲率是 $\kappa_g = \psi_v$.

(2) u-曲线和 v-曲线的二等分角轨线的测地曲率是 $\kappa_g = \dfrac{\psi_v - \psi_u}{4\cos\psi/2}$ 和 $\kappa_g = \dfrac{\psi_v + \psi_u}{4\sin\psi/2}$.

7.34. 引进保持定向的参数变换 $\xi = ku+v$, $\eta = -u+kv$, 则曲线 $u = kv+b$ 的方程成为 $\eta = -b$, 此时曲面的第一基本形式成为 $\mathrm{I} = \dfrac{a^2}{v^2(1+k^2)}((\mathrm{d}\xi)^2 + (\mathrm{d}\eta)^2)$. 所求的测地曲率是 $\kappa_g = \dfrac{k}{a\sqrt{1+k^2}}$.

7.35. 管状曲面 S_a 的方程是 $\boldsymbol{r} = \boldsymbol{r}(s) + a(\cos\theta\boldsymbol{\beta}(s) + \sin\theta\boldsymbol{\gamma}(s))$, 其中 $\boldsymbol{r}(s)$ 是曲线 C 的方程, s 为弧长参数, $\{\boldsymbol{r}(s);\boldsymbol{\alpha}(s),\boldsymbol{\beta}(s),\boldsymbol{\gamma}(s)\}$ 是曲线 C 的 Frenet 标架. 一阶标架场是 $\boldsymbol{e}_1 = \boldsymbol{\alpha}(s)$, $\boldsymbol{e}_2 = -\sin\theta\boldsymbol{\beta}(s) + \cos\theta\boldsymbol{\gamma}(s)$, $\boldsymbol{e}_3 = -\cos\theta\boldsymbol{\beta}(s) - \sin\theta\boldsymbol{\gamma}(s)$.

相对分量是 $\omega^1 = (1-a\kappa\cos\theta)\mathrm{d}s$, $\omega^2 = a(\tau\mathrm{d}s+\mathrm{d}\theta)$, $\omega^3 = 0$, $\omega_1^2 = -\omega_2^1 = -\kappa\sin\theta\mathrm{d}s$, $\omega_1^3 = -\omega_3^1 = -\kappa\cos\theta\mathrm{d}s$, $\omega_2^3 = -\omega_3^2 = \tau\mathrm{d}s+\mathrm{d}\theta$.

管状曲面 S_a 的第一基本形式和第二基本形式分别是

$$\mathrm{I} = (\omega^1)^2 + (\omega^2)^2 = (1-a\kappa\cos\theta)^2(\mathrm{d}s)^2 + a^2(\tau\mathrm{d}s+\mathrm{d}\theta)^2,$$

$$\mathrm{II} = \omega^1\omega_1^3 + \omega^2\omega_2^3 = -\kappa(1-a\kappa\cos\theta)(\mathrm{d}s)^2 + a(\tau\mathrm{d}s+\mathrm{d}\theta)^2.$$

因为 $\omega_1^3 = \dfrac{-\kappa\cos\theta}{1-a\kappa\cos\theta}\omega^1$, $\omega_2^3 = \dfrac{1}{a}\omega^2$, 故主曲率是 $\kappa_1 = \dfrac{-\kappa\cos\theta}{1-a\kappa\cos\theta}$, $\kappa_2 = \dfrac{1}{a}$; 主方向是 $\boldsymbol{e}_1, \boldsymbol{e}_2$.

7.36. 取 $\omega^1 = \dfrac{1}{k}\cos\dfrac{\varphi}{2}\mathrm{d}u$, $\omega^2 = \dfrac{1}{k}\sin\dfrac{\varphi}{2}\mathrm{d}v$, $\omega_1^3 = -\omega_3^1 = \sin\dfrac{\varphi}{2}\mathrm{d}u$, $\omega_2^3 = -\omega_3^2 = -\cos\dfrac{\varphi}{2}\mathrm{d}v$. 求并且验证它们满足 Gauss-Codazzi 方程, 因而根据曲面论基本定理在 $\mathbb{R}^3$ 中存在曲面以 $\mathrm{I} = (\omega^1)^2 + (\omega^2)^2$, $\mathrm{II} = \omega^1\omega_1^3 + \omega^2\omega_2^3$ 为第一基本形式和第二基本形式, 再证明曲面的 Gauss 曲率是 $K = -k^2$, 并且 φ 是渐近方向的夹角.

郑重声明

高等教育出版社依法对本书享有专有出版权。任何未经许可的复制、销售行为均违反《中华人民共和国著作权法》，其行为人将承担相应的民事责任和行政责任；构成犯罪的，将被依法追究刑事责任。为了维护市场秩序，保护读者的合法权益，避免读者误用盗版书造成不良后果，我社将配合行政执法部门和司法机关对违法犯罪的单位和个人进行严厉打击。社会各界人士如发现上述侵权行为，希望及时举报，本社将奖励举报有功人员。

反盗版举报电话	(010) 58581999 58582371 58582488
反盗版举报传真	(010) 82086060
反盗版举报邮箱	dd@hep.com.cn
通信地址	北京市西城区德外大街 4 号 高等教育出版社法律事务与版权管理部
邮政编码	100120